船厂供电系统运行与维护

主　编　刘　娟　段丽华
副主编　冯海侠　常　乐　樊　鹏
参　编　张永平　范大鸣　张　影
　　　　祝　杰　林光道

北京理工大学出版社
BEIJING INSTITUTE OF TECHNOLOGY PRESS

内 容 提 要

　　本书以船厂供电系统的运行与维护为主体，根据电气自动化和电气专业培养目标编写而成。全书共分为九个项目，具体包括概论（发电部分）、电力电网的认识（输电部分）、走进船厂变电站（变电部分）、船厂电力线路敷设与维护（配电线路）、船厂供配电系统的二次回路（监测部分）、船厂供配电系统运行保障措施（保护部分）、船厂电力负荷的确定与船厂照明（用电部分）、船厂的电能节约和计划用电、船舶电路系统组成与继电保护。

　　本书可作为电气自动化和电气技术及相关专业教材，也可供船舶企业的工程技术人员使用。

图书在版编目（CIP）数据

船厂供电系统运行与维护 / 刘娟，段丽华主编.--
北京：北京理工大学出版社，2021.10
ISBN 978-7-5763-0526-5

Ⅰ.①船…　Ⅱ.①刘…②段…　Ⅲ.①船厂－供电系统－维修－高等职业教育－教材　Ⅳ.①TM732

中国版本图书馆CIP数据核字（2021）第212329号

出版发行 / 北京理工大学出版社有限责任公司
社　　址 / 北京市海淀区中关村南大街5号
邮　　编 / 100081
电　　话 / （010）68914775（总编室）
　　　　　 （010）82562903（教材售后服务热线）
　　　　　 （010）68948351（其他图书服务热线）
网　　址 / http://www.bitpress.com.cn
经　　销 / 全国各地新华书店
印　　刷 / 天津久佳雅创印刷有限公司
开　　本 / 787毫米×1092毫米　1/16
印　　张 / 19.5　　　　　　　　　　　　　　　　责任编辑 / 阎少华
字　　数 / 510千字　　　　　　　　　　　　　　文案编辑 / 阎少华
版　　次 / 2021年10月第1版　2021年10月第1次印刷　责任校对 / 周瑞红
定　　价 / 75.00元　　　　　　　　　　　　　　　责任印制 / 边心超

图书出现印装质量问题，请拨打售后服务热线，本社负责调换

前言

Foreword

　　船厂供配电系统相当于人的心血管系统，其设计、装配、调试的合理性、可靠性直接影响船厂电力系统的运行，对船厂安全生产和经济运行具有重要意义。在本书的编写过程中，编者多次深入船厂调查研究，收集信息和有关资料，本着为船厂培养具有必要的理论知识和较强的实践能力以及生产、建设、管理、服务第一线的高技能人才的需要而确定编写内容。

　　本书具体内容包括概论（发电部分）、电力电网的认识（输电部分）、走进船厂变电站（变电部分）、船厂电力线路敷设与维护（配电线路）、船厂供配电系统的二次回路（监测部分）、船厂供配电系统运行保障措施（保护部分）、船厂电力负荷的确定与船厂照明（用电部分）、船厂的电能节约和计划用电、船舶电路系统组成与继电保护。每个项目又根据供配电系统工作分解为若干个任务，在内容安排结构上按照发电、输电、变配电、用电的顺序编写，把零散的知识点串起来，有所创新，突出自动化等相关职业能力的培养，辅以相关专业理论知识。

　　参加本书编写工作的有：主编渤海船舶职业学院刘娟（编写项目一、项目二、项目四），主编渤海船舶职业学院段丽华（编写项目三、项目五）；副主编渤海船舶职业学院冯海侠（编写项目七），副主编渤海船舶重工有限责任公司常乐（编写项目九任务二），副主编许昌许继软件技术有限公司樊鹏（编写项目九任务一、任务三）；参编渤海船舶职业学院张永平（目录、习题答案、参考文献），参编渤海船舶职业学院范大鸣（编写每个项目的练习与思考），参编国网辽宁省电力有限公司锦州供电公司张影（编写项目六任务二、附录），参编国网辽宁省电力有限公司锦州供电公司祝杰（编写项目八），参编舟山中远海运重工林光道（编写项目六任一）。

　　本书在编写过程中得到了渤海船舶重工集团变电所、渤海船舶重工集团电装分厂、大连船舶重工集团船研所、国网辽宁省电力有限公司、许昌许继软件技术有限公司和渤海船舶职业学院有关教师的支持，在此表示衷心感谢。同时也感谢众多参考文献的作者。全书由刘娟统稿，渤海船舶职业学院王宇担任主审。

　　由于编者水平有限，书中难免存在不足，敬请各位读者批评指正。

编　者

目录

Contents

项目一 概论(发电部分)

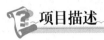

项目描述

本项目介绍了工厂供电技术有关基本知识，为学习本课程奠定基础。简要说明了工厂供电工作的意义、要求；介绍了工厂供电系统及发电厂、电力系统的基本知识；介绍了船厂供电系统的有关知识；讲述了分布式电源。

项目分析

首先对项目的构成进行了解，掌握电力系统和工厂供电的概念，掌握船厂供电系统的有关知识，了解分布式电源的应用，了解实训操作规程和操作规范，并学会基本用具的操作。

相关知识和技能

1. 相关知识
(1)熟悉电力的生产和输送方式；
(2)掌握船舶供电系统的有关知识；
(3)熟悉分布式电源的应用。
2. 相关技能
(1)能够初步应用各种工具；
(2)能够正确进行三相电能表的接线；
(3)能够正确进行分布式电源的应用。

任务一 电力系统和工厂供电的概念

任务目标

1. 知识目标
(1)了解电力系统的基本概念；
(2)了解工厂供电的概念及基本要求；
(3)能够初步了解实训规章制度。
2. 能力目标
(1)能遵守实训规章制度；
(2)能够正确理解本课程的意义。
3. 素质目标
(1)培养学生在实训操作过程中的安全用电、文明操作意识；
(2)培养学生在安装操作过程中的团队协作意识和吃苦耐劳精神。

📟 任务分析

本任务的最终目的是让学生了解工厂供电系统的运行与维护。为了实现这个目的，学生必须了解电力系统和工厂供电的基本概念及基本要求。为了对系统进行维护和检修，学生必须能应用各种工具，在学会实操前，学生必须掌握实训规章制度，而安全保护物品是电工工作中不可缺少的要求，所以，不能忽视对它们的正确选用。

📚 知识准备

一、电力系统的基本概念

电能不仅便于输送和分配、易于转换为其他的能源，而且便于控制、管理和调度，易于实现自动化。因此，电能在现代工业生产及整个国民经济生活中的应用极为广泛。由于电能的生产、输送、分配和使用几乎同时完成，是一个紧密联系的整体，为了更好地做好工业企业供电工作，下面对电力系统的基本概念做简要介绍。

微课：电力系统的构成

为了提高供电的可靠性和经济性，目前，许多发电厂用电力网广泛地连接起来。这些由发电厂、变电所、电力线路和电能用户组成的统一整体，称为电力系统。电力系统加上热能动力装置和水能动力装置及其他能源动力装置，称为动力系统。电力系统中由各级电压的输配电线路和变电所组成的部分称为电力网，简称电网，图 1-1 所示为某电力系统的示意图，图 1-2 所示为电网、电力系统、动力系统构成示意图。

如图 1-1 可知，电力用户所需电力是由发电厂生产的，发电厂大多建在能源基地附近，往往离用户很远。为了减少电力输送的线路损耗，发电厂生产的电力一般要经升压变压器升高电压，高电压通过电力线路被输送到用户附近，再经降压变压器降低电压，分配给用户使用。总的来看，电能从生产到应用需要经过"发电→升压→输送→降压→分配→使用"几个步骤，涉及发电厂、电力线路、变电所和电能用户 4 个部分。

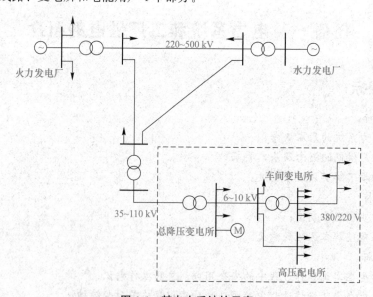

图 1-1 某电力系统的示意

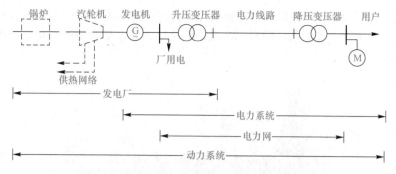

图 1-2　电网、电力系统、动力系统构成示意

1. 发电厂

发电厂又称发电站，它是电力系统的中心环节。发电厂是将其他形式的能源（如热能、水能等）转换为电能的一种工厂。根据所利用一次能源的形式不同，发电厂可分为水力发电厂、火力发电厂、核能发电厂、风力发电厂、地热发电厂、太阳能发电厂、潮汐发电厂等。

微课：发电厂简介

（1）水力发电厂。水力发电厂，简称水电厂或水电站（图1-3），它利用水流的位能来生产电能。当控制水流的闸门打开时，水流就沿着进水管进入水轮机蜗壳室，冲动水轮机，带动发电机发电。其能量转换过程如图1-4所示。

图 1-3　水电站

水流位能 —水轮机→ 机械能 —发电机→ 电能

图 1-4　水力发电厂能量转换过程

由于水电站的发电能力与上下游的水位差成正比，所以建造水电站必须用人工的办法来提高水位，据此，水力发电厂分为以下三种：

1）坝后式水电站。坝后式水电站是在河流上建筑一座很高的拦河坝，提高上游水位，形成水库，使坝的上下游形成尽可能大的落差，水电站就建在坝的后边。我国一些大型水电站包括三峡水电站都属于这种类型。

2）引水式水电站。引水式水电站是在具有相当坡度的弯曲河道上游，筑一低坝，拦住河水，然后利用沟渠或隧道，将上游水流直接引至建在河段末端的水电站。

3）混合式水电站。混合式水电站是上述两种提高水位方式的综合，由高坝和引水渠道分别提高一部分水位。

水电站建设的初期投资较大，但是发电成本低，仅为火力发电成本的1/3～1/4，而且水属清洁的、可再生的能源，有利于环境保护，同时水电站建设不只用于发电，通常还兼有防洪、灌溉、航运、水产养殖和旅游等多种功能，因此其综合效益好。

（2）火力发电厂。火力发电厂，简称火电厂或火电站（图1-5），它利用燃料的化学能来生产电能。火电厂按其使用的燃料类别，分为燃煤式、燃油式、燃气式和废热式（利用工业余热、废料或城市垃圾等来发电）等多种类型，但是我国的火电厂仍以燃煤为主。

为了提高燃料的效率，现在的火电厂都将煤块粉碎成煤粉燃烧。煤粉在锅炉的炉膛内充分燃烧，将锅炉内的水烧成高温高压的蒸汽，推动汽轮机转动，带动发电机发电，其能量转换过程如图1-6所示。

图1-5　火电站

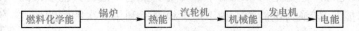

图1-6　火力发电厂能量转换过程

现代火电厂一般都考虑了"三废"（废渣、废水、废气）的综合利用。有的火电厂不仅发电，而且供热。兼供热能的火电厂，称为热电厂。

现在国外已研究成功将煤先转化为气体再送入锅炉内燃烧发电的新技术，从而大大减少了直接燃煤而产生的废气废渣对环境的污染，这称为洁净煤发电新技术。

（3）核能发电厂。核能发电厂，又称为原子能发电厂，通称核电站（图1-7），它利用某些核燃料的原子核裂变能来生产电能，其生产过程与火电厂大体相同，只是以核反应堆（俗称原子锅炉）代替了燃煤锅炉，以少量的核燃料代替了大量的煤炭。其能量转换过程如图1-8所示。

图1-7　核电站

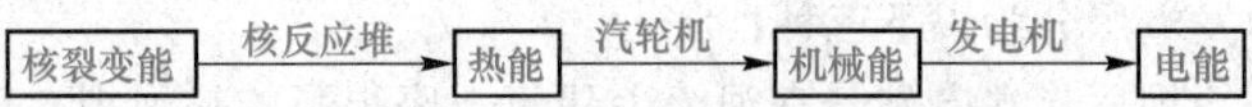

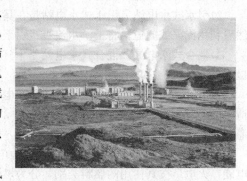

图1-8　核能发电厂能量转换过程

核电站的反应堆类型主要有石墨慢化反应堆、轻水反应堆、重水反应堆、快中子增殖反应堆等。由于核能是巨大的能源，而且核电具有安全、清洁和经济的特点，所以世界上很多国家都很重视核电建设，核电在整个发电量中占的比重逐年增长。我国在20世纪80年代就确定了"要适当发展核电"的电力建设方针，并已兴建了浙江秦山、广东大亚湾、广东岭澳等多座大型核电站。

（4）其他类型发电厂。其他类型的发电厂包括风力发电、太阳能光伏发电和地热发电（图1-9）。

图1-9　地热发电站

其中，地热是地表下面 10 km 以内存储的天然热源，主要源于地壳内的放射性元素蜕变过程所产生的热量。地热发电的热效率不高，但不消耗燃料，运行费用低。它不像火力发电那样，要排出大量灰尘和烟雾，因此地热属于比较清洁的能源。但地下热水和蒸汽中大多含有硫化氢、氨、砷等有害物质，因此对排出的热水要妥善处理，以免污染环境。地热发电的能量转换过程如图 1-10 所示。

图 1-10　地热发电能量转换过程

有关风力发电、太阳能光伏发电等具体情况将在后续章节中详细介绍。

发电厂根据其容量大小及供电范围又可分为区域性发电厂、地方性发电厂和自备专用发电厂。

为了充分利用动力资源，减少燃料运输，降低发电成本，区域性发电厂多建在一次能源附近，如具有大量水力资源或煤矿蕴藏的地方。但这些有动力资源的地方，往往远离用电中心，必须通过高压输电线路远距离输送，向大片区域供电。地方性发电厂一般为中小型发电厂，多建设在用户附近，直接供本地区用电。自备专用发电厂建在大型企业作为自备电源（一般为小型汽轮机或内燃机发电厂），这种发电厂虽然经济性较差，但对重要的大型企业和电力系统能起到后备保安作用。

目前，我国的发电厂主要是火力发电厂和水力发电厂，火力发电厂一般是以煤炭为燃料的凝汽式发电厂。

2. 变电所

变电所又称变电站，是联系发电厂和电能用户的中间枢纽。变电所的功能是接受电能、变换电压和分配电能。为了实现电能的远距离输送和将电能分配到用户，需将发出电的电压进行多次电压变换，这个任务由变电所完成。它主要由电力变压器、母线和开关控制设备等组成。

3. 电力线路

电力线路是把发电厂、变电所和电能用户联系起来的纽带，完成输送电能和分配电能的任务。

电力线路是输电线路和配电线路的总称。通常将电压在 220 kV 及以上的电力线路称为输电线路，110 kV 及以下的电力线路称为配电线路。110 kV 配电线路一般作为城市配电干线和特大型企业的供电线路，6~35 kV 配电线路主要为城市主要配网及大中型企业的供电线路，1 kV 以下的低压配电线路一般作为城市和企业的低压配网。

4. 电能用户

电能用户包括所有消耗电能的用电设备或用电单位，负荷是用户或用电设备的总称。电能用户按照行业可分为工业用户、农业用户、市政商业用户和居民用户等，其中工业企业用电是最大的电能用户，占总容量的 70% 以上。

二、工厂供电的概念及基本要求

工厂供电，是指工厂所需电能的供应与分配，也称工厂配电，作为供配电系统，它是电力系统的一个重要组成部分。而供配电工作要很好地为企业生产和国民经济服务，切实保证企业生产和整个国民经济生活的需要，切实搞好安全用电、节约用电、计划用电工作，就必须达到下列基本要求。

1. 可靠性

可靠性就是指对用户的连续供电。突然中断供电将造成生产停顿、生活混乱，甚至危及人身和设备安全，形成十分严重的后果。电力系统只有不断建设，使系统具有足够的发电、输电和配电设备，才能满足日益增长的用电需求。即使具有足够的发电、输电和配电设备，但由于规划设计失误、设备各种缺陷、运行操作失误以及其他不可抗拒力量等，也可导致对用户供电中断。因此，加强规划设计、认真维护设备、正确操作运行，才能减少事故发生，提高供电的可靠性。

2. 安全性

安全性是指在电能的供应、分配和使用中，不应发生人身事故和设备事故。在工业企业供电工作中，必须特别注意电气安全，如果稍有疏忽和大意，就可能造成严重的人身事故和设备事故，给国家和人民带来极大的损失。

为了保证电气安全，必须加强安全教育，建立和健全必要的规章制度，确保供电工程的设计安装质量，加强运行维护和检修试验工作，采用各类电气安全用具等措施，以确保供电的安全性。

3. 优质性

优质性是指应满足电能用户对电能质量的要求，电能质量指标包括电压、频率及波形。用电设备的额定电压是按长期正常工作时有最大经济效果所规定的电压，电压过高、过低都会影响用电设备的正常工作。我国规定了供电电压允许偏差，见表1-1。

表1-1　供电电压的允许偏差

线路的额定电压	允许电压偏差/%
35 kV 及以上	±5
10 kV 及以下	±7
220 V	+7、−10

频率的质量是以频率偏差来衡量的。我国采用的交流电额定频率为 50 Hz，偏差过大可能造成设备损坏，甚至引起人身事故。频率的允许偏差见表1-2。

表1-2　电力系统频率的允许偏差

运行情况		允许频率偏差/Hz
正常运行	300 万 kW 及以上	±0.2
	300 万 kW 以下	±0.5
非正常运行		±1.0

电能质量的另一个指标是交流电的波形，标准交流电的波形应为正弦波。但由于电力系统中存在大量非线性负荷，使电压波形发生畸变，除基波外，还有各项谐波分量。这些谐波分量不仅使系统效率下降，也会对电气设备产生较大干扰。因此，控制谐波分量在允许范围之内是保证电能质量的一项重要任务。我国规定的公共电网电压波形畸变率见表1-3。

表1-3　公共电网电压波形畸变率

电网额定电压/kV	电压总谐波畸变率/%	各项谐波电压含有率/%	
		奇次	偶次
0.38	5.0	4.0	2.0
6			
10	4.0	3.2	1.6
35			

电网额定电压/kV	电压总谐波畸变率/%	各项谐波电压含有率/%	
		奇次	偶次
60	3.0	2.4	1.2
110	2.0	1.6	0.8

表1-3中电压总谐波畸变率的定义为

$$电压总谐波畸变率 = \frac{U_H}{U_1} \times 100\%$$

式中　U_1——基波电压的方均根值；

　　　U_H——谐波电压含量，即 $U_H = \sqrt{\sum_{n=2}^{\infty} U_n^2}$，$U_n$ 为第 n 次谐波电压的方均根值。

4. 经济性

经济性是指供电系统的投资要少，运行费用要低，并尽可能地节约电能和减少有色金属消耗量，提高电能利用率。节约能源是当今世界上普遍关注的问题，节约电能不只是减少企业的电费开支，降低产品成本，为国家积累更多的资金；更重要的是由于电能能创造比它本身价值高几十倍甚至上百倍的工业产值，因此节约电能就能为国家创造更多的财富，有力地促进国民经济的发展。为此，应尽量采取高效、节能的发电设备，加强电网优化，降低网损。另外，要重视工业企业供电系统的科学管理和技术改造。

5. 环保性

环保性是指在电能生产过程中要防止环境污染，使人类生存环境不要遭到破坏。我国燃煤的火电厂占总装机容量的70%，如果不采取措施，燃烧排放到大气中的硫和氮的氧化物都会成为严重的污染源。为此，应在火电厂采用除尘器、脱硫塔，在规划建设火电厂时还应注意厂址的选择、烟囱高度及燃料的含硫量等。

此外，在供配电工作中，应合理地处理局部与全局、当前与长远的关系。

 任务实施

步骤1：学生分组，每小组4～5人。

步骤2：强调纪律和操作规范。

步骤3：任务实施。

一、学习实训规章制度

实训（习）是学校进行"电"教学的特定要求之一，它不仅要求学生认真学习，具备勤于思考、乐于动手、一丝不苟的工作作风，强化纪律观念，养成爱护公共财物和爱惜劳动成果的习惯，而且提倡团队协作、规范实操、注意安全的意识。为此，要求学生在实训时严格遵守以下规则。

1. 实训纪律

(1)不迟到、不早退、不旷课，做到有事请假。

(2)实训时保持安静，不大声喧哗、嬉笑和打闹，不做与实习无关的事。

(3)尊重和服从指导教师（师傅）统一安排和领导，做到"动脑又动手，遵守纪律，认真学习，夯实技能"。

2. 岗位责任

在实训（习）期间，实行"三定二负责"（定人、定位、定设备、工具负责保管、设备负责保养），做到不擅自调换工位和设备，不随便走动。

3. 安全操作

(1)实训(习)场所保持整齐清洁，一切材料、工具和设备放置稳当、安全、有序。

(2)未经指导教师(师傅)允许，不准擅自使用工具、仪表和设备。

(3)工具、仪表和设备在使用前，做到认真检查，严格按照规程操作。如果发现工具、仪表或设备有问题应立即报告。

4. 工具保管

(1)工具、仪表借用必须办妥借用手续，做到用后及时归还，不私自存放，以免影响别人使用。

(2)对于易耗工具的更换，必须执行以坏换新的制度。

(3)每次实训(习)结束后，清点仪器工具，擦干净，办好上交手续。若有损坏或遗失，根据具体情况赔偿并扣分。

5. 场所卫生

(1)实训(习)场所要做到"三光"，即地面光、工作台光、机器设备光，以保证实训场所的整洁、有序。

(2)设备、仪表、工具一定要健全保养，做到经常检查、擦洗，以保证实训(习)的正常进行。

(3)实训(习)结束后，要及时消除各种污物，不准随便乱倒。对乱扔乱倒、值日卫生打扫不干净者，学生干部要协助指导教师(师傅)一起帮助和教育，以保证实操者养成良好的卫生习惯。

二、学习电工安全保护用品

电工在进行电气施工或检修时，常需要各种安全保护用品，如安全帽、工作服、绝缘鞋、警示牌、遮栏，以及橡胶垫等。

1. 工作服

工作服是电工的劳动保护用品，在工作时，需要穿戴纯棉、下摆和袖口可以扎紧的工作服，这样能起到安全保护作用，如防止电火花伤到皮肤等(图1-11)。

2. 安全帽

安全帽是一种起防护作用的安全用品，它采用高强度工程塑料制成，硬度高，硬而不脆，具有良好的抗冲击、阻燃烧性能(图1-12)。安全帽的防护作用：当作业人员受到高处坠落物、硬质物体的冲击或挤压时，减少冲击力，消除或减轻其对人体头部的伤害。

图1-11　工作服

图1-12　安全帽

3. 绝缘鞋(靴)

绝缘鞋(靴)是电气设备上的安全辅助用具，使用时，应根据作业场所电压高低正确选用，低压绝缘鞋(靴)，禁止在高压电气设备上作为安全辅助用具使用，高压绝缘鞋(靴)可以作为高压和低压电气设备上的辅助安全用具使用。但不论是穿低压或高压绝缘鞋(靴)，均不得直接用手接触电气设备(图 1-13)。

图 1-13 绝缘鞋(靴)

(a)绝缘鞋；(b)绝缘靴

4. 警示牌

安全警示牌在很多地方都有应用，用来警告人员不得接近设备的带电部分或禁止操作设备。警示牌还用来指示工作人员何处可以工作及提醒工作时必须注意的其他安全事项，从而可以极大地减少一些人员的伤亡和意外的发生(图 1-14)。

图 1-14 警示牌

5. 遮栏

电工用的安全用具(遮栏)，是指在电气作业中，为了保证作业人员的安全，防止触电、坠落、灼伤等工伤事故所必须使用的各种电工专用用具(图 1-15)。它分为绝缘安全用具和非绝缘安全用具两大类。绝缘安全用具是防止作业人员直接接触带电体用的；非绝缘安全用具是保证电气维修安全用的，一般不具备绝缘性能，所以不能直接与带电体接触。

6. 橡胶垫

橡胶垫是电气设备上的安全辅助用品，使用时，应根据作业场所电压高低正确选用，低压橡胶垫禁止在高压电气设备上作为安全辅助用品使用(图 1-16)。

图 1-15 遮栏　　　　　**图 1-16 橡胶垫**

步骤4：小组经过讨论确定任务结果，每小组由中心发言人陈述，经过全体同学讨论，确定正确结果并填写任务总结。

 **任务总结**

课程认知记录表见表1-4。

表1-4 课程认知记录表

班级		姓名		学号		日期	
收获与体会	谈一谈：生活中你对用电的认识有哪些？（包括安全用电、节约用电等）						
评价意见	评定人	评价、评议、评定意见				等级	签名
	自己评价						
	同学评议						
	老师评定						

注：该践行学分为5分，记入本课程总学分(150分)中，若结算分为总学分的95%以上，则评定为考核"合格"。

任务二 船厂供电系统的有关知识

任务目标

1. 知识目标
(1)了解船厂供电系统；
(2)了解船厂的典型供电系统。
2. 能力目标
(1)进一步规范地遵守实训规章制度；
(2)能够正确地应用工具。
3. 素质目标
(1)培养学生操作过程中的安全用电、文明操作意识；
(2)培养学生在安装操作过程中的团队协作意识和吃苦耐劳精神。

任务分析

本任务的最终目的是了解船厂供电系统的有关知识及其维护。为了实现这个目的，必须先了解船厂供电系统概况，在这个基础上，通过学习船厂的典型供电系统就能对船厂供电系统有初步的认识。而为了对其进行维护和检修，就必须能应用工具。

知识准备

一、船厂供电系统概况

电厂发出来的电能经过升压、传输、降压配电后到达船厂，那么船厂里的供电系统又是由哪几部分组成的呢？下面进行大体介绍。

船厂供电系统是电力系统的重要组成部分，也是电力系统的最大电能用户。它由船厂总降压变电所、高压配电线路、车间变电所(包含配电所)、低压配电线路及用电设备组成。图1-17中虚线内部分是一个典型的船厂供电系统。

船厂供电系统一般都是联合电力系统的一部分，其电源绝大多数由国家电网供电。但对于某些船厂，考虑其生产对国民经济的重要性，需要建立自备发电厂作为备用电源时，可建立企业自备热电厂，同时为生产提供蒸汽和热水。一般当船厂要求供电可靠性较高时，可考虑从电力系统引两个独立电源对其供电，以保证供电的不间断性。

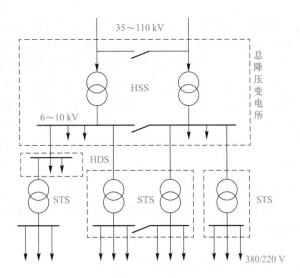

图 1-17 具有总降压变电所的供电系统
HSS—总降压变电所；STS—车间变电所；HDS—高压配电所

船厂的用电设备既有高压的(6 kV、10 kV)，又有低压的(220 V、380 V、660 V)，而船厂降压变电所从电力系统接收的是35～110 kV高压电能。为了把高压电能经过降压后再分配到用电厂房和车间，要求每个船厂内部有一个合理的供电系统。

1. 企业总降压变电所

一般来说，大型船厂均设立企业总降压变电所，把35～110 kV电压降为6～10 kV电压向车间变电所配电，总降压变电所是船厂电能供应的枢纽。为了保证供电的可靠性，总降压变电所多设置两台降压变压器，由一条或多条线路供电，每台变压器的容量可从几千到几万千伏安。而中、小型船厂则可以由附近企业(或市内二次变电所)用10 kV电压转送电能，或者设立一个简单的降压变电所，由电力网以6～10 kV供电。

2. 车间变电所

车间变电所将6～10 kV高压配电电压降为380/220 V(或660 V)，对低压用电设备供电。对车间的高压用电设备，则可直接通过车间变电所的6～10 kV母线供电。

在一个生产厂房和车间内，根据生产规模、用电设备的布局以及用电量大小等情况，可设立一个或几个车间变电所。几个相邻且用电量都不大的车间，可共同设立一个车间变电所，其位置可以选择在这几个车间的负荷中心附近，也可以选择在其中用电量最大的车间内。车间变电所内一般设置1～2台变压器，特殊情况最多不宜超过3台。单台变压器容量通常均为1 000 kV·A以下，特殊情况最大不超过2 000 kV·A，从限制短路电流出发，多台变压器宜采用分列运行。

3. 高低压配电线路

在船厂供电系统中，常用6～10 kV高压线路将总降压变电所、车间变电所和高压用电设备连接起来，主要作为船厂内输送、分配电能之用，通过它把电能输送到各个生产厂房和车间。

由于架空线路投资少且便于维护和检修，目前高压配电线路多采用架空线路。但在某些船厂的厂区内，由于厂区的个别地方扩散于空间的腐蚀性气体较严重等因素的限制，此时可考虑在这些地段敷设地下电缆线路。最近几年来，由于电缆制造技术的迅速发展，电缆质量不断提高且成本下降，同时为了美化厂区环境以利于文明生产，现代化船厂的厂区高压配电线路已逐渐向电缆化方向发展。

船厂低压配电线路将车间变电所的380/220 V电压送到各低压用电设备。在户外敷设的低压配电线路目前多采用架空线路，且尽可能与高压线路同杆架设以节省建设费。在厂房车间内部则应根据具体情况而定，或采用明线配电线路，或采用电缆配电线路。在厂房车间内，由动力配电箱到电动机的配电线路一律采用绝缘导线穿管敷设或采用电缆线路。

在船厂内，为了减轻大型电动机启动引起的电压波动对照明的影响，照明线路和动力线路分别架设为好。如果动力线路内没有频繁启动的电动机，则两种线路可用同一台配电变压器供电。当然，最好是用专用的照明变压器对照明系统供电，这样可防止或减轻灯光的闪烁现象。对于所有的事故照明，必须设置可靠的独立电源，以保证发生事故时及时向事故照明系统继续供电。

4. 用电设备

用电设备按用途可分为动力用电设备、工艺用电设备、电热用电设备、试验用电设备和照明用电设备等。

二、船厂的典型供电系统

船厂供电系统是如何从电力系统获取电能的呢？下面我们由几个典型系统分别说明。

1. 电源进线为 35 kV 及以上的大型船厂供电系统

图 1-17 所示是一个比较典型的大型船厂供电系统的电气主接线图。由图可知，该船厂采用两条 35～110 kV 的电源进线，先经过总降压变电所（HSS），将 35～110 kV 的电源电压降为 6～10 kV 的配电电压，然后通过高压配电线路将电能送到各个车间变电所（STS）或高压配电所（HDS），最后利用车间变压器降到一般低压用电设备需要的电压，从而使船厂生产车间获得了电力系统的电能。

近年来，为了简化供电系统，减少投资费用和电能损耗，有些国家对于大型或厂区面积较大的船厂，把 35～110 kV，甚至 220 kV 的供电电压直接送入船厂内部，在车间直接用 35～110 kV/0.4 kV 的变压器向车间内部供电，这种供电方式，叫作高压深入负荷中心的直降配电方式。

这种配电方式的优点是不需要建设总降压变电所，减少了企业内部 6～10 kV 的配电网，大大简化供电系统，节省有色金属，降低电能损耗和电压损耗，提高供电质量，经济效果较高，因此有一定的推广价值。但是，采用这种配电方式的厂区的环境条件要满足 35～110 kV 架空线路深入负荷中心的"安全走廊"要求，以确保供电安全，否则不宜采用。

此外，厂区内不设 6～10 kV 的配电线路，便于船厂的扩建。过去，在建总降压变电所选择变压器的容量时，总要考虑船厂以后的发展，留有余地。但装设后，设备长期得不到充分利用，运行经济指标低劣。而高压深入负荷中心的供电方式，只要从供电线路上引向新负荷点，建立新变电所就可以了。

2. 中型船厂的供电系统

图 1-18 所示是一个比较典型的中型船厂供电系统的电气主接线图。它通过两条 6～10 kV 的电源进线，将电能先经过高压配电所集中，然后再通过高压配电线路将电能分送给各车间变电所。而车间变电所内又装设有车间变压器，从而将 6～10 kV 的高压降到一般低压用电设备需要的电压，使得船厂生产车间获得了电能。

3. 小型船厂的供电系统

对于小型船厂，一般只设一个简单的降压变电所，相当于图 1-17 中的一个车间变电所。用电设备容量在 250 kW 及以下的小型船厂，通常采用低压进线，因此只需设置一个低压配电室就能使船厂生产车间获得足够的电能，其供电系统如图 1-19 所示。

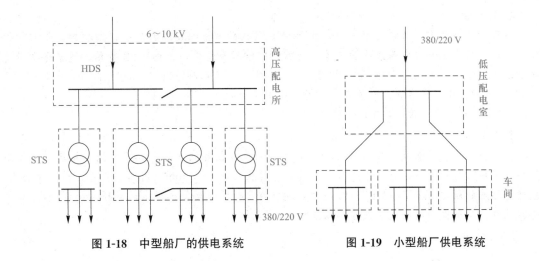

图 1-18 中型船厂的供电系统   图 1-19 小型船厂供电系统

任务实施

步骤 1：学生分组，每小组 4～5 人。
步骤 2：强调纪律和操作规范。
步骤 3：任务实施。

电工工具及其使用

一、电工常用工具

电工工具(图 1-20)是电工作业中的帮手，是提高工作效率的重要保证。电工常用工具有钢丝钳、尖嘴钳、剥线钳、螺钉旋具(螺丝刀)、活络扳手、电工刀等。

1. 钢丝钳

钢丝钳是一种夹持器件(如夹持螺钉、铁钉等物件)或剪切金属导线的工具。钳口用来钳夹或折绞导线；齿口用来旋紧或起松螺母，也可以用来绞紧导线接头和放松接头；切口用来剪切导线或拔起铁钉；铡口用来剪切钢丝、铁丝等较硬的金属丝。钢丝钳的结构及握持，如图 1-21 所示。通常选用 150 mm、175 mm 或 200 mm 带绝缘柄的钢丝钳，使用时注意：

(1)保护好钳柄绝缘管，以免碰伤而造成触电事故；

(2)钢丝钳不能当作敲打工具。

微课：电工工具及使用

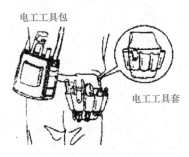

图 1-20 电工的好帮手

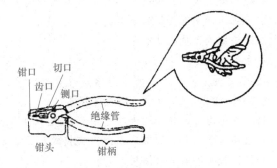

图 1-21 钢丝钳的结构及握持

2. 尖嘴钳

尖嘴钳的使用方法与钢丝钳相似，由于尖嘴钳的钳头较细长，因此能在狭小的工作空间操作，如用于灯座、开关内的线头固定等。尖嘴钳的结构及握持，如图1-22所示，通常选用带绝缘柄的130 mm、160 mm、180 mm或200 mm尖嘴钳，使用时注意：

(1)保护好钳柄绝缘管，以免碰伤而造成触电事故；

(2)尖嘴钳不能当作敲打工具。

3. 剥线钳

剥线钳是用来剥除截面面积为6 mm² 以下塑料或橡胶电线端部(又称"线头")绝缘层的专用工具。它由钳头和钳柄组成。钳头有多个刃口，直径为0.5～3 mm；钳柄上装有塑料绝缘套管，绝缘套管的耐压为500 V，如图1-23所示，通常选用带绝缘柄的140 mm和180 mm剥线钳，使用时注意：要根据不同的线径来选择剥线钳的不同刃口。

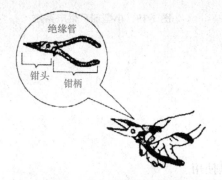

图1-22　尖嘴钳的结构及握持

图1-23　剥线钳的结构及握持

4. 螺钉旋具

螺钉旋具是一种用来旋紧或起松螺钉、螺栓的工具。在使用小螺钉旋具时，一般用拇指和中指夹持旋具柄，食指顶住柄端；使用大螺钉旋具时，除拇指、食指和中指用力夹住螺钉旋具柄外，手掌还应顶住柄端，用力旋转螺钉，即可旋紧或旋松螺钉。螺钉旋具顺时针方向旋转，旋紧螺钉；螺钉旋具逆时针方向旋转，起松螺钉。螺钉旋具的结构及握持，如图1-24所示，使用时注意：

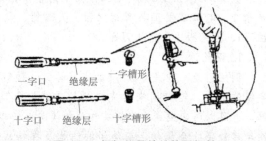

图1-24　螺钉旋具的结构及握持

(1)根据螺钉大小、规格选用相应尺寸的螺钉旋具；

(2)电工不能用穿心螺钉旋具；

(3)螺钉旋具不能当凿子用。

5. 活络扳手

活络扳手是一种在一定范围内旋紧或旋松六角、四角螺栓、螺母的专用工具。活络扳手的结构及握持，如图1-25所示，使用时注意：

(1)要根据螺母、螺栓的大小选用相应规格的活络扳手；

(2)活络扳手的开口调节应以既能夹持螺母又能方便地提取扳手、转换角度为宜；

(3)活络扳手不能当铁锤用。

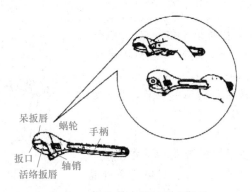

呆扳唇　蜗轮　手柄
扳口　轴销
活络扳唇

图 1-25　活络扳手的结构及握持

6. 电工刀

电工刀是一种切削电工器材(如剥削导线绝缘层、切削木枕等)的工具。电工刀的结构及握持，如图 1-26 所示，使用时注意：

(1)刀口应朝外进行操作。在剥削电线绝缘层时，刀口要放平些，以免割伤电线的线芯；

(2)电工刀的刀柄是不绝缘的，因此禁止带电使用；

(3)使用后，要及时将刀身折回电工刀的刀柄内，以免刀刃受损或危及人身、割破皮肤。

刀　柄

图 1-26　电工刀的结构及握持

二、电工辅助工具

电工常用的辅助工具有钢锯、铁锤、钢凿、冲击电钻、电烙铁，以及电工包和电工工具套等。

1. 钢锯

钢锯是一种用来锯割金属材料及塑料管等其他非金属材料的工具，钢锯的结构如图 1-27 所示，使用时注意：

右手满握钢锯柄，控制锯割推力和压力，左手轻扶钢锯架前端，配合右手扶正钢锯，用力不要过大，均匀推拉。

2. 铁锤

铁锤是一种用来锤击的工具，如拆装电动机轴承、锤打铁钉等，铁锤的结构及握持，如图 1-28 所示，使用时注意：

右手应握在木柄的尾部，才能使出较大的力量。在锤击时，用力要均匀、落锤点要准确。

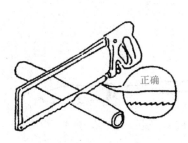

正确

图 1-27　钢锯的结构

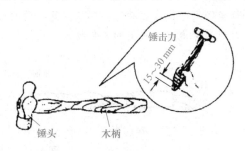

锤击力
15～30 mm
锤头　木柄

图 1-28　铁锤的结构及握持

3. 钢凿

钢凿是一种用来专门凿打砖墙上安装孔（如暗开关、插座盒孔、木枕孔）的工具，钢凿的结构及握持，如图 1-29 所示，使用时注意：

在凿打过程中，应准确保持钢凿的位置，挥动铁锤力的方向与钢凿中心线一致。

4. 冲击电钻

冲击电钻是一种既可使用普通麻花钻头在金属材料上钻孔，也可使用冲击钻头在砖墙、混凝土等处钻孔，供膨胀螺栓使用的工具，冲击电钻的结构如图 1-30 所示，使用时注意：

用小钢凿凿打砖墙上的木枕孔

图 1-29　钢凿的结构及握持

（1）电钻外壳要采取接地保护措施，电钻到电源的导线采用橡胶软护套线，应使用三芯线，其黑线作为接地保护线；

（2）使用前要检查电钻外观有无损伤，无损伤才可插入电源插座，同时用验电笔测试电钻外壳，只有在外壳不带电时才可使用电钻；

（3）不同直径的孔应选用相应的钻头；

（4）冲击孔时，右手应握紧手柄，左手持握把柄，用力要均匀；

（5）对转速可以调整的电钻，在使用前选择好适当的挡位，禁止在使用时中途换挡。

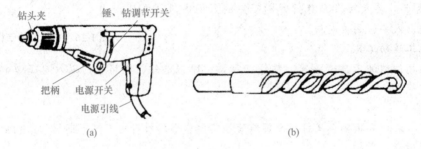

钻头夹　锤、钻调节开关

把柄　电源开关

电源引线

(a)　　　　(b)

图 1-30　冲击电钻
(a)冲击钻；(b)冲击钻头

5. 电烙铁

电烙铁是一种用来焊接铜导线、铜接头和对铜连接件进行镀锡的工具，电烙铁的结构如图 1-31 所示，使用时注意：

（1）根据焊接物体的大小选用电烙铁；

（2）焊接不同导线或元件时，应掌握好不同的焊接时间（温度）；

（3）及时清除电烙铁头上的氧化物。

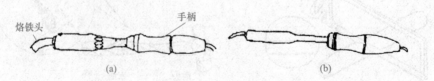

烙铁头　手柄

(a)　　　　(b)

图 1-31　电烙铁
(a)大功率电烙铁；(b)小功率电烙铁

6. 电工包和电工工具套

电工包和电工工具套是用来放置随身携带的常用工具(如钢丝钳、尖嘴钳、活络扳手、电工刀)或零星电工器材(如灯头、开关、螺钉、熔丝、胶布)等用的包套。电工包和电工工具套的佩戴，如图1-32所示，使用时注意：

(1)电工工具套可用皮带系结在腰间，置于右臀部，工具插入工具套，便于随手取用；

(2)电工包横跨在左侧，内有零星电工器材和辅助工具，以便外出使用。

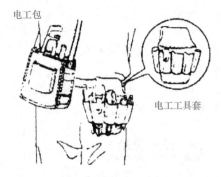

图1-32 电工包和电工工具套的佩戴

7. 梯子

电工常用的梯子有竹梯和人字梯两种，如图1-33所示。竹梯通常用于室外登高作业，人字梯通常用于室内登高作业，梯子登高安全知识如下：

(1)梯子在使用前应检查有无虫蛀及断裂现象，两脚应各绑扎胶皮之类的防滑材料；

(2)竹梯放置的角为60°～75°；

(3)梯子的安放应与带电部分保持安全距离，扶持人应戴安全帽，竹梯不许放在箱子或桶类等物体上使用；

(4)人字梯应在中间绑扎两道防自动滑开的安全绳。

图1-33 竹梯和人字梯

此外，在登高施工时除梯子外，还用到踏板、脚扣，以及腰带、保险绳和腰绳等其他登高工具，如图1-34所示。

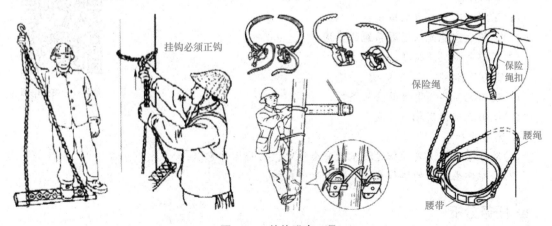

图1-34 其他登高工具

注意：

登高作业前，要检查登高工具的牢固可靠性，只有这样才能保障登高作业人员的安全。在登高作业时，要特别注意人身安全，患有精神病、高血压、心脏病和癫痫等疾病者，不能参与登高作业。

步骤4：小组经过讨论确定任务结果，每小组由中心发言人陈述，经过全体同学讨论，确定正确结果并填写任务总结。

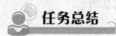 **任务总结**

课程认知记录表见表1-5。

表1-5　课程认知记录表

班级		姓名		学号		日期	
收获 与体会	谈一谈：对于这些工具的使用，你总结出什么经验了吗？						
评价意见	评定人	评价、评议、评定意见			等级	签名	
	自己评价						
	同学评议						
	老师评定						

注：该践行学分为5分，记入本课程总学分(150分)中，若结算分为总学分的95%以上，则评定为考核"合格"。

任务三　分布式电源的应用

任务目标

1．知识目标

(1)了解分布式电源的概念；

(2)了解太阳能光伏电源系统的应用；

(3)能够初步应用工具。

2．能力目标

(1)能够判断备用电源的应用条件；

(2)能够正确使用相关仪表。

3．素质目标

(1)培养学生在工具操作过程中的安全用电、文明操作意识；

(2)培养学生团队的协作意识和吃苦耐劳精神。

微课：分布式电源

任务分析

本任务的最终目的是了解和维护分布式电源。为了了解分布式电源，我们就必须掌握分布式电源的概念、分类等，而仪表是电工在检修与维护电气设备时的"眼睛"，是保证工程质量与安全的重要保障。因此，为了能够维修分布式电源，必须重视对仪表的正确选用。

知识准备

电力系统所属的大型电厂，其单位功率的投资少，发电成本低，而一般船厂的自备中小型电厂相反。因此，船厂供电电能应首先从公用电网获得，只有在需要设置自备电源作为一级负荷中的特别重要负荷的应急电源时，或第二电源不能满足一级负荷的条件时，或设置自备电源较经济合理时，船厂才宜设置自备电源。当船厂设置自备电源时，应首推环保、高效、灵活的分布式电源。

一、分布式电源的概念

分布式电源或分布式发电是相对于传统的集中式供电电源而言的，通常是指为满足用户需求，发电功率在数千瓦至数十兆瓦，小型模块化且分散布置在用户（这里指的是船厂）附近的，能源利用率高、与环境兼容、安全可靠的发电设施。

分布式电源与常规的柴油发电机组自备电源和中小型燃煤热电厂有本质的区别。分布式电源的一次能源包括风能、太阳能和生物质能等可再生能源，也包括天然气等不可再生的清洁能源；二次能源可为分布在用户端的热电冷联产，实现以直接满足用户多种需求为目标的能源梯级利用，提高了能源的综合利用效率。

分布式电源采用的技术主要有以下几类。

1. 风力发电技术

风力发电是利用风力的动能来生产电能，它建在有丰富风力资源的地方（图 1-35）。风能是一种清洁的、发电成本低的和可再生的能源。但其能量密度较小，因此风轮机的体积较大，造价较高，且单机容量不可能做得很大。风能又是一种具有随机性和不稳定性的能源，因此利用风能发电必须与一定的蓄能方式相结合，才能实现连续供电。风力发电的能量转换过程如图 1-36 所示。

图 1-35　风力发电

图 1-36　风力发电能量转换过程

风力发电形式可分为离网型和并网型。并网型风力发电是大规模开发风电的主要形式，也是近几年来风电发展的主要趋势。并网型风力发电通常由多台容量较大的风力发电机组构成风力发电机群，称为风电场。因此风电场具有机组大型化、集中安装和控制的特点。风电场的主设备为风力发电机组，发电机经变压器升压后与电力系统相连。

2. 光伏电池技术

太阳能电池是直接利用太阳辐射的光伏效应生产电能的一种发电装置（图 1-37）。由于它利用的是可再生的太阳能，因此发展较快、应用较广。理论上讲，光伏电池技术可以用于任何需要电源的场合，上至航天器，下至家用电源，大到兆瓦级电站，小到玩具，光伏电源无处不在。

利用太阳的热能发电，可分直接转换和间接转换两种方式。温差发电、热离子发电和磁流体发电，都属于热电直接转换。太阳能通过集热装置和热交换器，给水加热，使之变为蒸汽，推动汽轮发电机组发电，与火力发电原理相同，属于间接转换发电。

图1-37　太阳能发电

3. 微型燃气轮机技术

微型燃气轮机是以天然气、甲烷等为主要燃料的超小型汽轮机，其发电效率可达30%，如实行热电联产，效率可提高到75%。微型燃气轮机的特点是体积小、质量轻、发电效率高、污染小、运行维护简单，它是目前最成熟、最具有商业竞争力的分布式电源。

4. 燃料电池技术

燃料电池是一种不经燃烧直接将燃料的化学能转换为电能和热能的电化学装置。其工作原理是含氢的燃料(如天然气、甲醇)与空气中的氧气结合生成水，氢氧离子的定向移动在外电路形成电流，类似电解水的逆过程。通常，燃料电池系统主要由三部分组成：燃料处理部分、电池反应堆部分、电力电子换流控制部分。目前技术成熟且已商业化的燃料电池为磷酸型燃料电池。

燃料电池具有巨大的潜在优点：

(1)其副产品是热水和少量的二氧化碳，通过热电联产或联合循环综合利用热能，燃料电池的发电效率约是传统发电厂发电效率的两倍；

(2)排废量小(几乎为零)、清洁无污染、噪声低；

(3)安装周期短、安装位置灵活，可以省去配电系统的建设。

5. 生物质能发电技术

生物质能源于生物质，如农业、林业和工业废弃物，包括城市垃圾。生物质能发电是首先将生物质能转化为可驱动发电机的能量形式(如燃气、燃油、酒精等)，再按照通用的发电技术发电。

一般而言，分布式电源直接接入用户低压或高压配电系统。分布式电源所发电力应以就近消化为主，原则上不允许向电网返送功率，但利用可再生能源发电的分布式电源除外。随着应用技术的不断完善和相关政策的大力支持，分布式电源将是未来大型电网的有力补充和有效支撑，具有广阔的应用前景。

二、太阳能光伏电源系统的应用

我国是太阳能资源相当丰富的国家，全国总面积的2/3以上年太阳辐射总量高于1 389 kW·h/m²，年日照时数大于2 200 h，具有利用太阳能的良好条件。特别是西部地区，人口稀少、居住分散、交通不便，太阳能资源的利用前景相当可观。

光伏电源系统由太阳能电池方阵、蓄电池组、充放电控制器、逆变器、交流配电柜、太阳跟踪控制系统等设备组成，如图1-38所示。

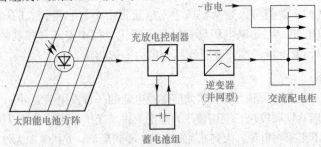

图1-38　太阳能电源系统的组成

1. 太阳能电池方阵

太阳能电池方阵由太阳能电池片经串、并联组合形成不同规格的电池板。在光伏效应的作用下，太阳能电池片的两端产生电动势，将光能转换成电能。太阳能电池片一般为硅电池，分为单晶硅、多晶硅和非晶硅三种，大多选用光电转换效能、性价比较高的多晶硅太阳能电池。

2. 蓄电池组

蓄电池组的作用是储存太阳能电池方阵受光照时发出的电能并可随时向负载供电。太阳能光伏电源系统对所用蓄电池组的基本要求是自放电率低、使用寿命长、深放电能力强、充电效率高、少维护或免维护、工作温度范围宽、价格低。

3. 充放电控制器

充放电控制器是能自动防止蓄电池过充电和过放电的设备。由于蓄电池的循环充放电次数及放电深度是决定蓄电池使用寿命的重要因素，因此能控制蓄电池组过充电或过放电的充放电控制器是必不可少的设备。

4. 逆变器

逆变器是将直流电转换成交流电的设备。由于太阳能电池和蓄电池是直流电源，而当负载是交流负载时，逆变器是必不可少的。逆变器按运行方式，可分为独立运行逆变器和并网逆变器。独立运行逆变器用于独立运行的太阳能光伏电源系统，为独立负载供电。并网逆变器用于并网运行的太阳能光伏电源系统。逆变器按输出波形可分为方波逆变器和正弦波逆变器。方波逆变器电路简单，造价低，但谐波分量大，一般用于几百瓦以下和对谐波要求不高的系统。正弦波逆变器成本高，但可以适用各种负载。

5. 太阳跟踪控制系统

一年四季和每天的日升日落会使太阳的光照角度时时刻刻都在变化，采用太阳跟踪控制系统，可将太阳能电池板时刻正对太阳，使其发电效率达到最佳状态。

太阳能光伏电源系统有离网型(独立运行系统)和并网型两种。并网型光伏电源系统是与电网相连并向电网输送电力的光伏电源系统，可带蓄电池或不带蓄电池。带有蓄电池的并网型光伏电源系统具有可调度性，可以根据需要并入或退出电网，还具有备用电源的功能，当电网因故停电时可紧急供电。带有蓄电池的并网型光伏电源系统常常安装在民用建筑上，不带蓄电池的并网型光伏电源系统不具备可调度性和备用电源的功能，一般安装在较大型的系统上。

虽然光伏电源系统与常规发电相比有技术条件的限制，如投资成本高、系统运行的随机性等，但由于它利用的是可再生的太阳能，因此其前景依然被看好。

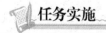 **任务实施**

步骤1：学生分组，每小组4～5人。

步骤2：强调纪律和操作规范。

步骤3：任务实施。

常用仪表及其使用

一、万用表

万用表是一种多用途的测量仪表，常用来测量直流电流、直流电压、交流电压和电阻等，其外形结构及操作步骤如下。

1. 使用前(图1-39)

(1)万用表应水平放置；

(2)万用表指针不在"零"位时，可以利用螺钉旋具对机械零位调整器进行调整，使指针指在"零"刻度线上。

2. 使用中

(1)测量电压电流(图1-40)。

1)红表笔要插入正极(+)插孔，黑表笔插入负极(一)插孔。

2)根据被测电压、电流的大小，把转换开关转至电压、电流挡的适当量程位置上。要注意交流电压与直流电压的区别。

3)测量电压时，要将万用表并联在被测量电路的两端，如图1-40(a)所示；

4)测量电流时，要将万用表串联在被测量电路中，如图1-40(b)所示。

(2)测量电阻阻值(图1-41)。

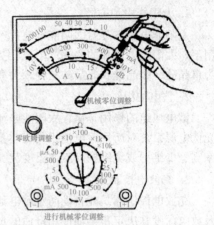

图 1-39 万用表使用前状态

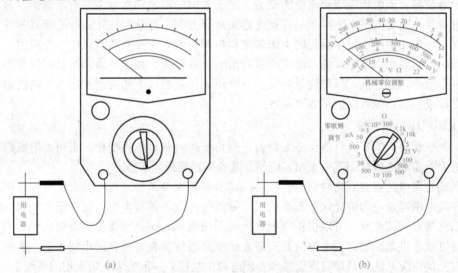

(a)   (b)

图 1-40 万用表测量电压电流

(a)用万用表测量直流电压；(b)用万用表测量直流电流

1)根据被测电阻的大小，将选择开关拨到欧姆挡的适当挡位上(如 R×1、R×10、R×100、R×1 kΩ)，如图1-41(a)所示。量程选择的原则：要使指针尽可能处于中心刻度线的附近，因为这时的误差最小。

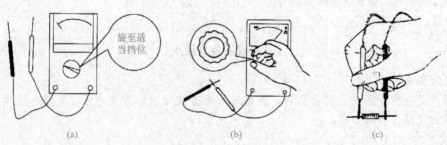

(a)   (b)   (c)

图 1-41 万用表测量电阻阻值

(a)选择适当挡位；(b)机械调零；(c)测量阻值

2)将红、黑表笔短接，如万用表指针不能满偏(表针不能偏转到零欧姆位置)，可进行"欧姆调零"，如图1-41(b)所示。

3)将被测电阻同其他元器件或电源脱离，单手持表棒并跨接在电阻两端，如图1-41(c)所示。

4)读数时，应先根据表针所在位置确定最小刻度值，再乘以倍率，即电阻的实际阻值。例如，指针指示的数值是50，若选择的量程为R×10，则测得的电阻值为500 Ω。

3. 使用后(图1-42)

(1)将选择开关拨到OFF或最高电压挡，防止下次开始测量时不慎烧坏万用表。

(2)长期搁置不用时，应将万用表中的电池取出。

(3)平时万用表要保持干燥、清洁，严禁振动和机械冲击。

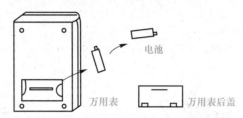

图1-42　万用表使用后状态

二、兆欧表

兆欧表又称"摇表"。它的用途很广泛，不但可以测量高电阻，而且可以用来检测电设备和电气线路的绝缘程度。兆欧表外形及测量电动机(绝缘程度)的方法如下。

1. 使用前

(1)放置要求。

兆欧表有3个接线端子(线路"L"端子、接地"E"端子、屏蔽"G"端子)。三个接线端应按照测量对象来选用。兆欧表应放置在平稳的地方，以免在摇动手柄时，因表身抖动和倾斜产生测量误差(图1-43)。

(2)开路试验。

先将兆欧表的两接线端分开，再摇动手柄。正常时，兆欧表指针应指向"∞"(图1-44)。

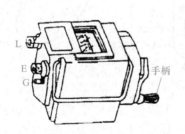

图1-43　兆欧表使用前放置要求

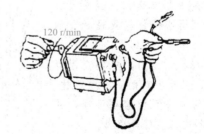

图1-44　兆欧表使用前开路试验

(3)短路试验。

先将兆欧表的两接线端接触，再摇动手柄。正常时，兆欧表指针应指向"0"(图1-45)。

2. 使用中

(1)对地绝缘性能。用单股导线将"L"端和设备(如电动机)的待测部位连接，"E"端接设备(如电动机)外壳(图1-46)。

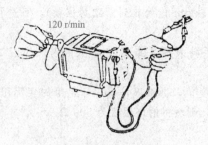
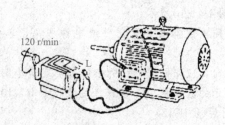

图 1-45　兆欧表使用前短路试验　　　图 1-46　兆欧表使用中对地绝缘性能试验

（2）绕组间绝缘性能。用单股导线将"L"端和"E"端与设备（如电动机两绕组）的接线端相连接（图 1-47）。

3. 使用后

将"L""E"两导线短接，对兆欧表放电，以免发生触电事故（图 1-48）。

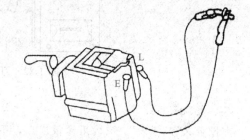

图 1-47　兆欧表使用中绕组间绝缘性能试验　　　图 1-48　兆欧表使用后放电操作

三、钳形电流表

钳形电流表（图 1-49）是一种在不断开电路的情况下测量交流电流的专用仪表，其外形结构及操作步骤如下。

机械调零：使用前，检查钳形电流表的指针是否指向零位。若发现没指向零位，可用小螺钉旋具轻轻旋动机械调零钮，使指针回到零位上。

清洁钳口：测量前，要检查钳口的开合情况，以及钳口面上有无污物。若钳口面有污物，可用溶剂洗净，并擦干；若有锈斑，应轻轻擦去。

选择量程：测量时，应将量程选择旋钮置于合适位置，使测量时指针偏转后能停在精确刻度上，以减少测量的误差。

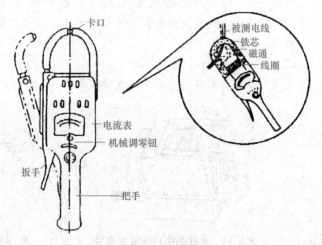

图 1-49　钳形电流表外形结构

测量数值：紧握钳形电流表把手和扳手，按动扳手打开钳口，将被测线路的一根载流电线置于钳口内中心位置，再松开扳手使两口表面紧紧贴合，将表放平，然后读数，即测得电流值。

高挡存放：测量完毕，退出被测电线，将量程选择旋钮置于高程挡位上，以免下次使用时不慎损伤仪表。

四、电能表

电能表又称电度表、千瓦小时表，俗称"火表"，是计量线路中用电器所消耗的电量(单位：kW·h)的仪表。图1-50所示为最常用的一种电能表。

1. 电能表的结构

电能表按其用途分为有功电能表和无功电能表两种，按结构分为单相表和三相表两种。电能表的种类虽不同，但其结构是一样的。它都有驱动元件、转动元件、制动元件、计数机构、支座和接线盒6个部件。交流单相电能表的结构，如图1-51所示。

图1-50　常用的单相电能表

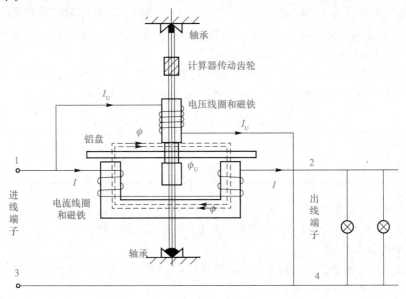

图1-51　交流单相电能表的结构

(1)驱动元件。驱动元件有两个电磁元件，即电流元件和电压元件。转盘下面是电流元件，由铁芯及绕在上面的电流线圈组成。电流线圈匝数少、线径粗，与用电设备串联。转盘上面部分是电压元件，由铁芯及绕在上面的电压线圈组成。电压线圈匝数多、线径细，与照明线路的用电器并联。

(2)转动元件。转动元件由铝制转盘及转轴组成。

(3)制动元件。制动元件是一块永久磁铁，在转盘转动时产生制动力矩，使转盘转动的转速与用电器的功率大小成正比。

(4)计数机构。计数机构由蜗轮杆齿轮机构组成。

(5)支座。支座用于支承驱动元件、制动元件和计数机构等部件。

(6)接线盒。接线盒用于连接电能表内外线路。

2. 电能表的安装和使用要求

(1)电能表应按设计装配图规定的位置进行安装，不能安装在高温、潮湿、多尘及有腐蚀气体的地方。

(2)电能表应安装在不易受震动的墙上或开关板上，离墙面以不低于1.8 m为宜。这样不仅安全，而且便于检查和"抄表"。

（3）为了保证电能表工作的准确性，电能表必须严格垂直装设。若有倾斜，会发生计数不准或停走等故障。

（4）接入电能表的导线中间不应有接头。接线时接线盒内螺钉应拧紧，不能松动，以免接触不良而引起发热。配线应整齐美观，尽量避免交叉。图 1-52 所示是交流感应式电能表的接线示意。

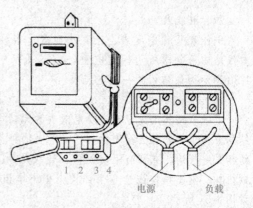

图 1-52　交流感应式电能表接线示意

（5）电能表在额定电压下，当电流线圈无电流通过时，铝盘的转动不超过一转，功率消耗不超过 1.5 W。根据实践经验，一般 5 A 的单相电能表无电流通过时每月耗电不到 1 kW·h。

（6）电能表装好后，打开电灯，电能表的铝盘应从左向右转动。若铝盘从右向左转动，说明接线错误，应把相线（火线）的进、出线调接一下。

（7）单相电能表的选用必须与用电器总功率相适应。在 20 V 电压的情况下，根据公式 $P = UI\cos\phi$ 可以算出不同规格的电能表可装用电器的最大功率，见表 1-6。

表 1-6　不同规格电能表可装用电器的最大功率

电能表的规格/A	3	5	10	20	25	30
可装用电器最大功率/W	660	1 100	2 200	4 400	5 500	6 600

由于用电器不一定同时使用，因此，在实际使用中，电能表应根据实际情况加以选择。

（8）电能表在使用时，电路不允许短路及过载（不超过额定电流的 125%）。

3. 电能表的接入方式

电能表分为单相电能表和三相电能表，都有两个回路，即电压回路和电流回路，其连接方式有直接接入方式和间接接入方式。

（1）电能表的直接接入方式。在低压较小电流线路中，电能表可采用直接接入方式，即电能表直接接入线路上，如图 1-53 所示。电能表的接线图一般粘贴在接线盒盖的背面。

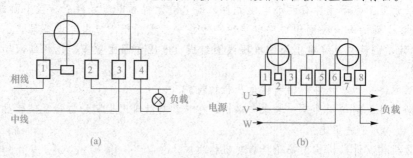

(a)　　　　　　　　　　　　　　　　(b)

图 1-53　电能表的直接接入方式的接线

（a）单相电能表直接接入式；（b）三相电能表直接接入式

（2）电能表的间接接入方式。在低压大电流线路中，若线路负载电路超过电能表的量程，须经电流互感器将电流变小，即将电能表以间接接入方式接在线路上，如图 1-54 所示，在计算用电量时，只要把电能表上的耗电数值，乘以电流互感器的倍数，就是实际耗电量。

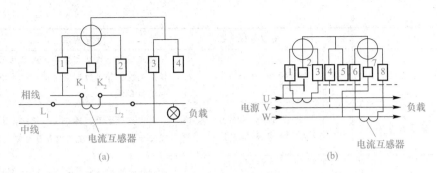

图 1-54 电能表的间接接入方式的接线

(a)单相电能表电流互感器接入接线；(b)三相电能表电流互感器接入接线

步骤 4：小组经过讨论确定任务结果，每小组由中心发言人陈述，经过全体同学讨论，确定正确结果并填写任务总结。

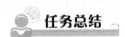**任务总结**

课程认知记录表见表 1-7。

表 1-7 课程认知记录表

班级		姓名		学号		日期	
收获 与体会	谈一谈：同学们可通过上网或查阅资料，了解常用工具、常用仪表的规格、型号和价格等情况。						
评价意见	评定人	评价、评议、评定意见			等级		签名
	自己评价						
	同学评议						
	老师评定						
注：该践行学分为 5 分，记入本课程总学分(150 分)中，若结算分为总学分的 95% 以上，则评定为考核"合格"。							

项目评价

序号	考核点	分值	建议考核方式	考核标准	得分
1	掌握实训规章制度	15	教师评价（50%）+互评（50%）	规章制度中随机抽出 15 条，错误一处扣 1 分	
2	掌握维修用具的使用	15	教师评价（50%）+互评（50%）	能正确进行工具使用，根据正确率和熟练程度给出成绩	
3	掌握测量仪表的使用	15	教师评价（50%）+互评（50%）	能正确进行仪表使用，根据正确率和熟练程度给出成绩	

序号	考核点	分值	建议考核方式	考核标准	得分
4	项目报告	10	教师评价(100%)	格式标准，内容完整，详细记录项目实施过程并进行归纳总结，一处不合格扣2分	
5	职业素养	5	教师评价（30%）＋自评（20%）＋互评(50%)	工作积极主动，遵守工作纪律，遵守安全操作规程，爱惜设备与器材	
6	练习与思考	40	教师评价(100%)	对相关知识点掌握牢固，错一题扣1分	
	完成日期		年　月　日	总分	

项目小结

通过本项目的学习，学生了解了电力系统和工厂供电的概念，掌握了船厂供电系统的有关知识，包括发电厂简介、船厂供电系统概况等，了解了分布式电源，通过对实训规章制度的学习，以及对相关用具和仪表的使用学习、初步接线，学生对船厂供电系统的运行与维护有了初步的印象，也为后续内容的学习打下了基础。

练习与思考

一、填空题

1. 由发电厂、变电所、电力线路和电能用户组成的统一整体，称为（　　）。电力系统加上热能动力装置和水能动力装置及其他能源动力装置，称为（　　）。电力系统中由各级电压的输配电线路和变电所组成的部分称为（　　），简称电网。

2. 发电厂按其利用的能源不同，主要分为（　　）、火力发电和核能发电。

3. 变电所的功能是（　　）、（　　）和（　　）。

4. 电力线路完成（　　）电能和（　　）电能的任务。

5. 通常将电压在220 kV及以上的电力线路称为（　　）线路，110 kV及以下的电力线路称为（　　）线路。

6.（　　）配电线路一般作为城市配电干线和特大型企业的供电线路，（　　）配电线路主要为城市主要配网及大中型企业的供电线路，（　　）以下的低压配电线路一般作为城市和企业的低压配网。

7. 电能用户包括所有消耗电能的用电设备或用电单位，（　　）是用户或用电设备的总称。

8.（　　）是指工厂所需电能的供应与分配，也称工厂配电。

9. 工厂供电的基本要求：（　　）、（　　）、（　　）、（　　）、（　　）。

10. 工厂供电系统是电力系统的重要组成部分，也是电力系统的最大电能用户。它由（　　）、（　　）、（　　）、（　　）及（　　）组成。

11. 船厂的用电设备既有高压的（　　），又有低压的（　　），而船厂降压变电所从电力系统接受的是（　　）高压电能。

12. 一般来说，大型船厂均设立企业总降压变电所，把(　　)电压降为(　　)电压向车间变电所配电。

13. 分布式电源采用的技术主要有(　　)、(　　)、(　　)、(　　)、(　　)。

14. 光伏电源系统由(　　)、(　　)、(　　)、(　　)、(　　)、(　　)等设备组成。

二、选择题

1. 电能生产输送、分配及应用过程在(　　)进行。

　　A. 不同时间　　　　B. 同一时间　　　　C. 同一瞬间　　　　D. 以上都不对

2. 总的来看，电能从生产到应用需要经过(　　)几个步骤。

　　A. 送电→升压→输送→降压→分配→使用

　　B. 发电→降压→输送→升压→分配→使用

　　C. 发电→升压→输送→降压→分配→使用

　　D. 以上都不对

3. 下列四个概念中，(　　)包含的范围最大。

　　A. 区域网　　　　　B. 地方网　　　　　C. 工厂供电系统　　D. 电力系统

4. 车间变电所将(　　)高压配电电压降为 380/220 V(或 660 V)，对低压用电设备供电。对车间的高压用电设备，则可直接通过车间变电所的母线供电。

　　A. 6～10 kV　　　　B. 7～10 kV　　　　C. 5～12 kV　　　　D. 8～12 kV

5. 在船厂内，为了减轻大型电动机启动引起的电压波动对照明的影响，照明线路和动力线路(　　)架设为好。

　　A. 合并　　　　　　B. 分别　　　　　　C. 时分时合　　　　D. 以上都不对

三、简答题

1. 火力发电站、水电站及核电站的电力生产和能量转换过程有何异同？

2. 什么是分布式电源？它与一般中小型燃煤电厂有何区别？

项目二　电力电网的认识(输电部分)

📜 项目描述

电能生产出来后要经过运输才能到达船厂，那么，电能是如何运输的呢？本项目主要讲述输电的内容，首先讲述电力系统的额定电压，接着讲述电力系统的中性点接地运行方式，最后讲述现在正在兴建的特高压输电。

📜 项目分析

首先对项目的构成进行了解，掌握电力系统额定电压的概念和计算，掌握电力系统的中性点接地运行方式，了解特高压输电，并能正确进行电力系统额定电压选择，能够使用各种测量仪表并掌握三相电能表的接线。

📜 相关知识和技能

1. 相关知识
(1)会计算电力系统的额定电压；
(2)了解船厂额定电压的选择；
(3)能分析电力系统的中性点接地运行方式；
(4)了解特高压输电。
2. 相关技能
(1)能够认识电力用户供配电电压选择规则；
(2)能够认识电力系统及接地方式；
(3)能够初步学会低压验电笔的使用，能够正确进行三相电能表的接线。

任务一　电力系统的额定电压

🧰 任务目标

1. 知识目标
(1)掌握电力系统的额定电压；
(2)了解船厂额定电压的选择。
2. 能力目标
(1)能够准确计算出电力系统的额定电压；
(2)能够掌握电力用户供配电电压选择规则。
3. 素质目标
(1)培养学生在工具操作过程中的安全用电、文明操作意识；
(2)培养学生团队的协作意识和吃苦耐劳精神。

任务分析

本任务的最终目的是学会电力系统的额定电压计算和选择。为了学会电力系统的额定电压，就必须掌握电力系统的额定电压选择规律，同时要了解船厂额定电压的选择；为了学会电力系统的额定电压的选择，就必须学会计算电力系统的额定电压和认识电力用户供配电电压选择规则。

知识准备

通过项目一的学习，我们知道了电能是怎样产生的，生产出来的电能并不能直接使用，需要先传输，电能是如何传输的呢？如前文所讲，电力系统中各级电压的电力线路及与其连接的变电所，称为电力网，简称电网(图2-1)，电力网是电力系统的一部分，也是输电线路和配电线路的统称，是输送电能和分配电能的通道，本项目将讲述一些有关电网的知识。

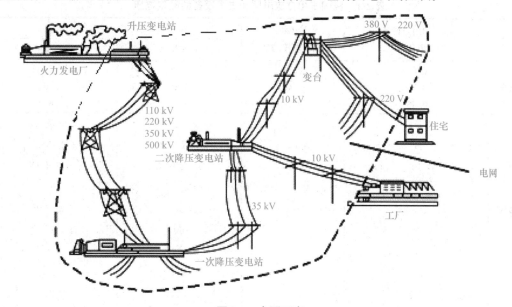

图 2-1　电网示意

用电设备使用的电能最终来自发电厂，那么，为什么要构成一个电力网络，而不是由单个发电厂直接向电能用户提供电能呢？

1. 实现经济运行

(1)一次能源运输困难，就地建厂；

(2)充分利用发电厂的季节优势。

2. 提高供电可靠性

提高供电可靠性的目的是使电厂不会因个别发电机故障或检修而导致对用户停电。

3. 提高设备利用率

系统内的设备互为备用可以提高设备利用率。

电网由各种不同电压等级和不同结构类型的线路组成，按电压的高低可将电力网分为低压网、中压网、高压网和超高压网等。其中，电压在1 kV以下的称为低压网；1 kV到10 kV的称为中压网；高于10 kV低于330 kV的称为高压网；330 kV以上的称为超高压网，而特高压是指800 kV及以上的直流电和1 000 kV及以上的交流电，它是目前全世界最先进的输电技术。

在我国，主要的大型电网有华北电网、东北电网、华东电网、华中电网、南方电网、西北电网等。

一、电力系统的额定电压

为使电力工业和电工制造业的生产标准化、系列化和统一化，世界上的许多国家和有关国际组织都制定了关于额定电压等级的标准。

电气设备的额定电压是国家根据国民经济发展的需要、技术经济的合理性以及电机电器制造工业的水平等因素确定的。电力系统的额定电压包括电力系统中各种发电、供电、用电设备的额定电压。我国规定的三相交流电网和电力设备常用的额定电压，见表2-1。

表 2-1　我国三相交流电网和电力设备的额定电压

分类	电网和用电设备额定电压/kV	发电机额定电压/kV	电力变压器额定电压/kV	
			一次绕组	二次绕组
低压	0.22	0.23	0.22	0.23
	0.38	0.40	0.38	0.40
	0.66	0.69	0.66	0.69
高压	3	3.15	3 及 3.15	3.15 及 3.3
	6	6.3	6 及 6.3	6.3 及 6.6
	10	10.5	10 及 10.5	10.5 及 11
	—	13.8、15.75、18、20	13.8、15.75、18、20	—
	35	—	35	38.5
	60	—	60	66
	110	—	110	121
	154	—	154	169
	220	—	220	242
	330	—	330	363
	500	—	500	550

1. 电网和用电设备的额定电压

电网（线路）的额定电压只能选用国家规定的额定电压，它是各类电气设备额定电压的基本依据。

当线路输送功率时，沿线路的电压分布通常是首端高于末端。例如，在图2-2中，沿线段 ab 的电压分布如直线 U_a-U_b 所示。从而，图中用电设备 1～6 的端电压将各不相同。所谓线路的额定电压 U_N，实际就是线路的平均电压 $(U_a+U_b)/2$，而各用电设备的额定电压则取与同级线路的额定电压相等，使所有用电设备能在接近它们的额定电压的电压下运行。

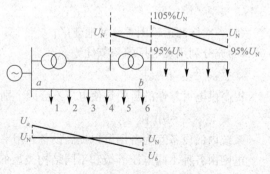

图 2-2　电网中的电压分布

2. 发电机的额定电压

发电机的额定电压为线路额定电压的 105%。这是由于用电设备的允许电压偏移为 ±5%，而沿线路的电压降落一般为 10%，这就要求线路首端电压为额定值的 105%，以使其末端电压不低于额定值 95%，以保证用电设备的工作电压偏移均不会超出允许范围。发电机往往接在线路首端，因此，发电机的额定电压为线路额定电压的 105%。

3. 变压器的额定电压

变压器的一次绕组是接受电能的，相当于用电设备。连接在线路上的变压器一次绕组的额定电压应等于用电设备额定电压，即等于线路额定电压；直接和发电机相连的变压器一次绕组的额定电压应等于发电机额定电压。

变压器的二次绕组是向负荷供电的，相当于供电电源。从表 2-1 可以看出，其额定电压一般要比线路额定电压高出 10%。这是由于，变压器二次绕组的额定电压规定为空载时的电压，而额定负荷下变压器内部的电压降落约为 5%，为使正常运行时变压器二次侧电压比线路额定电压高 5%，变压器二次绕组额定电压应比线路额定电压高 10%。

但在 3 kV、6 kV、10 kV 电压时，如采用短路电压小于 7.5% 的配电变压器，由于变压器的电压降落较小，则变压器二次绕组的额定电压只需高出线路额定电压 5%；如果配电线路较短，线路的电压降落可忽略不计，变压器二次绕组的额定电压也仅高出线路额定电压 5% 即可。

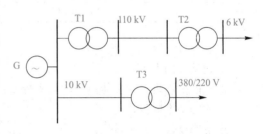

图 2-3　例 2-1 图

【例 2-1】 如图 2-3 所示，线路当中有发电机 G，变压器 T1、变压器 T2 和变压器 T3，各段线路的电压如图 2-3 所示，求 G、T1、T2、T3 的额定电压。

解：发电机 G 的额定电压　$U_G = 10 \times 105\% = 10.5(kV)$

变压器 T1 一次侧额定电压　$U_{T11} = U_G = 10.5(kV)$

变压器 T1 二次侧额定电压　$U_{T12} = 110 \times 110\% = 121(kV)$（线路比较长，损耗按 10% 算）

变压器 T2 一次侧额定电压　$U_{T21} = 110(kV)$

变压器 T2 二次侧额定电压　$U_{T22} = 6 \times 105\% = 6.3(kV)$（线路相对短，损耗按 5% 算）

变压器 T3 一次侧额定电压　$U_{T31} = 10(kV)$

变压器 T3 二次侧额定电压　$U_{T32} = 0.38 \times 105\% \approx 0.4(kV)$

二、船厂额定电压的选择

一般来说，提高供电电压能减少电能损耗，提高电压质量，节约有色金属，但增加了线路及设备的投资费用。

1. 额定电压选择考虑的因素

额定电压的选择通常要考虑以下几个因素：

(1) 负荷大小和距离电源远近对供电电压的选择有很大关系。某一供电电压，必然有它所对应的最合理的供电容量和供电距离。如果导线的截面是按照电流经济密度选择的，根据计算证明：当电压一定时，能量损耗与有色金属量的消耗都和负荷距离成正比。根据不同电压推荐的输送功率和输送距离见表 2-2。

表 2-2　各级电压电力线路合理的输送功率和输送距离

线路电压/kV	线路结构	输送功率/kV	输送距离/km
0.38	架空线	≤100	≤0.25
0.38	电缆线	≤175	≤0.35
6	架空线	≤2 000	3~10
6	电缆线	≤3 000	≤8
10	架空线	≤3 000	5~15
10	电缆线	≤5 000	≤10
35	架空线	2 000~15 000	20~50
60	架空线	3 500~30 000	30~100
110	架空线	10 000~50 000	50~150
220	架空线	100 000~500 000	100~300
330	架空线	200 000~800 000	200~600
500	架空线	1 000 000~1 500 000	150~850
750	架空线	2 000 000~2 500 000	500 以上

(2)供电电压还与下列因素有关。

1)导线截面的大小;

2)船厂的生产班次和负荷曲线的均衡程度;

3)负荷的功率因数;

4)电价制度;

5)折旧等费用在设计时占投资额的百分比;

6)国家规定的还本年限;

7)是否有大型用电设备,如炼钢、轧钢及其他大型整流设备等。

根据上述这些复杂的条件,选择供电电压显然不可能用一个简单的公式圆满地概括。但有一点是很明显的,那就是在设计时尽量减少中间变压等级,就会取得较好的经济效益。

(3)地区的原有电压对船厂供电电压的选择起了极严格的限制作用。其实,船厂能够自己比较和决定的可能性不大,只有在下述情况下才有可能:

1)本地区有两个不同的供电电压,而且都具备对船厂供电的可能性;

2)由于建造和改造大型企业致使地区电网需要改建时,可将地区电网的改建与企业供电系统统一考虑;

3)船厂自备电厂与系统连接时。

2. 高压配电电压的选择

输配电网络额定电压的选择在规划设计时又称电压等级的选择,它是关系到供电系统建设费用的高低、运行是否方便、设备制造是否经济合理的一个综合性问题,因而是较为复杂的。

在输送距离和传输容量一定的条件下,如果所用的额定电压越高,则线路上的电流越小,相应线路上的功率损耗、电能损耗和电压损耗也就越小,并且可以采用较小截面的导线以节约有色金属。但是电压等级越高,线路的绝缘越要加强,杆塔的几何尺寸也要随导线之间的距离和导线对地之间的距离增加而增大。这样,线路的投资和杆塔的材料消耗就要增加,同样,线路两端的升压、降压变电所的变压器及断路器等设备的投资也要随电压的增高而增大。因此,采用过高的额定电压并不一定恰当。一般说来,传输功率越大,输送距离越远,则选择较高的电压等级就比较有利。

船厂供电系统的高压配电电压，主要取决于当地供电电源电压及企业高压用电设备的电压、容量和数量等因素。用电设备容量在 250 kW 或需要变压器容量在 160 kV·A 以上者，应以高压方式供电；用电设备容量在 250 kW 或需要变压器容量在 160 kV·A 以下者，应以低压方式供电，特殊情况下也可以高压方式供电。表 2-2 可作为选择高压配电电压时的参考。

事实上，对于一般没有高压用电设备的小型船厂，设备容量在 100 kW 以下，输送距离在 600 m 以内，可选用 380/220 V 电压供电。对于中小型船厂，设备容量为 100～2 000 kW，输送距离为 4～20 km，可采用 6～10 kV 电压供电。对于中大型船厂，设备容量为 2 000～50 000 kW，输送距离为 20～150 km，可采用 35～110 kV 电压供电。

船厂内部采用的高压配电电压通常是 6～10 kV。从技术经济指标来看，最好采用 10 kV。由表 2-2 所列各级电压线路合理的输送距离可以看出，采用 10 kV 电压较采用 6 kV 电压更适应于发展，输送功率更大，输送距离更远。而实际使用的 6 kV 开关设备的型号规格与 10 kV 的基本相同，因此采用 10 kV 电压等级后，在开关设备的投资方面也不会比采用 6 kV 电压等级有多少增加。另外，从供电的安全性和可靠性来说，6 kV 与 10 kV 也差不多。但是，如果船厂拥有相当数量的 6 kV 用电设备，或者供电电源电压就是 6 kV（例如船厂直接从相邻发电厂的 6.3 kV 母线取得电能），则可考虑采用 6 kV 电压作为船厂的高压配电电压。

如果当地的电源电压为 35 kV，而厂区环境条件和设备条件又允许采用 35 kV 架空线路和较经济的电气设备时，则可考虑采用 35 kV 作为高压配电电压直接深入船厂各车间负荷中心，并经车间变电所直接降为低压用电设备所需的电压。但是必须考虑安全走廊，以确保供电安全。

3. 低压配电电压的选择

船厂的低压配电电压一般采用 380/220 V，其中线电压 380 V 接三相动力设备及 380 V 的单相设备，相电压 220 V 接一般照明灯具及其他 220 V 的单相设备。

采矿、石油和化工等少数部门，因负荷中心往往离变电所较远，为保证负荷端的电压水平常采用 660 V，甚至 1 140 V 或 2 000 V 等较高电压配电。

采用高于 380 V 的低压配电电压，不仅可以减少线路的电压损失和电能损耗，减少线路的有色金属消耗量和初投资，还可以增加配电半径，减少变电点，简化船厂供配电系统，具有明显的经济效果，是节电的有效措施之一。

📋 任务实施

步骤 1：学生分组，每小组 4～5 人。

步骤 2：强调纪律和操作规范。

步骤 3：任务实施。

电力用户供配电电压选择规则认识

一、电力用户供电电压的选择

电力用户供电电压的选择，主要取决于当地供电企业供电的电压等级，同时要考虑用户用电设备的电压、容量及供电距离等因素。《供电营业规则》规定：供电企业供电的额定电压，低压有单相 220 V，三相 380 V；高压有 10 kV、35 kV、66 kV、110 kV、220 kV 等。并规定：除发电厂直接配电，采用 3 kV 或 6 kV 外，其他等级的电压应逐步过渡到上述额定电压。如用户需要的电压等级不在上列范围，应自行采取变压措施解决。用户需要的电压等级在 110 kV 及以上时，其受电装置应作为终端变电所设计，其方案须经省电网经营企业审批。电力用户的用电设备容量在 100 kW 及以下，或需用变压器容量在 50 kV·A 及以下时，一般宜采用低压三相四线制供电；但特殊情况（例如供电点距离用户太远时）也可采用高压供电。

二、电力用户高压配电电压的选择

电力用户高压配电电压的选择，主要取决于该用户高压用电设备的电压、容量和数量等因素。当用户的供电电源电压为 10 kV 及以上时，用户的高压配电电压一般应采用 10 kV。当用户用电设备的总容量较大，且选用 6 kV 较经济合理时，特别是可取得附近发电厂的 6 kV 直配电压时，可采用 6 kV 电压作为高压配电电压。如果用户 6 kV 用电设备不多，则仍应采用 10 kV 电压作为高压配电电压，而对 6 kV 设备通过专用的 10/6.3 kV 变压器单独供电。如果用户有 3 kV 的用电设备，则应通过专用的 10/3.15 kV 变压器供电。当用户的供电电压为 35 kV 时，为了减少用户供配电系统的变压级数，如果安全要求允许，且技术经济合理时，也可考虑采用 35 kV 电压作为用户的高压配电电压，即高压深入负荷中心的配电方式。

三、电力用户低压配电电压的选择

电力用户的低压配电电压，通常采用 220/380 V，其中线电压 380 V 用来接三相电力设备及额定电压为 380 V 的单相设备，而相电压 220 V 用来接额定电压为 220 V 的单相设备和照明灯具。但某些场合它采用 660 V 甚至更高的 1 140 V 作为低压配电电压。例如在矿井下，因负荷往往离变电所较远，为保证远端负荷的电压水平，宜采用 660 V 或 1 140 V 的电压。采用较高的电压配电，不仅可减少线路的电压损耗，保证远端负荷的电压水平，而且能减小导线截面和线路投资，增大供电半径，减少变电点，简化供配电系统，因此提高低压配电电压的经济价值，也是节电的一项有效措施。但是将 380 V 升压为 660 V，需电器制造部门全面配合，我国目前尚有困难。

步骤 4：小组经过讨论确定任务结果，每小组由中心发言人陈述，经过全体同学讨论，确定正确结果并填写任务总结。

 **任务总结**

课程认知记录表见表 2-3。

表 2-3　课程认知记录表

班级		姓名		学号		日期	
收获与体会	谈一谈：通过学习本次课，你有什么心得体会？						
评价意见	评定人	评价、评议、评定意见			等级		签名
	自己评价						
	同学评议						
	老师评定						

注：该践行学分为 5 分，记入本课程总学分(150 分)中，若结算分为总学分的 95% 以上，则评定为考核"合格"。

任务二　电力系统的中性点接地运行方式

任务目标

1. 知识目标

(1) 了解电力系统的中性点运行；

（2）掌握电力系统的中性点接地方式。

2. 能力目标

（1）准确识读电力系统接线图；

（2）准确识读电力系统接地方式。

3. 素质目标

（1）培养学生在工具操作过程中的安全用电、文明操作意识；

（2）培养学生的团队协作意识和吃苦耐劳精神。

微课：电力系统的中性点
接地运行方式

📋 任务分析

本任务的最终目的是掌握电力系统的中性点接地运行方式的原理与选择，为了掌握其原理就必须了解电力系统的中性点运行，掌握电力系统的中性点接地方式，为了能够选择电力系统中性点运行方式，就必须要掌握电力系统接线图和电力系统接地方式。

📚 知识准备

一、电力系统的中性点运行

电力系统中性点是指星形连接的发电机和变压器的中性点，它的运行方式对电力系统的运行，特别是在系统发生单相接地故障时有明显的影响，而且影响系统二次侧保护装置及监视、测量系统的选择与运行，因此有必要予以充分的重视和研究。

电力系统中性点运行方式有三种，即中性点不接地运行方式、中性点经阻抗（通常是经消弧线圈）接地运行方式、中性点直接接地或经低电阻接地的运行方式。前两种系统在发生单相接地故障时的接地电流较小，因此又统称为小接地电流系统；后一种系统在发生单相接地故障时形成单相接地短路，电流较大，因此称为大接地电流系统。

二、中性点不接地的电力系统

中性点不接地的电力系统正常时的电路图如图 2-4 所示。图中三相交流的相序代号统一采用 A、B、C。由电工基础知，三相线路的相间及相与地间都存在着分布电容。但相间电容与这里讨论的问题无关，因此不予考虑，只考虑相与地间的分布电容，且用集中电容 C 来表示，当中性点不接地的电力系统发生单相接地时，由图 2-5 看出，系统的三个线电压没有改变，因此系统中的所有设备仍可照常运行。但是这种状态不能长此下去，以免在另一相又接地时形成两相接地短路，这将产生很大的短路电流，可能损坏线路和设备。因此这种中性点不接地系统须装设单相接地保护或装设绝缘监视装置。当系统发生单相接地故障时，发出报警信号或指示，以提醒运行值班人员注意，及时采取措施，查找和消除接地故障；如有备用线路，则可将重要负荷转移到备用线路上去。当发生单相接地故障危及人身和设备安全时，单相接地保护应动作跳闸。这种中性点不接地系统，高压多用于 3～10 kV 系统，低压则用于三相三线制的 IT 系统。

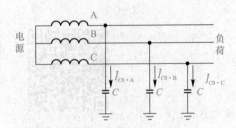

图 2-4 正常运行时的中性点不接地系统

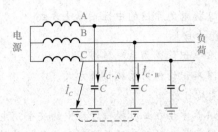

图 2-5 发生单相接地故障时的中性点不接地系统

三、中性点经消弧线圈接地的电力系统

在上述中性点不接地的系统中，有一种情况相当危险，即在发生单相接地时，如果接地电流较大，将在接地点产生断续电弧，这将使线路有可能发生谐振过电压现象。由于线路既有电阻和电感，又有对地电容，因此在系统发生单相弧光接地时，可形成一个 R-L-C 的串联谐振电路，线路上出现危险的过电压，过电压值可达相电压的 2.5～3 倍，这就有可能导致线路上绝缘薄弱处的绝缘击穿。因此在单相接地电容电流大于一定值时（3～10 kV 系统 $I_C \geqslant 30$ A、20 kV 及以上系统 $I_C \geqslant 10$ A 时），电力系统中性点宜改为经消弧线圈接地的运行方式，如图 2-6 所示，从而消除接地点的电弧，也就不致出现危险的谐振过电压现象了。

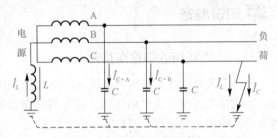

图 2-6 中性点经消弧线圈接地

中性点经消弧线圈接地的系统中发生单相接地时，与中性点不接地的系统中发生单相接地时一样，相间电压的相位和量值关系均未改变，因此三相设备仍可照常运行。但也不能长期运行，必须装设单相接地保护或绝缘监视装置，在出现单相接地故障时发出报警信号或指示，以便运行值班人员及时处理。这种中性点经消弧线圈接地的运行方式，主要用于 35～66 kV 的电力系统。

四、中性点直接接地或经低阻接地的电力系统

中性点接地系统一相接地时，出现了除中性点接地点以外的另一个接地点，构成短路回路，接地故障相电流很大，为了防止设备损坏，必须迅速切断电源，因而供电可靠性低，易发生停电事故。但这种系统上发生单相接地故障时，由于系统中性点的钳位作用，使非故障相的对地电压不会有明显的上升，因而对系统绝缘是有利的。因此 110 kV 及以上的电力系统通常都采用中性点直接接地的运行方式（图 2-7）。

各种中性点运行方式比较见表 2-4。

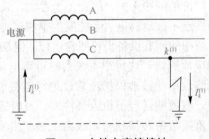

图 2-7 中性点直接接地

表 2-4 各种中性点运行方式比较

序号	中性点接地方式	中性点不接地	中性点经电阻接地	中性点经消弧线圈接地	消弧线圈并电阻接地	中性点直接接地
1	单相接地电流大小	大	大	小	小	最大

序号	中性点接地方式	中性点不接地	中性点经电阻接地	中性点经消弧线圈接地	消弧线圈并电阻接地	中性点直接接地
2	人身触电危险	大	大	减小	减小	最危险
3	单相接地过电弧	最高	低	较高	低	低
4	单相接地保护实现	容易	容易	难	较复杂	很容易
5	保护接地安全性	电容电流大时危险	电容电流大时危险	安全	安全	危险

110 kV 及以上电压等级的高压输配电网，由于绝缘问题突出，一般都采用中性点接地系统；35 kV、10 kV、6 kV 等中压供配电系统中性点不接地系统发生单相接地故障时产生的过电压对绝缘的威胁不大，由于中压系统的绝缘水平是根据更高的雷电过电压制定的，因此为提高供电可靠性，多采用中性点不接地系统；我国的 220/380 V 低压配电系统，广泛采用中性点直接接地的运行方式，而且引出有中性线(代号 N)、保护线(代号 PE)或保护中性线(代号 PEN)。

中性线(N 线)：其功能一是用来连接额定电压为系统相电压的单相用电设备，二是用来传导三相系统中的不平衡电流和单相电流，三是减小负荷中性点的电位偏差。

保护线(PE 线)：它是为保障人身安全、防止发生触电事故用的接地线。系统中所有电气设备的外露可导电部分(指正常时不带电但故障情况下可能带电的易被人身接触的导电部分，如金属外壳、金属构架等)通过 PE 线接地，可在设备发生接地故障时减少触电危险。

保护中性线(PEN 线)：它兼有 N 线和 PE 线的功能。这种 PEN 线，我国过去习惯称为"零线"。

任务实施

步骤 1：学生分组，每小组 4～5 人。

步骤 2：强调纪律和操作规范。

步骤 3：任务实施。

某市电力系统及接地方式认识

电力系统接线如图 2-8 所示。

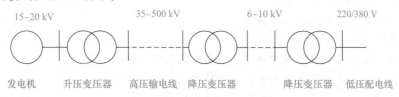

图 2-8　电力的生产与输送

电力系统接地方式以某市 6.3 kV 变电站为例，其由发电厂通过高压 66 kV 输出电能到变电站变压器一次侧，通过变压器使电压变成 6.3 kV，再通过变电站各个配出线路输送到各个供电区域。由各个供电区域变压器使电压从 6.3 kV 变为 380 V/220 V，再到用户。

(1)6.3 kV 变电站变压器应用何种接地系统？为什么用该系统？

(2)由 6.3 kV 变为 380 V/220 V 变压器用何种接地系统？为什么？

步骤 4：小组经过讨论确定任务结果，每小组由中心发言人陈述，经过全体同学讨论，确定正确结果并填写任务总结。

课程认知记录表见表 2-5。

表 2-5　课程认知记录表

班级		姓名		学号		日期	
收获 与体会	谈一谈：现在你对接地方式有了什么新的认识吗？						
评价意见	评定人	评价、评议、评定意见			等级		签名
	自己评价						
	同学评议						
	老师评定						

注：该践行学分为 5 分，记入本课程总学分(150 分)中，若结算分为总学分的 95% 以上，则评定为考核"合格"。

任务三　特高压输电

🧰 任务目标

1. 知识目标

(1)了解特高压输电的特点；

(2)掌握特高压输电的优缺点。

2. 能力目标

(1)能够准确使用低压验电笔；

(2)能够正确进行三相电能表的接线。

3. 素质目标

(1)培养学生在工具操作过程中的安全用电、文明操作意识；

(2)培养学生的团队协作意识和吃苦耐劳精神。

微课：特高压输电

📇 任务分析

本任务的最终目的是掌握特高压输电的运行与维护。为了掌握特高压输电的运行，必须了解特高压输电的特点，掌握特高压输电的优缺点；同时为了维护特高压输电系统，就要掌握其相关仪表的应用和相关器件的接线。

📖 知识准备

特高压电网，采用架空裸导线输电，是现有电网的有效补充，它共有交流 1 000 kV 和直流 ±800 kV 两种输电网络。

特高压交流输电的主要优点如下：

（1）提高传输容量和传输距离。随着电网区域的扩大，电能的传输容量和传输距离也不断增大。所需电网电压等级越高，紧凑型输电的效果越好。

（2）提高电能传输的经济性。输电电压越高输送单位容量的价格越低。

（3）节省线路走廊和变电站占地面积。一般来说，一回 1 150 kV 输电线路可代替 6 回 500 kV 线路。采用特高压输电提高了走廊利用率。

（4）减少线路的功率损耗，就我国而言，电压每提高 1%，每年就相当于新增加 500 万 kW 的电力，500 kV 输电比 1 200 kV 的线损大 5 倍以上。

（5）有利于联网，简化网络结构，减少故障率。

特高压交流输电的主要缺点是系统的稳定性和可靠性问题不易解决。1965—1984 年世界上共发生了 6 次交流大电网瓦解事故，其中 4 次发生在美国，2 次在欧洲。这些严重的大电网瓦解事故说明采用交流互联的大电网存在着安全稳定、事故连锁反应及大面积停电等难以解决的问题。特别是在特高压线路出现初期，不能形成主网架，线路负载能力较低，电源的集中送出带来了较大的稳定性问题。下级电网不能解环运行，导致不能有效降低受端电网短路电流，这些都威胁着电网的安全运行。另外，特高压交流输电对环境影响较大。

由此可见，输电线路的建设主要考虑的是经济性，而互联线路要将系统的稳定性放在第一位。在超高压交流输电方面，若在 500 kV 电压等级上采用 750 kV（最高运行电压 800 kV），有可能因两级电压相距太近，造成电磁环网多、潮流控制困难、电网损耗大等问题，而且，即使今后采用灵活交流输电技术或紧凑型输电技术，输电容量的有限增加仍难以满足电力系统长远发展的需要。综上所述，与 750 kV 交流输电相比较，特高压在大容量远距离输电和建设全国的坚强电网方面具有一定的优势，在技术和设备上并无不可逾越的难题，在建设投资和运行上也较为经济。

高压直流输电虽然输送容量大且可以非同步并网，但由于其换流站成本高、控制复杂并不适合构成电力系统的骨架。高压直流输电更适用不同区域网架之间的连接，以及远距离大容量的电力输送。而（特）高压交流系统适合作为大区域中枢，担当网架的主干。两者优势互补，各有分工。

事实上，在我国特高压电网建设中，将以 1 000 kV 交流特高压输电为主形成特高压电网骨干网架，实现各大区电网的同步互联；±800 kV 特高压直流输电则主要用于远距离、中间无落点（难以引出分支线路，换流站昂贵）、无电压支撑的大功率输电工程。

总之，特高压输电具有远距离、大容量、低损耗输送电力和节约土地资源等特点，它能把中国电网坚强地连接起来，使建在不同地点的不同发电厂（比如火电厂和水电厂之间）能互相支援和补充，工程上称为"实现水火互济，取得联网效益"；能促进西部煤炭资源、水力资源的集约化开发，降低发电成本；能满足中东部地区不断增长的电力需求，减少在人口密集、经济发达地区建火电厂所带来的环境污染；同时能促进西部资源密集、经济欠发达地区的经济社会和谐发展。

 任务实施

步骤 1：学生分组，每小组 4～5 人。

步骤 2：强调纪律和操作规范。

步骤 3：任务实施。

一、低压验电笔及其使用

低压验电笔（简称电笔）是一种用来测试导线、开关、插座等电器是否带电的工具，用于检查500 V以下导体或各种用电设备的外壳是否带电。

1. 低压验电笔的结构

低压验电笔按照其接触方式分为接触式和感应式两种，如图2-9所示。

接触式验电笔：通过接触带电体，获得电信号的检测工具。通常形状有一字螺钉旋具式，由验电笔和一字螺钉旋具两部分组成；钢笔式直接在液晶窗口显示测量数据。

感应式验电笔：采用感应式测试，无须物理接触，可检查控制线、导体和插座上的电压或沿导线检查断路位置，可以极大限度地保障检测人员的人身安全。

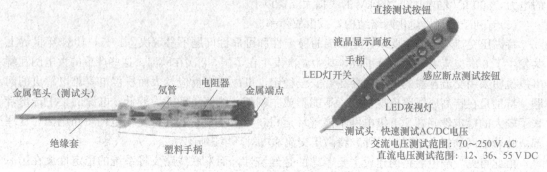

图 2-9　两种低压验电笔的结构

2. 低压验电笔的使用

低压验电笔的使用，如下所示。

(1)接触式(图2-10)。

1)对于螺钉旋具式，食指顶住电笔的笔帽端，拇指和中指、无名指轻轻捏住电笔使其保持稳定，然后将金属笔尖(测试头)插入墙上的插座面板孔或者外接的插线排插座孔中。

2)查看验电笔中间位置的氖管是否发光。发光的就是带电。如果在白天或者光线很强的地方，验电笔发光不明显，可以用手遮挡光线，谨慎观察。

(2)感应式(图2-11)。

图 2-10　接触式低压验电笔的使用

图 2-11　感应式低压验电笔的使用

1)测量接触物体时，用拇指轻轻按住直接测试按钮(DIRECT，离笔尖最远的那个)，金属笔尖(测试头)接触物体测量，即在液晶显示面板上显示测量结果。

2)测量物体内部或带绝缘皮电线内部是否有电时，用拇指轻触感应断点测试按钮(离笔尖最近的那个，INDUCTANCE)，如果测电笔显示闪电符号，就说明物体内部带电；反之，就不带电。

注意：

①使用接触式验电笔"验电"时，一定要用手按住或触碰验电笔笔帽端，否则氖管不会发光，

造成误会物品不带电。

②接触式验电笔"验电"时，手不要触及电笔的金属笔尖(测试头)，否则会造成触电。

③使用感应式验电笔"验电"时，不要同时把两个按钮(直接测试按钮、感应断点测试按钮)都按住，这样测量的结果不准确。

二、三相电能表的接线

三相电能表的接线有三相四线制和三相三线制两种方式，其接线分为直接式和间接式。

1. 直接式电能表的接线

直接式三相四线制电能表和直接式三相三线制电能表的接线图，如图2-12、图2-13所示。

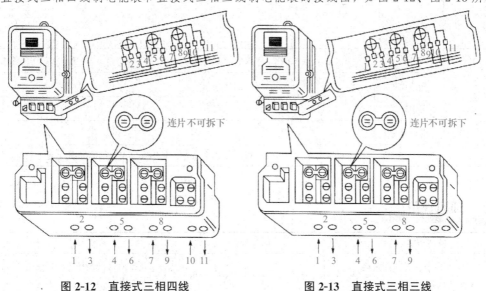

图 2-12　直接式三相四线
制电能表的接线

图 2-13　直接式三相三线
制电能表的接线

2. 间接式电能表的接线

间接式三相四线制电能表的接线图，如图2-14所示。

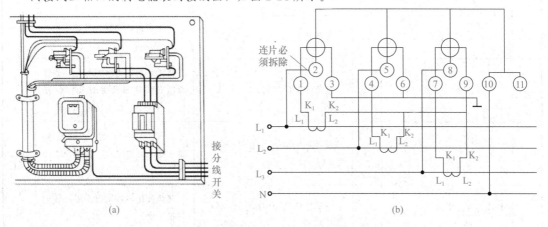

图 2-14　间接式三相四线制电能表的接线

(a)接线外形图；(b)接线原理图

步骤4：小组经过讨论确定任务结果，每小组由中心发言人陈述，经过全体同学讨论，确定正确结果并填写任务总结。

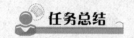 **任务总结**

课程认知记录表见表2-6。

表2-6 课程认知记录表

班级		姓名		学号		日期	
收获 与体会	谈一谈：你对验电笔的使用有什么心得？三相电能表的接线让你体会到了什么？						
评价意见	评定人	评价、评议、评定意见			等级		签名
	自己评价						
	同学评议						
	老师评定						

注：该践行学分为5分，记入本课程总学分（150分）中，若结算分为总学分的95%以上，则评定为考核"合格"。

项目评价

序号	考核点	分值	建议考核方式	考核标准	得分
1	电力用户供配电电压选择规则认识	5	教师评价(50%)＋互评(50%)	能正确说出选择规则，说错一处扣1分	
2	电力系统及接地方式认识	15	教师评价(50%)＋互评(50%)	能正确说出接地方式，说错一种扣5分	
3	低压验电笔及其使用	15	教师评价(50%)＋互评(50%)	能正确进行操作，操作错误一次扣3分	
4	三相电能表的接线	10	教师评价(50%)＋互评(50%)	能正确进行接线，错误一次扣3分	
5	项目报告	10	教师评价(100%)	格式标准，内容完整，详细记录项目实施过程并进行归纳总结，一处不合格扣2分	
6	职业素养	5	教师评价(30%)＋自评(20%)＋互评(50%)	工作积极主动，遵守工作纪律，遵守安全操作规程，爱惜设备与器材	
7	练习与思考	40	教师评价(100%)	对相关知识点掌握牢固，错一题扣1分	
完成日期		年 月 日		总分	

项目小结

通过本项目的学习，学生掌握了电力系统的额定电压，包括额定电压的计算与选择，掌握了电力系统的中性点接地运行方式，了解了特高压输电；学生学习了低压验电笔的使用以及三相电能表的接线，这为以后的动手实操打下了坚实基础。

练习与思考

一、填空题

1. 按电压的高低可将电力网分为（　　）、（　　）、（　　）和（　　）等。其中，电压在 1 kV 以下的称为（　　）；1～10 kV 的称为（　　）；高于 10 kV 低于 330 kV 的称为（　　）；330 kV 以上的称为（　　）。

2. 电力设备在（　　）下运行，其技术与经济性能最佳。

3. 用电设备的端电压一般允许在其额定电压（　　）以内变化。

4. 按规定，高压配电线路的电压损耗，一般不应超过线路额定电压的（　　）。

5. 在电力系统的内部，应尽可能地简化（　　）等级，减少（　　）层次，以节约投资与降低运行费用。

6. 变压器的额定电压为（　　）的电压值。

7. 电力系统的中性点运行方式有（　　）、（　　）和（　　）。

8. 在我国电力系统中，110 kV 以上高压系统多采用（　　）运行方式。

9. 在我国电力系统中，6～35 kV 中压系统首选（　　）运行方式。

10. 特高压电网共有（　　）和（　　）两种输电网络。

二、选择题

1. 确定额定电压的意义是（　　）。
　A. 电力系统有确定的电压
　B. 所有电器有一个额定电压
　C. 额定电压随意确定
　D. 应该经过充分论证，由国家主管部门确定

2. 某船厂有一台 10 kV、500 kW 的备用发电机组，该发电机的额定电压是（　　）。
　A. 10 kV　　　　　B. 9.5 kV　　　　　C. 11 kV　　　　　D. 10.5 kV

3. 电力变压器二次侧的额定电压比电网电压高（　　）。
　A. 2.5%　　　　　B. 5%　　　　　C. 10%　　　　　D. 5% 或 10%

4. 发电机的额定电压一般高于同级电网电压（　　）。
　A. 2.5%　　　　　B. 5%　　　　　C. 10%　　　　　D. 5% 或 10%

5. 如果本地区有两种以上可供选择的电源电压，选择供电电压的原则是（　　）。
　A. 设备多少　　　　　　　　　B. 电压高低
　C. 企业规模　　　　　　　　　D. 负荷大小和距离远近

6. 输电时，为减少电能损失，导线的截面面积应当（　　）。
　A. 减少　　　　　B. 增加　　　　　C. 都不是

7. 变压器二次侧额定电压是（　　）。
　A. 二次侧额定负载下的电压

B. 一次侧有额定电流时的电压

C. 一次侧有额定电压，二次侧有额定负载时的电压

D. 一次侧有额定电压，二次侧空载时的电压

8. 用电设备的额定电压一般与所接网络的额定电压（ ）。

A. 高 5%　　　　　B. 相同　　　　　C. 低 5%　　　　　D. 低 10%

9. 中性点经消弧线圈接地系统称为（ ）。

A. 小电流接地系统　　　　　　　B. 大电流接地系统

C. 不接地系统　　　　　　　　　D. 直接接地系统

10. 大电流接地系统指（ ）。

A. 中性点直接接地系统　　　　　B. 中性点经消弧线圈接地

C. 中性点经消电阻接地　　　　　D. 中性点不接地

11. 当电源中性点不接地的系统发生单相接地时（ ）。

A. 三相用电设备正常工作关系受到影响　　B. 设备不能照常运行

C. 设备仍能照常运行　　　　　　　　　　D. 设备内部立即短路

三、判断题

1. 电网（线路）的额定电压是始端与末端电压的算术平均值。（   ）

2. 中性点直接接地系统中，单相接地短路时，即使简单的电流保护，也具有相当高的灵敏度和可靠性。（   ）

3. 中性点直接接地系统发生单相接地即形成单相短路，必须立即断开电路。（   ）

4. 中性点不接地、中性点经消弧线圈接地两种运行方式的供电可靠性比较低。（   ）

5. 中性点不接地和经消弧线圈接地的系统，称为小电流接地系统。（   ）

四、简答题

1. 统一规定各种电气设备的额定电压有什么意义？

2. 试确定下图 2-15 中电力变压器 T_1 和 T_2 的一次、二次绕组的额定电压。

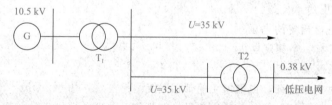

图 2-15　简答题图

3. 中性线（N 线）、保护线（PE 线）、保护中性线（PEN 线）的功能是什么？

4. 特高压交流输电的主要优点有哪些？

项目三　走进船厂变电站(变电部分)

项目描述

　　本项目首先讲述电气设备运行中的电弧问题及灭弧方法，由此提出对电气触头的基本要求。接着分别介绍高低压电器、电力变压器、互感器的结构性能及运行，最后介绍船厂变配电所的主接线图及其布置、结构和安装图等。相信通过本项目的学习，学生在知识水平、能力水平和素质水平上都会有很大的提高。

项目分析

　　首先对项目的构成进行了解，了解电气设备中的电弧问题及对触头的要求，掌握低压电器、电力变压器、互感器的结构性能及运行，学习完以上的散件后，再整体看船厂变配电所相关内容，包括船厂变配电所主接线、船厂变配电所与预装式变电站以及 GIS 组合电器，相关设备的选择、检修等，最后必须能熟练识读相关接线图。

相关知识和技能

　　1. 相关知识
　　(1)熟悉电弧的熄灭；
　　(2)掌握高压一次设备运行及其选择；
　　(3)熟悉低压一次设备结构及原理；
　　(4)掌握低压一次设备运行及其选择；
　　(5)熟悉电力变压器的结构及原理；
　　(6)掌握电力变压器的运行及其选择；
　　(7)熟悉互感器结构及原理；
　　(8)掌握互感器运行及其选择；
　　(9)熟悉船厂变配电所主接线图中设备的原理及型号；
　　(10)掌握船厂变配电所主接线图识图；
　　(11)了解船厂变配电所与预装式变电站。
　　2. 相关技能
　　(1)准确识读设备结构图；
　　(2)能够正确进行高压一次设备选择与安装；
　　(3)能够正确进行低压一次设备选择；
　　(4)能够正确进行电力变压器的选择及检查；
　　(5)能够正确进行互感器运行及其选择；
　　(6)能够正确理解船厂变配电所与预装式变电站。

任务一　船厂高压电器的运行与维护

🧰 任务目标

1. 知识目标
(1) 熟悉电弧的熄灭;
(2) 掌握高压一次设备运行及其选择。
2. 能力目标
(1) 准确识读设备结构图;
(2) 能够正确进行高压一次设备选择与安装。
3. 素质目标
(1) 培养学生在高压一次设备运行操作过程中的安全用电、文明操作意识;
(2) 培养学生在安装操作过程中的团队协作意识和吃苦耐劳精神。

🖥 任务分析

　　本任务的最终目的是让学生掌握高压电器的运行与维护。为了掌握它的运行,学生就必须熟悉高压电器的结构组成与工作原理,能够解决电气设备中的电弧问题等,而为了掌握对它的维护就必须熟练掌握它的选择原则和安装操作。

📚 知识准备

　　通过项目二的学习,我们已经把由发电厂产生的电能通过电网输送到各个地方,但是此时的电压太高,电能用户不能直接用,为了能顺利使用电能,我们需要对电网电压进行降压和分配,这个过程又是在哪里完成的呢? 这就是本项目要讲述的内容——变电站(所)。

　　船厂变配电所是船厂供配电系统的核心,在船厂中占有特别重要的地位。船厂变配电所按其作用可分为船厂变电所和船厂配电所。变电所的作用是从电力系统接受电能,经过变压器降压(通常降为 0.4 kV),然后按要求把电能分配到各车间供给各类用电设备。配电所的作用是接受电能,然后按要求分配电能。两者不同的是变电所中有配电变压器,而配电所中没有变电变压器。

　　变电站(所)按其性质和任务不同,可分为升压变电站(所)和降压变电站(所),除与发电机相连的变电站(所)为升压变电站(所)外,其余均为降压变电站(所)。变电站(所)按其地位和作用不同,又可分为枢纽变电站(所)、地区变电站(所)和企业变电站(所),如图3-1所示。

　　枢组变电站(所)位于大用电区域或大城市附近,从 220～500 kV的超高压输电网或发电厂直接受电,通过变压器把电压降为 35～

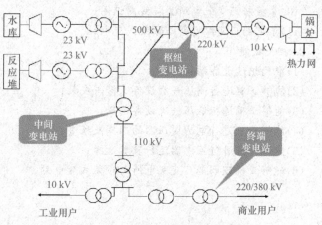

图 3-1　各种变电站位置示意

110 kV，供给该区域的用户或大型工业企业包括船厂用电，其供电范围较大。

地区变电站(所)多位于用电负荷中心，高压侧从枢纽变电所受电，经变压器把电压降到6～10 kV，对市区、城镇或农村用户供电，其供电范围较小。

船厂变电站(所)包括船厂企业总降压变电站(所)和车间变电所。

船厂企业总降压变电站(所)与地区变电站(所)相似，它是对船厂内部输送电能的中心枢纽，把35～110 kV电压降为6～10 kV电压并向车间变电所供电，供电范围由供电容量决定，一般在几千米以内，为了保证供电可靠性，船厂降压变电所多设置两台变压器，由单条或多条进线供电，每台变压器容量可从几千到几万千伏安。

车间变电所接受船厂总降压变电站(所)提供的电能，通过车间变压器将6～10 kV的高压配电电压降为220/380 V，对车间各用电设备直接进行供电，供电范围一般只在500 m以内，车间变电所一般设1～2台变压器，单台变压器的容量通常为1 000 kV·A及以下，最大不宜超过2 000 kV·A。

注意： 变电站和变电所的区别就是规模大小的不同，一般大的叫变电站，小的叫变电所；而仅用来接受电能和分配电能的场所称为配电所；仅用于将交流电流转换为直流电流或将直流电流转换为交流电流的场所称为换流站。

本项目首先介绍电气设备中电弧的产生和熄灭，然后介绍船厂供电系统变电部分用到的各种主要电气设备，如高压断路器、隔离开关、负荷开关、熔断器、电流互感器、电压互感器等。

所谓电器是器件或多个器件的组合，它能作为实现特定功能的独立单元使用。在供配电系统中使用着各种高低压电器，但是无论是高压电器还是低压电器，其主要功能都如下。

(1)通断：按工作要求来接通(关合)、分断(开断)主电路，如各种高低压断路器、高压负荷开关、低压隔离开关等。

(2)保护：对供配电系统进行过电流和过电压等保护，如高低压熔断器、低压断路器、避雷器、保护继电器等。

(3)控制：控制电路和控制系统的通断，如接触器、控制继电器、控制开关等。

(4)变换：按供配电系统工作的要求来改变电压和电流，如电压互感器、电流互感器等。

(5)调节：调节供配电系统的电压和功率因数等参数，如电压调节器、无功功率补偿装置等。

此外，为了保证供配电系统的安全可靠运行，高低压电器应满足的共性要求有安全可靠的绝缘、必要的载流能力、较高的通断能力、良好的力学性能、必要的电气寿命、完善的保护功能。

随着科学技术的进步，新技术、新材料、新工艺不断出现，高低压电器不断更新换代，目前正向着高性能、高可靠、小型化、模块化和组合化、电子化和智能化方向发展。

一、电气设备中的电弧问题及对触头的要求

电弧是电气设备运行中经常发生的一种物理现象，其特点是光亮度很强和温度很高。电弧的产生对供电系统的安全运行有很大影响。首先，电弧延长了电路开断的时间。在开关分断短路电流时，开关触头上的电弧就延长了短路电流通过电路的时间，使短路电流危害的时间延长，可能对电路设备造成更大的损坏。同时，电弧的高温可能烧损开关的触头，烧毁电气设备和导线电缆，甚至可能引起火灾和爆炸事故。此外，强烈的弧光可能损伤人的视力，严重的可致人失明。因此，开关设备在结构设计上要保证其操作时电弧能迅速地熄灭。

1. 电气设备运行中电弧的产生

(1)电弧的产生。开关触头在分断电流时之所以会产生电弧，根本的原因在于触头本身及触

头周围的介质中含有大量可被游离的电子。这样，当分断的触头之间存在足够大的外施电压的条件下，这些电子就有可能强烈电离而产生电弧。

(2)产生电弧的游离方式。

1)热电发射。当开关触头分断电流时，阴极表面由于大电流逐渐收缩集中而出现炽热的光斑，温度很高，因而使触头表面分子中外层电子吸收足够的热能而发射到触头的间隙，形成自由电子。

2)高电场发射。开关触头分断之初，电场强度很大。在这种高电场的作用下，触头表面的电子可能被强拉出来，使之进入触头间隙，也形成自由电子。

3)碰撞游离。当触头间隙存在着足够大的电场强度时，其中的自由电子以相当大的动能向阳极移动。在高速移动中碰撞到中性质子，就可能使中性质子中的电子游离出来，从而使中性质子变为带电的正离子和自由电子。这些被碰撞游离出来的带电质子在电场力的作用下，继续参加碰撞游离，结果使触头间介质中的离子数越来越多，形成"雪崩"现象。当离子浓度足够大时，介质击穿而发生电弧。

4)高温游离。电弧的温度很高，表面温度达 3 000 ℃～4 000 ℃，弧心温度可高达 10 000 ℃。在这样的高温下，电弧中的中性质子可游离为正离子和自由电子(据研究，一般气体在 9 000 ℃～10 000 ℃时发生游离，而金属蒸气在 4 000 ℃左右即发生游离)，从而进一步加强了电弧中的游离。触头越分开，电弧越大，高温游离也越显著。

以上几种游离方式的综合作用，使得触头在带电开断时产生的电弧得以维持。

2. 电弧的熄灭

(1)电弧熄灭的条件。要使电弧熄灭，必须使触头间电弧中的去游离率大于游离率，即其中离子消失的速率大于离子产生的速率。

(2)电弧熄灭的去游离方式。

1)正负带电质子的"复合"。复合就是正负带电质子重新结合为中性质子。这与电弧中的电场强度、电弧温度及电弧截面等因素有关。电弧中的电场强度越弱，电弧的温度越低，电弧的截面面积越小，则带电质子的复合越强。此外，复合与电弧所接触的介质性质也有关系。如果电弧接触的表面为固体介质，则由于较活泼的电子先使介质表面带一负电位，带负电位的介质表面就吸引电弧中的正离子而造成强烈的复合。

2)正负带电质子的"扩散"。扩散就是电弧中的带电质子向周围介质扩散，从而使电弧中的带电质子减少。扩散的原因，一是电弧与周围介质的温度差，另一是电弧与周围介质的离子浓度差。扩散也与电弧截面面积有关。电弧截面面积越小，离子扩散也越强。

上述带电质子的复合与扩散，都使电弧中的离子数减少，使去游离增强，从而有助于电弧的熄灭。

3)开关电器中常用的灭弧方法。

①速拉灭弧法。迅速拉长电弧，使弧隙的电场强度骤降，使离子的复合迅速增强，从而加速灭弧。这是开关电器最基本的一种灭弧法。

②冷却灭弧法。降低电弧温度，可使电弧中的热游离减弱，正负离子的复合增强，从而有助于电弧熄灭。

③吹弧或吸弧灭弧法。利用外力(如气流、油流或电磁力)来吹动或吸动电弧，使电弧加速冷却，同时拉长电弧从而加速灭弧。

④长弧切短灭弧法。由于电弧的电压降主要降落在阴极和阳极上，其中阴极电压降又比阳极电压降大得多，而电弧的中间部分(弧柱)的电压降是很小的。因此如果利用若干金属片(栅片)将长弧切割成若干短弧，则电弧的电压降相当于增大若干倍。当外施电压小于电弧上的电压

降时，电弧就不能维持而迅速熄灭。

⑤粗弧分细灭弧法。将粗大的电弧分散成若干平行的细小电弧，使电弧与周围介质的接触面增大，改善电弧的散热条件，降低电弧的温度，从而使电弧中离子的复合和扩散都得到增强，加速电弧的熄灭。

⑥狭沟灭弧法。使电弧在固体介质所形成的狭沟中燃烧，由于电弧的冷却条件改善，从而使去游离增强，同时固体介质表面的复合也比较强烈，有利于加速灭弧。

⑦真空灭弧法。真空具有相当高的绝缘强度。装在真空容器内的触头分断时，在交流电流过零时即能熄灭电弧而不致复燃。真空断路器就是利用真空灭弧原理制成的。

⑧六氟化硫（SF_6）灭弧法。SF_6气体具有优良的绝缘性能和灭弧性能，其绝缘强度约为空气的3倍，其绝缘恢复的速度约为空气的100倍，因此它能快速灭弧。

在现代的电气开关电器中，常常根据具体情况综合利用上述某几种灭弧方法来实现快速灭弧的目的。

3. 对电气触头的基本要求

电气触头是开关电器中极其重要的部件。开关电器工作的可靠程度，与触头的结构和状况有着密切的关系。为保证开关电器可靠工作，电器触头必须满足下列基本要求：

(1)满足正常负荷的发热要求。正常负荷电流(包括过负荷电流)长期通过触头时，触头的发热温度不应超过允许值。为此，触头必须接触紧密良好，尽量减小或消除触头表面的氧化层，尽量降低接触电阻。

(2)具有足够的机械强度。触头要能经受规定的通断次数而不致发生机械故障或损坏。

(3)具有足够的动稳定度和热稳定度。在可能发生的最大短路冲击电流通过时，触头不致因电动力作用而损坏；并在可能的最长的短路时间内通过短路电流时，触头不致被其产生的热量过度烧损或熔焊。

(4)具有足够的断流能力。在开断所规定的最大负荷电流或短路电流通过时，触头不应被电弧过度烧损，更不应发生熔焊现象。为了保证触头在闭合时尽量降低触头电阻，而在通断时又使触头能经受电弧高温的作用，有些开关触头分为工作触头和灭弧触头两部分。工作触头采用导电性好的铜或镀银铜触头，而灭弧触头采用耐高温的铜钨等合金触头。通路时，电流主要通过工作触头；而通断电流时，电弧在灭弧触头之间产生，使工作触头不致被烧损。

二、高压电器

变电所的电气设备分为一次设备和二次设备，供电系统中承担输送和分配电能任务的电路，称为一次回路，也称主电路或主接线，而一次电路中所有的电气设备称为一次设备。

凡是用来控制、指示、监测和保护一次设备运行的电路，称为二次回路或二次接线。二次回路通常接在互感器的二次侧，二次回路中的所有电气设备，称为二次设备，关于这部分内容后续章节中将会详细说明。

常用的高、低压一次设备是指断路器、熔断器、隔离开关、负荷开关、电力变压器、仪用互感器以及由以上开关电器及附属装置所组成的成套配电装置(高压开关柜和低压配电屏)等。本节只介绍高压一次回路中常用的高压熔断器、高压隔离开关、高压负荷开关、高压断路器等高压电器(它们都属于一次设备)，关于低压电器(属于一次设备的)和二次回路(相关设备为二次设备)相关内容将在后续课程中逐一介绍。

1. 高压熔断器(文字符号为 FU)

(1)用途。熔断器是一种当所在电路的电流超过规定值并经一定时间后，使其熔体熔化而分断电流、断开电路的一种保护电器。熔断器的功能主要是对电路和设备进行短路保护，但有的也具有过负荷保护的功能。

（2）分类。高压熔断器按安装地点分为室内式和户外式两大类。

（3）型号。型号表示如图 3-2 所示。

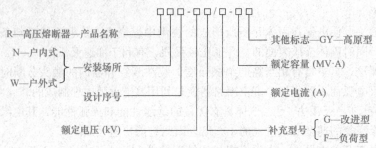

图 3-2　高压熔断器型号表示

（4）几种常用的高压熔断器。

1）RN1 和 RN2 型户内高压管式熔断器。

①结构：RN1 型和 RN2 型的结构基本相同，都是瓷质熔管内充填石英砂的密闭管式熔断器。RN1 型主要用于高压线路和设备的短路保护，也能起过负荷保护的作用，其熔体要通过主电路的电流，因此其结构尺寸较大，额定电流可达 100 A。而 RN2 型只作高压电压互感器的短路保护。由于电压互感器二次侧连接的都是阻抗很大的电压线圈，致使它接近于空载工作，其一次侧电流很小，因此 RN2 型的结构尺寸较小，其熔体额定电流一般为 0.5 A。图 3-3 所示是 RN1、RN2 型高压管式熔断器的外形结构，图 3-4 所示是其熔管的剖面示意图。

②熔断原理：由图 3-4 可见，熔断器的工作熔体（铜熔丝）上焊有小锡球。锡是低熔点金属，过负荷时锡球受热熔化，包围铜熔丝。铜锡的分子相互渗透而形成熔点较铜的熔点低的铜锡合金，使铜熔丝能在较低的温度下熔断，这就是所谓的"冶金效应"。它使得熔断器能在过负荷电流和较小的短路电流下动作，提高了保护灵敏度。

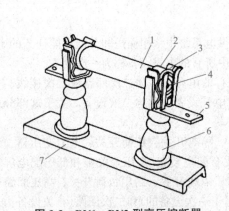

图 3-3　RN1、RN2 型高压熔断器

1—瓷质熔管；2—金属管帽；3—弹性触座；4—熔断
指示器；5—接线端子；6—瓷绝缘子；7—底座

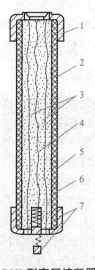

图 3-4　RN1、RN2 型高压熔断器的熔管剖面图

1—管帽；2—瓷管；3—工作熔体；4—指示熔体；
5—锡球；6—石英砂填料；7—熔断指示器
（虚线表示熔断指示器在熔体熔断时弹出）

③灭弧原理：由图 3-4 可见，该熔断器采用几根熔丝并联以便它们熔断时产生几根并行的电弧，利用"粗弧分细灭弧法"来加速电弧的熄灭。而且其熔管内充填有石英砂，熔丝熔断时产生的电弧完全在石英砂内燃烧，又利用了"狭沟灭弧法"，因此其灭弧能力很强，能在短路后不到半个周期即短路电流未达冲击值之前就能完全熄灭电弧，切断短路电流，从而使熔断器本身及其所保护的电路和设备，不必考虑短路冲击电流的影响，因此这种熔断器属于"限流"熔断器。

④熔断指示：当短路电流或过负荷电流通过熔体时，工作熔体熔断后，指示熔体也相继熔断，其红色指示器弹出，如图 3-4 中虚线所示，给出熔体熔断的指示信号。

2)RW4-10G 和 RW10-10F 型户外高压跌开式熔断器。跌开式熔断器(drop-outfuse，文字符号一般用 FD，负荷型用 FDL)，又称跌落式熔断器，广泛应用于环境正常的室外场所。

①功能：既可作为 6～10 kV 线路和设备的短路保护，又可在一定条件下，直接用高压绝缘操作棒(俗称令克棒)来操作熔管的分合。一般的跌开式熔断器如 RW4-10G 型等，只能在无负荷下操作，或通断小容量的空载变压器和空载线路等，其操作要求与下面将要介绍的高压隔离开关相同。而负荷型跌开式熔断器(如 RW10-10F 型)，则能带负荷操作，其操作要求与下面将要介绍的负荷开关相同。

②RW4-10G 型跌开式熔断器的基本结构：如图 3-5 所示，它串接在线路上。正常运行时，其熔管上端的动触头借熔丝张力拉紧后，利用绝缘操作棒将此动触头推入上静触头内锁紧，同时下动触头与下静触头也相互压紧，从而使电路接通。

③RW4-10G 型跌开式熔断器的工作原理：当线路上发生短路时，短路电流使熔丝熔断，形成电弧。消弧管(熔管)由于电弧烧灼而分解出大量气体，使管内压力剧增，并沿管道形成强烈的气流纵向吹弧，使电弧迅速熄灭。熔管的上动触头因熔丝熔断后失去张力而下翻，使锁紧机构释放熔管，在触头弹力及熔管自重作用下，回转跌开，造成明显可见的断开间隙，兼起隔离开关的作用。

这种跌开式熔断器还采用了"逐级排气"的结构。由图 3-5 可以看出，其熔管上端在正常运行时是被一薄膜封闭的，可以防止雨水浸入。在分断小的短路电流时，由于上端封闭而形成单端排气，使管内保持足够大的压力，这有利于熄灭小的短路电流产生的电弧。而在分断大的短路电流时，由于管内产生的气压大，使上端薄膜冲开而形成两端排气，这有利于防止分断大的短路电流可能造成的熔管爆破，从而有效地解决了自产气熔断器分断大小故障电流的矛盾。

④RW10-10F 型跌开式熔断器(负荷型)：它在一般跌开式熔断器的上静触头上加装了简单的灭弧室，如图 3-6 所示，因而能带负荷操作。跌开式熔断器依靠电弧燃烧使产气的消弧管分解产生气体来熄灭电弧，即使是负荷型加装有简单的灭弧室，其灭弧能力也不是很强，灭弧速度不快，不能在短路电流达到冲击值之前熄灭电弧，因此属于"非限流"熔断器。

2. 高压隔离开关(QS)

(1)功能。高压隔离开关(文字符号为 QS)的功能主要是隔离高压电源，以保证其他设备和线路的安全检修。

(2)结构特点。断开后有明显可见的断开间隙，而且断开间隙的绝缘及相间绝缘都是足够可靠的，能充分保证设备和线路检修人员的人身安全。但是隔离开关没有专门的灭弧装置，因此不允许带负荷操作。然而它可用来通断一定的小电流，如励磁电流不超过 2 A 的空载变压器、电容电流不超过 5 A 的空载线路以及电压互感器和避雷器等。

(3)分类。高压隔离开关按安装地点，分户内式和户外式两大类。

(4)外形。图 3-7 所示是 GN8-10 型户内式高压隔离开关的外形；图 3-8 所示是 GW2-35 型户外式高压隔离开关的外形。

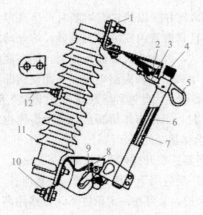

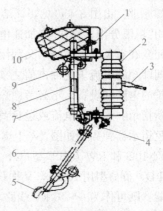

图 3-5　RW4-10G 型跌开式熔断器

1—上接线端子；2—上静触头；3—上动触头；
4—管帽(带薄膜)；5—操作环；6—熔管
(外层为酚醛纸管或环氧玻璃布管，内套纤维质
消弧管)；7—铜熔丝；8—下动触头；9—下静触头；
10—下接线端子；11—绝缘瓷瓶；12—固定安装板

图 3-6　RW10-10F 负荷型跌开式熔断器

1—上接线端子；2—绝缘瓷瓶；3—固定安装板；
4—下接线端子；5—动触头；6、7—熔管
(内套消弧管)；8—铜熔丝；9—操作扣环；
10—灭弧罩(内有静触头)

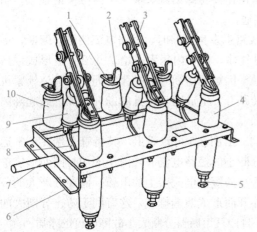

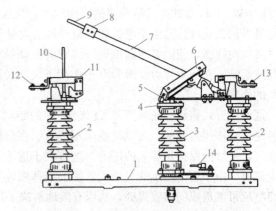

图 3-7　GN8-10 型户内式高压隔离开关

1—上接线端子；2—静触头；3—闸刀；4—套管
瓷瓶；5—下接线端子；6—框架；7—转轴；
8—拐臂；9—升降瓷瓶；10—支柱瓷瓶

图 3-8　GW2-35 型户外式高压隔离开关

1—角钢架；2—支柱瓷瓶；3—旋转瓷瓶；4—曲柄；
5—轴套；6—传动框架；7—管型闸刀；8—工作动触头；
9、10—灭弧角条；11—插座；12，13—接线端子；
14—曲柄传动机构

(5)型号。高压隔离开关型号表示如图 3-9 所示。

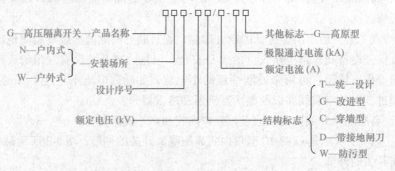

图 3-9　高压隔离开关型号表示

3. 高压负荷开关(QL)

(1)特点。高压负荷开关特点是具有简单的灭弧装置，能通断一定的负荷电流和过负荷电流，但不能断开短路电流，因此它必须与高压熔断器串联使用，以借助熔断器来切除短路故障。负荷开关断开后，与隔离开关一样，具有明显可见的断开间隙，因此它也具有隔离电源、保证安全检修的功能。

(2)型号。高压负荷开关型号表示如图3-10所示。

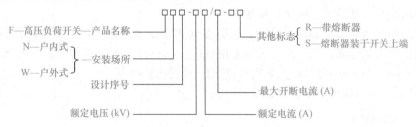

图 3-10　高压负荷开关型号表示

(3)种类。高压负荷开关的类型较多，这里主要介绍一种应用最广的 FN3-10RT 型户内压气式负荷开关。

(4)FN3-10RT 型户内压气式负荷开关。

1)外形结构：如图3-11所示，图中上半部为负荷开关本身，外形与隔离开关相似，但其上端的绝缘子内部实际上是一个压气式灭弧装置，如图3-12所示。

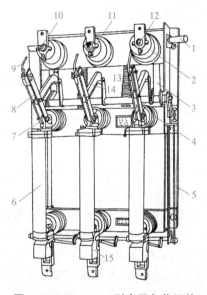

图 3-11　FN3-10RT 型高压负荷开关

1—主轴；2—上绝缘子兼气缸；3—连杆；4—下绝缘子；
5—框架；6—RN1 型熔断器；7—下触座；8—闸刀；9—弧
动触头；10—绝缘喷嘴；11—主静触头；12—上触座；
13—断路弹簧；14—绝缘拉杆；15—热脱扣器

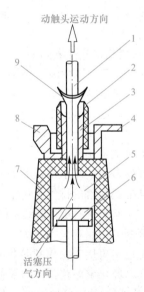

**图 3-12　FN3-10 型高压负荷开关压气式
灭弧装置工作示意**

1—弧动触头；2—绝缘喷嘴；3—弧静触头；
4—接线端子；5—气缸；6—活塞；7—上绝
缘子；8—主静触头；9—电弧

2)工作原理：当负荷开关分闸时，在闸刀一端的弧动触头与绝缘喷嘴内的弧静触头之间产生电弧。分闸时主轴转动而带动活塞，压缩气缸内的空气从喷嘴向外吹弧，加之断路弹簧使电弧迅速拉长以及电流回路的电磁吹弧作用，电弧迅速熄灭。但是，负荷开关的灭弧断流能力是很有限的，只能断开一定的负荷电流和过负荷电流，可以装设热脱扣器用于过负荷保护，但绝不能配以短路继电保护器来自动跳闸。

4. 高压断路器(QF)

(1)功能。高压断路器不仅能通断正常的负荷电流，而且能接通和承受一定时间的短路电流，并能在保护装置作用下自动跳闸，切除短路故障。

(2)分类。高压断路器按其采用的灭弧介质分，有油断路器、六氟化硫(SF_6)断路器、真空断路器以及压缩空气断路器、磁吹断路器等。

油断路器按其油量多少和油的功能，又分多油式和少油式两大类。多油断路器的油量多，其油一方面作为灭弧介质，另一方面又作为相对地(外壳)甚至作为相与相之间的绝缘介质。而少油断路器的油量很少(一般只有几千克)，其油只作为灭弧介质。

(3)型号。高压断路器型号表示如图 3-13 所示。

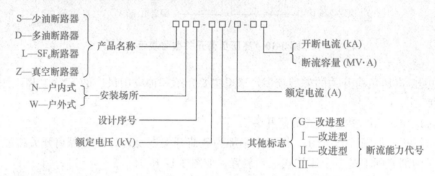

图 3-13　高压断路器型号表示

(4)几种常用的高压断路器。

1)SN10-10 型高压少油断路器。SN10-10 型少油断路器是我国统一设计、推广应用的一种少油断路器。按其断流容量分，有 I、II、III 型。

图 3-14 所示是 SN10-10 型高压少油断路器的外形结构，其一相油箱内部结构的剖面图如图 3-15 所示。图 3-16 所示为 SN10-10 型高压少油断路器原理图，图 3-17 所示为 SN10-10 型高压少油断路器的灭弧室结构。

这种断路器的油箱上部设有油气分离室，其作用是使灭弧过程中产生的油气混合物旋转分离，气体从油箱顶部的排气孔排出，而油滴则附着内壁流回灭弧室。

SN10-10 等型少油断路器结构简单，价格低，且交流操作，但因操作速度所限，其所操作的断路器开断的短路容量不宜大于 100 MV·A；因此除原有供电设备的油断路器上尚采用外，现在基本上已不再用于操作断路器了，而只用于高压负荷开关的操作。

2)高压六氟化硫断路器。六氟化硫(SF_6)断路器，是利用 SF_6 气体做灭弧和绝缘介质的一种断路器。SF_6 是一种无色、无味、无毒且不易燃烧的惰性气体。在150 ℃以下时，其化学性能相当稳定。但它在电弧高温作用下要分解出有较强腐蚀性和毒性的氟(F_2)，且氟能与触头表面的金属离子化合为一种具有绝缘性能的白色粉末状的氟化物。因此这种断路器的触头一般都设计成具有自动净化功能的。然而由于上述的分解和化合作用所产生的活性杂质，大部分能在几个微秒的极短时间内自动还原。SF_6 不含碳元素(C)，这对于灭弧和绝缘介质来说，是极为优越的特性。前面介绍的油断路器是用油作为灭弧介质的，而油在电弧高温作用下要分解出碳，使油中的含碳量增高，从而降低了油的绝缘和灭弧性能。因此油断路器在运行过程中需要经常监视油色，适时分析油样，必要时要更换新油，而 SF_6 断路器就无此麻烦。SF_6 又不含氧元素，因此它也不存在使金属触头表面氧化的问题。所以 SF$_6$ 断路器较油断路器，其触头的磨损较少，使用寿命增长。SF$_6$ 除具有上述优良的物理、化学性能外还具有优良的电绝缘性能。在 300 kPa下，其绝缘强度与一般绝缘油的绝缘强度大体相当，特别优越的是，SF$_6$ 在电流过零时，电弧暂时熄灭后，具有迅速恢复绝缘强度的能力，从而使电弧难以复燃而很快熄灭。

SF$_6$ 断路器的结构，按其灭弧方式分，有双压式和单压式两类。双压式具有两个气压系统，压力低的作为绝缘，压力高的作为灭弧。单压式只有一个气压系统，灭弧时，SF$_6$ 的气流靠压气活塞产生。单压式的结构简单，我国现在生产的 LN1、LN2 型 SF$_6$ 断路器均为单压式。LN2-10型高压六氟化硫断路器的外形结构如图 3-18 所示。

SF$_6$ 断路器灭弧室的工作示意如图 3-19 所示。断路器的静触头和灭弧室中的压气活塞是相对不动的。跳闸时，装有动触头和绝缘喷嘴的气缸由断路器操作机构通过连杆带动，离开静触头，造成气缸与活塞的相对运动，压缩 SF$_6$，使之通过喷嘴吹弧，从而使电弧迅速熄灭。

SF$_6$ 断路器与油断路器比较，具有以下优点：断流能力强，灭弧速度快，电绝缘性能好，检修周期(间隔时间)长，适于频繁操作，而且没有燃烧爆炸危险。但缺点是要求制造加工精度高，对其密封性能要求更严，因此价格比较高。

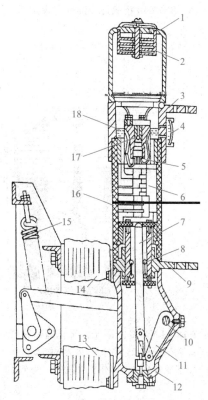

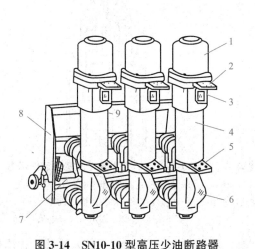

图 3-14   SN10-10 型高压少油断路器

1—铝帽；2—上接线端子；3—油标；
4—绝缘筒；5—下接线端子；6—基座；
7—主轴；8—框架；9—断路弹簧

**图 3-15   SN10-10 型高压少油断路器
的一相油箱内部结构**

1—铝帽；2—油气分离器；3—上接线端子；4—油标；
5—插座式静触头；6—灭弧室；7—动触头(导电杆)；
8—中间滚动触头；9—下接线端子；10—转轴；
11—拐臂(曲柄)；12—基座；13—下支柱瓷瓶；
14—上支柱瓷瓶；15—断路弹簧；16—绝缘筒；
17—逆止阀；18—绝缘油

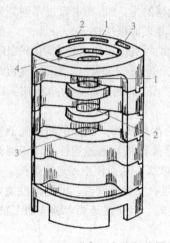

图 3-16　SN10-10 型高压少油断路器原理

1—第一道灭弧沟；2—第二道灭弧沟；
3—第三道灭弧沟；4—熄弧室铁片器

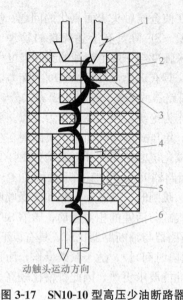

动触头运动方向

图 3-17　SN10-10 型高压少油断路器
的灭弧室工作示意

1—静触头；2—熄弧室铁片；3—横吹灭弧沟；
4—纵吹油囊；5—电弧；6—动触头

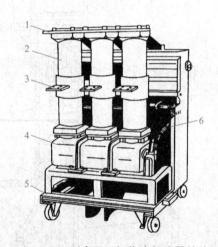

图 3-18　LN2-10 型高压六氟化硫断路器的外形结构

1—上接线端子；2—绝缘筒（内为气缸及触头、灭弧系统）；
3—下接线端子；4—操作机构箱；5—小车；6—断路弹簧

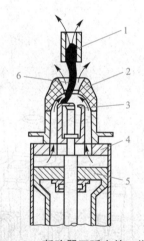

图 3-19　SF₆ 断路器灭弧室的工作示意

1—静触头；2—绝缘喷嘴；3—动触头；
4—气缸（连同动触头由操作机构传动）；
5—压气活塞（固定）；6—电弧

　　3）高压真空断路器。高压真空断路器是利用"真空"（气压为 $10^{-2} \sim 10^{-6}$ Pa）灭弧的一种断路器，其触头装在真空灭弧室内。由于真空中不存在气体游离问题，所以这种断路器的触头断开时电弧很难发生。但是在实际的感性负荷电路中，灭弧速度过快，瞬间切断电流，将使截流陡度极大，从而使电路出现极高的过电压，这对电力系统是十分不利的。因此，这"真空"不宜是绝对的真空，而是能在触头断开时因高电场发射和热电发射产生一点电弧（称为"真空电弧"），且能在电流第一次过零时熄灭。这样，燃弧时间既短（至多半个周期），又不致产生很高的过电压。图 3-20 所示是 ZN3-10 型高压真空断路器的外形结构。

　　真空断路器具有体积小、重量轻、动作快、使用寿命长、安全可靠和便于维护检修等优点，但价格较高，过去主要应用于频繁操作和安全要求较高的场所，现在已开始取代少油断路器而广泛应用在高压配电装置中。

5. 高压开关柜

高压开关柜是按一定的线路方案将有关一、二次设备组装而成的一种高压成套配电装置。在发电厂和变配电所中作为控制和保护发电机、变压器和高压线路之用，并向其供电；也可作为大型高压电动机的启动和保护之用。高压开关柜中安装有高压开关设备、保护设备、监测仪表和母线、绝缘子等。

高压开关柜有固定式和手车式(移开式)两大类型。在一般中小型船厂中，普遍采用较为经济的固定式高压开关柜。我国现在大量生产和广泛应用的固定式高压开关柜主要为 GG-1A(F)型。这种防误型开关柜具有"五防"功能：

(1)防止误分误合断路器；

(2)防止带负荷误拉误合隔离开关；

(3)防止带电误挂接地线；

(4)防止带接地线误合隔离开关；

(5)防止人员误入带电间隔。

图 3-21 所示是 GG-1A(F)-07S 型固定式高压开关柜结构图。

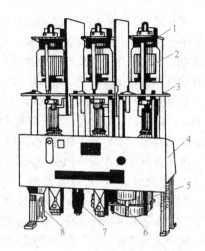

图 3-20　ZN3-10 型高压真空断路器

1—上接线端子；2—真空灭弧室(内有触头)；
3—下接线端子(后面出线)；4—操作机构箱；
5—合闸电磁铁；6—分闸电磁铁；
7—断路弹簧；8—底座

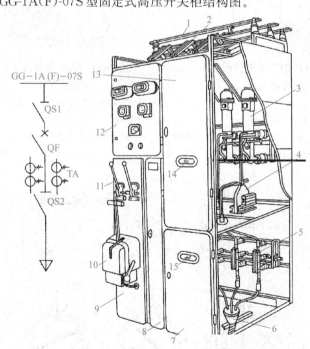

图 3-21　GG-1A(F)-07S 型高压开关柜(断路器柜)

1—母线；2—母线隔离开关(QS1, GN8-10 型)；3—少油断路器(QF, SN10-10 型)；
4—电流互感器(TA, LQJ-10 型)；5—线路隔离开关(QS2, GN6-10 型)；6—电缆头；
7—下检修门；8—端子箱门；9—操作板；10—断路器的手动操作机构(CS2 型)；11—隔离
开关的操作机构(CS6 型)手柄；12—仪表继电器屏；13—上检修门；14，15—观察窗口手车式(又称移开式)开关柜的特点:高压断路器等主要电气设备装在可以拉出和推入开关柜的手车上。断路器等设备需检修时,可随时将其手车拉出,然后推入同类备用手车,即可恢复供电。因此采用手车式开关柜,较采用固定式开关柜,具有检修安全、供电可靠性高等优点,但其价格较高。图 3-22 所示是 GC10-10(F)型手车式高压开关柜的外形结构图。

20 世纪 80 年代以来,我国设计生产了一些符合 IEC(国际电工委员会)标准的新型开关柜,例如 KGN 型铠装式固定柜、XGN 型箱式固定柜、JYN 型间隔式手车柜、KYN 型铠装式手车柜以及 HXGN 型环网柜等。其中环网柜适用于环形电网供电,广泛应用于城市电网的改造和建设。

现在新设计生产的环网柜,大多将原来的负荷开关、隔离开关、接地开关的功能,合并为一个"三位置开关",它兼有通断、隔离和接地三种功能,这样可缩小环网柜的占用空间。图 3-23 所示是引进技术生产的 SM6 型高压环网柜的结构图。其中三位置开关被密封在一个充满 SF_6 气体的壳体内,利用 SF_6 来进行绝缘和灭弧。因此这种三位置开关兼有负荷开关、隔离开关和接地开关的功能。三位置开关的接线、外形和触头位置图,如图 3-24 所示。

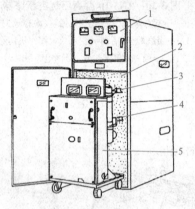

图 3-22 GC10-10(F)型高压开关柜
(断路器手车柜未推入)

1—仪表屏;2—手车室;
3—上触头(兼有隔离开关功能);
4—下触头(兼有隔离开关功能);
5—SN10-10 型断路器手车

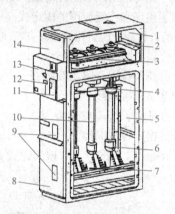

图 3-23 SM6 型高压环网柜

1—母线间隔;2—母线连接垫片;3—三位置开关间隔;
4—熔断器熔断联跳开关装置;5—电缆连接与熔断器间隔;
6—电缆连接间隔;7—下接地开关;8—面板;9—熔断器
和下接地开关观察窗;10—高压熔断器;11—熔断器熔断指示;
12—带电指示器;13—操作机构间隔;14—控制保护与测量间隔

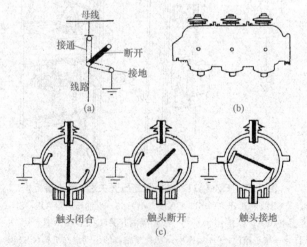

图 3-24 三位置开关的接线、外形和触头位置
(a)接线示意;(b)结构外形;(c)触头位置

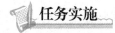**任务实施**

步骤1：学生分组，每小组4~5人。

步骤2：强调纪律和操作规范。

步骤3：任务实施。

一、高压电器的选择

高压电器的选择，必须满足一次电路在正常条件下和短路故障条件下工作的要求，同时设备应工作安全可靠，运行维护方便，投资经济合理。

电气设备按正常条件下工作选择，就是要考虑电气装置的环境条件和电气要求。环境条件就是指电气装置所处的位置(室内或室外)、环境温度、海拔以及有无防尘、防腐、防火、防爆等要求。电气要求是指电气装置对设备的电压、电流、频率(一般为50 Hz)等方面的要求；对一些断流电器，如开关、熔断器等，还应考虑其断流能力。

电气设备按短路故障条件下工作选择，就是要按最大可能短路故障时的动稳定度和热稳定度进行校验。但对熔断器及装有熔断器保护的电压互感器等，不必进行短路动稳定度和热稳定度的校验。对于电力电缆，也不要进行动稳定度的校验。高压电器的选择校验项目和条件，见表3-1。

表3-1　高压一次设备的选择校验项目和条件①

电气设备名称	电压/V	电流/A	断流能力/ kA 或 MV·A	短路电流校验	
				动稳定度	热稳定度
高压熔断器	√	√	√	—	—
高压隔离开关	√	√	—	√	√
高压负荷开关	√	√	√	√	√
高压断路器	√	√	√	√	√
电流互感器	√	√	—	√	√
电压互感器	√	—	—	—	—
并联电容器	√	—	—	—	—
母线	—	√	—	√	√
电缆	√	√	—	—	√
支柱绝缘子	√	—	—	√	—
套管绝缘子	√	√	—	√	√
选择校验的条件	设备的额定电压应不小于它所在系统的额定电压或最高电压②	设备的额定电流应不小于通过设备的计算电流③	设备的最大开断电流(或功率)应不小于它可能开断的最大电流(或功率)④	按三相短路冲击电流校验	按三相短路稳态电流校验

注：①表3-1中"√"表示必须校验，"—"表示不用校验。

②根据有关规定，高压设备的额定电压，按其所在系统的最高电压上限确定。因此原来额定电压为 3 kV、6 kV、10 kV、35 kV 等的高压开关电器，按此新标准，都相应地改为 3.6 kV、7.2 kV、12 kV、40.5 kV 等。

③选择变电所高压侧的设备和导体时，其计算电流应取主变压器高压侧额定电流。

④对高压负荷开关，其最大开断电流应不小于它可能开断的最大过负荷电流；对高压断路器，其最大开断电流应不小于实际开断时间(继电保护动作时间加断路器固有分闸时间)的短路电流周期分量。熔断器断流能力的校验条件，与熔断器的类型有关。

二、高压一次设备的安装

以高压断路器的安装为例：有一变电所，额定电压为 6.3 kV，额定电流为 600 A。电流互感器及其他设备已选好，请选出断路器并进行安装。已给出的断路器有 ZN28-10/600、ZN28-10/300。

(1)根据表 3-1 选用 ZN28-10/600。

(2)安装与调整要求。

1)安装应垂直，固定应牢靠，相间支持瓷件在同一水平面上。

2)三相联动杆的拐臂应在同一水平面上，拐臂角度一致。

3)安装完毕后，应先进行手动分、合闸操作，无不良现象时方可进行电动分、合闸操作。

4)真空断路器的行程、压缩行程及三相同期性，应符合产品的技术规定(一般为 0.2 s)。

(3)真空断路器导电部分要求。

1)导电夹的可挠软铜片不应断裂，铜片间无锈蚀，固定螺栓应齐全坚固。

2)导电杆表面应洁净，导电杆与导电夹应接触紧密。

3)导电回路接触电阻值应符合产品的技术要求(用回路电阻测试仪测试，一般不大于 50 μΩ)。

4)电器接线端子的螺栓搭接面及螺栓的紧固要求应符合国家标准。

步骤4：小组经过讨论确定任务结果，每小组由中心发言人陈述，经过全体同学讨论，确定正确结果并填写任务总结。

 **任务总结**

课程认知记录表见表 3-2。

表 3-2 课程认知记录表

班级		姓名		学号		日期	
收获 与体会	谈一谈：通过学习高压电器的选择与操作，你有了什么深刻的认识？						
评价意见	评定人	评价、评议、评定意见			等级		签名
	自己评价						
	同学评议						
	老师评定						

注：该践行学分为 5 分，记入本课程总学分(150 分)中，若结算分为总学分的 95% 以上，则评定为考核"合格"。

任务二 船厂低压电器的运行与维护

任务目标

1. 知识目标

(1)熟悉低压一次设备结构及原理；

(2)掌握低压一次设备运行及其选择。

2．能力目标

（1）准确识读设备结构图；

（2）能够正确进行低压一次设备选择。

3．素质目标

（1）培养学生在低压一次设备运行操作过程中的安全用电、文明操作意识；

（2）培养学生在安装操作过程中的团队协作意识和吃苦耐劳精神。

任务分析

本任务的最终目的是掌握低压电器的运行与维护，为了掌握低压电器的运行就必须熟悉它的组成结构、工作原理和种类等，而为了掌握对它的维护，就必须熟练掌握它的选择原则、检修内容与注意事项。

知识准备

低压电器（属于一次设备的）通常用来接通或切断 500 V 以下的交、直流电路，广泛用于工业企业的供电系统，常用的低压电器有低压断路器、低压熔断器、刀开关、接触器等。低压电器的灭弧方法，一般是在空气中借助拉长电弧或利用灭弧栅将长电弧截为短电弧的原理灭弧。以下介绍几种常用的低压电器。

一、低压熔断器

（1）功能。低压熔断器的功能主要是串接在低压配电系统中用来进行短路保护，有的也能同时实现过负荷保护。

（2）类型。低压熔断器的类型繁多，如插入式、螺旋式、无填料密封管式、有填料密封管式以及引进国外技术生产的有填料管式 gF、aM 系列、高分断能力的 NT 型等。

微课：低压熔断器

（3）型号。低压熔断器型号表示如图 3-25 所示。

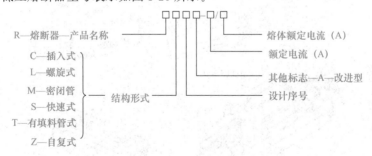

图 3-25　低压熔断器型号表示

（4）几种常用的低压熔断器。

1）RM10 型低压密封管式熔断器（图 3-26）。

①组成结构。RM10 型熔断器由纤维熔管、变截面锌熔片和触头底座等部分组成。其熔管的结构如图 3-26（a）所示，安装在熔管内的变截面锌熔片如图 3-26（b）所示。锌熔片冲制成宽窄不一的变截面，用于改善熔断器的保护性能。

②工作原理。短路时，短路电流首先使熔片窄部（阻值较大）加热熔化，使熔管内形成几段串联短弧，同时由于中间各段熔片跌落，迅速拉长电弧，使短路电弧加速熄灭。

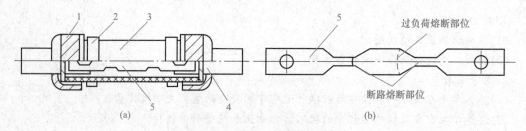

图 3-26 RM10 型低压熔断器

(a)熔片；(b)熔管

1—铜管帽；2—管夹；3—纤维质熔管；4—刀形触头；5—变截面锌熔片

在过负荷电流通过时，由于电流加热熔片的时间较长，而熔片窄部的散热较好，因此往往不在窄部熔断，而在宽窄之间的斜部熔断。

因此，由熔片熔断的部位，可以大致判断熔断器熔断的故障电流性质。

③灭弧：当其熔片熔断时，纤维管的内壁将有极少部分纤维物质被电弧烧灼而分解，产生高压气体，压迫电弧，加强电弧中离子的复合，从而加速电弧的熄灭。但是其灭弧能力较差，不能在短路电流到达冲击值之前(0.01 s前)完全灭弧，所以这类无填料密封管式熔断器属"非限流"熔断器。

2)RT0 型低压有填料管式熔断器。RT0 型熔断器主要由瓷熔管、栅状铜熔体和触头底座等几部分组成，如图 3-27 所示。其栅状铜熔体具有引燃栅。由于引燃栅的等电位作用，可使熔体在短路电流通过时形成多根并行电弧。同时熔体又具有变截面小孔，可使熔体在短路电流通过时将每根长弧分割为多段短弧。加之所有电弧都在石英砂中燃烧，可使电弧中正负离子强烈复合。因此，这种有石英砂填料的熔断器灭弧能力特强，具有"限流"作用。此外，其栅状铜熔体的中段弯曲处点焊锡(称为"锡桥")，对较小短路电流和过负荷电流进行保护。熔体熔断后，有红色的熔断指示器从一端弹出，便于运行人员检视。

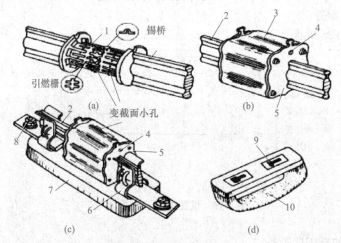

图 3-27 RT0 型低压熔断器

(a)熔体；(b)熔管；(c)熔断器；(d)操作手柄

1—栅状铜熔体；2—刀形触头；3—瓷熔臂；4—熔断指示器；5—端面盖板

6—弹性触座；7—瓷底座；8—接线端子；9—扣眼；10—绝缘拉手手柄

3)RZ1 型低压自复式熔断器。上述 RM 型和 RT 型及其他一般的熔断器，都有一个共同缺点，就是熔体熔断后，必须更换熔体方能恢复供电，从而使中断供电的时间延长，给供电系统和用电负荷造成一定的停电损失。这里介绍的自复式熔断器就弥补了这一缺点，它既能切断短路电流，又能在短路故障消除后自动恢复供电，无须更换熔体。

我国设计生产的 RZ1 型自复式熔断器的结构示意图如图 3-28 所示。它采用金属钠作为熔体。在常温下，钠的电阻率很小，可以顺畅地通过正常的负荷电流。但在短路时，钠受热迅速汽化，其电阻率变得很大，从而可限制短路电流。在金属钠汽化限流的过程中，装在熔断器一端的活塞将压缩氩气而迅速后退，降低了由于钠汽化而产生的压力，以免熔管因承受不

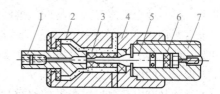

图 3-28 RZ1 型低压自复式熔断器

1—接线端子；2—云母玻璃；3—氧化铍瓷管；
4—不锈钢外壳；5—钠熔体；6—氩气；7—接线端子

了过大的气压而爆破。在短路限流动作完成后，钠蒸气冷却又恢复为固态钠。此时活塞在被压缩的氩气作用下，将金属钠推回原位使之恢复正常工作状态。

这就是自复式熔断器能自动限流又自动恢复正常工作的基本原理。自复式熔断器通常与低压断路器配合使用，或者组合为一种带自复式熔断体的低压断路器。

例如我国生产的 DZ10-100R 型低压断路器，就是 DZ10-100 型低压断路器与 RZ1-100 型自复式熔断器的组合，利用自复式熔断器来切断短路电流，而利用低压断路器来通断电路和实现过负荷保护。它既能有效地切断短路电流，又能减轻低压断路器的工作，提高供电可靠性。

二、低压刀开关和负荷开关

1. 低压刀开关（文字符号为 QK）

低压刀开关因其具有刀形动触头而得名，主要用于不频繁操作的场合。

低压刀开关的分类方式很多。按其操作方式分，有单投和双投；按其极数分，有单极、双极和三极；按其有无灭弧结构分，有不带灭弧罩和带灭弧罩两种。不带灭弧罩的刀开关，一般只能在无负荷下操作，主要作为隔离开关使用。带灭弧罩的刀开关（图 3-29），能通断一定的负荷电流。

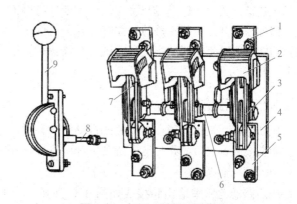

图 3-29 HD13 型低压刀开关

1—上接线端子；2—钢栅片灭弧罩；3—闸刀；4—底座；
5—下接线端子；6—主轴；7—静触头；8—连杆；9—操作手柄

低压刀开关型号表示如图 3-30 所示。

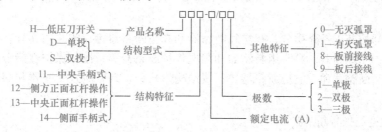

图 3-30 低压刀开关型号

2. 熔断器式刀开关

熔断器式刀开关(文字符号为 QKF 或 FU-QK)，又称刀熔开关，是一种由低压刀开关与低压熔断器组合的开关电器，也主要用于不频繁操作的场合。最常见的 HR3 型刀熔开关，就是将 HD 型刀开关的闸刀换以 RT0 型熔断器的具有刀形触头的熔管，如图 3-31 所示。

刀熔开关具有刀开关和熔断器的双重功能。采用这种组合型开关电器，可以简化配电装置的结构，经济实用，因此越来越广泛地在低压配电屏上安装使用。

低压刀熔开关型号的表示和含义如图 3-32 所示。

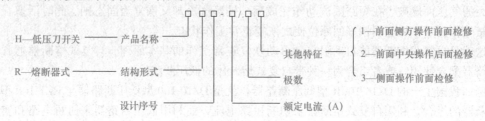

图 3-31　低压刀熔开关的结构示意
1—RT0 型熔断器的熔管；2—弹性触座；
3—连杆；4—操作手柄；5—配电屏面板

H—低压刀开关　　　产品名称
R—熔断器式　　　　结构形式
　　　　　　　　　　设计序号
　　　　　　　　　　极数
　　　　　　　　　　额定电流(A)
其他特征　　1—前面侧方操作前面检修
　　　　　　2—前面中央操作后面检修
　　　　　　3—侧面操作前面检修

图 3-32　低压刀熔开关型号

3. 低压负荷开关(QL)

低压负荷开关，由低压刀开关与低压熔断器组合而成，外装封闭式铁壳或开启式胶盖。装铁壳的俗称铁壳开关；装胶盖的俗称胶壳开关。低压负荷开关具有带灭弧罩的刀开关和熔断器的双重功能，既可带负荷操作，又能进行短路保护，但是当熔断器熔断后，须更换熔体方可恢复供电。

三、低压断路器(QF)

低压断路器，又称低压自动开关或自动空气开关。它既能带负荷通断电路，又能在短路、过负荷和欠电压情况下自动跳闸，切断电路。

1. 结构与工作原理

低压断路器的原理结构和接线如图 3-33 所示。当电路上出现短路故障时，其过电流脱扣器 10 动作，使断路器跳闸。当出现过负荷时，串联在一次线路上的加热电阻 8 加热，使断路器中的双金属片 9 上弯，也使断路器跳闸。

微课：低压断路器

当线路电压严重下降或失压时，失压脱扣器 5 动作，同样使断路器跳闸。如果按下脱扣按钮 6 或 7，使分励脱扣器 4 通电或使失压脱扣器 5 失电，则可使断路器远距离跳闸。

2. 分类

低压断路器按其灭弧介质分，有空气断路器和真空断路器等；按其用途分，有配电用断路器、电动机保护用断路器、照明用断路器和漏电保护断路器等；按其保护性能分，有非选择型断路器、选择型断路器和智能型断路器等；按结构形式分，有万能式断路器和塑料外壳式断路器两大类。

3. 几种常见的低压断路器

(1)万能式低压断路器。比较典型的一般型万能式低压断路器是 DW16 型。它由底座、触头系统(含灭弧罩)、操作机构(含自由脱扣机构)、短路保护的瞬时(反时限)过电流脱扣器、单相

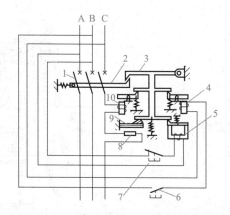

图 3-33　低压断路器的原理结构和接线

1—主触头；2—跳钩；3—锁扣；4—分励脱扣器；5—失压脱扣器；6—脱扣按钮
（常闭）；7—脱扣按钮（常开）；8—加热电阻；9—热脱扣按钮（双金属片）；10—过电流脱扣器

接地保护脱扣器及辅助触头等部分组成，其外形结构如图 3-34 所示。DW16 型是我国过去普遍应用的 DW10 型的更新换代产品。为便于更换，DW16 型的底座安装尺寸、相间距离及触头系统等，均与 DW10 型相同。DW16 型较 DW10 型增加了单相接地保护脱扣器。

DW16 型断路器可用于不要求有保护选择性的低压配电系统中作为控制保护电器。高性能型的万能式断路器有 DW15（H）、DW17（ME）等型，其保护功能更多，性能更好。智能型万能式断路器有 DW45、DW48（CB11）和 DW914（AH）等型，由于它采用微处理器或单片机作为核心的智能控制，功能更多，性能更优异。

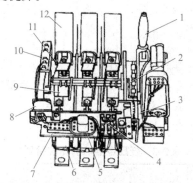

图 3-34　万能式低压断路器

1—操作手柄（带电动操作机构）；2—自由脱扣机构；3—欠电压脱扣器；4—热脱扣器；5—接地保护用
小型电流继电器；6—过负荷保护用过电流脱扣器；7—接线端子；8—分励脱扣器；
9—短路保护用过电流脱扣器；10—辅助触头；11—底座；12—灭弧罩（内有主触头）

（2）塑料外壳式低压断路器。塑料外壳式断路器的类型繁多。国产的典型型号为 DZ20，其内部结构如图 3-35 所示。塑料外壳式断路器的操作方式多为手柄扳动式，其保护多为非选择性，它用于低压分支电路。

（3）模数化小型断路器。在塑料外壳式低压断路器中，有一类是 63 A 及以下的小型断路器，如图 3-36 所示。由于它具有模数化的结构和小型尺寸，因此通常称为"模数化小型断路器"。它现已广泛应用在低压配电系统终端，作为各种工业和民用建筑特别是住宅中照明线路及小型动力设备、家用电器等的通断控制以及过负荷、短路和漏电保护等之用。

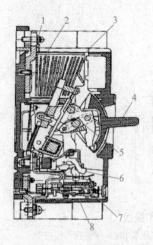 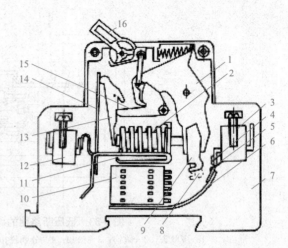

图 3-35 DZ20 型塑料式断路器的内部结构

1—引入线接线端；2—主触头；3—灭弧室；

4—操作手柄；5—跳钩；6—锁扣；

7—过流脱扣器；8—塑料外壳

图 3-36 模数化小型断路器的原理结构

1—动触头杆；2—瞬动电磁铁（电磁脱扣器）；3—接线端子；

4—主静触头；5—中线静触头；6—弧角；7—塑料外壳；

8—中线动触头；9—主动触头；10—灭弧栅片（灭弧室）；

11—弧角；12—接线端子；13—锁扣；14—双金属片

（热脱扣器）；15—脱扣钩；16—操作手柄

 任务实施

步骤 1：学生分组，每小组 4～5 人。

步骤 2：强调纪律和操作规范。

步骤 3：任务实施。

一、低压电器的选择

低压电器的选择，与高压电器的选择一样，必须满足其在正常条件下和短路故障条件下工作的要求，同时设备应工作安全可靠，运行维护方便，投资经济合理。

低压电器的选择校验项目见表 3-3。低压电流互感器、电压互感器、电容器及母线、电缆、绝缘子等的选择校验项目与前面表 3-1 相同，此处略。

表 3-3 低压电器的选择校验项目

电气设备名称	电压/V	电流/A	断流能力/kA	短路电流校验	
√	√	√	√	—	—
√	√	√	√	✗	✗
√	√	√	√	✗	✗
√	√	√	√	✗	✗

注：①表中"√"表示必须校验，"✗"表示一般可不校验，"—"表示不用校验。

②选择校验的条件与表 3-1 相同，此处略。

二、低压设备的检修

以低压熔断器的检修为例。

1. 检修内容

(1)检查负荷情况是否与熔断器的额定值相匹配。

（2）检查熔丝管外观有无破损、变形现象，瓷绝缘部分有无破损或闪络放电痕迹。

（3）熔丝管与插座的连接处有无过热现象，接触是否紧密，内部是否有烧损碳化现象。

（4）检查熔断器外观是否完好，压接处有无损伤，压接是否坚固，有无氧化腐蚀现象等。

（5）熔断器的底座有无松动，各个部位压接螺母是否紧固。

2. 检修注意事项

（1）正确选择熔体（丝），根据各种电气设备用电情况（电压等级、电流等级、负载变化情况等），在更换熔体时，应按规定换上相同型号、材料、尺寸、电流等级的熔体。

（2）安装和维修中，特别是更换熔体时，装在熔管内熔体的额定电流不准大于熔管的额定电流。

（3）更换熔体时，必须切断电源，不允许带电特别是带负荷拔出熔体，以防止人身事故。

（4）不能随便改变熔断器的工作方式，当发现熔断器损坏后，应根据熔断器所标明的规格，换上相应的新熔断器，不能用一根熔丝搭在熔管两端，更不能直接用导线连接。

步骤4：小组经过讨论确定任务结果，每小组由中心发言人陈述，经过全体同学讨论，确定正确结果并填写任务总结。

 **任务总结**

课程认知记录表见表3-4。

表3-4 课程认知记录表

班级		姓名		学号		日期	
收获与体会	谈一谈：通过学习低压电器的选择与检修，你学到了什么？						
评价意见	评定人	评价、评议、评定意见			等级		签名
	自己评价						
	同学评议						
	老师评定						

注：该践行学分为5分，记入本课程总学分（150分）中，若结算分为总学分的95%以上，则评定为考核"合格"。

任务三　船厂电力变压器的运行与维护

 **任务目标**

1. 知识目标

（1）熟悉电力变压器的结构及原理；

（2）掌握电力变压器的运行及其选择。

2. 能力目标

（1）准确识读设备结构图；

（2）能够正确进行电力变压器的选择及检查。

微课：电力变压器的
联结组别

3. 素质目标

(1)培养学生在电力变压器运行操作过程中的安全用电、文明操作意识；

(2)培养学生在安装操作过程中的团队协作意识和吃苦耐劳精神。

📖 任务分析

本任务的最终目的是学会对电力变压器的运行与维护，为了掌握它的运行，就必须熟知它的工作原理和分类等，而为了掌握对它的维护，就要熟练掌握对它的检查。

📚 知识准备

一、电力变压器的类型与连接

1. 电力变压器类型

(1)电力变压器类型有升压变压器和降压变压器两大类。用户变电所都采用降压变压器，二次侧为低压配电电压的降压变压器，通常称为"配电变压器"。电力变压器按容量系列分，有 R8 容量系列和 R10 容量系列两大类。R10 系列的容量等级较密，便于合理选用，是国际电工委员会(IEC)推荐的，我国现在生产的电力变压器容量等级均采用这一系列，如容量 100 kV·A、125 kV·A、160 kV·A、200 kV·A、250 kV·A、315 kV·A、400 kV·A、500 kV·A、630 kV·A、800 kV·A、1 000 kV·A 等。

(2)电力变压器按相数分，有单相和三相两大类，用户变电所通常都采用三相变压器。

(3)电力变压器按调压方式分，有无载调压和有载调压两大类型，用户变电所大多采用无载调压变压器。

(4)电力变压器按绕组导体材质分，有铜绕组变压器和铝绕组变压器两大类型。用户变电所以往大多采用铝绕组变压器，如 SL7 型等；现在一般采用户内节能的 S9 型等铜绕组变压器。

(5)电力变压器按绕组形式分，有双绕组变压器、三绕组变压器和自耦变压器。用户变电所一般采用双绕组变压器。

(6)电力变压器按绕组绝缘和冷却方式分，有油浸式(图 3-37)、树脂绝缘干式和充气式(SF₆)等变压器，其中油浸式变压器又分油浸自冷式、油浸风冷式和强迫油循环冷却式等。用户变电所大多采用油浸自冷式变压器，但树脂绝缘干式变压器近年来在用户变电所中日益增多，高层建筑中的变电所一般都采用干式变压器或充气变压器。

(7)电力变压器按结构性能分，有普通变压器、全密封变压器和防雷变压器等。用户变电所大多采用普通变压器(包括油浸式和干式变压器)；全密封变压器(包括油浸式、干式和充气式)具有全密封结构，维护安全方便，在高层建筑中应用较广；防雷变压器，适用于多雷地区用户变电所。

2. 电力变压器的连接组别号和连接组别

变压器连接组别：变压器的接线组别就是变压器一次绕组和二次绕组组合接线形式的一种表示方法。

常见变压器高压侧有三角形和星形接法，低压侧也有三角形或星形接法；这几种接法相组合，加上高压侧和低压侧电压形成一定的角度差；再加上高低压侧中性点有接地和不接地两种方式，这就构成了变压器连接组别的所有要素。举个简单的列子，我们常见的变压器铭牌上标的连接组别：Dyn11，这是什么意思呢，高压侧和低压侧如何接线？学会了变压器连接组别的规律，任何铭牌一看便知。

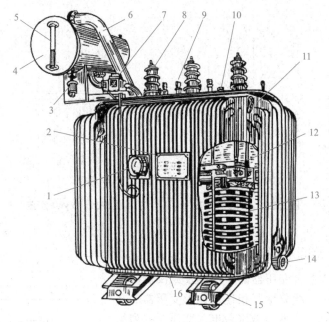

图 3-37　三相油浸式变压器

1—信号温度计；2—铭牌；3—吸湿器；4—油枕；5—油位指示器(油标)；6—防爆管；
7—瓦斯继电器；8—高压出线套管；9—低压出线套管；10—分接开关；11—油箱；12—变压器油；
13—铁芯；14—绕组；15—放油阀；16—底座(小车)

变压器连接组别的表示方法：IEC 标准中规定了变压器绕组连接组的最新表示方法。即三相变压器绕组，连接成星形、三角形时对于高压绕组分别用 Y、D 表示；对于低压绕组则分别用小写字母 y、d 表示，字母 N、n 是星形接法的中性点引出标志。变压器按高压、低压绕组连接的顺序组合起来就是绕组的联结组。

而数字则为连接组标号，它决定了变压器高、低压侧线电压的相位关系。将 360°作 12 等分，每份 30°，以每 30°为一组，首先画出原边三相相电压矢量 A、B、C，以原边 A 相相电压为基准，顺时针旋转到所要求的连接组，例如：Yd11 的连接组别，就是在原边 A 相相电压基准上顺时针旋转了 330°(11×30°)后再画出次边 a 相的相电压矢量。

常见三种连接组别如下：

(1)Dyn11 的意义(图 3-38)。D：高压侧三角形接法，y：低压侧星形接法；n：低压侧中性点引出；11：高低压差相位差 330°。

(2)Yyn0 的意义(图 3-39)。Y：高压侧星形接法，无中性点引出；y：低压侧星形接法；n：中性点引出；0：高低压差相位差 0°。

(3)Yd1 的意义。Y：高压侧星形接法；d：低压侧三角形接法；1：高低压差相位差 30°。

我国电力变压器国家标准规定采用下列三种连接组别：

(1)Yyn0(即 Y/Y$_0$-12)连接组，用于低压侧电压为 380～400 V 的配电变压器，其低压侧中性线引出，形成三相四线制供电，可供给三相(380～400 V)动力电源和单相照明电源(220～230 V)，也可为动力和照明混合负载供电。

(2)Yd11(即 Y/△-11)连接组，用于高压侧电压为 35 kV 及以下，低压侧高于 400 V 的输配电系统中的变压器。其低压侧采用三角形接法以改善电压波形，使三次谐波不至于传输到用户和供电线路中。

(3)YNd11(即 Y$_0$/△-11)连接组，用于高压侧需要中性点接地的输电系统中。

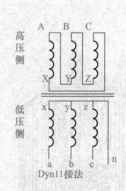

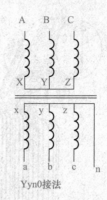

图 3-38　Dyn11 接法　　　　　图 3-39　Yyn0 接法

二、电力变压器的并列运行

将两台变压器或多台变压器的一次侧及二次侧同极性的端子之间通过一母线分别互相连接称为变压器的并列运行，如图 3-40 所示。两台或多台电力变压器并列运行时，必须满足以下四个基本条件：

（1）变比必须相同，即所有并列变压器的一、二次额定电压必须相同，允许差值范围为±5％。如果不同，则并列变压器二次绕组的回路内将出现环流，引起绕组过热甚至烧毁。

（2）阻抗电压必须相等，允许差值范围为±10％。由于并列变压器二次侧的负荷是按其阻抗电压值成反比分

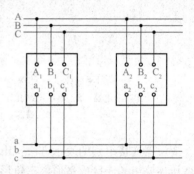

图 3-40　二台变压器并列运行接线图

配的，因此并列变压器的阻抗电压如果不同，将导致阻抗电压较小的变压器过负荷甚至烧毁。所以并列变压器的阻抗电压必须相等。

（3）连接组别必须相同，也就是所有并列变压器的一次电压和二次电压的相序和相位都必须对应地相同，否则不允许并列运行，因为有可能使变压器绕组烧毁。

（4）容量应尽量相同，其最大容量与最小容量之比，一般不宜超过 3∶1。如果容量相差悬殊，不仅运行很不方便，而且在变压器性能略有差异时，变压器间的环流往往相当显著，极易造成容量小的变压器过负荷或烧毁。

 任务实施

步骤 1：学生分组，每小组 4～5 人。

步骤 2：强调纪律和操作规范。

步骤 3：任务实施。

变压器检查

电力变压器是一种静止的电气设备，是用来将某一数值的交流电压（电流）变成频率相同的另一种或几种数值不同的电压（电流）的设备。其主要作用是传输电能，因此，检查变压器能否正常运行是供电系统的关键。

（1）检查油枕和长充油套管的油面、油色均应正常，无漏油现象。

（2）检查绝缘套管应清洁，无裂纹、破损及放电烧伤痕迹。

(3)检查变压器上层油温，一般变压器应在 85 ℃ 以下，强迫油循环水冷变压器应不超过 75 ℃。

(4)倾听变压器发出的响声，应只有因交变磁通引起的铁芯振颤的均匀嗡嗡声。

(5)检查冷却装置运行是否正常。油浸自冷变压器的各部分温度不应有显著的差别；强迫循环风冷或风冷的变压器的管道、阀门开闭、风扇、油泵、水泵运转正常、均匀。

(6)检查二次引线不应过紧或过松，接头接触良好无过热痕迹，油温蜡片完好。

(7)检查呼吸器应畅通，硅胶吸湿不应达到饱和(观察硅胶是否变色)。

(8)检查防爆管、安全气道和防爆膜应完好无损，无存油。

(9)检查瓦斯继电器内应无气体(如果有气体，有可能导致瓦斯继电器误动作)，与油枕间的阀门应打开。

(10)检查变压器外壳接地应良好。检查运行环境，变压器室门窗应完好，不漏雨、渗水，照明和温度适当。

步骤4：小组经过讨论确定任务结果，每小组由中心发言人陈述，经过全体同学讨论，确定正确结果并填写任务总结。

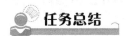 **任务总结**

课程认知记录表见表3-5。

表 3-5　课程认知记录表

班级		姓名		学号		日期	
收获 与体会	谈一谈：通过学习变压器检查，你觉得自己的专业水平有了哪些提高？						
评价意见	评定人	评价、评议、评定意见			等级		签名
	自己评价						
	同学评议						
	老师评定						
注：该践行学分为 5 分，记入本课程总学分(150 分)中，若结算分为总学分的 95% 以上，则评定为考核"合格"。							

任务四　船厂互感器的运行与维护

任务目标

1. 知识目标
(1)熟悉互感器结构及原理；
(2)掌握互感器运行及其选择。

2. 能力目标
(1)准确识读设备结构图；
(2)能够正确进行互感器运行及其选择。

3. 素质目标

(1)培养学生在互感器运行操作过程中的安全用电、文明操作意识；

(2)培养学生在安装操作过程中的团队协作意识和吃苦耐劳精神。

⌨ 任务分析

本任务的最终目的是掌握互感器的运行与维护。为了掌握它的运行，就必须学会它的组成结构、功能、分类等；而为了掌握对它的维护，就要熟悉它的实物并要熟练掌握关于它的事故分析。

📚 知识准备

互感器(属于一次设备的)是特种变压器，包括电压互感器和电流互感器，是一次系统和二次系统间的联络元件，分别向测量仪表、继电器的电压线圈和电流线圈供电，以便正确反映电气设备的正常运行和故障情况。测量仪表的准确性和继电保护动作的可靠性，在很大程度上与互感器的性能有关。因此应该熟悉互感器的一些主要特性，以便正确选择和使用互感器。

互感器的作用有以下几个方面：

(1)将一次回路的高电压和大电流变为二次回路的标准值，通常额定二次电压为 100 V，额定二次电流为 5 A 或 1 A。可使测量仪表和保护装置标准化，二次设备的绝缘水平可按低电压设计，从而使之结构轻巧，价格较低。

(2)所有二次设备可以用低电压、小电流的控制电缆连接，使屏内布线简单、安装方便；同时便于集中管理，可实现远方控制和测量。

(3)二次回路不受一次回路的限制，可采用星形、三角形或 V 形接法，因而接线灵活方便。同时，对二次设备进行维护、调换以及调整试验时，不需要中断一次系统的运行，仅适当地改变二次接线即可实现。

(4)使二次设备和工作人员与高电压部分隔离，且互感器二次侧一端必须接地，以防止一、二次绕组绝缘击穿时，一次侧高压窜入二次侧，保证设备和人身的安全。

一、电流互感器运行与选择

电流互感器简称 CT，文字符号为 TA。下面具体来讲解它的运行与选择。

1. 电流互感器的功能

(1)用来使仪表、继电器等二次设备与主电路绝缘。这既可防止主电路的高电压直接引入仪表、继电器等二次设备，又可防止仪表、继电器等二次设备的故障影响主电路，从而提高整个一、二次电路运行的安全性和可靠性，并有利于保障人身安全。

(2)用来扩大仪表、继电器等二次设备应用的电流范围。例如用一只量程为 5 A 的电流表，通过不同变流比的电流互感器就可测量任意大的电流。而且由于采用电流互感器，可使仪表、继电器等二次设备的规格统一，有利于这些设备的批量生产。

2. 电流互感器的结构

电流互感器的原理结构和接线如图 3-41 所示。

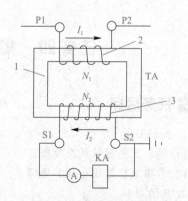

图 3-41　电流互感器的基本结构和接线

1—铁芯；2——次绕组；3—二次绕组

电流互感器的结构特点：一次绕组的匝数很少，有的电流互感器还没有一次绕组，而是利用穿过其铁芯的一次电路导体(母线)作为一次绕组(相当于绕组数为1)，且一次绕组导线相当粗；而二次绕组匝数很多，导线较细。工作时，一次绕组串联在一次电路中，而二次绕组则与仪表、继电器等的电流线圈串联，形成一个闭合回路。由于这些电流线圈的阻抗很小，因此电流互感器工作时其二次回路接近于短路状态。二次绕组的额定电流一般为5 A，电流互感器的一次电流 I_1 与其二次电流 I_2 之间有下列关系：

$$I_1 \approx \frac{N_2}{N_1} I_2 \approx K_i I_2 \tag{3-1}$$

式中，N_1、N_2 分别为电流互感器一、二次绕组匝数；$K_i = N_2 / N_1$，为电流互感器变流比。

3. 电流互感器的接线方案

电流互感器在三相电路中有如图 3-42 所示的四种常见的接线方案。

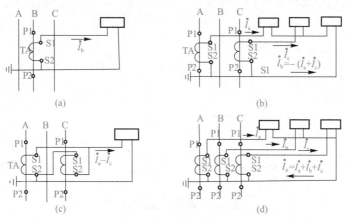

图 3-42 接线方案

(a)一相式；(b)两相 V 形；(c)两相电流差；(d)三相星形

(1)一相式接线如图 3-41(a)所示，电流线圈中通过的电流，反映一次电路对应相的电流。通常用于负荷平衡的三相电路中，例如低压动力线路，供测量电流和接过负荷保护装置之用。

(2)两相 V 形接线如图 3-41(b)所示，接线也称为两相不完全星形接线。在继电保护装置中，这种接线称为两相两继电器接线，在中性点不接地的三相三线制电路(例如 6～10 kV 高压电路)中，这种接线广泛用于测量三相电流、电能及作为过电流继电保护之用。这种接线的二次侧公共线上的电流为 $\dot{I}_a + \dot{I}_c = -I_b$，即反映的是未接电流互感器那一相的相电流。

(3)两相电流差接线如图 3-41(c)所示，这种接线也称为两相交叉接线，其二次侧公共线上的电流为 $\dot{I}_a - \dot{I}_c$，其量值为相电流的 $\sqrt{3}$ 倍，这种接线适于中性点不接地的三线制电路(例如 6～10 kV 高压电路)中作为过电流继电保护之用，也称作两相一继电器接线。

(4)三相星形接线如图 3-41(d)所示，这种接线中的三个电流线圈，正好反映各相的电流，广泛用于三相负荷一般不平衡的三相四线制系统中，如低压 TN 系统，也用在负荷可能不平衡的三相三线制系统中，作为三相电流、电能测量及过电流继电保护之用。

4. 电流互感器的类型

电流互感器的类型很多：按其一次绕组的匝数分，有单匝式(包括母线式、芯柱式、套管式等)和多匝式(包括线圈式、线环式、串级式等)；按其一次电压分，有高压和低压两大类；按其用途分，有测量用和保护用两大类；按其准确级分，测量用电流互感器有 0.1、0.2、0.5、1、

3、5 等级，保护用电流互感器有 5P、10P 两级；按其绝缘和冷却方式分，有油浸式和干式两大类，油浸式主要用于户外装置，现在应用最普遍的是环氧树脂浇注绝缘的干式电流互感器，特别是在户内装置中，油浸式电流互感器已基本上淘汰不用。

5. 电流互感器的准确级

电流互感器的误差分为电流误差和角误差，可以用其准确度等级来表示，简称准确级。准确级是指在规定的二次负荷变化范围内，一次电流为额定值时的最大电流误差的百分比。

电流互感器有八种准确级，即 0.1、0.2、0.5、1、3、5、5P 级和 10P 级，0.1、0.2 级主要用于实验室精密测量，0.5、1 级用于计费电表、变电站的盘式仪表和技术监测用的电能表，3、5 级用于一般测量和某些继电保护，5P、10P 级用于继电保护。

6. 电流互感器的型号

电流互感器的型号表示如图 3-43 所示。

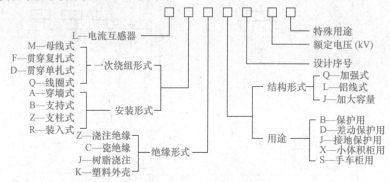

图 3-43　电流互感器的型号

图 3-44 所示是户内高压 LQJ-10 型电流互感器的外形图。它有两个铁芯和两个二次绕组，准确级有 0.5 级和 3 级，0.5 级用于测量，3 级用于继电保护。图 3-45 所示是户内低压 LMZJ1-0.5 型电流互感器的外形图。它不含一次绕组，穿过其铁芯的母线就是其一次绕组（相当于 1 匝）。它用于 500 V 及以下的低压配电装置。

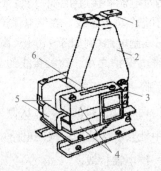

图 3-44　LQJ-10 型电流互感器

1——次接线端子；2——次绕组（树脂浇注绝缘）；
3—二次接线端子；4—铁芯；5—二次绕组；
6—警示牌（上写"二次侧不得开路"等字）

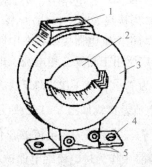

图 3-45　LMZJ1-0.5 型电流互感器

1—铭牌；2——次母线穿孔；3—铁芯；
4—底座（安装孔）；5—二次接线端子

7. 电流互感器使用的注意事项

电流互感器工作时二次侧不得开路，电流互感器的二次负荷为电流线圈，阻抗很小，因此其正常工作接近于短路状态，如果二次侧开路二次侧开路励磁动势将突然增大几十倍，从而产生如下严重后果：

（1）铁芯由于其中磁通剧增而过热，并产生剩磁，降低准确级；

（2）由于电流互感器二次绕组匝数远比一次绕组匝数多，因此可在二次侧感应出危险的高电压，危及人身和设备的安全。

所以电流互感器工作时二次侧不允许开路，有的互感器还专门标有这样的警示牌。电流互感器在安装时，其二次侧接线必须牢靠，且不允许接入开关和熔断器。

二、电压互感器运行与选择

电压互感器文字符号为 TV。它的运行与选择如下所述。

1. 电压互感器的功能

（1）用来使仪表、继电器等二次设备与主电路绝缘。这与电流互感器的功用完全相同，以提高一、二次电路运行的安全性和可靠性，并有利于保障人身安全。

（2）用来扩大仪表、继电器等二次设备应用的范围。例如用一只 100 V 的电压表，通过不同变压比的电压互感器就可测量任意高的电压，这也有利于电压表、继电器等二次设备的规格统一和批量生产。

2. 电压互感器的结构

电压互感器的基本结构和接线如图 3-46 所示。

电压互感器的结构特点是：一次绕组匝数很多，二次绕组匝数很少，相当于降压变压器。工作时，一次绕组并联在一次电路中，而二次绕组并联仪表、继电器的电压线圈。由于这些电压线圈的阻抗很大，所以电压互感器工作时其二次侧接近于空载状态。二次绕组的额定电压一般为 100 V。

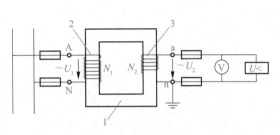

图 3-46　电压互感器的基本结构和接线
1—铁芯；2——一次绕组；3—二次绕组

电压互感器的一次电压与其二次电压之间有下列关系：

$$U_1 \approx \frac{N_1}{N_2} U_2 \approx K_u U_2 \tag{3-2}$$

式中，N_1、N_2 分别为电压互感器一、二次绕组匝数；$K_u = \dfrac{N_1}{N_2}$ 为电压互感器变压比。

3. 电压互感器的接线方案

电压互感器在三相电路中有如图 3-47 所示的四种常见接线方案：

（1）一个单相电压互感器接线如图 3-47(a)所示。这种接线供仪表、继电器的电压线圈接于三相电路的一个线电压。

（2）两个单相电压互感器接成 V/V 形，如图 3-47(b)所示。这种接线供仪表、继电器的电压线圈接于三相三线制电路的各个线电压，广泛应用在变配电所的 6～10 kV 高压配电装置。

（3）三个单相电压互感器接成 Y_0/Y_0 形，如图 3-47(c)所示。这种接线供要求线电压的仪表、继电器使用，并供接相电压的绝缘监视电压表使用。由于小接地电流系统在发生单相接地故障时，另两个完好相的对地电压要升高到线电压，因此绝缘监视用电压表不能接入按相电压选择的电压表，而要按线电压（相电压的√3倍）选择其量程，否则在一次电路发生单相接地故障时，电压表可能被烧毁。

（4）三个单相三绕组电压互感器或一个三相五芯柱三绕组电压互感器接成 $Y_0/Y_0/\wedge$（开口三角)形，如图 3-47(d)所示。其接成 Y_0 的二次绕组，供电给需线电压的仪表、继电器及绝缘监视用

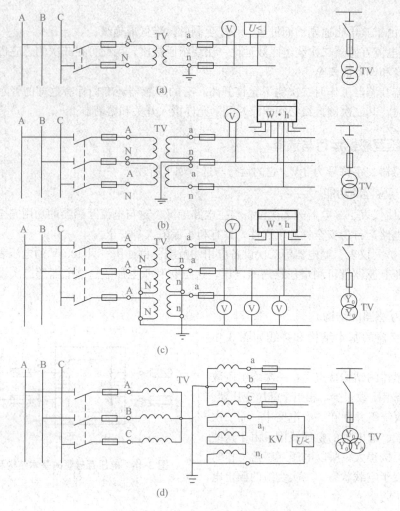

图 3-47　电压互感器的接线方案

(a)一个单相电压互感器；(b)两个单相电压互感器接成 V/V 形；(c)三个单相电压互感器结成 Y_0/Y_0 形；

(d)三个单相三绕组电压互感器或一个三相五芯柱三绕组电压互感器接成 $Y_0/Y_0/\wedge$ 形

电压表，与图 3-47(c)的二次接线相同。接成 $\wedge$（开口三角）形的辅助二次绕组，接电压继电器。当一次电压正常时，由于三个相电压对称，因此开口三角形开口的两端电压接近零。但当一次电路有一相接地时，开口三角形开口的两端将出现近 100 V 的零序电压，使电压继电器动作，发出故障信号。

4. 电压互感器的准确级

电压互感器的误差分为电压误差和角误差，也可以用其准确级来表示。电压互感器有七种准确级，即 0.1、0.2、0.5、1、3、3P 级和 6P 级。0.1、0.2 级主要用于试验室精密测量，0.5、1 级用于计费电能表、变电站的盘式仪表和技术监测用的电能表，3 级用于一般的测量和某些继电保护，3P、6P 级用于继电保护。

5. 电压互感器的型号

电压互感器的型号表示如图 3-48 所示。

6. 电压互感器使用的注意事项

(1)电压互感器工作时二次侧不得短路。由于电压互感器一、二次绕组都是在并联状态下工

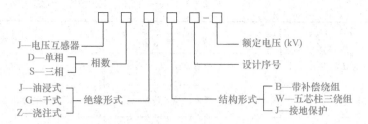

图 3-48 电压互感器的型号

作的，如果发生短路，将产生很大的短路电流，有可能烧毁电压互感器，甚至危及一次电路的安全运行。因此电压互感器的一、二次侧都必须装设熔断器进行短路保护。

（2）电压互感器的二次侧必须有一端接地。这与电流互感器二次侧接地的目的相同，也是为了防止一、二次绕组绝缘击穿时，一次侧的高电压窜入二次侧，危及人身和设备的安全。

（3）电压互感器在连接时也必须注意其极性。按规定，单相电压互感器的一、二次绕组端子分别标 A、N 和 a、n，其中 A 与 a、N 与 n 分别为对应的同名端，即同极性端。而三相电压互感器，按相序，一次绕组端子仍标 A、B、C，二次绕组端子仍标 a、b、c，一、二次侧的中性点则分别标 N、n，其中 A 与 a、B 与 b、C 与 c、N 与 n 分别为对应的同名端，即同极性端。

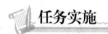**任务实施**

步骤1：学生分组，每小组 4～5 人。

步骤2：强调纪律和操作规范。

步骤3：任务实施。

一、电流互感器认识

目前市场上投入运行的电子式互感器从原理上可以分为两大类，一类为有源电子式互感器，另一类为无源电子式互感器。

有源电子式电流互感器多采用 RCT（空心线圈）＋LPCT（低功率线圈）传感器测一次电流，有源电子式电压互感器多采用电容分压器或电阻分压器测一次电压。

无源电子式电流互感器（或称光学电子式互感器）多采用光纤或磁光玻璃传感器测一次电流。常规互感器和电子式互感器的比较见表 3-6。

表 3-6 常规互感器和电子式互感器的比较

比较项目	常规互感器	电子式互感器
绝缘	油绝缘、气绝缘	光纤隔离绝缘
污染	漏油、漏气污染环境	无油、无气、无污染
体积及重量	体积大、重量重	体积小、重量轻
CT 动态范围	范围小、有磁饱和	范围大、无磁饱和
PT 谐振	易产生铁磁谐振	PT 无谐振现象
精度	精度易受负载影响	精度高与负载无关

比较项目	常规互感器	电子式互感器
CT 二次输出	不能开路	无开路危险
输出形式	模拟量输出，导线传输	数字量输出，光纤传输
供电电源	无	需要
使用寿命	30 年	与电子电路寿命有关

试分析影响电子式电流互感器使用的主要问题。

二、事故分析

有一 6.3 kV 配电柜事故跳闸，显示二次电流为 A 相 200 A、B 相 186 A、C 相 3 A，其中 CT 变比为 600/5。分析事故原因。

(1)检查负荷变压器有无异常现象。首先对变压器表面进行检查，然后对变压器进行直流电阻测试、绝缘测试，必要时进行耐压试验。

(2)检查 6.3 kV 电缆。先查看电缆两端接头是否损坏，然后对电缆进行绝缘和耐压试验(一般耐压试验为直流耐压，为额定电压的 2～3 倍)。

(3)检查高压配电柜一次系统。检查电流互感器、高压开关、避雷器等是否有放电现象发生。高压柜内，是否钻进小动物。

(4)检查高压柜二次系统。检查电流互感器二次接线(包括测量回路和保护回路)是否异常。

(5)根据检查、测试的结果，进行综合分析，做出事故原因的正确判断。

(6)根据原因判定，进行抢修，尽快恢复送电。

步骤 4：小组经过讨论确定任务结果，每小组由中心发言人陈述，经过全体同学讨论，确定正确结果并填写任务总结。

 **任务总结**

课程认知记录表见表 3-7。

表 3-7 课程认知记录表

班级		姓名		学号		日期	
收获与体会	谈一谈：你在日常生活中对互感器有印象吗？通过看实物和分析事故你有什么收获？						
评价意见	评定人		评价、评议、评定意见			等级	签名
	自己评价						
	同学评议						
	老师评定						
注：该践行学分为 5 分，记入本课程总学分(150 分)中，若结算分为总学分的 95% 以上，则评定为考核"合格"。							

任务五　船厂变配电所

任务目标

1. 知识目标

(1) 熟悉船厂变配电所主接线图中设备的原理及型号；

(2) 掌握船厂变配电所主接线图识图；

(3) 了解船厂变配电所所址选择和形式；

(4) 了解预装式变电站。

2. 能力目标

(1) 准确识读船厂变配电所主接线图；

(2) 能够正确进行变配电所的选址。

3. 素质目标

(1) 培养学生在船厂变配电所操作过程中的安全用电、文明操作意识；

(2) 培养学生在安装操作过程中的团队协作意识和吃苦耐劳精神。

任务分析

本任务的最终目的是掌握船厂变配电所相关内容及其运行与维护。为了熟悉它们的运行，就要学会分析船厂变配电所主接线的组成，了解船厂变配电所与预装式变电站以及 GIS 组合电器；而为了掌握对它们的维护，就要准确识读有关它们的一些图纸，比如接有应急柴油发电机组的变电所主接线图等。

知识准备

一、船厂变配电所主接线

电气主接线（也称为一次接线）是由发电机、变压器、断路器、隔离开关、互感器、电力母线和电缆等电气设备按一定顺序连接的，用以表示产生、变换和分配电能的电路。

在船厂供电系统中，一般引出线数目比电源数目多，为了使每一引出线都能从任意电源获得电能，保证供电的可靠性和灵活性，必须使用母线。母线是大电流低阻抗导体，可以在其上分开的各点接入若干个电路。母线在电气装置中起着汇集电流和分配电流的作用，又称汇流排。在用户变配电所中，有母线的主接线按母线设置的不同，又分单母线接线、分段单母线接线和双母线接线等母线的接线方式，而无母线的主接线又分为线路-变压器组单元接线和桥式接线，下面介绍各种接线方式。

1. 单母线接线

典型的单母线接线如图 3-49 所示。图 3-49(a) 所示为一路电源进线的情况，图 3-49(b) 所示为两路电源进线一用一备（又称明备用）的情况。在这种接线中，所有电源进线和引出线都连接于同一组母线上。为便于投入与切除，每路进出线上都装有断路器（QA）并配置继电保护装置，以便在线路或设备发生故障时自动跳闸。而且为便于设备与线路的安全检修，紧靠母线处都装有隔离开关（QB）。高压系统中的隔离开关与断路器必须实行操作连锁，以保证隔离开关"先通后断"，不带负荷操作。图 3-49(b)采用两路电源进线，可以提高供电可靠性，但两个进线断路器必须实行操作连锁，只有在工作电源进线断路器 QA1 断开后，备用电源进线断路器 QA2 才能接通，以保证两路电源不并列运行。

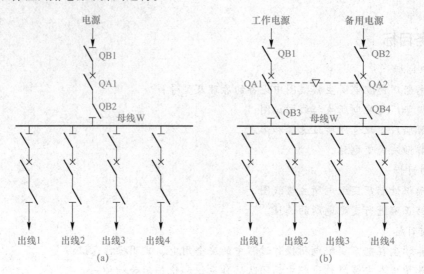

图 3-49　单母线接线

(a)一路电源进线；(b)两路电源进线

单母线接线的优点是简单、清晰、设备少、运行操作方便且有利于扩建，但可靠性与灵活性不高(如母线故障或检修，会造成全部出线停电)。单母线接线适用出线回路少的小型变配电所，一般供三级负荷，两路电源进线的单母线可供二级负荷。

2. 分段单母线接线

当出线回路数较多且有两路电源进线时，可用断路器将母线分段，成为分段单母线接线，如图 3-50 所示，QA3 为母线分段断路器。母线分段后，可提高供电的可靠性和灵活性。在正常工作时，分段断路器可接通也可断开运行。两路电源进线一用一备时，分段断路器接通运行，此时，任一段母线故障，分段断路器与故障段进线断路器便在继电保护装置作用下自动断开，将故障段母线切除后，非故障段母线便可继续工作。而当两路电源同时工作互为备用(又称暗备用)时，分段断路器则断开运行，此时，任一电源(如电源 1)故障，电源进线断路器(QA1)自动断开，分段断路器 QA3 可自动投入使用，保证给全部出线或重要负荷继续供电。

如将图 3-50 接线中的母线分段断路器 QA3 及其两侧隔离开关取消，则构成不联络的分段单母线接线，两段母线各自独立运行。

分段单母线接线保留了单母线接线的优点，又在一定程度上克服了它的缺点，如缩小了母线故障的影响范围，分别从两段母线上引出两路出线可保证对一、二级负荷的供电等。

当变配电所具有三个及以上电源时，可采用多分段的单母线接线。

3. 双母线接线

双母线接线是针对单母线分段接线母线故障造成部分出线停电的缺点而提出的。典型的双母线接线如图 3-51 所示。双母线接线与单母线接线相比，从结构上而言多设置了一组母线，同时每个回路经断路器和两组隔离开关分别接到两组母线 W1、W2 上，两组母线之间可通过母线联络断路器 QA3 连接起来。正常工作时一组母线工作(如 W1)，另一组母线备用(如 W2)，各回路中连接在工作母线上的隔离开关接通，而连接在备用母线上的隔离开关均断开。若 W1 故障或检修，可通过倒闸操作(运行中变更主接线方式的操作)，将所有出线转移到 W2 上来，从而保证所有出线的供电可靠性。

双母线接线的优点是可靠性高、运行灵活、扩建方便，缺点是设备多、操作烦琐、造价高。一般仅用于有大量一、二级负荷的大型变电所。如 35～66 kV 线路为 8 回及以上时，可采用双母线接线。110 kV 线路为 6 回及以上时，宜采用双母线接线。

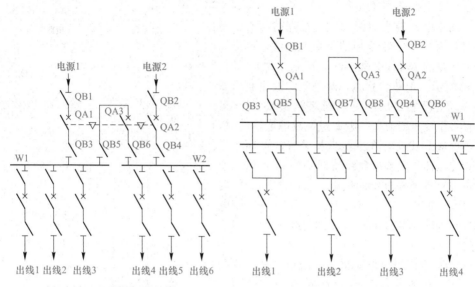

图 3-50 分段单母线接线   图 3-51 双母线接线

4. 线路-变压器组单元接线

这是一种无母线主接线，它的特点是在电源与出线或变压器之间没有母线连接。

图 3-52 所示为线路-变压器组单元接线的几种典型形式。其特点是接线简单，设备少，经济性好，适用一路电源进线且只有一台主变压器的小型变电所。

在图 3-52(a)中，在变压器高压侧设置断路器和隔离开关，当变压器故障时，继电保护装置动作，断路器 QA 跳闸。采用断路器操作简便，故障后恢复供电快，易与上级保护相配合，易实现自动化。

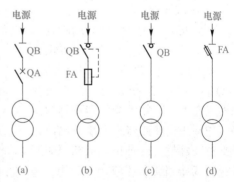

图 3-52 线路-变压器组单元接线

图 3-52(b)与图 3-52(a)的区别在于，采用负荷开关-熔断器组合电器代替价格较高的断路器，变压器的短路保护则由熔断器实现。为避免因熔断器一相熔断造成变压器断相运行，熔断器配有熔断撞针，可使负荷开关跳闸。负荷开关除用于变压器的投入与切除外，还可用来隔离高压电源，以便变压器的安全检修。所接变压器容量，对干式变压器不大于 1 250 kV·A，对油浸式变压器不大于 630 kV·A。

图 3-52(c)中变压器的高压侧仅设置负荷开关，而未设保护装置。这种接线仅适于距上级变配电所较近的车间变电，此时，变压器的保护必须依靠安装在线路首端的保护装置来完成。当变压器容量较小时，负荷开关也可采用隔离开关代替，但需注意的是，隔离开关只能用来切除空载运行的变压器。

图 3-52(d)所示是户外杆上变电台的典型接线形式,电源线路架空敷设,小容量变压器安装在电杆上,户外跌落式熔断器 FA 作为变压器的短路保护,也可用来切除空载运行的变压器。这种接线简单经济,但可靠性差。随着城市电网改造和城市美化的需要,架空线改为电缆线,户外杆上变电台逐步被预装式变电站或组合式变压器取代。

线路-变压器组单元接线可靠性不高,只可提供三级负荷。采用环网电源供电时,可靠性相应提高,可提供少量二级负荷。

当有两路电源进线和两台主变压器时,变压器一次侧可采用双回线路-变压器组单元接线,再配以变压器二次侧的单母线分段接线,可靠性大大提高,如图 3-53 所示。正常运行时,两路电源及主变压器同时工作,变压器二次侧母联断路器 QA3 断开运行。当任一主变压器或任一电源进线故障或检修时,主变压器两侧断路器就在继电保护装置的作用下自动断开,变压器二次侧母联断路器 QA3 自动投入使用,即可恢复整个变电所的供电。双回线路-变压器组单元接线可提供一、二级负荷。35~110 kV 变电所在其进线为两回及以下时,宜采用线路-变压器组单元接线。

双回线路-变压器组单元接线的缺点是某回路电源线路或变压器任一元件发生故障,则该回路中另一元件也不能投入工作,即故障情况下,设备得不到充分利用。采用桥式接线可弥补这一缺陷。

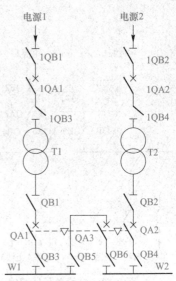

图 3-53 双回线路-变压器组单元接线

5. 桥式接线

桥式接线,分内桥和外桥两种,如图 3-54 所示。其共同特点是在两台变压器一次侧进线处用一个桥路断路器 QA3 将两回进线相连,桥路连在进线断路器之下靠近变压器侧称为内桥,连在进线断路器之上靠近电源线路侧称为外桥。两种桥式接线都能实现电源线路和变压器的充分利用,如变压器 T1 故障,可以将 T1 切除,由电源 1 和电源 2 并列(满足并列运行条件时)给 T2 供电以减少电源线路中的能耗和电压损失;若电源 1 故障,可以将电源 1 切除,由电源 2 同时给变压器 T1 和 T2 供电,以充分利用变压器并减少其能耗。

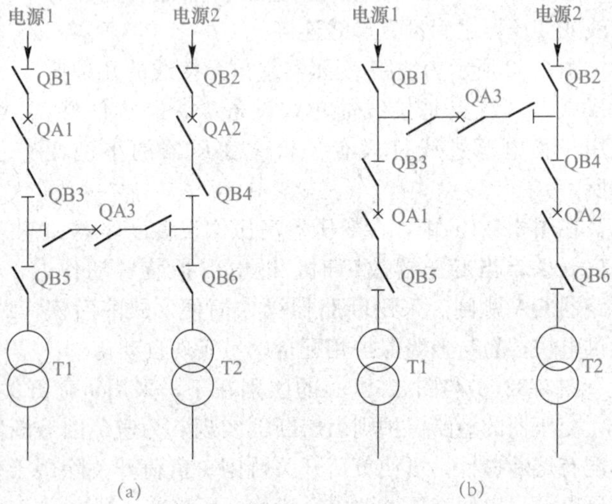

图 3-54 桥式接线
(a)内桥;(b)外桥

内桥接线的运行特点是:电源线路投入和切除时操作简便,变压器故障时操作较复杂。当电源 1 线路故障或检修时,先将进线 QA1 和 QB3 断开,然后将桥路断路器 QA3 接通(QA3 两侧隔离开关先接通)即可恢复对变压器 T1 的供电。但当变压器 T1 故障时,则需先将 QA1 和 QA3 断开,无故障的电源 1 供电受到影响,断开 QB5 后,再接通 QA1 和 QA3,方可恢复电源 1 和的供电。正常运行时的切换操作也是如此。所以，内桥接线适于电源线路较长、变压器不需经常切换操作的情况。

外桥接线的运行特点正好和内桥接线相反，电源线路投入和切除时操作较复杂，变压器故障时操作简便。如变压器故障时仅其两侧断路器自动跳闸即可，不影响电源线路的继续运行。所以，外桥接线适于电源线路较短、变压器需经常切换操作的情况。当系统中有穿越功率通过变电所高压侧时或两回电源线路接入环形电网时，也可采用外桥接线。

桥式接线线路简单，使用设备少（相对于分段单母线接线少用两台断路器），造价低，有一定的可靠性与灵活性，易发展。因此，35～110 kV 变电所在其电源进线为两回及以下，具有两台主变压器时，宜采用桥式接线。当变电所具有三台主变压器时，可采用具有两个桥路的扩大桥式接线。

6. 变配电所电气主接线示例

某变配电所电气主接线图如图 3-55 所示。

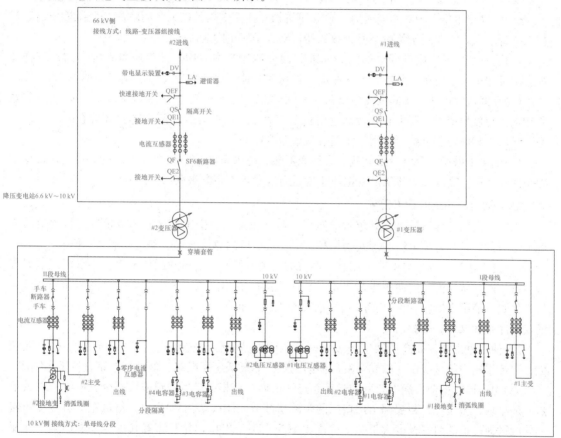

图 3-55　某变配电所电气主接线图

二、船厂变配电所与预装式变电站

1. 变配电所的所址与形式

变配电所是各级电压的变电所和配电所的总称，包括 35～110 kV 总降压变电所、6～20 kV 配电所、6～20 kV 变电所及 35/0.38 kV 直降变电所。6～20 kV 配电变电所在船厂内又称为车间变电所，用户配电所通常和邻近的变电所合建，又称为变配电所。

变配电所的位置宜接近负荷中心，以减小低压供电半径、降低电缆投资、节约电能损耗、提高供电质量，同时要考虑进出线方便、设备运输方便、接近电源侧；为确保变电所安全运行，应避开有剧烈振动或高温、有污染源、经常积水或漏水、地势低洼、易燃易爆等区域。根据上述要求，经技术经济比较后确定。

35～110 kV 总降压变电所一般为户外或户内独立式结构，110 kV 配电装置可选用气体绝缘开关设备(GIS)、空气绝缘开关设备(AIS)、空气与气体绝缘混合开关设备(HGIS)。AIS 在户外敞开式中型布置，占地面积大，但经济性好；GIS 占地面积小，安全防护性能好，可布置在户内或户外，但造价高。HGIS 则综合了 AIS 和 GIS 的优点，正逐步得到推广应用。35 kV 及以下配电装置多采用金属封闭开关设备布置在户内。6～20 kV 电容器及谐波治理装置、接地变压器与消弧线圈组合装置可布置在户内或户外。35～110 kV 主变压器多采用油浸式有载调压变压器，可布置在户内或户外，依据工程地理环境条件，因地制宜。

20 kV 及以下变电所一般为户内变电所。户内变电所按其位置主要有以下几种类型：

(1)独立变电所。独立变电所为一独立建筑物。独立变电所建筑费用较高，低压馈电线路较长、损耗较大，主要用于负荷小而分散的船厂和大中城市的居民区。

(2)附设变电所。附设变电所的一面或数面墙与建筑物共用，且变压器室的门向建筑物外开。附设变电所主要用于负荷较大的车间、站房和无地下室的大型民用建筑。

(3)车间内变电所。车间内变电所位于车间内部，且变压器室的门向车间内开。车间内变电所能最大限度地接近负荷中心，特别适用负荷较大、负荷中心在车间中部且环境较好的多跨厂房。目前，车间内变电所多采用小型组合式成套变电站。

(4)地下变电所。变电所设于地下，通风散热、防水条件差，湿度较大，投资较大，很少单独采用。此外，高层民用建筑的变电所也常设置在其地下室非最底层内。

2. 变配电所布置的基本要求

变配电所的总体布置是在其位置与数量、电气主接线、变压器形式和数量及容量确定的基础上进行的，且与变配电所的形式密切相关。变配电所的总体布置应满足以下基本要求。

(1)便于运行、维护与检修。如有人值班的变配电所，应设单独的值班室。当低压配电室兼做值班室时，低压配电室面积应适当增大。高压配电室与值班室应直通或经过通道相通。有人值班的独立变配电所，宜设有厕所和给水排水设施。变压器、高低压开关柜等电气装置有足够的安全净距和操作、维护通道。

(2)便于进出线。如高压架空进线，则高压配电室宜位于进线侧。变压器低压出线电流较大，一般采用封闭母线桥，因此，变压器的位置宜靠近低压配电室。低压配电室宜位于出线侧。

(3)保证运行安全。配电装置的长度超过 6 m 时，其柜(屏)后通道应设两个通向本室或其他房间的出口；低压配电装置两个出口间的距离超过 15 m 时，应增加出口。值班室应有直接通向户外或通向过道的门。长度大于 7 m 的配电室应设两个出口，并宜布置在配电室的两端。变配电所应设置防止雨、雪和蛇、鼠类小动物从采光窗、通风窗、门、电缆沟等进入室内的设施。另外，变配电所还应考虑防火、通风等要求。

(4)节约土地与建筑费用。户内变电所的每台油量为 100 kg 及以上的三相油浸式变压器，应设在单独的变压器室内。而干式电力变压器只要具有不低于 IP2X 的防护外壳，就可和高低压配电装置布置在同一配电室内。现代高压开关柜和低压配电屏均为金属封闭开关设备，防护等级不低于 IP3X 级，两者可以靠近布置。户内变电所宜选用小型化紧凑型电气设备。

(5)适应发展要求。高低压配电室内，宜留有适当数量配电装置的备用位置。变压器室应考虑到扩建时有更换大一级容量变压器的可能。

3. 总体布置方案

变配电所的总体布置方案应因地制宜，合理设计。布置方案应通过几个方案的技术经济比较后确定，并采用布置图表达出变配电所电气装置的相对或绝对位置信息。

图 3-56 所示为某用户 10/0.38 kV 变电所平面布置图，变电所为独立建筑物，设有高压配电室、低压变配电室、值班室和工具室等，由于选用的变压器为干式且带 IP4X 防护外壳，故与低压配电屏并排放置。低压配电屏为双列布置，两者之间采用架空封闭母线桥连接。高压电源进出线及低压出线均采用电力电缆，变配电装置下方及后面设有电缆沟，用于电缆敷设。为了操作维护的方便与安全，变配电装置前面留有操作通道，后面留有维护通道，通道的宽度符合规范要求。

图 3-57 所示为 10/0.38 kV 变电所的另外几种常见电气平面布置方案。

对于 10 kV 变配电所，其布置方案也与图 3-56 和图 3-57 所示布置方案类似，只是高压开关柜数量较多，高压配电室相应大一些。当高压母线上接有无功补偿电容器时，还应设置单独的高压电容器室或选用户外电容器装置。

用户 35~110 kV 变电所一般为独立建筑物。35 kV 变电所和 110 kV 全户内变电所典型方案之一为二层楼结构，底层设置主变压器室、10 kV 配电装置室和 10 kV 电容器装置室，二层设置 35 kV 配电装置室或 110 kV GIS 装置室、二次设备室及控制室等。

在进行变配电所具体布置时，除依据现行国家标准《20 kV 及以下变电所设计规范》（GB 50053—2013）、《35 kV~110 kV 变电站设计规范》（GB 50059—2011）和《3~110 kV 高压配电装置设计规范》（GB 50060—2008）外，还应参考国家建筑标准和电力行业典型设计图集。

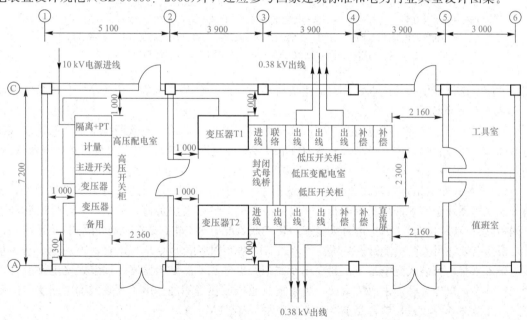

图 3-56 某 10/0.38 kV 变电所电气平面布置(示例)

注：为简化起见，图中略去变配电装置的尺寸和电缆沟布置

4. 预装式变电站

预装式变电站是将配电网末端变电站预先在船厂内制造装配，由变压器、高压开关设备和控制设备、低压开关设备和控制设备、内部接线（电缆、母排等）、计量、补偿、避雷器等辅助设备组合而成的经过型式试验的一种成套变电站设备，用来从高压系统向低压系统输送电能。预装式变电站俗称箱式变电站，具有体积小、占地少、能最大限度地接近负荷中心、易于搬动、

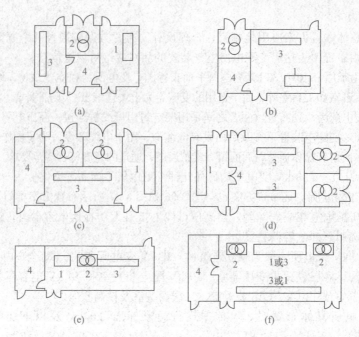

图 3-57   10/0.38 kV 变电所的电气平面布置方案(示例)

(a)一台油浸式变压器,高低压配电室分设;(b)一台油浸式变压器,高低压配电室合一;
(c)两台油浸式变压器,设值班室;(d)两台油浸式变压器,低压配电室兼值班室;(e)一台干式变压器,
与高低压配电装置设于同一房间;(f)两台干式变压器,与高低压配电装置设于同一房间
1—高压开关柜;2—变压器;3—低压配电屏;4—值班室

安装方便、送电周期短等优点,特别适用负荷小而分散的公共建筑群、住宅小区、风景区旅游点和城市道路等场所。

我国目前生产的箱式变电站按结构形式分为两大类:一类是引进欧洲技术生产的预装式变电站(简称欧式箱变);另一类是引进美国技术并按我国电网现状改进生产的组合式变压器(简称美式箱变)。国内后来又生产了一种组合了欧式箱变与美式箱变优点的紧凑型变电站。

(1)预装式变电站。预装式变电站一般为目字形结构,如图 3-58 所示。中间为变压器室,装有干式变压器或全密封油浸式变压器;一边为高压室,装有高压负荷开关柜(用于终端接线)或环网柜(用于环网接线);另一边为低压室,装有低压配电屏(固定式或固定分隔式)及无功补偿屏,根据需要还可安装电能计量装置。预装式变电站环网接线典型方案如图 3-59 所示。从其接线与布置来看,预装式变电站与土建变电所类似,但体积小、结构紧凑。预装式变电站有户内型和户外型,户外型必须采取防腐蚀、防凝露及通风散热等措施。由于预装式变电站受空间限制,因此散热条件较差,单台变压器容量不宜大于 800 kV·A。

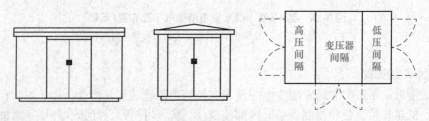

图 3-58   预装式变电站外形及平面布置

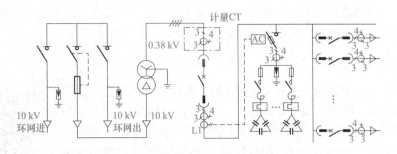

图 3-59　预装式变电站环网接线典型案例

(2)组合式变压器。组合式变压器是将变压器器身、负荷开关、熔断器等在油箱中进行组合的变压器。根据需要,组合式变压器可以配有低压辅助设备。组合式变压器一般为品字形结构,如图 3-60 所示。装置前部为接线柜,高压间隔面板上布置着高压接线端子、高压负荷开关、插入式熔断器、高压分接开关等高压部件的外露部分;低压间隔面板上布置着低压端子及其他组件,根据需要可安装低压配电电器及无功补偿电器。装置后部为油箱及散热部分,变压器本体及高压部件等均放置在油箱内,由于高压采用油绝缘,大大缩小了绝缘距离,使组合式变压器整体体积明显缩小,约为预装式变电站的 1/3。

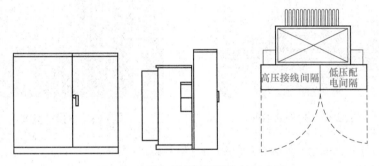

图 3-60　组合式变压器的外形及布置

组合式变压器也有终端接线和环网接线两种形式,环网接线典型方案如图 3-61 所示。负荷开关采用环网型四工位旋转操作,可将变压器由环网电源供电,或由电源 1 供电,或由电源 2 供电,或从电网中隔离开来。变压器由插入式熔断器和后备熔断器串联起来提供保护。插入式熔断器采用双敏熔丝,在二次侧发生短路故障、过负荷及油温过高时熔断,后备熔断器仅在变压器内部故障时发生动作。高压插入式电缆终端的带电部分被密封在绝缘体内,在双通护套上安装有复合绝缘金属氧化锌避雷器,

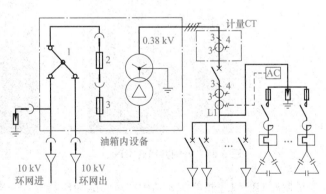

图 3-61　组合式变压器环网接线典型方案
1—四工位负荷开关;2—插入式熔断器;3—后备熔断器

以保护变压器免受雷电过电压波的危害。由于低压间隔较小,一般不采用成套配电装置,而是直接在间隔面板上安装低压塑料外壳式断路器和无功补偿电器,以及控制电器和监测仪表。为

防止熔断器一相熔断造成变压器断相运行，可在低压侧加装智能欠电压控制器，在低压母线出现不正常电压时，作用于低压断路器分励脱扣切断电源，保证安全供电。

三、GIS 组合电器

GIS(Gas Insulated Substation)是气体绝缘全封闭组合电器的英文简称。GIS 由断路器、隔离开关、接地开关、互感器、避雷器、母线、连接件和出线终端等组成。这些设备或部件全部封闭在金属接地的外壳中，在其内部充有一定压力的 SF$_6$ 绝缘气体，故也称 SF$_6$ 全封闭组合电器。GIS 自 20 世纪 60 年代实用化以来，已广泛运行于世界各地。GIS 不仅在高压、超高压领域被广泛应用，而且在特高压领域也被使用。与

微课：GIS 组合电器

常规敞开式变电站相比，GIS 的优点在于结构紧凑、占地面积小、可靠性高、配置灵活、安装方便、安全性强、环境适应能力强，维护工作量很小，其主要部件的维修间隔不小于 20 年。

1. GIS 的结构

GIS 根据安装地点可分为户外式和户内式两种，如图 3-62、图 3-63 所示。

图 3-62　户外式 GIS

图 3-63　户内式 GIS

GIS 按结构可分为单相单筒式(图 3-64)和三相共筒式(图 3-65)。110 kV 电压等级的 GIS 可以做成三相共筒式，220 kV 及以上电压等级采用单相单筒式。

图 3-64　单相共筒式 GIS

图 3-65　三相共筒式 GIS

早期的 GIS 以单相单筒式结构居多，除变压器外，一次系统设备中各高压电器元件的每一相封闭在一个独立外壳内，带电部分采用同轴结构，电场较均匀，系统运行时不会出现三相短路故障，开断过程中三相无电弧干扰；不足之处是外壳数量及密封面多，漏气的可能性加大，电压等级越高，设备体积越大，占地面积也会增加。目前，单相单筒式结构大多数应用于电压高、电流大的场合。

随着技术的不断进步，将三相封闭在一个公共外壳内的开关设备是 GIS 朝小型化方向发展的一个里程碑。三相共筒式 GIS 结构紧凑，外壳数量少，逐步被用户使用和推广。

2. GIS 的特点

与其他类型配电装置相比，GIS 具有以下特点。

(1)运行可靠性高。

(2)检修周期长，维护工作量小。

(3)由于金属外壳接地的屏蔽作用，能消除对无线电的干扰、无静电感应和噪声等，同时消除了偶然触及带电体的危险，有利于工作人员的安全。

(4)所有用于控制、信号、联动等用途的辅助电气设备可以安装在间隔的就地控制柜内，实现对一次设备的就地控制。

(5)节省占地面积，土建和安装工作量小，建设速度快。

(6)抗震性能好。

(7)对材料性能、加工精度和装配工艺要求很高。

(8)金属耗量大，造价较高。

(9)需要专门的 SF_6 气体系统和压力监视装置，对 SF_6 气体的纯度要求严格。

3. GIS 的运行管理

由于 GIS 产品是封闭压力系统设备，运行环境条件没有雨水、污秽、潮湿、覆冰等的直接影响，工作环境明显优于空气绝缘的开关设备，加上 SF_6 气体具有优良的灭弧和绝缘特性，使 GIS 几乎可以免维护，但是为了延长 GIS 的使用寿命，需要对其进行必要的运行管理。GIS 的运行管理分为以下几种。

(1)日常检查。对 GIS 进行外观检查，以确定设备的工作状况并及时发现运行中可能出现的异常情况。

(2)定期检查。这是一种维护 GIS 设备使之处于正常工作状况的周期性行为。该检查应在制造厂工程技术人员的监督下进行，分为常规检查和详细检查两种。常规检查每 3 年一次，要求在断电情况下、用肉眼进行外观检查，其目的在于确认设备的性能，包括断路器、隔离开关、接地开关的机构需要的润滑情况，断路器、隔离开关、接地开关的操作及机械性能参数检查，仪器仪表的校准等。详细检查每 12 年一次，是在断电情况下对断路器、隔离开关、接地开关的操动机构的检查，如需要可对机构进行拆解或对易损件进行更换，同时包括常规检查的所有项目。

(3)特殊检查。这是一种临时性的检修，目的在于恢复 GIS 导电能力和运行性能。

4. GIS 的应用范围

GIS 主要用于 110～500 kV 的工业区、市中心、险峻山区、地下以及需要扩建而缺乏土地的发电厂和变电站，也适用位于严重污秽、海滨、高海拔以及气象环境恶劣地区的变电站，还可用于重要的枢纽型变电站和军用变电设施。

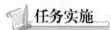 **任务实施**

步骤 1：学生分组，每小组 4～5 人。

步骤 2：强调纪律和操作规范。

步骤 3：任务实施。

接有应急柴油发电机组的变电所主接线图的认识

电气接线图表示电力系统各主要元件之间的电气联系。

有些拥有重要负荷的工厂，往往装设柴油发电机组作为应急的备用电源，以便在正常供电的公共电网停电时手动或自动地投入使用，供电给不容停电的重要负荷(含消防用电)和应急照明。图 3-66 所示是接有柴油发电机组的变电所主接线图。其中图 3-66(a)为只有一台主变压器的变电所在公共电网停电时手动切换和投入柴油发电机组的主接线图；图 3-66(b)为装有两台主变压器的变电所接有自启动柴油发电机组的主接线图。

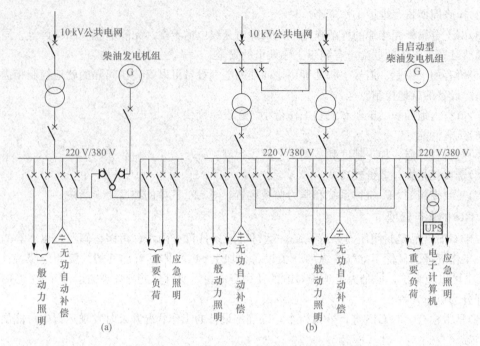

图 3-66   接有柴油发电机组的变电所主接线图

(a)一台主变压器，机组手动切换；(b)两台主变压器，机组自启动

结合实际情况分析应急柴油发电机组的变电所主接线图。

步骤 4：小组经过讨论确定任务结果，每小组由中心发言人陈述，经过全体同学讨论，确定正确结果并填写任务总结。

课程认知记录表见表 3-8。

表 3-8   课程认知记录表

班级		姓名		学号		日期	
收获 与体会	谈一谈：通过对变电所主接线图的识读，你对变电所有了什么样的认识？						
评价意见	评定人		评价、评议、评定意见		等级		签名
	自己评价						
	同学评议						
	老师评定						
注：该践行学分为 5 分，记入本课程总学分(150 分)中，若结算分为总学分的 95% 以上，则评定为考核"合格"。							

序号	考核点	分值	建议考核方式	考核标准	得分
1	高压电器的选择与安装	10	教师评价(50%)＋互评(50%)	能正确进行设备选择与安装,选择错误一次扣2分,安装错误一处扣1分	
2	低压电器的选择与安装	10	教师评价(50%)＋互评(50%)	能正确进行设备选择与安装,选择错误一次扣2分,安装错误一处扣1分	
3	变压器检查	10	教师评价(50%)＋互评(50%)	能正确对设备进行检查,操作错误一次扣3分	
4	电流互感器认识与事故分析	10	教师评价(50%)＋互评(50%)	能正确对设备进行检查与事故分析,分析错误一处扣3分	
5	接有应急柴油发电机组的变电所主接线图识读	5	教师评价(50%)＋互评(50%)	能正确识读接线图,识读错误一处扣1分	
6	项目报告	10	教师评价(100%)	格式标准,内容完整,详细记录项目实施过程并进行归纳总结,一处不合格扣2分	
7	职业素养	5	教师评价(30%)＋自评(20%)＋互评(50%)	工作积极主动,遵守工作纪律,遵守安全操作规程,爱惜设备与器材	
8	练习与思考	40	教师评价(100%)	对相关知识点掌握牢固,错一题扣1分	
完成日期		年 月 日		总分	

项目小结

通过本项目的学习,学生掌握了高压电器、低压电器、变压器、互感器的相关知识,认识了变电所,了解了预装式变电站和GIS组合电器,通过对实物器件的认识、选择、安装与检修,学生对供配电系统有了很专业的认识,尤其是通过对变电所主接线图的识读,让学生对这部分内容有了整体的印象,这就为学生以后从事这方面的工作打下了良好基础。

练习与思考

一、填空题

1. 船厂变电所按其在供电系统中的作用和地位分为( )。
2. 变电所的任务是( )、( )和( )。
3. 变电所担负着从电力系统受电,经过( ),然后配电的任务。

4. 配电所担负着从电力系统受电，然后（　　　　）的任务。

5. 电弧是电气设备运行中因分断电路空气（　　　　）的一种物理现象。

6. 电弧的主要影响：延长了电路的（　　　　）；电弧高温烧坏开关的触头。

7. 电弧的熄灭条件是去游离率（　　　　）游离率。

8. 一次电路中所有的设备称（　　　　）。

9. 一次电路：在（　　　　　　　　）、变配电所中承担（　　　）和（　　　）电能任务的电路。

10. 各种高低压开关属（　　　　）次设备。

11. 高压熔断器是电路电流超过规定值并经一定时间，使其熔体（　　　　）而分断电流、断开电路的保护电器。

12. RW10-10F 型跌开式熔断器负荷型属于（　　　　）熔断器。

13. 隔离开关没有专门的灭弧装置，因此不允许（　　　　）。

14. 高压负荷开关（QL）：具有简单的灭弧装置的高压开关。功能是能通断一定的负荷电流和过负荷电流，（　　　　）。

15. 高压断路器（QF）具有完善的灭弧能力。功能：通断正常负荷电流；接通和承受一定的短路电流；在保护装置作用下（　　　　），切除短路故障。

16. 高压成套配电装置也叫（　　　　）。

17. 低压一次设备：用来接通或断开（　　　　）以下的交流和直流电路的电气设备。

18. 低压熔断器的功能主要是串接在低压配电系统中用来进行（　　　　），有的也能同时实现（　　　　）。

19. 熔断器式刀开关（文字符号为 QKF 或 FU-QK），又称刀熔开关，是一种由低压刀开关与低压熔断器组合的开关电器，也主要用于（　　　　）操作的场合。

20. 低压负荷开关，由低压刀开关与（　　　　）组合而成，外装封闭式铁壳或开启式胶盖。

21. 低压断路器能带负荷通断，又能在短路、过负荷和失压等时（　　　　）。

22. 将两台变压器或多台变压器的一次侧及二次侧（　　　　）通过一母线分别互相连接叫变压器的并列运行。

23. 电流互感器工作时，一次绕组（　　　　）在一次电路中，而二次绕组与仪表、继电器等的电流线圈（　　　　），形成一个闭合回路。

24. 电流互感器工作时，其二次回路不准（　　　　）。

25. （　　　　）在电气装置中起着汇集电流和分配电流的作用，又称汇流排。

26. 桥式接线，分（　　　　）和（　　　　）两种。

27. （　　　　）决定总降压变电所和车间变电所通用的原则，其中（　　　　）是最基本原则。

28. 将配电网末端变电站预先在船厂内制造装配，由变压器、高压开关设备和控制设备、低压开关设备和控制设备、内部接线（电缆、母排等）、计量、补偿、避雷器等辅助设备组合而成的经过型式试验的一种成套变电站设备称为（　　　　）。

29. 组合式变压器是将（　　　）、（　　　）、（　　　）等在油箱中进行组合的变压器。

30. 组合式变压器有（　　　　）和（　　　　）两种形式。

31. GIS 由（　　　）、（　　　）、（　　　）、（　　　）、（　　　）、（　　　）、（　　　）和出线终端等组成。

二、选择题

1. 常见的高压开关设备有＿＿＿＿＿、＿＿＿＿＿和＿＿＿＿＿；其中＿＿＿＿＿必须和高压熔断器配合来切除短路故障。（　　　）

    A. 高压隔离开关　高压负荷开关　高压断路器　高压负荷开关

    B. 高压断路器　高压负荷开关　自动空气开关　高压断路器

C. 自动空气开关　闸刀开关　高压负荷开关　高压负荷开关

D. 自动空气开关　高压负荷开关　高压隔离开关　高压隔离开关

2. 下面说法正确的是（　　　）。

A. 高压断路器只起开关作用，不具有保护作用

B. 高压隔离开关能用来开断负荷电流和短路电流

C. 高压负荷开关可以带负荷分、合电路的控制

D. 高压熔断器是开关电器

3. 电压互感器的二次侧额定电压为_____，使用时要注意二次侧不能_____。（　　　）

A. 50 V　短路　　　　　　　　　　　　B. 100 V　开路

C. 100 V　短路　　　　　　　　　　　D. 50 V　开路

4. 电流互感器的二次侧额定电流为_____，使用时要注意二次侧不能_____。（　　　）

A. 50 A　短路　　　　　　　　　　　　B. 5 A　开路

C. 5 A　短路　　　　　　　　　　　　D. 50 A　开路

5. 船厂供电系统中常用的母线制为（　　　）。

A. 单母线制、双母线制

B. 双母线制、双母线加旁路母线制

C. 单母线制、单母线分段制

D. 双母线分段制、双母线加旁路母线制

6. 变电所主接线又称主电路，指的是变电所中的主要电气设备用导线连接而成，不含的电器元件有（　　　）。

A. 开关设备　　　　　　　　　　　　　B. 电力变压器

C. 电压互感器　　　　　　　　　　　　D. 保护用的电流继电器

7. 总降压变电所高压侧引入、引出线较多时采用（　　　）。

A. 内桥式接线　　　　　　　　　　　　B. 母线制

C. 线路-变压器组单元接线　　　　　　D. 外桥式接线

三、判断题

1. 习惯上所说的变电所主要指升压变电所。（　　　）

2. 变电所起着改变电能电压和分配电能的作用。（　　　）

3. 电能向远距离用户区输送时，为了减少电能损失，应在发电厂将电能降压。（　　　）

4. 变电所与配电所的区别是变电所有变换电压的功能。（　　　）

5. 电弧产生的四个过程：强电场发射、热电发射、碰撞游离和热游离。（　　　）

6. 熔断器的文字符号是FU，低压断路器的文字符号是QK。（　　　）

7. 熔断器的额定电流和熔体的额定电流一定相等。（　　　）

8. 户外变压熔断器的灭弧原理是靠消弧管产生气吹和迅速拉长电弧而熄灭。（　　　）

9. 隔离开关可以断开和接通电压互感器和避雷器。（　　　）

10. 高压负荷开关的作用是隔离高电压电源保证电气设备和线路安全。（　　　）

11. 断路器的灭弧是靠密封严密闭合灭弧的。（　　　）

12. 两台变压器并联运行如果变比不相同，二次绕组的回路内将出现环流，引起绕组过热甚至烧毁。（　　　）

13. 电流互感器一次侧有一端必须接地。（　　　）

14. 电压互感器一次侧有一端必须接地。（　　　）

15. 电压互感器虽有熔断器保护，但仍需校验动、热稳定度。（　　　）

16. 电气主接线是整个发电厂、变电所电能通道的主干。（　　）

17. 单母线中的所有隔离开关均只用于隔离电源。（　　）

18. 在单母线接线中，任何一条进、出线断路器检修时，该线路必须停电。（　　）

19. 双母线是指两组母线同时工作，其可靠性高的一组工作，另一组备用的运行方式。
（　　）

20. 运行方式灵活是双母线接线的主要优点之一。（　　）

21. 将两组线路-变压器组单元接线用断路器横向连接起来，即组成了桥式接线。（　　）

四、简答题

1. 电弧产生的原因有哪些？

2. 交流电弧熄灭的特点有哪些？

3. 10 kV 变电所的一次设备有哪些？

4. 试写出高压断路器、高压隔离器、高压负荷开关的文字符号。

5. 电力变压器的并列运行条件有哪些？

6. 互感器有哪些功能？电流互感器和电压互感器使用时有什么注意事项？

7. 电气主接线的基本要求有哪些？

8. 变配电所的布置基本要求有哪些？

9. GIS 的特点有哪些？

10. 我国目前生产的箱式变电站按结构形式分为哪两大类？

项目四 船厂电力线路敷设与维护
（配电线路）

 项目描述

电力线路是电力系统的重要组成部分，在整个供配电系统中起着重要的作用。在选择电力线路的接线方式时，不仅要考虑供配电系统的安全可靠，操作方便灵活，运行经济有利于发展，还要考虑电源的数量、位置，供配电对象的负荷性质和大小以及建筑布局等各方面的因素。本项目介绍架空线路、电缆线路和车间(室内)线路敷设、运行维护及检修等。

项目分析

首先对项目的构成进行了解，掌握船厂电力线路的组成及接线方式，掌握船厂架空线路、电缆线路和车间电力线路敷设与运行维护，对低压线路接线图进行识读，能够进行架空线路、电缆线路、车间线路的敷设、维护及检修。

相关知识和技能

1. 相关知识
(1)掌握高、低压电力线路接线方式；
(2)熟悉架空线路的结构和敷设方式；
(3)熟悉电缆线路的结构和敷设方式；
(4)熟悉车间线路的结构和敷设方式。
2. 相关技能
(1)准确识读电力线路接线图并能够正确进行低压电力线路接线；
(2)准确识读架空线路接线图并能够对架空线路进行维护及检修；
(3)准确识读电缆线路接线图并能够对电缆线路进行维护及检修；
(4)能正确分析车间供配电系统线路图并能够对车间线路进行维护及检修。

任务一 船厂电力线路的组成及接线方式认识

任务目标

1. 知识目标
(1)熟悉高压电力线路及接线方式；
(2)掌握低压电力线路及接线方式。
2. 能力目标
(1)准确识读电力线路接线图；

（2）能够正确进行低压电力线路接线。

3. 素质目标

（1）培养学生在电力线路接线过程中的安全用电、文明操作意识；

（2）培养学生在安装操作过程中的团队协作意识和吃苦耐劳精神。

任务分析

本任务的最终目的是掌握船厂电力线路的组成并对接线方式有一定的认识。为了掌握船厂电气线路的组成，就要了解电力线路的接线方式，为了了解它的接线方式，就要能够准确识读低压电力线路接线图，同时要能够进行低压树干式接线操作。

知识准备

通过项目三的学习，学生已经学生在船厂变电站将电网的高压电降压，那么降压后的电能又是如何进一步传输分配的呢？如图4-1所示，是通过电力线路进行传输分配的，电力线路是电力系统的重要组成部分，担负着输送和分配电能的重要任务，本项目就对此做详细介绍。

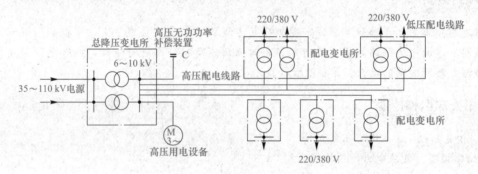

图 4-1　大型船厂供配电系统

一、船厂电力线路的组成及接线方式认识

1. 船厂电力线路的组成

船厂电力线路是船厂供电系统的重要组成部分，它包括以下三个部分。

（1）船厂外部送电线路。船厂外部送电线路是船厂与电力系统相联络的高压进线，其作用就是从电力系统受电，向船厂的总降压变电所（或配电所）供电。其电压为6～110 kV，视船厂所在地区的电力系统的电压而定，一般多为35～110 kV。

（2）船厂内部高压配电线路。船厂内部高压配电线路的作用是从总降压变电所（或配电所）以6～10 kV电压向各车间变电所或高压用电设备供电。

（3）低压配电线路。低压配电线路的作用是从车间变电所以380/220 V的电压向车间各用电设备供电。

船厂电力线路与电力系统相比，其特点是供电范围小，配电距离短，输送容量小。就其特点来说，它与电力系统的地方电网是相似的。

2. 船厂电力线路的分类

（1）按电压分类。一般将1 kV及以下的线路叫作低压线路；1 kV以上的线路叫作高压线路。还有一种更细的分法：1 kV及以下的线路叫作低压线路；1～10 kV的线路叫作中压线路；

35～220 kV 的线路叫作高压线路；330～750 kV 的线路叫作超高压线路，1 000 kV 的交流或 ±800 kV 的直流线路叫作特高压线路，但一般船厂电力线路达不到这个级别，主要应用在电网主干线路。安全的观点认为 250 V 以上为高压，250 V 以下为低压。

（2）按结构分类。电力线路有架空线路、电缆线路和室内（车间）线路。

（3）按供电方式分类。电力线路有单端供电线路、两端供电线路和环形供电线路等。

（4）按布置形式分类。电力线路可分为开式电网和闭式电网，一般以开式电网应用较多。

3. 船厂电力线路的基本要求

电力线路的设计指标主要由可靠性和经济性决定。

（1）供电可靠性。这个指标说明一个供电系统不间断供电的可靠程度。供电可靠性应根据企业各不同部分对不间断供电的要求程度来决定。以满足生产需要为准则，必须按一级负荷、二级负荷、三级负荷不同要求区别对待供电方案。盲目地强调供电可靠性必将给国家造成不应有的浪费。在设计线路的接线方式时，除保安负荷之外，不应考虑两个电源回路同时检修或发生事故的情况。

（2）运行安全灵活。供电线路的接线应保证正常运行和事故时便于工作人员倒闸操作、检修和修理，以及运行维护安全、可靠。为此应尽量简化接线，减少供电层次。对于同一电压等级的高压网络，供电层次一般不超过两级。

（3）运行经济性。在保证技术指标的条件下，必须选择最经济的方案，尽量使电力线路运行经济，其有效措施之一就是高压线应尽可能深入负荷中心。当技术经济合理时，应尽量采用 35 kV 及以上的高压线直接向车间供电的方式。

（4）其他。供电系统的接线应考虑扩展的需要，同时应能适应各车间的投产顺序和分期建设的需要。此外，配电系统既要考虑正常生产时的负荷分配，也要考虑检修和事故时的负荷分配。当船厂内部的环境条件许可时，高压配电线路应尽可能采用架空线，以节约基建投资，且便于维护。

二、船厂配电线路接线方式

1. 高压配电线路及接线方式

高压配电系统是指从总降压变电所至配电变电所和高压用电设备受电端的高压电力线路及其设备，起着输送与分配高压电能的作用，又称高压配电网，船厂的高压电力线路有放射式、树干式和环式等基本接线方式。

微课：高压配电线路及
接线方式

（1）高压放射式接线。高压放射式接线是指每个高压配电回路直接向一个用户供电，沿线不分接其他负荷。

1）高压单回路放射式接线。高压单回路放射式接线如图 4-2(a) 所示，其特点如下：

①接线清晰，操作维护方便，各供电线路互不影响，供电可靠性较高，还便于装设自动装置，保护装置也较简单；

②高压开关设备用得较多，投资高，某一线路发生故障或需检修时，该线路供电的全部负荷都要停电；

③只能用于二、三级负荷或容量较大及较重要的专用设备。

2）采用公共备用干线的放射式接线。公共备用干线的放射式接线如图 4-2(b) 所示，其特点：与单回路放射式接线相比，除拥有其优点外，供电可靠性得到了提高。开关设备的数量和导线材料的消耗量比单回路放射式接线有所增加。

3）双回路放射式接线。双回路放射式接线如图 4-2(c) 所示，其特点：采用两路电源进线，然后经分段母线用双回路对用户进行交叉供电。其供电可靠性更高，但投资相对较大，可供电给一、二级的重要负荷。

4)采用低压联络线路作为备用干线的放射式接线。低压联络线路做备用干线的放射式接线如图 4-2(d)所示,其特点:比较经济、灵活,除可提高供电可靠性以外,还可实现变压器的经济运行。此接线方式多用于工矿企业。

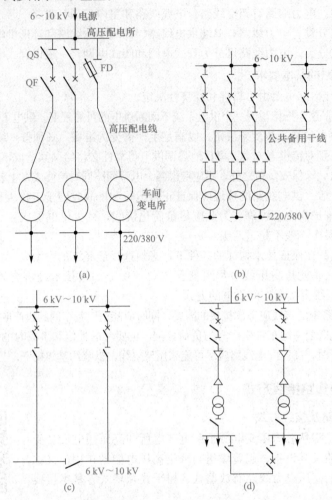

图 4-2 高压放射式线路
(a)高压单回路放射式接线;(b)公共备用干线的放射式接线;
(c)双回路放射式接线;(d)低压联络线路作为备用干线的放射式接线

(2)高压树干式接线。树干式是指有分支线的辐射系统。每回树干式线路可给同一方向不同位置的多个负荷点供电,高压电缆线路的分支通常采用专用电缆分支箱。

1)单回路树干式接线。单回路供电树干式接线如图 4-3(a)所示,其特点如下:

①较之单回路放射式接线,出线大大减少,高压开关柜数量也相应减少,同时可节约有色金属的消耗量。

②因多个用户采用一条公用干线供电,各用户之间互相影响,当某条干线发生故障或需检修时,将引起干线上的全部用户停电,所以供电可靠性差,且不容易实现自动化控制。一般用于对三级负荷配电,而且干线上连接的变压器不得超过 5 台,总容量不应大于 2 300 kV·A。这种接线在城镇街道应用较多。

2)单侧供电的双回路树干式接线。单侧供电的双回路树干式接线如图 4-3(b)所示,其特点:

供电可靠性提高，但投资也相应有所增加。可供电给二、三级负荷。

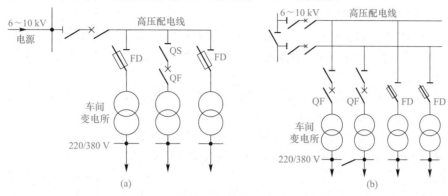

图 4-3　单侧供电高压树干式接线

(a)单回路供电树干式接线；(b)单侧供电双回路树干式接线

3)两端供电的树干式接线。两端供电树干式接线如图 4-4 所示，其特点：若一侧干线发生故障，可采用另一侧干线供电，因此供电可靠性也较高，和单侧供电的双回路树干式相当。正常运行时，由一侧供电或在线路的负荷分界处断开，发生故障时要手动切换，而且寻查故障时也需中断供电。此方式可用于对二、三级负荷供电。

(3)高压环式接线。环式是指由单电源供电组成环形网的馈电线路。环式馈线从一个供电点开始，接入许多负荷点后，返回至同一或不同的供电点，形成环网，如图 4-5 所示。其特点：运行灵活，线路检修时可切换电源；故障时可切除故障线段，缩短停电时间，供电可靠性高。此方式可供二、三级负荷，在现代化城市电网中应用较广泛。

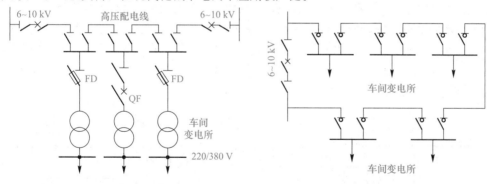

图 4-4　两端供电树干式接线　　　　**图 4-5　高压环式接线**

环网线路的分支(环网单元)通常采用由负荷开关或电缆插头组成的专用环网配电设备。

为了避免环形线路上发生故障时影响整个电网，也为了便于实现线路保护的选择性，因此大多数环形线路采用"开环"运行方式，即环形线路中有一处的开关是断开的。"开环"运行理由：由于闭环运行时继电保护整定较复杂，同时为避免环形线路上发生故障时影响整个电网，因此为了简化继电保护，限制系统短路容量，大多数环形线路采用"开环"运行方式，即环形线路中有一处开关是断开的。高压环形电网中通常采用以负荷开关为主开关的高压环网柜。

供配电系统的高压接线实际上往往是几种接线方式的组合，究竟采用什么接线方式，应根据具体情况，考虑对供电可靠性的要求，经过技术经济综合比较后才能确定。不过对大中型工厂，高压配电系统宜优先考虑采用放射式接线，因为放射式接线供电可靠性较高，且便于运行管理。但放射式接线采用的高压开关设备较多，投资较大，因此对于供电可靠性要求不高的辅助生产区和生活住宅区，采用树干式或环式配电比较经济。

2. 低压配电线路及接线方式

低压配电是指从车间变电所至低压用电设备受电端的低压电力线路及其设备，担负着直接向低压用电设备配电的任务，又称低压配电网。工厂的低压配电线路有放射式、树干式和环式等基本接线方式。

(1)低压放射式接线。低压放射式接线如图4-6所示，放射式接线的特点是其引出线发生故障时互不影响，因此供电可靠性较高。但在一般情况下，其有色金属消耗较多，采用的开关设备较多。低压放射式接线多用于设备容量较大或对供电可靠性要求较高的设备配电。

(2)低压树干式接线。低压树干式接线如图4-7所示，树干式接线的特点正好与放射式接线相反。一般情况下，树干式接线采用的开关设备较少，有色金属消耗也较少，但当干线发生故障时，影响范围大，因此其供电可靠性较低。图4-7(a)所示树干式接线，在机械加工车间、工具车间和机修车间中应用比较普遍，而且多采用成套的封闭型母线，它灵活方便，也相当安全，很适用供电给容量较小而分布比较均匀的一些用电设备(如机床、小型加热炉等)。图4-7(b)所示"变压器-干线组"接线，还省去了变电所低压侧整套低压配电装置，从而使变电所结构大为简化，投资大为降低。

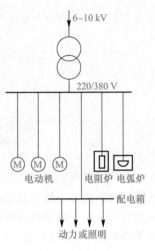

图4-6　低压放射式接线

(3)低压环式接线。低压环式接线如图4-8所示。船厂内的一些车间变电所的低压侧，可通过低压联络线相互连接成为环形。环式接线的特点是供电可靠性较高，任一段线路发生故障或检修时，都不致造成供电中断，或者只短时停电，一旦切换电源的操作完成，就能恢复供电。环式接线，可使电能损耗和电压损耗减少。但是环式线路的保护装置及其整定配合比较复杂；如果配合不当，容易发生误动作，反而扩大故障停电范围。实际上，低压环式线路也多采用"开口"运行方式。

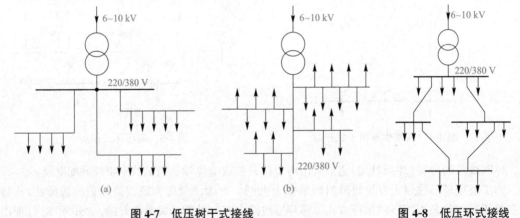

<table>
<tr><td>图4-7　低压树干式接线</td><td>图4-8　低压环式接线</td></tr>
<tr><td>(a)低压母线放射式配电的树干式；(b)低压"变压器-干线组"的树干式</td><td></td></tr>
</table>

在船厂的低压配电系统中，也往往是采用几种接线方式的组合，依具体情况而定。不过在环境正常的车间或建筑内，当大部分用电设备不很大又无特殊要求时，宜采用树干式配电。这一方面是由于树干式配电较之放射式经济，另一方面是由于我国各船厂的供电人员对采用树干式配电积累了相当成熟的运行经验。实践证明，低压树干式配电在一般情况下能够满足生产要求。

 **任务实施**

步骤1：学生分组，每小组4～5人。

步骤2：强调纪律和操作规范。

步骤3：任务实施。

低压线路接线图认识

识读低压线路接线图，如图4-6～图4-8所示。

低压树干式接线：图4-9(a)和(b)是一种变形的树干式接线，它为链式接线，适用用电设备彼此相距很近而容量均较小的次要用电设备。本实践以链式接线为例，要求链式接线相连的用电设备一般不宜超过5台，链式相连的配电箱不宜超过3台，且总容量不宜超过10 kW。学生按照图4-9进行接线。

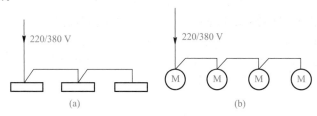

图4-9 低压链式接线

(a)连接配电箱；(b)连接电动机

步骤4：小组经过讨论确定任务结果，每小组由中心发言人陈述，经过全体同学讨论，确定正确结果并填写任务总结。

 **任务总结**

课程认知记录表见表4-1。

表4-1 课程认知记录表

班级		姓名		学号		日期	
收获 与体会	谈一谈：通过本课学习，你有什么体会和心得？						
评价意见	评定人	评价、评议、评定意见			等级		签名
	自己评价						
	同学评议						
	老师评定						
注：该践行学分为5分，记入本课程总学分(150分)中，若结算分为总学分的95%以上，则评定为考核"合格"。							

任务二 船厂架空线路敷设与运行维护

🧰 任务目标

1. 知识目标
(1)熟悉架空线路的结构;
(2)熟悉架空线路的敷设方式。
2. 能力目标
(1)准确识读架空线路接线图;
(2)能够对架空线路进行维护及检修。
3. 素质目标
(1)培养学生在架空线路安装过程中的安全用电、文明操作意识;
(2)培养学生在安装过程中的规范操作、环保意识;
(3)培养学生在安装操作过程中的团队协作意识和吃苦耐劳精神。

⌨ 任务分析

本任务的最终目的是掌握船厂架空线路敷设与运行维护。为了掌握架空线路敷设,就要知道架空线路结构及敷设方式的特点,而为了能够对它进行运行维护,就要熟知架空线路运行维护项目及要求,并能进行低压架空线路检修。

📚 知识准备

架空线路是利用电杆架空敷设导线的露天线路,具有成本低、投资少、安装容易、维护和检修方便、易于发现和排除故障等优点,所以架空线路过去在工厂中应用比较普遍。但是架空线路直接受大气影响,易受雷击、冰雪、风暴和污秽空气的危害,且要占用一定的地面和空间,有碍交通和观瞻。

一、船厂架空线路结构

架空线路由导线、电杆、绝缘子和线路金具等主要元件组成。为了防雷,在架空线路上还装设有避雷线(又称架空地线)。为了加强电杆的稳固性,有的电杆还安装有拉线或板桩。架空输电线路的主要部件有导线和避雷线(架空地线)、杆塔、绝缘子、金具、杆塔基础、拉线和接地装置等,如图 4-10 所示。

微课:船厂
架空线路结构

1. 架空线路的导线和避雷线

导线的作用是传导电流和输送电能,而避雷线的作用是把雷电流引入大地,以保护电力线路免遭雷击而引起过电压的破坏。架空线路的导线和避雷线都在露天工作,要承受自重、风力、覆冰等机械力的作用,不仅要求有良好的导电性,而且要具有一定的机械强度与抗化学腐蚀能力。

(1)架空线路的导线。导线材料主要是铝、铜和钢,目前主要采用铝线。钢线由于电阻率较高,仅在个别小容量线路中采用,钢线的机械强度高且价格低,故常用作避雷线。铜导电性能

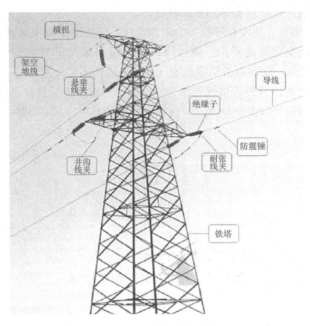

图4-10 架空线路的结构

好、抗蚀能力强、容易焊接，但铜价格高、用途广，因此在架空线路上除用于腐蚀性特别严重的地区外，一般都不采用铜作导线。铝的机械强度较差(抗拉强度约为 160 MPa)，但其导电性也较好(电导率为 32 MS/m)，且具有质轻、价廉的优点，因此在能"以铝代铜"的场合，宜尽量采用铝导线。

架空线路一般采用裸导线，一般采用多股绞线。而绞线又有铜绞线(TJ)、铝绞线(LJ)和钢芯铝绞线(LGJ)。架空线路一般情况下采用铝绞线。在机械强度要求较高和 35 kV 及以上的架空线路上，则多采用钢芯铝绞线。

钢芯铝绞线简称钢芯铝线，其结构如图 4-11 所示。这种导线的线芯是钢线，用以增强导线的抗拉强度，弥补铝线机械强度较差的缺点；而其外围用铝线，取其导电性较好的优点。由于交流电流在导线中通过时有集肤效应，交流电流实际上只从铝线部分通过，从而弥补了钢线导电性差的缺点。钢芯铝线型号中表示的截面面积，就是其铝线部分的截面面积。

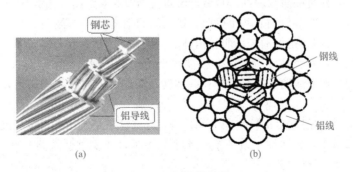

(a)　　　　　　　　　　　　(b)

图4-11 钢芯铝绞线

(a)钢芯铝绞线结构；(b)钢芯铝绞线截面

必须指出，架空线路一般情况下采用上述裸导线，但对于船厂和城市中 10 kV 及以下的架空线路，当安全距离难以满足要求、邻近高层建筑及繁华街道或人口密集地区、在空气严重污染地段和建筑施工现场时，就需要采用绝缘导线。

（2）架空线路的避雷线。架设在导线上方的避雷线，因为既架空又接地，所以也称为架空地线，其作用是保护导线免受直接雷击。避雷线一般采用截面面积为 $25\sim70~mm^2$ 的钢绞线。但 10 kV 及以下的配电线路，除雷电活动强烈地区外，一般均不装设避雷线，35 kV 线路也只在靠近变电站 1～2 km 的范围内装设避雷线，作为变电站的防雷措施。只有 110 kV 及以上电压等级的线路，才沿线架设避雷线以保护全线。导线在电杆上的排列方式，如图 4-12 所示。

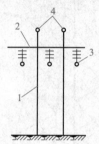

图 4-12　导线在电杆上的排列方式
1—电杆；2—横担；3—导线；4—避雷线

2. 杆塔

杆塔是支持和固定导线及其他附件用的，以使导线对地及其三相之间均有一定的距离。要求具有足够的机械强度，并经久耐用、价低、便于搬运和安装。

杆塔按其材料不同可分为木杆、钢筋混凝土杆、铁塔三种。目前，木杆已基本不采用。钢筋混凝土杆具有节约木材和钢材、机械强度较高等特点，它曾是使用最广的杆塔形式，现已减少。铁塔主要用在超高压、大跨越的线路以及某些受力较大的耐张、转角杆塔上。

杆塔按其用途和地位可以分为直线杆塔、耐张杆塔、转角杆塔、终端杆塔、特种杆塔五种形式，特种杆塔主要有跨越杆塔与换位杆塔两种。

（1）直线杆塔。直线杆塔又叫中间杆塔。它分布在耐张杆塔中间，数量最多，在平坦地区，数量上占绝大部分。正常情况下，直线杆塔只承受垂直荷重（导线、地线、绝缘子串和覆冰重量）和水平的风压。因此，直线杆塔一般比较轻便，机械强度较低。

（2）耐张杆塔。耐张杆塔也叫承力杆塔。为了防止线路断线时整条线路的直线杆塔顺线路方向倾倒，必须在一定距离的直线段两端设置能够承受断线时顺线路方向的导、地线拉力的杆塔，把断线影响限制在一定范围以内。两个耐张杆塔之间的距离叫耐张段。

（3）转角杆塔。线路转角处的杆塔叫转角杆塔。正常情况下转角杆塔除承受导、地线的垂直荷重和内角平分线方向风力水平荷重外，还要承受内角平分线方向导、地线全部拉力的合力。转角杆塔的角度是指原有线路方向风的延长线和转角后线路方向之间的夹角，有 30°、60°、90°之分。

（4）终端杆塔。线路终端处的杆塔叫终端杆塔。终端杆塔是装设在发电厂或变电所的线路末端杆塔。终端杆除承受导、地线垂直荷重和水平风力外，还要承受线路一侧的导、地线拉力，稳定性和机械强度都应比较高。

（5）特种杆塔。特种杆塔主要有换位杆塔、跨越杆塔和分支杆塔等。10 km 以上的输电线路要用换位杆塔进行导线换位；跨越杆塔设在通航河流、铁路、主要公路及电线两侧，以保证跨越交叉垂直距离；分支杆也叫 T 形杆塔或"T 接杆"，它用在线路的分支处，以便接出分支线。

图 4-13 所示为上述各种类型的电杆在低压架空线路上的应用示意。

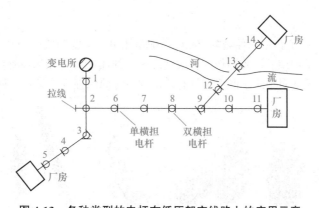

图 4-13　各种类型的电杆在低压架空线路上的应用示意

1、5、11、14—终端杆塔；2、9—分支杆塔；3—转角杆塔；

4、6、7、10—直线杆塔(中间杆塔)；8—分段杆塔(耐张杆塔)；12、13—跨越杆塔

3. 横担和拉线

杆塔通过横担(图 4-12)将三相导线分隔一定距离，用绝缘子和金具等将导线固定在横担上，此外，还需和地线保持一定的距离。因此，要求横担要有足够的机构强度和使导、地线在杆塔上布置合理，并保持导线各相间和对地(杆塔)有一定的安全距离。

横担安装在电杆的上部，用来安装绝缘子以架设导线。横担按材料分为木横担、铁横担和瓷横担。现在船厂里普遍采用的是铁横担和瓷横担。瓷横担是我国独特的产品，具有良好的电气绝缘性能，兼有绝缘子和横担的双重功能，能节约大量的木材和钢材，有效地利用电杆高度，降低线路造价。它在断线时能够转动，以避免因断线而扩大事故，同时它的表面便于雨水冲洗，可减少线路的维护工作量，同时它结构简单，安装方便，可加快施工进度。但瓷横担比较脆，在安装和使用中必须避免机械损伤。图 4-14 所示是高压电杆上安装的瓷横担。

拉线用来平衡作用于杆塔的横向荷载和导线张力，可减少杆塔材料的消耗量，降低线路造价。一方面提高杆塔的强度，承担外部荷载对杆塔的作用力，以减少杆塔的材料消耗量，降低线路造价；另一方面，连同拉线棒和托线盘，一起将杆塔固定在地面上，以保证杆塔不发生倾斜和倒塌。一般如终端杆塔、转角杆塔、分段杆塔等往往都装有拉线。拉线的结构，如图 4-15 所示。

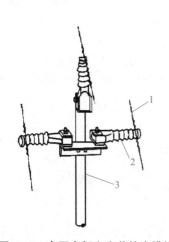

图 4-14　高压电杆上安装的瓷横担

1—高压导线；2—瓷横担；3—电杆

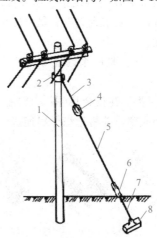

图 4-15　拉线的结构

1—电杆；2—固定拉线的抱箍；3—上把；4—拉线绝缘子；

5—腰把；6—花篮螺钉；7—底把；8—拉线底盘

4. 线路绝缘子

绝缘子如图 4-16 所示，是一种隔电产品，一般是用电工陶瓷制成的，又叫瓷瓶。也有用钢化玻璃制作的玻璃绝缘子和用硅橡胶制作的合成绝缘子。线路绝缘子用来将导线固定在电杆上，并使导线与电杆绝缘。因此对绝缘子既要求具有一定的电气绝缘强度，又要求具有足够的机械强度。

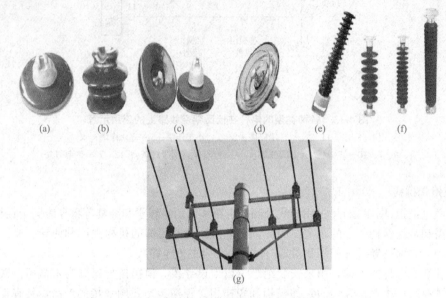

图 4-16　高压线路绝缘子

(a)普通型悬式瓷绝缘子；(b)针式瓷绝缘子；(c)耐污型悬式瓷绝缘子；(d)悬式钢化玻璃绝缘子；

(e)瓷横担绝缘子；(f)合成绝缘子；(g)针式合成绝缘子应用实物图

5. 电力线路金具

输电线路导线的自身连接及绝缘子连接成串、导线、绝缘子自身保护等所用附件称为线路金具。线路金具是用来连接导线、安装横担和绝缘子等的金属附件。线路金具在气候复杂、污秽程度不一的环境条件下运行，故要求金具应有足够的机械强度、耐磨和耐腐蚀性。

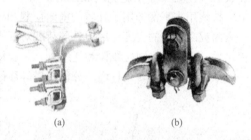

图 4-17　线夹金具

(a)耐张线夹；(b)悬垂线夹

(1)线夹类。线夹是用来握住导、地线的金具，如图 4-17 所示。

(2)连接金具类。连接金具(图 4-18)主要用于将悬式绝缘子组装成串，并将绝缘子串连接、悬挂在杆塔横担上。

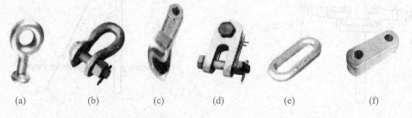

图 4-18　连接金具

(a)球头挂环；(b)U形挂环；(c)碗头挂板；(d)直角挂板；(e)延长环；(f)二联板

(3)接续金具类。接续金具(图4-19)用于接续各种导线、避雷线的端头。接续金具承担与导线相同的电气负荷,大部分接续金具承担导线或避雷线的全部张力。

(4)防护金具类。防护金具(图4-20),分为机械和电气两类。机械类防护金具是为防止导、地线因震动而造成断股;电气类防护金具是为防止绝缘子因电压分布严重不均匀而过早损坏。

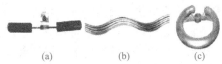

图4-19　接续金具
(a)钳压接续管;(b)液压接续管

图4-20　防护金具
(a)防震锤;(b)预绞丝护线条;(c)均压环

6. 杆塔基础

架空电力线路杆塔的地下装置统称为基础(图4-21)。基础用于稳定杆塔,使杆塔不致因承受垂直荷载、水平荷载、事故断线张力和外力作用而上拔、下沉或倾倒。

杆塔基础分为电杆基础和铁塔基础两大类。

(1)电杆基础。电杆基础通常用钢筋混凝土预制而成,也可采用天然石料制作。

(2)铁塔基础。铁塔基础根据铁塔类型、塔位地形、地质及施工条件等具体情况确定。常用的基础有现场浇制基础、预制钢筋混凝土基础、灌注桩式基础、金属基础、岩石基础。

7. 接地装置

架空地线(就是避雷线)在导线的上方,它通过杆塔的接地线和接地体与大地相连,当雷击地线时可迅速地将雷电流向大地中扩散,因此,输电线路的接地装置主要是泄导雷电流,降低杆塔顶电位,保护线路绝缘不致击穿闪络,与地线密切配合对导线起到屏蔽的作用,它所在的位置如图4-22所示,关于接地装置的具体内容我们将在接地保护部分具体讲解。

图4-21　铁塔基础

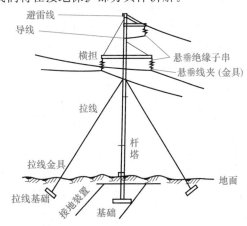

图4-22　接地装置位置示意

二、船厂架空线路敷设

1. 架空线路敷设的要求和路径的选择

敷设架空线路,要严格遵守有关技术规程的规定。整个施工过程要重视安全教育,采取有效的安全措施,特别是立杆、组装和架线时,更要注意人身安全,防止发生事故。竣工以后,要按照规定的手续和要求进行检查和验收,确保工程质量。

选择架空线路的路径时，应考虑以下原则：

（1）路径要短，转角尽量少。尽量减少与其他设施的交叉；当与其他架空线路或弱电线路交叉时，其间距及交叉点或交叉角应符合相关规定。

（2）尽量避开河洼和雨水冲刷地带、不良地质地区及易燃、易爆等危险场所。

（3）不应引起机耕、交通和人行困难。

（4）不宜跨越房屋，应与建筑物保持一定的安全距离。

（5）应与工厂和城镇的整体规划协调配合，并适当考虑今后的发展。

2. 架空线路的档距、弧垂及其他有关间距的测量

架空线路的档距（又称跨距），是指同一线路上相邻两根电杆之间的水平距离，如图 4-23 所示。

架空线路的弧垂（又称弛垂），是指架空线路一个档距内导线最低点与两端电杆上导线悬挂点之间的垂直距离，如图 4-23 所示。导线的弧垂是由于导线存在着荷重所形成的。弧垂不宜过大，也不宜过小。弧垂过

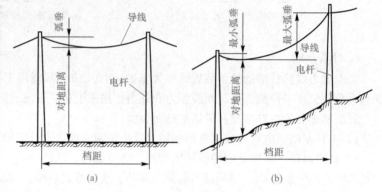

图 4-23　架空线路的档距和弧垂

(a)平地上；(b)坡地上

大，则在导线摆动时容易引起相间短路，而且造成导线对地或对其他物体的安全距离不够；弧垂过小，则将使导线内应力增大，在天冷时可能使导线收缩绷断。

3. 工厂室外电力线路平面图示例

图 4-24 所示是某船厂室外电力线路平面图（示例）。该厂电源进线为 10 kV 架空线路，采用 LJ-70 型铝绞线。10 kV 降压变电所安装有 2 台 S9-500 kV·A 配电变压器。从该变电所 400 V 侧用架空线路配电给各建筑物。

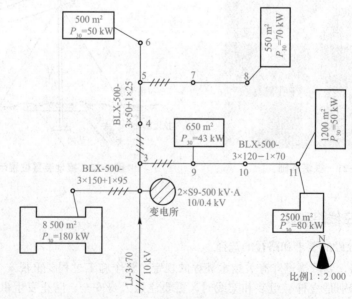

图 4-24　某船厂室外电力线路平面布置图

**任务实施**

步骤1：学生分组，每小组4～5人。

步骤2：强调纪律和操作规范。

步骤3：任务实施。

架空线路的运行维护与检修

架空线路的运行维护与检修工作，应贯彻"安全第一，预防为主"的方针，加强线路的巡视、检查、提高线路的健康水平，确保安全运行。

一、架空线路运行维护

1. 一般要求

对厂区架空线路，一般要求每月进行一次巡视检查。如遇大风大雨及发生故障等特殊情况，应临时增加巡视次数。巡视种类有定期巡视、特殊巡视、夜间巡视、故障性巡视和监察性巡视。

(1)定期巡视。由专职巡视员进行，掌握线路的运行情况、沿线环境变化情况。

(2)特殊巡视。在气候恶劣(如台风、暴雨、覆冰等)、河水泛滥、火灾和其他特殊情况下，对线路的全部或部分进行巡视或检查。

(3)夜间巡视。在线路高峰负荷或阴雾天气时进行，检查导线接点有无发热打火现象，绝缘子表面有无闪络，检查木横担有无燃烧现象等。

(4)故障性巡视。查明线路发生故障的地点和原因。

(5)监察性巡视。由部门领导和线路专职技术人员进行，目的是了解线路及设备状况，并检查、指导巡线员的工作。

线路巡视周期表见表4-2。

表4-2 线路巡视周期表

顺序	巡视项目	周期	备注
1	定期巡视 1～10 kV 线路 1 kV 以下线路	市区：一般每月一次 郊区及农村：每季度至少一次 厂矿：每月一次	—
2	特殊巡视	—	按需要确定
3	夜间巡视	重要负荷和污秽地区 1～10 kV 线路每年至少一次	—
4	故障性巡视	重要线路和事故多的线路每年至少一次	
5	监察性巡视	—	由配电系统调度或配电主管生产领导决定 一般线路抽查巡视

2. 巡视项目

(1)电杆有无倾斜、变形、腐朽、损坏及基础下沉等现象；如有，应设法修理或更换。

(2)沿线路的地面是否堆放有易燃易爆和强腐蚀性物品；如有，应立即设法挪开。

(3)沿线路周围，有无危险建筑物；应尽可能保证在雷雨季节和大风季节里，周围建筑物应不致对线路造成损坏。

(4)线路上有无树枝、风筝等杂物悬挂；如有，应设法清除。

(5)拉线和板桩是否完好，绑扎线是否紧固可靠；如有缺陷，应设法修理或更换。

(6)导线接头是否接触良好，有无过热发红、严重氧化、腐蚀或断脱现象，绝缘子有无破损和放电现象；如有，应设法修理或更换。

(7)避雷装置的接地是否良好，接地线有无断脱情况。在雷雨季节来临之前，应重点检查，以确保防雷安全。

(8)其他危及线路安全运行的异常情况。

在巡视中发现的异常情况，应记入专用记录簿，重要情况应及时汇报上级，请示处理。

二、架空线路的检修

对380 V/220 V低压架空线路检修：检修架空线路导线，如发现缺陷，其检修按照表4-3要求进行处理。

表4-3 架空线路导线缺陷的处理要求

导线类型	钢芯铝绞线	单一金属线	处理方法
导线缺陷	磨损	磨损	不做处理
	铝线7%以下断股	截面7%以下断股	缠绕
	铝线7%～25%断股	截面7%～17%断股	补修
	铝线25%以上断股	截面17%以上断股	锯断重接

对架空线路电杆，如果电杆受损使其断面缩减至50%以下，应立即补修或加绑桩；损坏严重时，应予换杆。

学生按照要求进行架空线路检修，并做好记录。

步骤4：小组经过讨论确定任务结果，每小组由中心发言人陈述，经过全体同学讨论，确定正确结果并填写任务总结。

 任务总结

课程认知记录表见表4-4。

表4-4 课程认知记录表

班级		姓名		学号		日期	
收获与体会	谈一谈：你对平时看到的架空线有什么认识？通过学习架空线路的运行维护与检修，你又有哪些改观和心得？						
评价意见	评定人	评价、评议、评定意见			等级		签名
	自己评价						
	同学评议						
	老师评定						
注：该践行学分为5分，记入本课程总学分(150分)中，若结算分为总学分的95%以上，则评定为考核"合格"。							

任务三　船厂电缆线路敷设与运行维护

📋 任务目标

1. 知识目标
(1)熟悉电缆线路的结构；
(2)熟悉电缆线路的敷设方式。
2. 能力目标
(1)准确识读电缆线路接线图；
(2)能够对电缆线路进行维护及检修。
3. 素质目标
(1)培养学生在电缆线路安装过程中的安全用电、文明操作意识；
(2)培养学生在安装过程中的规范操作、环保意识；
(3)培养学生在安装操作过程中的团队协作意识和吃苦耐劳精神。

⌨ 任务分析

本任务的最终目的是掌握船厂电缆线路敷设与运行维护。为了掌握电缆线路敷设，学生就要知道电缆线路结构及敷设方式的特点；为了掌握它的维护，我们就要熟知电缆线路运行维护项目及要求，并学会电缆线路检修。

📚 知识准备

电缆线路与架空线路相比，具有成本高、投资大、维修不便等缺点，但是它具有运行可靠、不易受外界影响、不需架设电杆、不占地面、不碍观瞻等优点，特别是在有腐蚀性气体和易燃、易爆场所，不宜架设架空线路时，只能敷设电缆线路。在现代化工厂和城市中，电缆线路得到了越来越广泛的应用。

一、电缆和电缆头认识

1. 电缆

(1)电缆的结构：电缆是一种特殊结构的导线，在其几根(或单根)绞绕的绝缘导电芯线外面，统包有绝缘层和保护层。保护层又分内护层和外护层。内护层用以直接保护，常用的材料有铅、铝或塑料等。而外护层用以防止内护层受到机械损伤和腐蚀，通常采用钢丝或钢带构成的钢铠，外覆麻被、沥青或塑料护套。

(2)电缆的类型：按其缆芯材质分，有铜芯和铝芯两大类；按其采用的绝缘介质分，有油浸纸绝缘电缆和塑料绝缘电缆两大类。

1)油浸纸绝缘电力电缆。如图 4-25 所示，油浸纸绝缘电力电缆的优点是耐电强度高、介电性能稳定、寿命较长、热稳定性较好、允许载流量大、原材料资源丰富、价格比较低，因此应用相当普遍。但是它工作时其中的浸渍油会流动，因此其两端的安装高度差有一定的限制，否则电缆低的一端可能因油压过大而使端头胀裂漏油，而高的一端则可能因油流失而使绝缘干枯，致使其耐压强度下降，甚至击穿损坏，因此，它不适用高落差敷设、制造工艺较复杂、生产周期长、电缆接头技术比较复杂的情况。

2)塑料绝缘电力电缆。塑料绝缘电缆具有结构简单、制造加工方便、重量较轻、敷设安装方便、不受敷设高度差限制以及能抵抗酸碱腐蚀等优点，交联聚乙烯绝缘电缆(图 4-26)的电气性能更优异，因此在船厂供电系统中有逐步取代油浸纸绝缘电缆的趋势。

3)电力电缆全型号。电力电缆全型号的表示和含义如图 4-27 所示。

图 4-25　油浸纸绝缘电力电缆
1—缆芯(铜芯或铝芯)；2—油浸纸绝缘层；3—麻筋
(填料)；4—油浸纸统包绝缘；5—铅包(内护层)；
6—涂沥青的纸带(内护层)；7—浸沥青的麻被
(内护层)；8—钢铠(外护层)；9—麻被(外护层)

图 4-26　交联聚乙烯绝缘电力电缆
1—缆芯(铜芯或铝芯)；2—交联聚乙烯绝缘层；
3—聚氯乙烯护套(内护层)；4—钢铠或铝铠
(外护层)；5—聚氯乙烯外套(外护层)

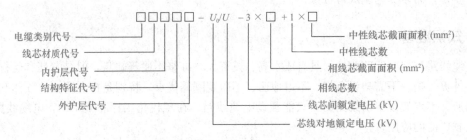

图 4-27　电力电缆全型号

2. 电缆头

电缆头就是电缆接头，包括电缆中间接头和电缆终端头。电缆头按使用的绝缘材料或填充材料分，有填充电缆胶的、环氧树脂浇注的、缠包式的和热缩材料的等。由于热缩材料电缆头具有施工简便、价格低廉和性能良好等优点而在现代电缆工程中得到推广应用。图 4-28 所示是 10 kV 交联聚乙烯绝缘电缆热缩中间头剥切尺寸和安装示意。

图 4-29 所示是 10 kV 交联聚乙烯绝缘电缆户内热缩终端头结构示意。而作为户外热缩终端头，还必须在图 4-29 所示户内热缩终端头上套上三孔防雨热缩伞裙，并在各相套入单孔防雨热缩伞裙，如图 4-30 所示。

运行经验说明：电缆头是电缆线路中的薄弱环节，电缆线路的大部分故障都发生在电缆接头处。由于电缆头本身的缺陷或安装质量上的问题，往往造成短路故障。因此电缆头的安装质量十分重要，密封要好，其耐压强度不应低于电缆本身的耐压强度，要有足够的机械强度，且体积尺寸要尽可能小，结构简单，安装方便。

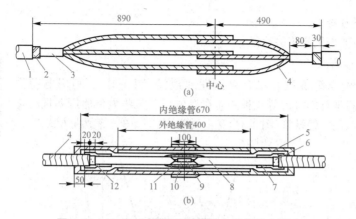

图 4-28　10 kV 交联聚乙烯绝缘电缆热缩中间头

(a)中间头剥切尺寸示意；(b)每相接头安装示意

1—聚氯乙烯外护套；2—钢铠；3—内护套；4—铜屏蔽层(内有缆芯绝缘)；5—半导电管；

6—半导电层；7—应力管；8—缆芯绝缘；9—压接管；10—填充胶；11—四氟带；12—应力疏散胶

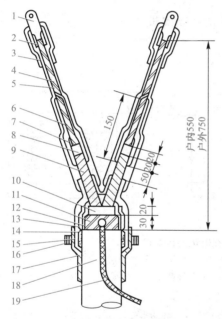

图 4-29　10 kV 交联聚乙烯绝缘电缆户内热缩终端头

1—缆芯接线端子；2—密封胶；3—热缩密封管；4—热缩绝
　缘管；5—缆芯绝缘；6—应力控制管；7—应力疏散管；
8—半导体层；9—铜屏蔽层；10—热缩内护套；11—钢铠；
12—填充胶；13—热缩环；14—密封胶；15—热缩三芯手套；
16—喉箍；17—热缩密封管；18—PVC 外护套；19—接地线

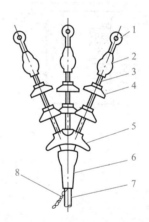

图 4-30　户外热缩电缆终端头

1—缆芯接线端子；2—热缩密封管；

3—热缩绝缘管；4—单孔防雨伞裙；

5—三孔防雨伞裙；6—热缩三芯手套；

7—PVC 外护套；8—接地线

二、电缆敷设

1. 电缆敷设路径的选择

选择电缆敷设路径时，应考虑以下原则：

(1)避免电缆遭受机械性外力、过热和腐蚀等的危害；

(2)在满足安全要求条件下应使电缆较短；

（3）便于敷设和维护；

（4）应避开将要挖掘施工的地段。

2. 电缆的敷设方式

　　船厂中常见的电缆敷设方式有直接埋地敷设（图 4-31）、利用电缆沟（图 4-32）和电缆桥架（图 4-33）等几种。而在发电厂、某些大型船厂和现代化城市中，还有的采用电缆排管（图 4-34）和电缆隧道（图 4-35）等敷设方式。

微课：电缆敷设

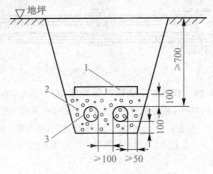

图 4-31　电缆直接埋地敷设

1—保护盖板；2—砂；3—电力电缆

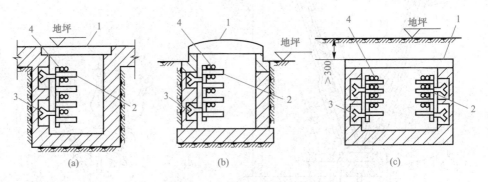

(a)　　　　　　　　(b)　　　　　　　　(c)

图 4-32　电缆在电缆沟内敷设

(a)户内电缆沟；(b)户外电缆沟；(c)厂区电缆沟

1—盖板；2—电缆支架；3—预埋铁件；4—电缆

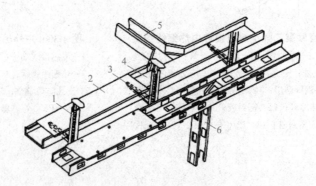

图 4-33　电缆桥架

1—支架；2—盖板；3—支臂；4—线槽；5—水平分支线槽；6—垂直分支线槽

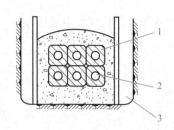

图 4-34　电缆排管

1—水泥排管；2—电缆孔(穿电缆)；3—电缆沟

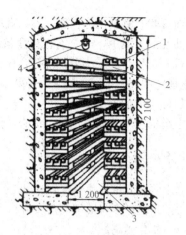

图 4-35　电缆隧道

1—电缆；2—支架；3—维护走廊；4—照明灯具

3. 电缆敷设的一般要求

敷设电缆，一定要严格遵守有关技术规程的规定和设计的要求。竣工以后，要按规定的手续和要求进行检查和验收，确保线路的质量。部分重要的技术要求如下：

(1)电缆长度宜按实际线路长度增加 5%～10% 的裕量，以作为安装、检修时的备用。直埋电缆应做波浪形埋设。

(2)下列场合的非铠装电缆应采取穿管保护：电缆引入或引出建筑物或构筑物；电缆穿过楼板及主要墙壁处；从电缆沟引出至电杆，或沿墙敷设的电缆距地面 2 m 高度及埋入地下小于 0.3 m 深度的一段；电缆与道路、铁路交叉的一段。所用保护管的内径不得小于电缆外径或多根电缆包络外径的 1.5 倍。

(3)多根电缆敷设在同一通道中位于同侧的多层支架上时，应按下列敷设要求进行配置：

1)应按电压等级由高至低的电力电缆、强电至弱电的控制和信号电缆、通信电缆的顺序排列；

2)支架层数受通道空间限制时，35 kV 及以下的相邻电压级的电力电缆可排列在同一层支架上，1 kV 及以下电力电缆也可与强电控制和信号电缆配置在同一层支架上；

3)同一重要回路的工作电缆与备用电缆实行耐火分隔时，宜适当配置在不同层次的支架上。

(4)明敷的电缆不宜平行敷设于热力管道上边。电缆与管道之间无隔板防护时，相互间距应符合相关允许距离规定。

(5)电缆应远离爆炸性气体释放源。敷设在爆炸性危险较小的场所时，应符合下列要求：

1)易爆气体比空气重时，电缆应在较高处架空敷设，且对非铠装电缆采取穿管敷设，或置于托盘、槽盒等内进行机械性保护；

2)易爆气体比空气轻时，电缆应敷设在较低处的管、沟内，沟内的非铠装电缆应埋砂。

(6)电缆沿输送易燃气体的管道敷设时，应配置在危险程度较低的管道一侧，且应符合下列要求：

1)易燃气体密度比空气密度大时，电缆宜在管道上方；

2)易燃气体密度比空气密度小时，电缆宜在管道下方。

(7)电缆沟的结构应考虑到防火和防水。电缆沟从厂区进入厂房处应设置防火隔板。为了顺畅排水，电缆沟的纵向排水坡度不得小于 0.5%，而且不能排向厂房内侧。

(8)直埋敷设于非冻土地区的电缆，其外皮至地下构筑物基础的距离不得小于 0.3 m；至地面的距离不得小于 0.7 m；当位于车行道或耕地的下方时应适当加深，且不得小于 1 m。电缆直埋于冻土地区时，宜埋入冻土层以下。直埋敷设的电缆，严禁位于地下管道的正上方或正下方。有化学腐蚀性的土壤中，电缆不宜直埋敷设。直埋电缆之间，直埋电缆与管道、道路、建筑物等之间平行和交叉时的最小净距应符合相关规定。

(9)直埋电缆在直线段每隔50～100 m处、电缆接头处、转弯处、进入建筑物等处，应设置明显的方位标志或标桩。

(10)电缆的金属外皮、金属电缆头及保护钢管和金属支架等，均应可靠地接地。

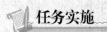 **任务实施**

步骤1：学生分组，每小组4～5人。

步骤2：强调纪律和操作规范。

步骤3：任务实施。

电缆线路运行维护与检修

为了保证电缆线路的安全、可靠运行，首先应全面了解电缆的敷设方式、走线方向、结构布置及电缆中间接头的位置等。电缆线路的运行、维护检修工作，主要包括线路的巡查守护、负荷电流与温度的监测及绝缘测定、预防性试验等内容。

一、电缆线路运行维护

1. 一般要求

电缆线路大多敷设在地下，要做好电缆线路的运行维护工作，就要全面了解电缆的形式、敷设方式、结构布置、线路走向及电缆头位置等。对电缆线路，一般要求每季进行一次巡视检查，并应经常监视其负荷大小和发热情况。如遇大雨、洪水、地震等特殊情况及发生故障时，须临时增加巡视次数。

2. 巡视项目

(1)电缆头及瓷套管有无破损和放电痕迹；对填充有电缆胶(油)的电缆头，还应检查有无漏油溢胶现象。

(2)对明敷电缆，还应检查电缆外皮有无锈蚀、损伤，沿线支架或挂钩有无脱落，线路上及附近有无堆放易燃易爆及强腐蚀性物品。

(3)对暗敷和埋地电缆，应检查沿线的盖板和其他保护设施是否完好，有无挖掘痕迹，线路标桩是否完整无缺。

(4)电缆沟内有无积水或渗水现象，是否堆放有杂物及易燃易爆等危险品。

(5)线路上各种接地是否良好，有无松脱、断股和腐蚀现象。

(6)其他危及电缆安全运行的异常情况。

在巡视中发现的异常情况，应记入专用记录簿，重要情况应及时汇报上级，请示处理。

二、电缆线路检修

电缆线路的故障，大多发生在电缆的中间接头和终端接头处，而且常见的毛病是漏油、溢胶(在采用油浸纸绝缘电缆时)。当电缆头漏油、溢胶严重或放电时，应立即停电检修，通常是重做电缆头。

电缆线路出现了故障，一般须借助一定的测量仪表和测量方法才能确定。例如电缆发生了如图4-36所示的故障，外观无法检查，只有借助兆欧表，在电缆两端摇测各相对地(外皮)及相与相之间的绝缘电阻，并将一端所有相线短接接地，在另一

图4-36 电缆内部故障示例

端重做上述相对地(外皮)及相与相之间的绝缘电阻摇测，测量结果见表4-5。

表 4-5　图 4-36 所示故障电缆的绝缘电阻测量结果

测量顺序	电缆绝缘电阻/MΩ					
	相对地			相对相		
	A	B	C	A-B	B-C	C-A
在首端测量	∞	∞	∞	∞	∞	∞
在末端测量	∞	0	0	∞	0	∞
末端短接接地，在首端测量	0	∞	∞	∞	∞	∞

注：表中∞值在测量中可为几百或几千兆欧，而表中 0 值在测量中可为几千欧或几万欧。

对表 4-5 的测量结果进行分析，可得如下结论：此电缆故障为两相断线又对地(外皮)击穿。

在确定了电缆的故障性质以后，接着就要探测故障地点，以便检修。

探测电缆故障点的方法，按所利用的故障点绝缘电阻高低来分，有低阻法和高阻法两种。限于篇幅，这里只介绍最常用的探测电缆故障点的低阻法。

采用低阻法探测电缆故障点，一般要经过烧穿、粗测和定点三道程序。

1. 烧穿

由于电缆内部的绝缘层较厚，往往在电缆内发生闪络性短路或接地故障后，故障点的绝缘水平能得到一定程度的恢复而呈高阻状态，绝缘电阻可达 0.1 MΩ 以上。因此采用低阻法探测故障点时，必须先将故障点的绝缘用高电压予以烧穿，使之变为低阻。加在故障电缆芯线上的高电压，一般为电缆额定电压的 4～5 倍，略低于电缆的直流耐压试验电压。

2. 粗测

粗测就是粗略地测定电缆故障点的大致线段。对于芯线未断而有一相或多相短路或接地故障的电缆，可采用直流单臂电桥(回路法)来粗测故障点位置，接线如图 4-37 所示。这里利用完好芯线(B 相)作为桥接线的回路。如果电缆的三根芯线均有故障，则可借用其他电缆芯线作为桥接线的回路。

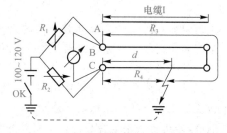

图 4-37　用单臂电桥粗测电缆故障点(回路法)

当电桥平衡时，$R_1 : R_2 = R_3 : R_4$，或者$(R_1 + R_2) : R_2 = (R_3 + R_4) : R_4$。设电缆长度为 L，电缆首端至故障点距离为 d，则$(R_3 + R_4) : R_4 = 2L : d$，因此$(R_1 + R_2) : R_2 = 2L : d$。由此可求得电缆首端至故障点的大致距离为

$$d = 2L \cdot \frac{R_2}{R_1 + R_2} \tag{4-1}$$

必须注意：为了提高测量的准确度，测量时应将电流计直接接在被测电缆的一端，以减小电桥与电缆间的接线电阻和接触电阻的影响，同时电缆另一端的短接线的截面面积也不应小于电缆芯线截面面积。

对于芯线折断及可能兼有绝缘损坏的故障电缆，则应利用电缆的电容与其长度成正比的关系，采用交流电桥来测量电缆的电容(电容法)，来粗测电缆的故障点。

3. 定点

定点就是比较精确地确定电缆的故障点。通常采用音频感应法或电容放电声测法来定点。

(1)音频感应法定点。接线如图 4-38 所示。将低压音频信号发生器(输出电压为 5～30 V)接在电缆的一端，然后利用探测用感应线圈、信号接收放大器和耳机沿电缆线路进行探测。音频信号电流沿电缆的故障芯线经故障点形成一个回路，使得探测线圈内感应出音频信号电流，经过放大，传送到耳机中去。探测人员可根据耳机内音响的改变，来确定地下电缆的故障点。探测人员一走离故障点，耳机内的音响将急剧减弱乃至消失，由此可测定电缆的故障点。

(2)电容放电声测法定点。接线如图 4-39 所示。利用高压整流设备使电容器组充电。电容器组充电到一定电压后，放电间隙就被击穿，此时电容器组对故障点放电，使故障点发出"啪"的火花放电声。电容器组放电后接着又被充电。电容器组充电到一定电压后，放电间隙又被击穿，电容器组又对故障点放电，使故障点再次发出"啪"的火花放电声。因此利用探测棒或拾音器沿电缆线路探听时，在故障点能够特别清晰地听到断续性的"啪啪啪"的火花放电声，由此即可确定电缆的故障点。

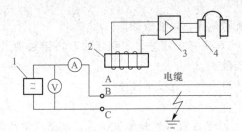

图 4-38　音频感应法探测电缆故障点
1—高压整流设备；2—保护电阻；
3—高压电容器组；4—放电球间隙

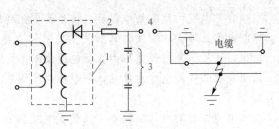

图 4-39　电容放电声测法探测电缆故障点
1—音频信号发生器；2—探测线圈；
3—信号接收放大器；4—耳机

补充说明：图 4-39 所示电路，实际上也是前面所说的用于电缆故障点"烧穿"的高压电路，利用电容器组连续充放电，使电缆故障点连续产生火花放电而使绝缘烧穿。

三、注意事项

要保证电缆线路安全、可靠地运行，除应全面了解敷设方式、结构布置、走线方向和电缆接头位置等之外，还应注意以下事项：

(1)每季进行一次巡视检查，对室外电缆头则每月应检查一次。遇大雨、洪水等特殊情况和发生故障时，应酌情增加巡视次数。

(2)巡视检查的主要内容如下：

1)是否受到机械损伤；

2)有无腐蚀和浸水情况；

3)电缆头绝缘套有无破损和放电现象等。

(3)为了防止电缆绝缘过早老化，线路电压不得过高，一般不应超过电缆额定电压的 15%。

(4)保持电缆线路在规定的允许持续载流量下运行。由于过负荷对电缆的危害很大，应经常测量和监视电缆的负荷。

(5)定期检测电缆外皮的温度，监视其发热情况。一般应在负荷最大时测量电缆外皮的温度，以及选择散热条件最差的线段进行重点测试。

步骤 4：小组经过讨论确定任务结果，每小组由中心发言人陈述，经过全体同学讨论，确定正确结果并填写任务总结。

任务总结

课程认知记录表见表4-6。

表 4-6　课程认知记录表

班级		姓名		学号		日期	
收获 与体会	谈一谈：你在日常生活中对电缆有印象吗？通过本课学习，打破你以往的认识了吗？						
评价意见	评定人	评价、评议、评定意见			等级	签名	
	自己评价						
	同学评议						
	老师评定						

注：该践行学分为 5 分，记入本课程总学分(150 分)中，若结算分为总学分的 95% 以上，则评定为考核"合格"。

任务四　船厂车间电力线路敷设与运行维护

任务目标

1. 知识目标
(1)熟悉车间线路的结构；
(2)熟悉车间线路的敷设方式。
2. 能力目标
(1)能正确分析车间供配电系统线路图；
(2)能够对车间线路进行维护及检修。
3. 素质目标
(1)培养学生在车间线路安装过程中的安全用电、文明操作意识；
(2)培养学生在安装过程中的规范操作、环保意识；
(3)培养学生在安装操作过程中的团队协作意识和吃苦耐劳精神。

任务分析

本任务的最终目的是掌握船厂车间电力线路敷设与运行维护。为了使电力系统顺利运行，就必须了解绝缘导线和裸导线的结构和敷设原则，并熟悉电力线路电气安装图等。而为了能够维护电力线路，就要熟知车间电力线路运行维护项目及要求，并能进行车间配电线路检修。

知识准备

车间电力线路，包括室内配电线路和室外配电线路。室内配电线路大多采用绝缘导线，但配电干线则多采用裸导线（母线），少数采用电缆。室外配电线路指沿车间外墙或屋檐敷设的低压配电线路，一般也采用绝缘导线。

一、绝缘导线的分类、型号和敷设

1. 绝缘导线的分类和型号

(1)绝缘导线的分类。

1)按芯线材质分，有铜芯和铝芯两种。重要回路，例如办公楼、图书馆、实验室、住宅内等的线路及振动场所或对铝线有腐蚀的场所，均应采用铜芯绝缘导线，其他场所可选用铝芯绝缘导线。

2)按绝缘材料分，有橡皮绝缘导线和塑料绝缘导线两种。塑料绝缘导线的绝缘性能好，耐油和抗酸碱腐蚀，价格较低，且可节约大量橡胶和棉纱，因此在室内明敷和穿管敷设中应优先选用塑料绝缘导线。但是塑料绝缘材料在低温时要变硬变脆，高温时又易软化老化，因此室外敷设宜优先选用橡皮绝缘导线。

(2)绝缘导线全型号。绝缘导线全型号表示如图 4-40 所示。

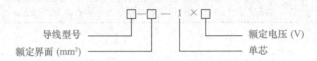

图 4-40　绝缘导线全型号

2. 绝缘导线的敷设

绝缘导线的敷设方式，分明敷和暗敷两种。明敷是导线直接敷设或在穿线管、线槽内敷设于墙壁、顶棚的表面及桁架、支架等处。暗敷是导线在穿线管、线槽等保护体内，敷设于墙壁、顶棚、地坪及楼板等内部，或者在混凝土板孔内敷线等。

绝缘导线的敷设要求，应符合有关规程的规定，其中有下列几点特别值得注意：

(1)线槽布线和穿管布线的导线中间不许直接接头，接头必须经专门的接线盒。

(2)穿金属管或金属线槽的交流线路，应将同一回路的所有相线和中性线（如有中性线时）穿于同一管、槽内；否则由于线路电流不平衡而在金属管、槽内产生铁磁损耗，使管、槽发热，导致其中导线过热甚至烧毁。

(3)电线管路与热水管、蒸汽管同侧敷设时，应敷设在水、汽管的下方；如有困难时，可敷设在水、汽管的上方，但相互间距应适当增大，或采取隔热措施。

二、裸导线的结构和敷设

裸电线（图 4-41）是指仅有导体而无绝缘层的产品，其中包括铜、铝等各种金属和复合金属圆单线，各种结构的架空输电线用的绞线、软接线、型线和型材。它是电线电缆产品中最基本的一大类产品，它的一部分产品可作为电线电缆的导电线；另一部分产品在电机、电器、变压器等装备中作为构件使用。此外，裸电线可直接在电力、通信、交通运输等部门，用作传输电能及信息。裸电线应具有良好的导电性能和物理机械性能。

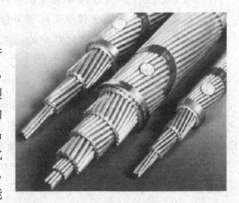

图 4-41　裸导线

车间内配电的裸导线大多数采用裸母线的结构,其截面形状有圆形、管形和矩形等,其材质有铜、铝和钢。车间内以采用 LMY 型硬铝母线最为普遍。现代化的生产车间,大多采用封闭式母线(也称"母线槽")布线,如图 4-42 所示。

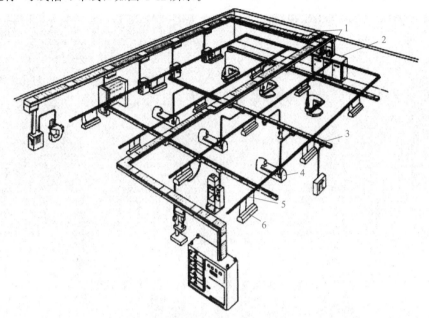

图 4-42 封闭式母线(母线槽)在车间内的应用

1—馈电母线槽;2—配电装置;3—插接式母线槽;

4—机床;5—照明母线槽;6—灯具

封闭式母线敷设特点:封闭式母线安全、灵活、美观,但耗用的钢材较多,投资较大。水平敷设时,至地面的距离不宜小于 2.2 m。垂直敷设时,其距地面 1.8 m 以下部分应采取防止机械损伤的措施,但敷设在电气专用房间内(如配电室、电机房等)时除外。封闭式母线水平敷设的支持点间距不宜大于 2 m。垂直敷设时,应在通过楼板处采用专用附件支承。垂直敷设的封闭式母线,当进线盒及末端悬空时,应采用支架固定。

封闭式母线终端无引出或引入线时,端头应封闭。封闭式母线的插接分支点应设在安全及安装维护方便的地方。

为了识别裸导线的相序,以利于运行维护和检修,规定交流三相系统中的裸导线应按表 4-7 所示涂色。裸导线涂色,不仅有利于识别相序,而且有利于防腐蚀及改善散热条件。表 4-7 对需识别相序的绝缘导线线路也是适用的。

表 4-7 交流三相系统中导线的涂色

导线类别	A 相	B 相	C 相	N 线、PEN 线	PE 线
涂漆颜色	黄	绿	红	淡蓝	黄绿双色

三、车间动力配电系统图示例

车间动力配电系统如图 4-43 所示。

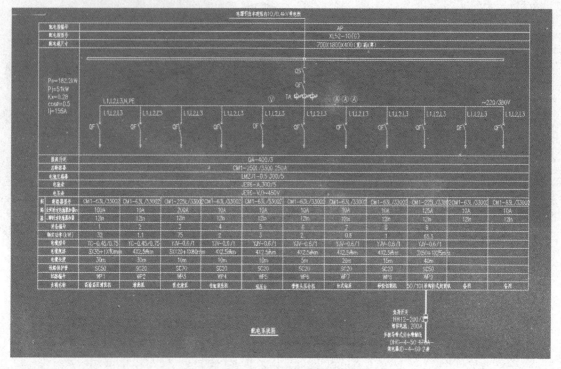

图 4-43　某车间动力配电系统图

某机械加工车间(一角)动力配电平面布置如图 4-44 所示。

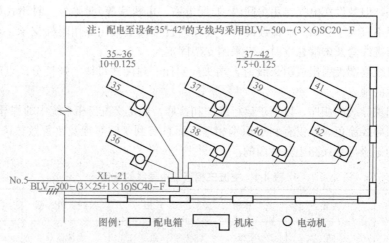

图 4-44　某机械加工车间(一角)动力配电平面布置

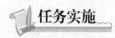

步骤 1：学生分组，每小组 4～5 人。

步骤 2：强调纪律和操作规范。

步骤 3：任务实施。

车间配电线路的运行维护与检修

车间内配电线路有明敷线、暗敷线、电缆、电气器具连接线等，它们组成了车间的电气线路。要搞好车间配电线路的运行维护与检修，必须全面了解车间配电线路的布线情况、结构形式、导线型号规格及配电箱和开关的位置等，并了解车间负荷大小及车间配电室的情况。车间配电线路应该定期巡视，巡视周期应该根据实际情况具体掌握。

一、车间线路的运行维护

1. 一般要求

要搞好车间配电线路的运行维护工作，必须全面了解线路的布线情况、导线型号规格及配电箱和开关、保护装置的位置等，并了解车间负荷的要求、大小及车间变电所的有关情况。对车间配电线路，有专门的维护电工时，一般要求每周进行一次巡视检查。

2. 巡视项目

(1)检查导线的发热情况。例如裸母线在正常运行的最高允许温度一般为 70 ℃。如果温度过高，将使母线接头处的氧化加剧，使接触电阻增大，运行情况迅速恶化，最后可能导致接触不良甚至断线。所以通常在母线接头处涂以变色漆或示温蜡，以检查其发热情况。

(2)检查线路的负荷情况。线路的负荷电流不得超过导线(或电缆)的允许载流量，否则导线会过热，对绝缘导线，过热可引发火灾。因此运行维护人员要经常监视线路的负荷情况，除可从配电屏上的电流表指示了解负荷外，还可利用钳形电流表来测量线路的负荷电流。

(3)检查配电箱、分线盒、开关、熔断器、母线槽及接地保护装置等的运行情况，着重检查其接线有无松脱、螺栓是否紧固、瓷瓶有无放电等现象。

(4)检查线路上及线路周围有无影响线路安全的异常情况。绝对禁止在带电的绝缘导线上悬挂物体，禁止在线路旁堆放易燃易爆及强腐蚀性的危险品。

(5)对敷设在潮湿、有腐蚀性物质场所的线路和设备，要做定期的绝缘检查，绝缘电阻一般不得小于 0.5 MΩ。

在巡视中发现的异常情况，应记入专用记录簿，重要情况应及时汇报上级，请示处理。

二、车间配电线路检修

对 1 kV 以下(如 380 V/220 V)车间线路检修如下。

1. 车间配电线路检查

导线与建筑物等是否有摩擦、相蹭；绝缘、支持物是否有损坏和脱落；车间导线各相的弛度和线间距离是否保持相同；车间导线的防护网(板)与导线的距离有无变动；明敷设电线管及塑料线槽等是否有被碰裂、砸伤等现象；铁管的接地是否完好，铁管或塑料管的防水弯头有无脱落等现象；敷设在车间地下的塑料管线路，其上方有无重物积压。

车间配电线路，如果有专门人员维护，一般要求每周进行一次安全检查，其检查项目如下：检查导线发热情况；检查线路的负荷情况；检查配电箱、分线盒、开关、熔断器、母线槽及接地接零等运行情况，要着重检查母线接头有无氧化、过热变色或腐蚀，接线有无松脱、放电现象，螺栓是否紧固等。

2. 三相四线制照明回路的检查

要重点检查中性线回路各连接点的接触情况是否良好，是否有腐蚀或脱开现象，是否有私自在线路上接电气设备，以及乱接、乱扯线路等现象。

3. 其他检查

应该检查线路上及周围有无影响线路安全运行的异常情况，绝对禁止在绝缘导线上悬挂物体，禁止在线路旁堆放易燃易爆物品。

对敷设在潮湿、有腐蚀性的场所的线路，要做定期的绝缘检查，绝缘电阻一般不低于500 kΩ。

4. 巡检周期

1 kV 以下的室内配线，每月应进行一次巡视检查，重要负荷的配线应增加夜间巡视。1 kV 以下车间配线的裸导线（母线），以及分配电盘和闸箱，每季度应进行一次停电检查和清扫。500 V 以下可进入吊顶内的配线及铁管配线，每年应停电检查一次。

如遇暴风雨雪，或系统发生单相接地故障等情况下，需要对室外安装的线路及闸箱等进行特殊巡视。

步骤4：小组经过讨论确定任务结果，每小组由中心发言人陈述，经过全体同学讨论，确定正确结果并填写任务总结。

 **任务总结**

课程认知记录表见表4-8。

表4-8 课程认知记录表

班级		姓名		学号		日期	
收获与体会	谈一谈：你对车间配电线路的运行维护与检修有什么想法？						
评价意见	评定人	评价、评议、评定意见			等级		签名
	自己评价						
	同学评议						
	老师评定						

注：该践行学分为5分，记入本课程总学分（150分）中，若结算分为总学分的95%以上，则评定为考核"合格"。

 **项目评价**

序号	考核点	分值	建议考核方式	考核标准	得分
1	低压线路接线图的识读	10	教师评价（50%）+互评（50%）	能正确识读接线图，识读错误一处扣1分	
2	架空线路的运行维护与检修	10	教师评价（50%）+互评（50%）	能正确进行线路的运行维护与检修，错一处扣2分	
3	电缆线路运行维护与检修	15	教师评价（50%）+互评（50%）	能正确进行电缆线路运行维护与检修，错一处扣2分	

序号	考核点	分值	建议考核方式	考核标准	得分
4	车间配电线路的运行维护与检修	10	教师评价（50%）＋互评（50%）	能正确进行车间配电线路的运行维护与检修，错一处扣2分	
5	项目报告	10	教师评价（100%）	格式标准，内容完整，详细记录项目实施过程、并进行归纳总结，一处不合格扣2分	
6	职业素养	5	教师评价（30%）＋自评（20%）＋互评（50%）	工作积极主动，遵守工作纪律，遵守安全操作规程，爱惜设备与器材	
7	练习与思考	40	教师评价（100%）	对相关知识点掌握牢固，错一题扣1分	
完成日期			年 月 日	总分	

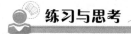

项目小结

通过本项目的学习，学生掌握了船厂电力线路的组成及接线方式、架空线路敷设与运行维护、电缆线路敷设与运行维护和车间电力线路敷设与运行维护，识读了低压线路接线图，实施了架空线路的运行维护与检修、电缆线路运行维护与检修、车间配电线路的运行维护与检修。通过本项目学习，学生对船厂供电线路有了全面的认识，这为日后从事本行业打下了良好基础。

练习与思考

一、填空题

1. 将发电厂的电能送到负荷中心的线路叫（　　）线路。

2. 将负荷中心的电能送到各用户的电力线路叫（　　）线路。

3. 船厂电力线路按结构分有（　　）、（　　）和室内（　　）线路；按供电方式分有（　　）线路、（　　）线路和（　　）线路等；按布置形式分为（　　）电网和（　　）电网。

4. 高压配电网和低压配电网的接线方式有（　　）、（　　）和（　　）三种。

5. 为提高供电可靠性和利用性，（　　）被证明特别适合城市住宅小区或生产区的供电。

6. 环式供电系统在结构上一般采用（　　）。

7. 架空线路采用（　　）架设在杆塔上。

8. 电缆是一种特殊的导线，由（　　）组成。

9. 电缆终端头分（　　）。

10. 电缆沟敷线深度不得小于（　　）m。

11. 船厂的户外配电网结构最常见的是（　　）。

12. 绝缘导线的敷设方式有（　　）和（　　）两种。

13. 车间线路的室内配线线路多采用（　　），但配电干线多采用（　　）。

二、选择题

1. 高压电力线路接线方式中，由变配电所高压母线上引出的每路高压配电干线上，沿线支接了几个车间变电所或负荷点的接线方式为(   )。

    A. 放射式接线   B. 树干式接线   C. 环式接线   D. 开环式接线

2. 高压电力线路接线方式中，实质上是两端提供的树干式接线的接线方式为(   )。

    A. 放射式接线   B. 树干式接线   C. 环式接线   D. 开环式接线

3. 环式接线(   )。

    A. 一般采用开环运行   B. 一般采用闭环运行   C. 适用三级负荷

4. 正常工作线路杆塔属于起承力作用的杆塔有(多选)(   )。

    A. 直线杆   B. 分枝杆   C. 转角杆   D. 耐张杆

    E. 终端杆

5. 高压线路架设，采用最多的线路敷设方法为(   )。

    A. 架空线路   B. 电缆敷设   C. 地埋电缆   D. 都不是

6. 母线涂色不正确的说法是(   )。

    A. 有利于母线散热   B. 增大截面面积

    C. 防止氧化   D. 有利于区别相序和极性

三、判断题

1. 架空线路架设时，导线的档距、弧垂、杆高应按有关技术规程中的规定执行。(   )

2. 电缆敷设的路径要短，力求减少弯曲。(   )

3. 电缆头制作必须保证电缆密封完好，具有良好的电气性能、较高的绝缘性能和机械强度。(   )

4. 裸体导线的架设距地面不得低于 3 m。(   )

5. 电气施工规范中母线着色时，交流装置 A 相涂黄色、B 相涂绿色、C 相涂红色。(   )

6. 为识别相序，三相交流系统中裸导线的 N 线、PE 线涂成淡蓝色。(   )

7. 为识别相序，三相交流系统中裸导线的 PE 线涂成黄绿色。(   )

四、简答题

1. 高压和低压的放射式接线和树干式接线有哪些优缺点？分别说明高低压配电系统各宜首先考虑哪种接线方式？

2. 试比较架空线路和电缆线路的优点。

项目五　船厂供配电系统的二次回路
（监测部分）

项目描述

本项目首先介绍供配电系统的二次回路，包括二次接线及其操作电源、电测量回路与绝缘监视装置和高压断路器的控制回路和信号回路；还介绍了各种自动化系统。

项目分析

首先对项目的构成进行了解，掌握供配电系统的二次回路的概念及各种具体回路，了解供配电系统二次回路的自动化系统，能准确识读供电系统二次回路接线图和变电所综合自动化系统图并能正确进行相关系统的接线。

相关知识和技能

1. 相关知识
(1)熟悉保护继电器的接线；
(2)掌握供配电系统二次回路的控制；
(3)了解配电自动化基本知识；
(4)了解变电所综合自动化系统；
(5)了解微机自动控制装置；
(6)了解电能信息采集与管理系统。
2. 相关技能
(1)准确识读供电系统二次回路接线图；
(2)能够正确进行供配电系统二次回路的接线；
(3)准确识读变电所综合自动化系统图；
(4)能够正确进行变电所综合自动化系统的接线。

任务一　船厂供配电系统的二次回路

任务目标

1. 知识目标
(1)了解二次接线及其操作电源；
(2)了解电测量回路与绝缘监视装置；
(3)掌握高压断路器的控制回路和信号回路。

2.能力目标

(1)准确识读供电系统二次回路接线图;

(2)能够正确进行供配电系统二次回路的接线。

3.素质目标

(1)培养学生在电力线路接线过程中的安全用电、文明操作意识;

(2)培养学生在安装操作过程中的团队协作意识和吃苦耐劳精神。

任务分析

本任务的最终目的是掌握供配电系统的二次回路的运行与维护。为了掌握供配电系统二次回路的运行原理,就必须了解它的基础知识,包括二次接线及其操作电源、电测量回路与绝缘监视装置、高压断路器的控制回路和信号回路,以及一些先进的自动化系统,要想能够对它进行维护就必须能够对供电系统二次回路的安装和一些自动化相关图纸进行识读。

知识准备

通过前4个项目的学习,我们已经对船厂供电系统有了初步的认识,但是,实际上,在船厂供电系统中,由于电气设备内部绝缘的老化、损坏或雷击、外力破坏以及工作人员的误操作等,运行中的供电系统常发生故障和处于不正常运行状态。常见的故障是各种类型的短路,它会产生很大的短路电流,使电气设备产生电动力效应和热效应,从而使电气设备承受电动力和热作用而损坏,同时使电力系统的供电电压下降,引发严重后果。因此,对船厂供电系统采取一定的监测和保护措施势在必行。

本项目我们就针对船厂供电系统的监测部分做出详细说明,有关保护的知识将在下一个项目介绍。

一、二次接线及其操作电源

1.二次接线的概念

供配电系统的二次接线是指用来对一次接线电气元件的运行进行控制、监测、指示和保护的辅助电路,又称二次回路。

由前述可知,在供电系统中承担输送和分配电能任务的电路,称为一次回路,也称主电路或主接线。在工厂电路中,一次电路和二次电路之间的联系,通常是通过电流互感器和电压互感器完成的。

微课:二次接线的概念

二次回路按电源性质分,有直流回路和交流回路。交流回路又分交流电流回路和交流电压回路。交流电流回路由电流互感器供电,交流电压回路由电压互感器供电。

二次回路按其功能分,有操作电源回路、电气测量回路与绝缘监视装置、高压断路器的控制和信号回路、中央信号装置、继电保护回路以及自动化装置等。

虽然继电保护回路以及自动化装置属于二次接线的范畴,但由于其本身内容较多且已自成体系,故习惯上单独研究。

2.操作电源

变配电所的操作电源是供高压断路器控制回路、继电保护回路、信号回路、监测装置及自动化装置等二次回路所需的工作电源。操作电源对变配电的安全可靠运行起着极为重要的作用,正常运行时应能保证断路器的合闸和跳闸;事故状态下,在母线电压降低甚至消失时,应能保证继电保护系统可靠地工作，所以要求其充分可靠，容量足够并具有独立性。

操作电源按其性质分，有直流操作电源和交流操作电源两大类。

(1)直流操作电源。

1)直流操作电源的构成。目前在 110 kV 及以下变配电所中使用的直流操作电源大多为带阀控式密封铅酸蓄电池的高频开关电源成套装置。直流电源成套装置包括蓄电池组、充电装置和直流馈线三大部分，根据设备体积大小，可以合并组屏或分屏设置。

图 5-1 所示是一种智能高频开关直流操作电源系统概略图。它主要由交流输入部分、充电模块、电池组、直流配电部分、绝缘监测仪以及微机监控模块等几部分组成。采用一组蓄电池置一套充电装置，交流输入采用两路电源互为备用，以提高供电的可靠性。充电模块采用先进的移相谐振高频软开关电源技术，将三相 380 V（或单相 220 V）交流输入先整流成高压直流电，再逆变及高频整流为可调脉宽的脉冲电压波，经滤波输出所需的纹波系数很小的直流电，然后对带阀控式密封铅酸蓄电池组进行均充和浮充。充电模块一般除实际需要数量外还应预留 1 个模块备用。绝缘监测仪可实时监测系统绝缘状况，确保安全。该系统监控功能完善，由监控模块、配电监控板、充电模块内置监控等构成分级集散式控制系统，可对电源装置进行全方位的监视、测量、控制，并具有遥测、遥信、遥控等"三遥"功能。图 5-1 中，YB1～YB3 为线性光耦元件，用于直流母线电压检测；HL1、HL2 为霍尔元件，用于直流充放电电流检测。

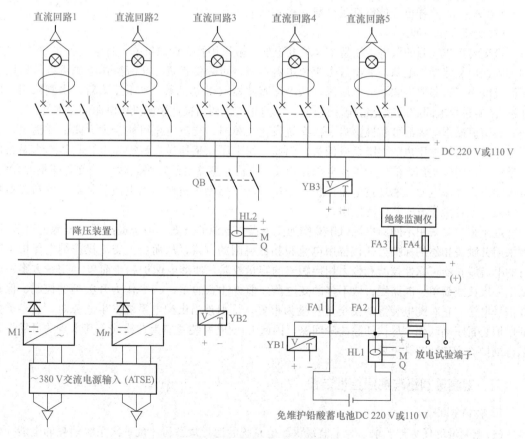

图 5-1　一种智能高频开关直流操作电源系统

在一次系统电压正常时，直流负荷由开关电源输出的直流电直接或经降压装置后供电，而蓄电池处于浮充状态用于弥补电池的自放电损失；当一次系统发生故障时，交流电压可能会大大降低或消失，使开关电源不能正常供电，此时，由蓄电池组向直流负荷供电，保证二次回路特别是继电保护回路及断路器跳闸回路工作可靠。

由于蓄电池组本身是独立的化学能源，因而具有较高的可靠性。直流操作电源适用较重要的或中、大型变配电所。

2)电源电压与容量的选择。变配电所的直流操作电源电压一般为220 V或110 V，可根据变配电所的规模大小及断路器配备的操动机构需要来选择。目前，20 kV及以下变配电所多采用弹簧储能操纵机构，其合闸功率及合闸电流都比较小：一般当操作电源电压为220 V时合闸电流为1.25～2.5 A，当操作电源电压为110 V时合闸电流为2.5～5 A。选用直流110 V作为操作电源，与选用直流220 V相比，蓄电池组容量相近，而蓄电池数量减少了一半，既减小了直流屏的体积，又节省了投资。经综合技术比较，采用弹簧操纵机构时，宜选用110 V电压，相应二次回路元件电压也为110 V。对于35～110 kV变电所，由于其配电装置规模较大，距离控制室又远，为降低二次回路电压损失，宜选用220 V电压，相应二次回路元件电压也为220 V。

蓄电池组容量的选择，应考虑交流系统或浮充电系统，因故障停电时也能保证操纵机构的分、合闸及各开关柜信号、维电保护等可靠工作，从而不影响变配电所的正常运行。具体选择方法可参照电力行业标准《电力工程直流电源系统设计技术规程》(DL/T 5044—2014)，通常，20 kV及以下变配电所直流电源容量选用24～40 A·h，35～110 kV变电所直流电源容量选用65～150 A·h，这样已经能够满足一般工程要求了。

(2)交流操作电源。

1)交流操作电源的取得。小型10 kV变电所一般采用弹簧操纵机构，且继电保护也较简单，则可以选用交流操作电源，从而省去直流电源装置，可降低投资。交流操作电源可以从所用变压器或电压互感器取得220 V电压源，从电流互感器取得电流源。电压互感器二次侧采用不接地系统(通过放电间隙或氧化锌阀片接地)，以防止二次回路接地影响操作电源的可靠性。

2)交流操作电源的可靠性。当一次系统发生故障时，交流电压可能会大大降低或消失，电压互感器二次侧电压也随之降低或消失，因此，用电压互感器做交流操作电源只能作为断路器正常跳、合闸以及预告信号的工作电源。相反，电流互感器对于短路故障、过负荷都非常有效，可用它作为操作电源来实现过电流保护，作用于断路器操纵机构上的电流脱扣器，使断路器自动跳闸。这种操作方式曾广泛应用。

近年来，多采用不间断电源(UPS)作为交流操作电源的方案。由于提高了电压源的可靠性，可采用分励脱扣器的保护方式代替用电流脱扣器跳闸的方式，从而免去交流操作继电保护中特有的电流脱扣器可靠性校验和强力切换触点的容量校验，使继电保护趋于简单。UPS方案一般适用一次接线简单、断路器台数不多的变电所。值得注意的是，UPS作为开关柜的控制、保护及信号电源，它对配电装置的安全运行极为重要，特别是当供配电系统发生故障时，它必须保证保护装置正确动作，尽快切除故障回路，因此UPS电源装置应为在线式，其本身的可靠性及运行维护的合理性非常重要。

二、电测量回路与绝缘监视装置

1. 电测量回路

(1)电测量的任务与要求。为了监视供配电系统的运行状态和计量一次系统消耗的电能，保证供配电系统安全、可靠、优质和经济合理地运行，在电气装置中必须装设一定数量的电测量仪表。电测量就是用电的方法对电气实时参数进行的测量。

对于电测量仪表，要保证其测量范围和准确度满足电气设备运行监视和计量的要求，并力求外形美观、便于观测、经济耐用等。电测量仪表可选用指针式仪表、数字式仪表或多功能智能仪表。

为了安全和标准化、小型化，电测量仪表一般通过电流互感器和电压互感器接入一次系统，因此，其测量范围和准确度还须和互感器相配套。互感器的准确度等级应比测量仪表高一级，如1.0级的测量仪表配置不低于0.5级的互感器，0.5级的专用计量电能表应配置不低于0.2级的互感器。

（2）电测量仪表的配置。电测量仪表是对电力装置回路的电力运行参数做经常测量、选择测量、记录用的仪表和做计费、技术经济分析、考核管理用的计量仪表的总称。根据《电力装置电测量仪表装置设计规范》（GB/T 50063—2017），供配电系统电气装置中应测量的电气参数如下：

1）3～110 kV线路，应测量交流电流、有功功率和无功功率、有功电能和无功电能。110 kV线路、三相负荷不平衡率超过10%的用户高压线路应测量三相电流。

2）3～110 kV母线（每段母线），应测量交流电压。110 kV中性点有效接地系统的主母线、变压器回路应测量3个线电压，66 kV及以下中性点有效接地系统的主母线、变压器回路可测量1个线电压，中性点非有效接地系统的主母线宜测量主母线的1个线电压和监测交流系统绝缘的3个相电压。

3）3～110 kV母线分段断路器回路，应测量交流电流。

4）3～110 kV电力变压器回路，应测量交流电流、有功功率、无功功率、有功电能和无功电能。110 kV电力变压器、照明变压器、照明与动力共用的变压器应测量三相电流。电测量仪表装在变压器哪一侧视具体情况而定，有功功率的测量应在双绕组变压器的高压侧进行。

5）380 V电源进线，应测量三相交流电流，并宜测量有功功率及功率因数。

6）380 V母线联络断路器回路，应测量三相交流电流。

7）380 V配电干线，应测量交流电流和有功电能。若线路三相负荷不平衡率大于15%，则应测量三相交流电流。

8）并联电力电容器组回路，应测量三相交流电流和无功电能。

9）电动机回路，应测量交流电流、交流电压、有功功率、无功功率、有功电能和无功电能。

电能计量装置的准确度等级应按其所计量对象重要程度和计量电能的多少相应选择Ⅰ类、Ⅱ类、Ⅲ类、Ⅳ类等。执行功率因数调整电费的用户，应装设具有计量有功电能、感性和容性无功电能的电能计量装置，中性点有效接地系统的电能计量装置应采用三相四线的接线方式，中性点非有效接地系统的电能计量装置宜采用三相三线的接线方式。供电部门计费用的电能表应装设在专用的计量柜（箱）中。

（3）电测量回路示例。图5-2所示是380 V电源进线回路上装设的电测量仪表原理电路图。线路中除电流表PA和电压表PV外，还装设了1只三相两元件有功功率表PW和1只功率因数表PPF。

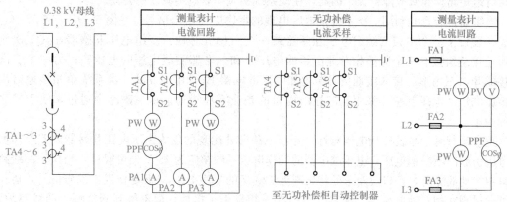

图 5-2 380 V 进线电测量仪表原理电路图

图 5-2 中采用的仪表均为传统指针式仪表或数字显示仪表,测量准确度不高,灵敏度低,可靠性差,且测量功能单一。基于先进的数字信号处理和单片机技术的新型数字式智能仪表,集测量、显示、报警输出、参数设置和数据存储为一体,针对供配电系统二次回路进行设计,使用直接交流采样原理,任意设定所配用的互感器电压比或电流比,可直接指示一次侧被测参数值。它既有单一功能数字表,也有多功能综合表,且可根据需要配置 RS485 接口与计算机进行通信。该数字式智能表已逐步在重要变配电所及其自动化工程中得到应用。图 5-3 所示是多功能综合数字式智能表的测量原理电路图,从图中可以看出,二次接线简单、清晰。

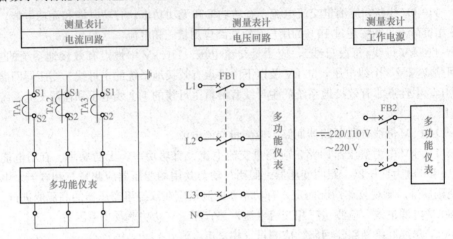

图 5-3 多功能综合数字式智能表的测量原理电路图

图 5-4 所示是 3~35 kV(10 kV)线路上装设的电测量仪表展开式原理电路图。线路中电流、电压、功率等电气参数采用微机测控装置测量,三相有功电能和三相无功电能则由电子式多功能电能表计量,且分别采用互感器不同准确度的二次侧,电测量仪表电压信号来自母线电压互感器二次侧。图 5-4 中电能表的电流回路和电压回路分别装设了专用试验接线盒,以方便电能表试验和检修。

2. 交流系统的绝缘监视

由项目一中的分析可知,中性点非有效接地的电力系统发生单相接地故障时,线电压值不变,而故障相对地电压为零,非故障相对地电压上升为线电压,出现零序电压,该故障并不影响供配电系统的继续运行,但接地点会产生间歇性电弧以致引起过电压,绝缘损坏,发展成为两相对地短路,导致故障扩大。因此,在该系统中应当装设绝缘监视装置。

绝缘监视装置是利用一次系统接地后出现的零序电压给出信号。在图 5-5 中,在 3~35 kV 母线上装设了三个单相三绕组电压互感器或一个三相五芯柱三绕组电压互感器,其二次侧的星形连接绕组接有三个监测相对地电压的电压表和一个监测线电压的电压表;另一个二次绕组接成开口三角形,接入接地信号装置如电压继电器 BE,用来反映一次系统单相接地时出现的零序电压。电压互感器采用五芯柱结构目的是让零序磁通能从主磁路中通过,便于零序电压的检出。

正常运行时,系统三相电压对称,开口三角形处出现的仅为由于电压互感器误差及高次谐波电压引起的不平衡电压,电压继电器的动作电压一般整定为 15 V 便可躲过。当任一回线路发生单相接地故障时,开口三角形处将出现近 100 V 的零序电压,BE 动作发出预告信号,运行人员可通过观察相对地电压表,便可知道是哪一相发生了接地,但不能判断是哪一回线路故障,若要自动判别哪回线路发生接地故障,则需装设单相接地保护或微机小电流接地选线装置。

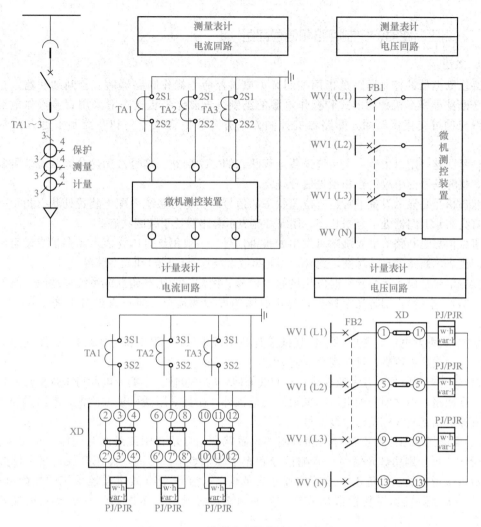

图 5-4　10 kV 线路电测量仪表原理电路图

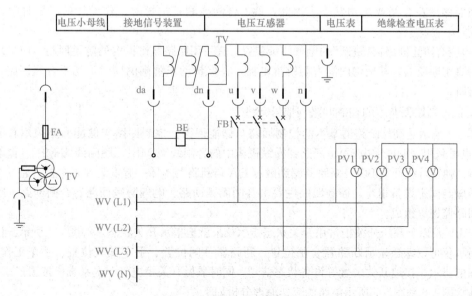

图 5-5　绝缘监视装置电路图

三、高压断路器的控制回路和信号回路

1. 概述

高压断路器的控制回路是指用控制开关或遥控命令操作断路器跳、合闸的回路。它主要取决于断路器操纵机构的形式和操作电源的类别。永磁操纵机构一般采用直流操作电源，弹簧操纵机构可交直流两用。断路器的控制方式有开关柜就地控制和在控制室远方控制两种方式。

信号回路是用以指示一次系统设备运行状态的二次回路。信号按用途分为状态信号和报警信号，报警信号由事故信号和预告信号组成。

状态信号是显示设备正常运行位置状态的信号。在电力系统内配电装置处状态指示一般采用红灯亮表示断路器处于合闸状态，用绿灯亮表示断路器处于跳闸状态。

事故信号是断路器事故跳闸时发出的报警信号。一般用红灯闪光表示断路器自动合闸，用绿灯闪光表示断路器自动跳闸，此外，还有事故音响信号(电笛)和光字牌等。

预告信号是设备运行异常时发出的报警信号。例知，变压器超温或系统接地时，就发出预告音响信号(电铃)，同时光字牌亮，指示故障的性质和地点，运行人员可根据预告信号及时处理。

根据《火力发电厂、变电站二次接线设计技术规程》(DL/T 5136—2012)，高压断路器的控制回路应接线简单可靠，且应满足下列规定：

(1)应有电源监视，并宜监视跳、合闸线圈回路的完整性。小型变电所可采用双灯制接线的灯光监视回路。中大型变配电所除就地灯光监视外，还宜采用微机远方监视，断路器控制电源消失及控制回路断线应发出报警信号。

(2)应能指示断路器正常合闸和跳闸的位置状态，自动合闸或跳闸时应能发出报警信号。如前所述，可分别用灯光信号、音响信号和光字牌来表示。目前，高压开关柜多采用开关状态指示仪来就地显示设备正常运行位置状态的信号。在设置有微机监控系统的变配电所中，其信号系统由微机测控装置数据采集、屏幕画面动态显示及多媒体计算机声光报警等部分组成。

(3)合闸或跳闸完成后应使命令脉冲自动解除。断路器操纵机构中的维持机构(机械锁扣)能使断路器保持在合闸或跳闸状态，因此，跳、合闸线圈是按短时工作设计的，长时间通电会烧毁。

(4)应有防止断路器"跳跃"的电气闭锁装置，宜使用断路器机构内的防跳回路，应采用整体结构的真空断路器，其机构内配有防跳继电器，在保护动作跳闸的同时可切断合闸回路，实现电气防跳。

2. 高压断路器基本的控制回路与信号回路

图 5-6 所示是高压断路器基本的控制回路与储能回路。控制回路与储能回路采用直流操作电源(也可采用交流操作电源)。断路器操纵机构中的合闸线圈 MB1、跳闸线圈 MB2、储能电动机 MA、弹簧行程开关 BG 及断路器辅助触点 QA 与断路器本体一起安装在手车上，通过二次插头、插座与固定设备相连。控制回路主要由合闸闭锁回路、电气防跳回路、合闸回路、跳闸回路、回路监视等组成。

35 kV 及以下高压开关柜常用开关状态指示仪来就地指示开关状态，如图 5-7 所示。该开关状态指示仪可以综合显示断路器合闸位置、断路器分闸位置、手车试验位置、手车工作位置、弹簧储能指示、接地开关位置等设备状态信号，同时兼做开关柜电气一次系统模拟图。

现将图 5-6 和图 5-7 所示电路的工作原理分析如下：

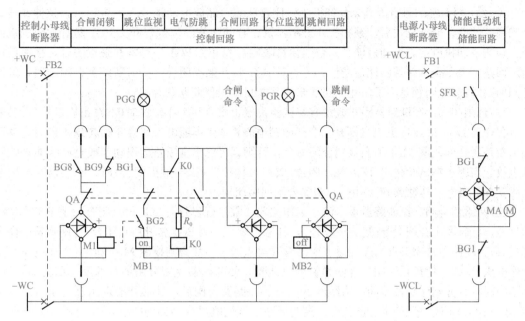

图 5-6 高压断路器基本的控制回路与储能回路

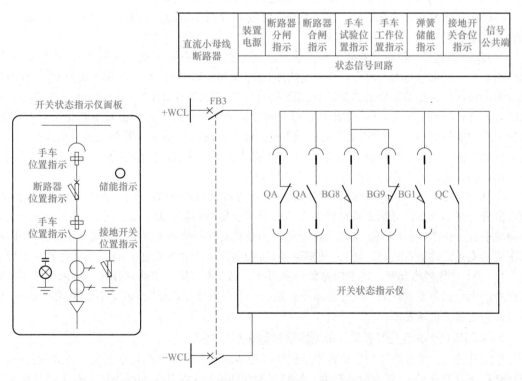

图 5-7 高压开关柜的就地开关状态信号回路

（1）弹簧机构储能。

采用弹簧操纵机构的高压断路器，在首次合闸前需先将合闸弹簧储足能量。储能回路电源与控制回路电源分开。储能过程：将主令开关 SFR（注：SFR 也可取消）合上，合闸弹簧限位行程开关 BG1 两对常闭触点因其未储能而处于闭合状态，储能电动机 MA 通电运行，拉伸或压缩合闸弹簧储能。储能到位后，锁扣扣住合闸弹簧，合闸弹簧限位行程开关 BG1 两对常闭触点断开，切断电动机电源，电动机停车。合闸弹簧限位行程开关 BG1 一对常开触点闭合，接通储能指示回路，表示合闸弹簧已储足能量；另一对 BG1 常开触点闭合，接通断路器合闸回路，解除合闸回路闭锁(此闭锁是为了防止断路器未储足能量就误使断路器合闸)。

(2)合闸闭锁。当断路器手车既没有在试验位置也没有在工作位置时(不在正确位置)，其限位行程开关 BG8 和 BG9 触点均断开，合闸闭锁电磁铁 M1 不通电，其常开触点 BG2 断开，从而确保断路器合闸线圈 MB1 不会接到合闸命令，否则，可能出现断路器误动作或合闸线圈被烧毁的事故。当手车在试验位置(BG8 触点闭合)或在工作位置(BG9 触点闭合)时，断路器合闸闭锁电磁铁 M1 通电，其触点 BG2 闭合，解除合闸回路闭锁。

(3)断路器合闸。设断路器手车已在工作位置，限位行程开关 BG9 触点闭合，手车工作位指示灯亮。此时发出合闸命令(远方或就地)，其触点闭合，因 BG1 常开触点闭合(合闸弹簧已储足能量时)、断路器常闭触点 QA 接通、BG2 常开触点闭合，故合闸线圈 MB1 通电(所加电压大于动作电压)动作，使锁扣脱扣，合闸弹簧释放能量，使断路器克服分闸弹簧的反作用力而合闸。合闸的同时，分闸弹簧被储能，为跳闸做准备。断路器合闸后，其常开触点闭合，断路器合位指示灯亮，表示断路器处于合闸状态。控制回路中合位监视灯 PGR 也因 QA 常开触点闭合而点亮，表示跳闸回路完好。此时，断路器跳闸线圈 MB2 虽然处于通电状态，但由于合位监视灯 PGR 的分压作用，使跳闸线圈 MB2 上的压降很小，不足以使其动作。

另外，合闸弹簧释放能量后，其行程开关触点 BG1 自动返回，因 SFR 处于接通位置，弹簧会自动储足能量，为下次合闸做好准备。

(4)断路器跳闸。设断路器处于合闸状态，此时发出跳闸命令(远方或就地)，其触点闭合。因断路器常开辅助触点 QA 闭合，故跳闸线圈 MB2 通电(所加电压大于动作电压)动作，使合闸位置锁扣脱扣，断路器在分闸弹簧的作用下跳闸。断路器跳闸动作完成后，QA 从常开触点返回断开，合位指示灯熄灭，QA 常闭触点返回闭合，分位指示灯亮，表示断路器处于跳闸状态。控制回路中跳位监视灯 PGG 因 QA 常闭触点返回闭合、BG1 与 BG2 常开触点闭合而点亮，表示合闸回路完好。此时，断路器合闸线圈 MB1 虽然处于通电状态，但由于跳位监视灯 PGG 的分压作用，使合闸线圈 MB1 上的压降很小，不足以使其动作。

(5)电气防跳。当一个合闸命令和分闸命令(远方或就地)同时存在时，断路器将会持续不断地反复分合闸。如此，可导致断路器多次"跳跃"，会使断路器烧坏，造成事故扩大，故必须采取防跳措施。在图 5-6 中，K0 为防跳继电器。当断路器在一个合闸操作后紧跟一次分闸操作时，因断路器 QA 常并触点闭合，则 K0 线圈通电(所加电压大于动作电压)动作，K0 常开触点闭合自保持，K0 常闭触点断开，切断断路器合闸回路，不会引起第二次合闸操作，从而防止了不利情况的产生。如果要进行第二次合闸操作，则前一个合闸命令必须先消失，使防跳继电器 K0 失电返回，之后再重新发出。

3. 采用微机保护测控装置监视的断路器控制和信号回路

控制开关是开关设备与控制设备手动控制断路器跳、合闸的主令元件。当需要远方操作时，对断路器还宜设置远方/就地切换开关。控制开关和切换开关是用手柄操作的，在手柄转轴上装有彼此绝缘的系列铜片触点(动触点)，绝缘外壳的内壁上装有固定不动的静触点。当手柄转动时，每个触点盒内动、静触点的通断状态发生相应变化。目前变配电所多采用 LW 系列万能转换开关作为控制开关和远方/就地切换开关。常用的 LW39 开关接点图表如图 5-8 所示，图中"×"表示触点为接通状态。

SF 合/分闸控制开关	LW39		
	分闸	正常	合闸
	45° →	0°	← 45°
1–2	×		
3–4			×
5–6	×		
7–8			×

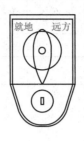

SAC 远方/就地选择开关	LW39	
	就地45° ↖	远方45° ↗
1–2	×	
3–4		×
5–6	×	
7–8		×
9–10	×	
11–12		×

图 5-8　LW39 开关接点图表

这种控制开关有三个位置：一个正常固定位置（"预备"或"操作后"）、两个操作位置（"合闸"和"跳闸"）。合闸操作的程序为"预备"→"合闸"→"合闸后"；跳闸操作的程序为"预备"→"跳闸"→"跳闸后"。操作时，控制开关由"预备位置"向右或左旋转 45°至"操作位置"，并保持到确认断路器已完成合闸或跳闸动作时，松开手柄，手柄自动返回至"操作后位置"。这时，控制开关在弹簧作用下会自动回转到"固定位置"，整个操作过程完成。远方/就地切换开关有三个位置：左侧 45°为就地操作位置，右侧 45°为远方操作位置，中间为断开位置。当选择在"就地"位置时，断路器只能由控制开关 SF 操作断路器跳、合闸；当选择在"远方"位置时，断路器只能由遥控命令控制断路器跳、合闸。

图 5-9 所示是采用微机保护测控装置监视的断路器控制回路。图中控制开关和切换开关手柄的三个位置采用三条虚线表示，在每对触点内侧一条虚线上有一个"·"，表示手柄在此虚线对应的位置时该触点接通。为便于读图，电路图上方还标有说明栏，对应每条回路相应说明其作用。微机保护测控装置不仅能对一次系统实现各种保护，而且能对断路器进行遥控跳、合闸，能远方监视设备运行状态，如断路器位置、手车位置、控制回路的完好性、远方/就地切换开关位置、合闸弹簧是否储能等，还具有事故信号和各种预告信号输出功能，并具有 RS485 标准接口可与监控主计算机通信。其信号回路如图 5-10 所示。

现将图 5-9 和图 5-10 所示电路的工作原理分析如下：

(1)断路器的远方控制。将 SAC 切换开关旋至"远方"位置，此时，控制开关 SF 不起作用，断路器的跳、合闸操作由微机保护测控装置发出的遥控跳、合闸命令实现。合闸操作之前，手车处于工作位置或试验位置、弹簧已储能、合闸闭锁解除。此时，装置发出合闸命令即遥控合闸输出触点闭合，断路器合闸线圈 MB1 得电动作，同时，装置合闸自保持，直至断路器合闸动作完成。合闸后，断路器常闭辅助触点 QA 断开，切断合闸回路，合闸自保持返回。同理，装置发出跳闸命令，即遥控跳闸输出触点闭合，断路器跳闸线圈 MB2 得电动作，同时，装置跳闸自保持，直至断路器跳闸动作完成。跳闸后，断路器常开辅助触点 QA 返回断开，切断跳闸回路，跳闸自保持返回。

微机保护测控装置采用跳、合闸自保持的目的是保持跳、合闸命令脉冲宽度时间大于高压断路器跳、合闸所需的动作时间，以确保其动作可靠。目前，可编程微机保护测控装置的跳、合闸命令脉冲宽度时间可调且自动返回，可以取消装置常规跳、合闸自保持回路，使断路器控制回路接线简化。

(2)断路器的就地控制。将 SAC 切换开关旋至"就地"位置，此时，微机保护测控装置发出的遥控跳、合闸命令不起作用，断路器的跳、合闸操作通过就地操作控制开关 SF 实现。当 SF 手柄被旋转至"合闸"位置时，触点 SF3-4 接通，断路器合闸，手柄松开后返回正常位。当 SF 手柄被旋转至"分闸"位置时，触点 SF1-2 接通，断路器跳闸，手柄松开后返回正常位。

控制小母线 断路器	合闸闭锁		跳位 监视	电气 防跳	保护 合闸	合闸 回路	远方 操作	跳闸 回路	保护 跳闸	合位 监视	装置 电源
	控制回路										

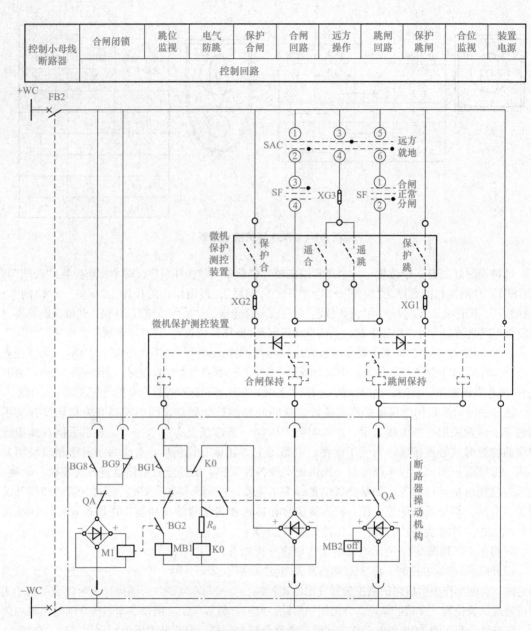

图 5-9　采用微机保护测控装置监视的断路器控制回路

（3）保护出口跳闸。当一次系统保护区内发生故障时，微机保护装置动作，保护出口继电器触点闭合，接通跳闸回路，使跳闸线圈 MB1 通电（全电压）动作，断路器自动跳闸。微机保护测控装置发出保护出口动作信号，可以通过硬触点输入装置的遥信回路，上传至计算机后台系统，通知运行人员及时处理。当变电所未设计算机后台系统时，则其硬触点可以直接接通中央事故音响信号装置。

（4）控制回路的完好性监视。微机保护测控装置采用跳、合闸位置继电器来监视跳、合闸回路的完好性。正常时只有一个位置继电器通电，一旦控制回路断线或微型断路器跳闸，继电器线圈将长期断电，微机保护测控装置将发出控制回路断线预告信号。

控制小母线断路器	装置电源	断路器分闸位置	断路器合闸位置	手车试验位置	手车工作位置	弹簧未储能	接地开关分位	接地开关合位	远方就地切换	备用	信号复归	闭锁复合闸	投装置检修	事故总信号
					设备状态信号输入回路									

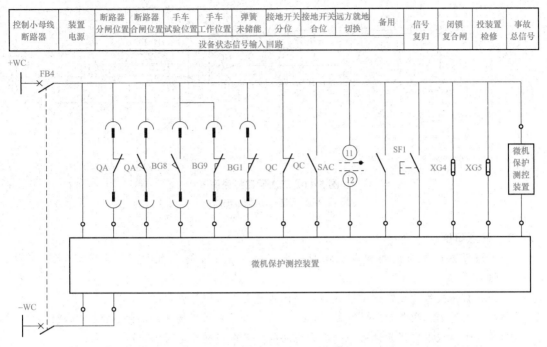

图 5-10 采用微机保护测控装置远方监视的信号回路

![任务实施图标]**任务实施**

步骤 1：学生分组，每小组 4～5 人。

步骤 2：强调纪律和操作规范。

步骤 3：任务实施。

船厂供配电系统二次回路安装

有一 6.3 kV 配电高压柜，负荷侧变压器额定容量是 100 kV·A，一次设备已安装完毕。继电器选用 GL-15/10，CT 变比 200/5，现要求安装二次回路。

一、供电系统二次回路安装步骤

(1)根据二次回路接线图(图 5-11)，设定二次线路符号：测量回路为 A411、C411、N411，保护回路 A421、A422、A423、C421、C422、C423、N421。

(2)在 CT 二次接线端子中确定测量回路端子、保护回路端子，并接线，引到接线端子排。

(3)确定继电器电流线圈接线端子(A421/C421、A423/C423)，并接线，引到接线端子排，与 CT 二次保护端子连接。

(4)确定继电器常开点两个接线端子(A422/C422、N421)，并接线，引到接线端子排。

(5)确定跳闸线圈接点，引线到接线端子排，与继电器常开点连接。

(6)引电流表接线(A411/C411、N411)到端子排，与 CT 二次测量回路连接。

(7)进行继电保护试验，确定保护回路完好。

(8)进行模拟跳闸，确定跳闸回路完好。

(9)进行模拟测量，确定测量回路完好，同时确定 CT 极性正确。

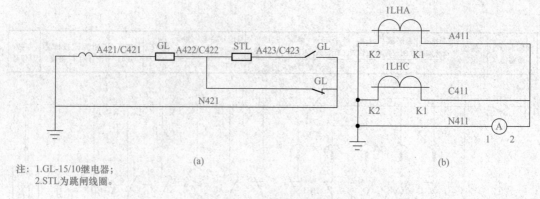

注: 1.GL-15/10继电器;
　　2.STL为跳闸线圈。

图 5-11　二次回路接线图
(a)保护电路; (b)测量电路

二、注意事项

(1)电流互感器测量线圈和保护线圈是固定的，不允许随意接线。一般都有 1K1、1K2、2K1、2K2 字样。

(2)保护跳闸接线与正常分闸接线连接跳闸线圈时，采取并联，不允许串联。

(3)电流互感器二次测量端子和保护端子，有一点必须保护接地，定为 N411、N421。

(4)模拟试验或继电保护试验，一次系统必须在停电情况下进行。

(5)安装人员必须充分理解二次回路原理，掌握二次设备性能等相关电工知识。

步骤4：小组经过讨论确定任务结果，每小组由中心发言人陈述，经过全体同学讨论，确定正确结果并填写任务总结。

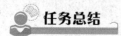 **任务总结**

课程认知记录表见表 5-1。

表 5-1　课程认知记录表

班级		姓名		学号		日期	
收获 与体会	谈一谈：通过供电系统二次回路安装，你学到了什么？						
评价意见	评定人	评价、评议、评定意见			等级		签名
	自己评价						
	同学评议						
	老师评定						
注：该践行学分为 5 分，记入本课程总学分(150 分)中，若结算分为总学分的 95% 以上，则评定为考核"合格"。							

任务二　船厂供配电系统二次回路的自动化系统

任务目标

1. 知识目标

(1)了解配电自动化基础知识；

(2)了解变电所综合自动化系统；

(3)了解微机自动控制装置；

(4)了解电能信息采集与管理系统。

2. 能力目标

(1)准确识读变电所综合自动化系统图；

(2)能够正确进行变电所综合自动化系统的接线。

3. 素质目标

(1)培养学生在电力线路接线过程中的安全用电、文明操作意识；

(2)培养学生在安装操作过程中的团队协作意识和吃苦耐劳精神。

任务分析

本任务的最终目的是掌握供配电系统二次回路的自动化系统的运行与维护，为了掌握它的运行，就要对它有一定的了解，包括配电自动化基础知识、变电所综合自动化系统、微机自动控制装置和电能信息采集与管理系统，而为了能对它进行维护，则要能够识读它的相关图纸。

知识准备

一、配电自动化基础知识

1. 配电自动化的有关概念

配电自动化以一次网架和设备为基础，综合利用计算机技术、信息及通信等技术，实现对配电系统的监测与控制，并通过与相关应用系统的信息集成，实现配电系统的管理。

配电自动化系统是实现配电网的运行监视和控制的自动化系统，具备配电 SCADA(配电网监视控制和数据采集)、馈线自动化、电网分析应用及与相关应用系统互连等功能，主要由配电主站、配电终端、配电子站(可选)和通信通道等部分组成，如图 5-12 所示。

微课：**配电自动化**

配电主站是配电自动化系统的核心部分，主要实现配电网数据采集与监控等基本功能和电网分析应用等扩展功能。

配电终端是安装于中压配电网现场的各种远方监测、控制单元的总称，主要包括配电开关监控终端(馈线终端)、配电变压器监测终端(配变终端)、开关站和公用及用户配电所的监控终端(站所终端)等。

配电子站是为优化系统结构层次，提高信息传输效率，便于配电通信系统组网设置的中间层，实现所辖范围内的信息汇集、处理或故障处理、通信监测等功能。

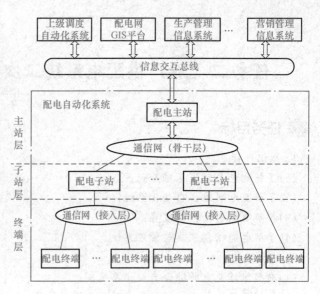

图 5-12　配电自动化系统的构成

通信通道是配电主站、配电终端和配电子站之间实现信息传输的通信网络。配电通信网络可利用专网或公网，配电主站与配电子站之间的通信通道为骨干层通信网络，配电主站（子站）至配电终端的通信通道为接入层通信网络。

配电自动化系统通过信息交互总线，与其他相关应用系统互联，可实现更多应用功能。信息交互基于消息传输机制，实现实时信息、准实时信息和非实时信息的交换，支持多系统间的业务流转和功能集成，完成配电自动化系统与其他相关应用系统之间的信息共享。

馈线自动化指利用自动化装置或系统，监视配电线路的运行状况，及时发现线路故障，迅速诊断出故障区间并将故障区间隔离，快速恢复对非故障区间的供电。

2. 配电自动化的主要功能

（1）配电主站。

1）基本功能。

①配电 SCADA：数据采集（支持分层分类召测）、状态监视、远方控制、人机交互、防误闭锁、图形显示、事件告警、事件顺序记录、事故追忆、数据统计、报表打印、配电终端在线管理和配电通信网络工况监视等。

②与上一电网调度（一般指地区电网调度）自动化系统和生产管理系统（或电网 GIS 平台）互联，建立完整的配电网拓扑模型。

2）扩展功能。配电主站应在具备基本功能的基础上，根据实际需要，合理配置扩展功能。

①馈线故障处理：与配电终端配合，实现故障的识别、定位、隔离和非故障区域自动恢复供电；在相应区域具备完备的配电网络拓扑的前提下，可配置馈线故障处理功能。

②电网分析应用：模型导入/拼接、拓扑分析、解合环潮流、负荷转供、状态估计、网络重构、短路电流计算、电压/无功控制和负荷预测等；在信息量的完整性和准确性满足的前提下，可配置电网分析应用功能。

③智能化功能：配电网自愈控制（包括快速仿真、预警分析）、分布式电源/储能装置/微电网的接入及应用、经济优化运行以及与其他智能应用系统的互动等。在配电主站功能成熟应用的基础上，可结合本地区智能电网工作的开展，合理配置智能化功能。

（2）配电终端。配电终端应用对象主要有开关站、配电室、环网柜、箱式变电站、柱上开关、配电变压器、配电线路等。根据应用的对象及功能，配电终端可分为馈线终端（FTU）、站所终端（DTU）、配变终端（TTU）和具备通信功能的故障指示器等。配电终端功能还可通过远动装置、综合自动化装置或重合闸控制器等装置实现。

配电终端应具备运行信息采集、事件记录、对时、远程维护和自诊断、数据存储、通信等功能；除配变终端外，其他终端应能判断线路相间短路和单相接地故障。

（3）配电子站。配电子站分为通信汇集型子站和监控功能型子站。

1）通信汇集型子站。通信汇集型子站负责所辖区域内配电终端的数据汇集、处理与转发。基本功能如下：

①终端数据的汇集、处理与转发；

②远程通信；

③终端的通信异常监视与上报；

④远程维护和自诊断。

通信汇集型子站的目的是在终端因为通道或其他原因限制，不能够直接连接到主站的情况下，汇集终端的信息，并通过子站向上的快速通道转发终端信息。对采用配电载波或无线专网的情况，推荐采用这种方式。对采用综自模式实现的开闭所自动化，其总控单元即通信汇集型子站。这种方式下，子站应能够判断终端的运行工况并及时反馈至主站，使主站能够了解终端的运行情况。同时应能够将上下行的控制命令存储在当地，供将来事故排查时分析。

2）监控功能型子站。监控功能型子站负责所辖区域内配电终端的数据采集处理、控制及应用。基本功能如下：

①应具备通信汇集型子站的基本功能；

②在所辖区域内的配电线路发生故障时，子站应具备故障区域自动判断、隔离及非故障区域恢复供电的能力，并将处理情况上传至配电主站；

③信息存储；

④人机交互。

监控功能型子站是一种较高级的子站系统，其设置目的主要是针对大型配网自动化系统或智能小区、新区等地区，快速处理当地的故障，同时可降低主站的信息流量。对于某些地区，区域型的主站系统将其采集的信息上送到上级配电主站系统，则区域型的主站也可称为上级配电主站的子站。这种模式便于实现配网的分层管理。

3. 配电自动化的通信

（1）通信方式。目前，适合配电自动化通信系统建设的通信方式包括光纤专网通信、配电线载波通信、无线专网通信、无线公网通信、现场总线等。现有通信技术在传输带宽方面均能满足配电自动化基本业务需求。根据各种通信方式的原理及特点，为了合理选择适合复杂配电网自动化系统的通信方式，现就各类通信方式在传输速率、传输距离、适用范围等方面的特点做比较，见表 5-2。

表 5-2　配电自动化常用的通信方式

通信方式	网络形式	传输速率	传输距离	适用范围
配电线载波	中低压配电线	＜1.2 Mbit/s	＜10 km	FTU、TTU 与配电子站间通信，低压用户抄表
现场总线 RS485 串行总线	屏蔽双绞线	9 600 bit/s	＜2 km	FTU、TTU 与配电子站间通信，分散电能采集，设备内部通信等
光纤专网	单模光缆	＜2 Mbit/s	＜50 km	骨干层通信网络
无线专网 无线公网	TD-LTE、McWill GPRS/CDMA/3G	＜180 kbit/s	GPRS 等覆盖区域	不宜用于城市中心等干扰大的市区

光纤专网通信方式包括无源光网络和工业以太网技术。EPON（以太网无源光网络）技术成熟，是目前无源光网络技术的主流方式。EPON 在标准实时性、可靠性、安全性、带宽、技术成熟度及产业链等方面具有优势，但由于光纤敷设成本高等因素，组网成本偏高，适用对安全性、可靠性有严格要求的业务。对于已预埋光缆、与主网架同步建设光缆的情况，应优先采用EPON 技术进行业务承载。工业以太网方式在实时性、可靠性、安全性、带宽、技术成熟度及产业链等方面同样具有优势，但设备成本高于 EPON，适用节点较多、通信距离较长的业务场合。中压载波通信方式施工简单，受配电线路运行情况影响，适合实时性、并发性要求不敏感的使用场合，由于其通道建设随一次线路开展，因此可作为光纤网络的末端补充。无线专网方式目前还处于试点应用阶段，其频段选择、技术体制选择、建设及运维模式仍然存在很多问题，需要对承载业务及部署方式进行规范。无线公网方式易于建设，宜用于安全性、可靠性、实时性要求相对较低的场合（配电自动化"遥信、遥测"业务），由于其运维成本低，基于现有通信现状，可作为配电自动化全面推进的一项长期过渡通信方式。

（2）通信组网典型案例。多种配电通信方式综合应用的典型案例如图 5-13 所示，通信系统由配网通信综合接入平台、骨干层通信网络、接入层通信网络以及配网通信综合网管系统等组成。

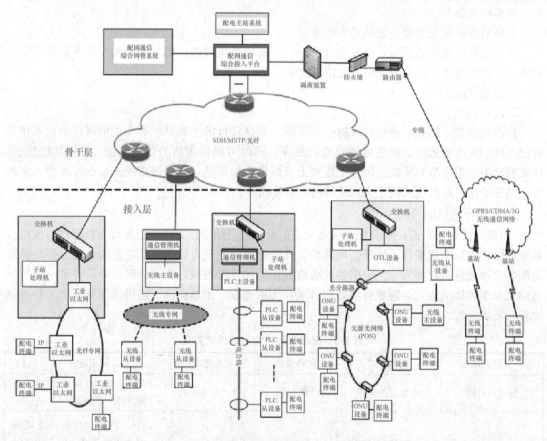

图 5-13　多种配电通信方式综合应用示意

1）配网通信综合接入平台。在配电主站端配置配网通信综合接入平台，实现多种通信方式统一接入、统一接口规范和统一管理，配电主站按照统一接口规范连接到配网通信综合接入平台。另外，配网通信综合接入平台也可以供其他配网业务系统使用，避免每个配网业务系统单独建设通信系统，有利于配电通信系统的管理与维护。

2)骨干层通信网络。骨干层通信网络实现配电主站和配电子站之间的通信，一般采用光纤传输网方式，配电子站汇集的信息通过 IP 方式接入 SDH/MSTP 通信网络或直接承载在光纤网上。在满足有关信息安全标准的前提下，可采用 IP 虚拟专网方式实现骨干层通信网络。

3)接入层通信网络。接入层通信网络实现配电主站(子站)和配电终端之间的通信。

①光纤专网(以太网无源光网络)。配电子站和配电终端的通信采用以太网无源光网络EPON 技术组网，EPON 网络由光线路终端 OLT、光配线网 ODN 和光网络单元 ONU 组成，ONU 设备配置在配电终端处，通过以太网接口或串口与配电终端连接；OLT 设备一般配置在变电站内，负责将所连接 EPON 网络的数据信息综合，并接入骨干层通信网络。

②光纤专网(工业以太网)。配电子站和配电终端的通信采用工业以太网通信方式时，工业以太网从站设备和配电终端通过以太网接口连接。工业以太网主站设备一般配置在变电站内，负责收集工业以太网自愈环上所有站点数据，并接入骨干层通信网络。

③配电线载波通信组网。按照规定，电力线载波通信组网采用一主多从组网方式，一台主载波机可带多台从载波机，组成一个逻辑载波网络，主载波机通过通信管理机将信息接入骨干层通信网络。通信管理机接入多台主载波机时，必须具备串口服务器的基本功能和在线监控载波机工作状态的网管协议，同时支持多种配电自动化协议转换能力。

④无线专网。采用无线专网通信方式时，一般将无线基站建设在变电站中，负责接入附近的配电终端信息；每台配电终端应配置相应的无线通信模块，实现与基站通信，变电站中通信管理机将无线基站的信息接入，进行协议转换，再接入至骨干层通信网络。

⑤无线公网。采用无线公网方式时，每台配电终端均应配置 GPRS/CDMA/3G 无线通信模块，实现无线公网的接入。无线公网运营商通过专线将汇总的配电终端数据信息经路由器和防火墙接入配网通信综合接入平台。

4)配网通信综合网管系统。在配电主站端配置的配网通信综合网管系统，可以实现对配网通信设备、通信通道、重要通信站点工作状态的统一监控和管理，包括通信系统的拓扑管理、故障管理、性能管理、配置管理、安全管理等。配网通信综合网管系统一般采用分层架构体系。

4. 配电网的馈线自动化

馈线自动化功能应在对供电可靠性有进一步要求的区域实施，应具备必要的配电一次网架、设备和通信等基础条件，并与变电站/开闭所出线等保护相配合。馈线自动化可采取以下实现模式：

(1)就地型：不需要配电主站或配电子站控制，通过终端相互通信、保护配合或时序配合，在配电网发生故障时，隔离故障区域，恢复非故障区域供电，并上报处理过程及结果。就地型馈电自动化包括重合器方式、智能分布式等。

(2)集中型：借助通信手段，通过配电终端和配电主站/子站的配合，在发生故障时，判断故障区域，并通过遥控或人工隔离故障区域，恢复非故障区域供电。集中型馈线自动化包括半自动方式、全自动方式等。

二、变电所综合自动化系统

1. 概述

变电所在配电网中具有十分重要的地位，它既是上一级配电网的负荷，又是下一级配电网的电源，变电所综合自动化系统是配电自动化系统的重要组成部分，可根据需要作为配电自动化系统的主站或子站，其自动化程度的高低直接反映了配电自动化的水平。近年来变电所综合自动化发展十分迅速。

变电所综合自动化是将变电所的二次设备(包括测量仪表、信号系统、继电保护、自动装置和远动装置等)经过功能的组合和优化设计，利用先进的计算机技术、现代电子技术、通信技术和信号处理技术，实现对全变电所的主要设备和线路的自动监视、测量、自动控制和微机保护，以及与调度中心通信等综合性的自动化功能。

与常规变电所的二次系统相比，变电所综合自动化系统具有功能综合化、结构微机化、操作监视屏幕化、运行管理智能化等一系列优点，并为变电所实现无人值班提供了可靠的技术条件。

2. 变电所综合自动化系统的基本功能

（1）微机监视与控制功能。变电所综合自动化系统必须具有微机监视与控制功能，35～110 kV无人值班变电所微机监控系统应具备信息采集和处理、控制操作、防误闭锁、报警处理、远动、人机联系、系统自诊断与自恢复等功能。

1）数据采集与处理。监控系统通过I/O测控单元实时采集模拟量、开关量等信息量；通过智能设备接口接收来自其他智能装置的数据。

I/O数据采集单元对所采集的实时信息进行数字滤波、有效性检查、工程值转换、信号接点抖动消除、刻度计算等加工，从而提供可应用的电流、相电压、有功功率、无功功率、功率因数等各种实时数据，并将这些实时数据传送至站控层、各级调度中心、集控中心。

采集的模拟量包括电流、电压、温度量等，采集的开关量（状态量）包括断路器、隔离开关以及接地开关的位置信号、一次设备的告警信号、继电保护和安全自动装置动作及告警信号、运行监视信号、变压器有载调压分接头位置信号等。

2）数据库的建立与维护。建立的数据库包括实时数据库、历史数据库。实时数据库存储监控系统采集的实时数据，其数值应根据运行工况的实时变化而不断更新，记录着被监控设备的当前状态。需要长期保存的重要数据将存放在历史数据库。

数据库应便于扩充和维护，应保证数据的一致性、安全性；可以在线修改或离线生成数据库；用人-机交互方式对数据库中的各个数据进行修改和增删；可方便地交互式查询和调用。

3）控制操作。监控系统控制功能应包括两种：自动调节控制、人工操作控制。

自动调节控制由站内操作员或远方控测中心设定其是否采用，操作员可对需要控制的电气设备进行操作控制。监控系统应具有操作监护功能。纳入控制的设备有各电压等级的断路器、带电动机构的隔离开关及变压器中性点接地开关、主变压器有载开关分接头位置以及站内其他需要执行启动/停止的重要设备。

4）防误闭锁。应具有微机"五防"功能。通过监控系统的逻辑闭锁软件实现全站的防误操作闭锁功能，同时在受控设备的操作回路中串接本间隔的闭锁回路。本间隔的闭锁可以由电气闭锁实现，也可由间隔层测控单元实现。

5）同期。监控系统应具有同期功能，以满足断路器的同期合闸和重合闸同期闭锁要求。

6）报警处理。监控系统应具有事故报警和预告报警功能。事故报警包括非正常操作引起的断路器跳闸和保护装置动作信号；预告报警包括一般设备变位、状态异常信息、模拟量或温度量越限等。

7）事件顺序记录及事故追忆。当变电站一次设备出现故障时，将引起继电保护动作、断路器跳闸，事件顺序记录功能应将事件过程中各设备动作顺序带时标记录、存储、显示、打印，生成事件记录报告，供查询。

事故追忆范围为事故前1 min到事故后2 min的所有有关模拟量值，采样周期与实时系统采样周期一致。系统可生成事故追忆表，以显示、打印方式输出。

8）画面生成及显示。系统应具有电网拓扑识别功能，实现带电设备的颜色标识。所有静态和动态画面应存储在画面数据库内。应具有图元编辑、图形制作功能，使用户能够在任一台主计算机或人机工作站上均能方便直观地完成对实时画面的在线编辑、修改、定义、生成、删除、调用和实时数据库连接等功能，并且对画面的生成和修改应能够通过网络贵宾方式传送给其他工作站。在主控室运行工作站显示器上显示的各种信息应以报告、图形等形式提供给运行人员。

9)在线计算及制表。系统应向操作人员提供方便的实时计算功能，并能生成不同格式的生产运行报表。

10)远动功能。监控系统配置远动通信设备，实现无扰动自动切换，通过以太网与站级计算机系统相连接，实现站内全部实时信息向各级调度和电力数据网上发送或接收控制和修改命令。远动通信设备具有远动数据处理、规约转换及通信功能，能满足调度自动化的要求，并具有串口输出和网络口输出能力，能同时适应通过常规模拟量通道和调度数据网通道与各级调度端主站系统通信的要求。

11)时钟同步。监控系统设备应从站内时间同步系统获得授时(对时)信号，保证各工作站和I/O数据采集单元的时间同步达到1 ms精度要求。当时钟失去同步时，应自动告警并记录事件。

12)人-机联系。人-机联系是值班员与计算机对话的窗口，值班员可借助鼠标或键盘方便地在显示器屏幕上与计算机对话。

13)系统自诊断和自恢复。远方或变电站负责管理系统的工程师可通过工程师工作站对整个监控系统的所有设备进行诊断、管理、维护、扩充等工作。系统应具有可维护性、容错能力及远方登录服务功能，还应具有自诊断和自恢复的功能。

14)与其他设备的通信接口。监控系统以串口或网口的方式与保护装置信息采集器或保护信息管理子站连接获取保护信息。其他智能设备主要包括直流电源系统、交流 UPS 系统、火灾报警装置、电能计量装置及主要设备在线监测系统等。监控系统智能接口设备采用数据通信方式(采用 RS485 接口)收集各类信息，经过规约转换后通过以太网送至监控系统主机。

15)运行管理。微机监控系统根据运行要求，可实现各种管理功能，如事故分析检索、操作票、模拟操作等。

(2)微机继电保护功能。微机继电保护是变电所综合自动化系统中的关键环节，主要包括线路保护、电力变压器保护、母线保护、电容器保护、接地变(站用变)保护等。由于继电保护的特殊重要性，自动化系统绝不能降低继电保护的可靠性、独立性。通常微机继电保护应满足下列要求：

1)系统的微机继电保护按被保护的电力设备(间隔)分别独立设置，直接由相关的电流互感器和电压互感器输入电气量，保护装置的输出直接作用于相应断路器的跳闸机构。

2)保护装置设有通信接口，供接入变配电所内的通信网络使用，在保护动作后向变配电所层的微机设备提供报告，但继电保护的功能完全不依赖于通信网络。

3)为避免不必要的硬件重复，以提高整个系统的可靠性和降低造价，对 35 kV 及以下的变配电所，在不降低保护装置可靠性的前提下，可以配给保护装置一些其他功能，如测量控制功能。

(3)自动控制装置功能。变电所综合自动化系统必须具有保证安全、可靠供电和提高电能质量的自动控制功能。因此，典型的变电所综合自动化系统都配置了相应的自动控制装置，如备用电源自动投入控制装置、自动重合闸装置、电压无功综合控制装置、小电流接地选线装置、自动低频低压减负荷装置等。同微机保护装置一样，自动控制装置也不依赖于通信网，设备专用的装置放在相应间隔屏上。

3. 变电所综合自动化系统的结构

变电所综合自动化系统的体系结构可以分为集中式和分布式两大类；从组屏方式上，可分为集中组屏和分散布置两类。

集中式系统的主要特征为单 CPU、并行总线和集中组屏。随着变电所自动化的不断发展，要求其能够采集更多的信息，能够进行更多路的遥控和遥调，能够与更多的调度主机建立联系，此外，对事件顺序记录(SOE)的站内分辨率的要求也有提高的趋势。集中式系统因采用单微处理器，CPU 负荷过重，

微课：变电所综合
自动化系统

往往不能满足上述要求，同时，采用并行总线的集中式远动装置也不便于采集不在同一现场的参数。而多 CPU 结构、各模块间以串行总线相互联系的分布式结构则能很好地实现以上功能。

根据结构上的不同，分布式系统又分为功能分布式(集中组屏)和结构分布式(分散布置)两大类：

功能分布式系统把变电所综合自动化系统按其功能组装成多个屏，例如主变压器保护屏、线路保护屏、公用测控屏、自动装置屏等，集中安装在主控室中，适用回路数不多、一次设备相对集中、分布面不大的 35～110 kV 配电装置。

结构分布式系统面向设备对象而设计，它能根据变电所的实际情况将同一台设备或同一面开关柜所需要的四遥量布置在一个单元模块中，而该单元模块可以分散地布置在各开关柜中，节省空间，二次连线少，只需要几条 RS485 或现场总线连接就能满足要求，而且很容易将微机保护与监控部分合二为一，有利于实现综合自动化，特别适用 20 kV 及以下配电装置。

(1)20 kV 及以下变电所综合自动化系统的典型结构。一个 20 kV 及以下变电所综合自动化系统的分布式结构如图 5-14 所示。系统结构分为三层：站控层、通信控制层和间隔层。通信网络采用以太网或开放式现场总线。

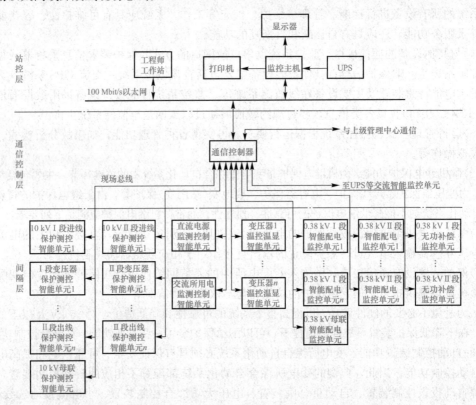

图 5-14　20 kV 及以下变电所综合自动化系统的分布式结构

1)站控层。站控层是针对系统管理人员的人-机交互直接窗口，也是系统最上层的部分，主要由系统软件和必要的硬件设备(如计算机系统、打印机、UPS 等)组成。计算机系统一般由主机(单机或双机)、工程师工作站、网络交换机等部分组成。系统软件应具有良好的人机交互界面，对采集的现场各类数据信息自动进行计算处理，并以图形、数显、声音等方式反映系统运行状况。

2)通信控制层。通信控制层主要由通信控制器及总线网络组成。通信控制器是变配电所综合自动化系统的信息中心，它支持不同的通信介质和通信规约，对变配电所内各种设备的信息进行采集处理，形成标准的信息，并通过数据通道传送到集控中心和配电自动化系统，同时转达上位机对现场单元设备的各种控制命令。通信控制器一般应至少具有 2 个以太网接口与站控层主机、上级管理中心通信，具有 8 个高速 RS485 串口与单元间隔层智能设备交换数据（每个串口并接智能设备数量≤32）。同时，通信控制器应具备完善的 GPS 对时子系统，可使站内各智能设备时间保持统一。

3)间隔层。间隔层按一次设备单元间隔分布式配置，20 kV 及以下电力线路与设备微机保护和微机测控均采用一体化装置，分散就地安装在各单元开关柜上。直流系统的微机监测装置就地装设在直流电源屏上。交流所用电的微机监测装置可就地安装在交流配电屏上。干式配电变压器可选择带有远方通信接口的温控温显装置。各单元相互独立，仅通过通信网互联，并与通信控制器通信。

(2)35～110 kV 变电所综合自动化系统的典型结构。一个 35～110 kV 变电所综合自动化系统的分布式结构如图 5-15 所示。系统网络结构由站控层、间隔层以及网络设备构成。为提高系统网络可靠性，简化系统组网结构，间隔层设备直接通过交换机与站控层以太网连接通信。

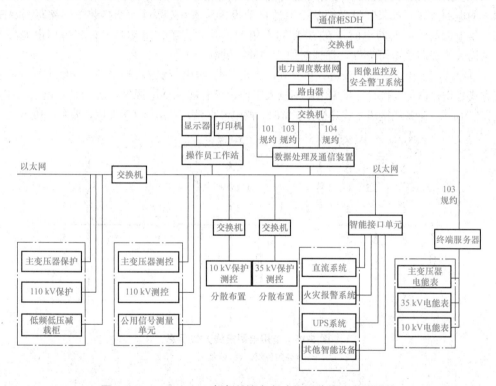

图 5-15　35～110 kV 变电所综合自动化系统的分布式结构

站控层由计算机网络连接的操作员站、数据处理及通信装置等组成，提供站内运行的人-机界面，实现管理控制间隔层设备等功能，形成全站监控、中心管理，并与远方控制中心通信。站控层设备宜集中设置，间隔层设备宜按相对集中方式设置，即 110 kV 及主变的保护测控装置集中布置在二次设备室内，35 kV 及以下的保护测控装置分散布置在配电装置室高压开关柜内。

间隔层由计算机网络连接的若干个监控子系统组成。在站控层及网络失效的情况下，仍能独立完成本间隔设备的就地监控功能。

4. 变电所综合自动化系统的发展趋势

变电所(站)综合自动化系统取得了良好的应用效果，但也有不足之处，主要体现在：采集资源重复、设计复杂；系统、设备之间互操作性差；信息不标准、不规范，难以充分应用等。

随着自动化技术、计算机信息与通信技术的发展，电网 110 kV 及以上变电站综合自动化系统在经历了由常规变电站到数字化变电站的发展阶段后，正向智能变电站方向发展。

智能变电站是指采用可靠、经济、集成、节能、环保的设备与设计，以全站信息数字化、通信平台网络化、信息共享标准化、系统功能集成化、结构设计紧凑化、高压设备智能化和运行状态可视化等为基本要求，能够支持电网实时在线分析和控制决策，进而提高整个电网运行可靠性及经济性的变电站。

关于智能变电站的技术原则、体系架构和功能要求以及对智能变电站的设备、检测、设计等规定，参见《智能变电站技术导则》(GB/T 30155—2013)。

三、微机自动控制装置

1. 电源自动切换装置

(1)电源自动投入装置的作用与类型。在要求供电可靠性较高的变配电所中，通常设有两路及以上的电源进线。如果装设微机备用电源自动投入装置(又称自动切换装置，缩写为 ASE)，则当主供电源线路突然断电时，在 ASE 的作用下，自动将工作电源断开，将备用电源投入运行，从而大大提高供电可靠性，保证对用户的继续供电。

主供电源与备用电源的接线方式可分为两大类：明备用接线方式和暗备用接线方式。明备用接线方式是指在正常工作时，备用电源不投入工作，只有在主供电源发生故障时才投入工作，如图 5-16(a)所示。暗备用接线方式是指在正常时，两电源都投入工作，互为备用，如图 5-16(b)所示。

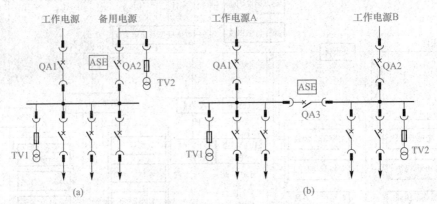

图 5-16　备用电源接线方式示意

(a)明备用；(b)暗备用

在图 5-16(a)中，ASE 装设在备用电源进线断路器 QA2 上。在正常情况下，断路器 QA1 闭合，QA2 断开，负荷由主供电源供电。当主供电源故障时，ASE 动作，将 QA1 断开，切除故障电源，然后将 QA2 闭合，使备用电源投入工作，恢复供电。

在图 5-16(b)中，ASE 装设在母联断路器 QA3 上，在正常情况下，断路器 QA1、QA2 闭合，母联断路器 QA3 断开，两个电源分别向两段母线供电。若电源 A(B)发生故障，ASE 动作，将 QA1(QA2)断开，随即将母联断路器 QA3 闭合，此时全部负荷均由 B(A)电源供电。

(2)对备用电源自动投入装置的基本要求。

1)应保证在工作电源断开后投入备用电源。

2)工作电源故障或断路器被错误断开时，自动投入装置应延时动作。

3)在手动断开工作电源、电压互感器二次回路断线和备用电源无电压的情况下，不应启动自动投入装置。

4)自动投入装置动作后,如备用电源投到故障回路上,应使保护加速动作并跳闸。

5)应保证自动投入装置只动作一次,以免将备用电源重复投入永久性故障回路。

6)自动投入装置中,可设置工作电源的电流闭锁回路。

(3)微机备用电源自动投入装置的原理。以图 5-16(b)装设的微机备用电源自动投入装置为例,其动作逻辑框图如图 5-17 所示。

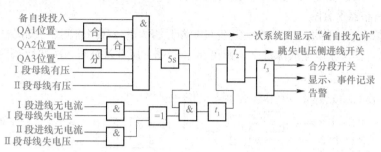

图 5-17 微机备用电源自动投入装置的动作逻辑框图

若装置检测到进线 1 开关 QA1、进线 2 开关 QA2 均在合闸位置,Ⅰ、Ⅱ段母线均有电压(二次侧任一相电压大于失电压整定值),母线分段开关 QA3 在分闸位置,则备用电源自动投入装置经 5 s 充电时间后,可以投入,液晶显示屏上"备自投闭锁"字样变为"备自投允许"。

当装置检测到某一段母线失去电压(二次侧三个相电压小于失电压整定值)且进线开关无电流(二次侧相电流小于整定值)时,备用电源自动投入装置经低压等待时间 t_1 后开始启动。先跳失去电压侧进线开关,其整定时间为跳闸等待时间 t_2,然后合母线分段开关,其整定时间为合闸等待时间 t_3。t_1、t_2、t_3 时间由用户自行整定(低电压等待时间 t_3 必须大于 40 ms),如变配电所进线开关失电压保护跳闸,应将备自投低电压等待时间 t_1 整定为小于进线失电压跳闸时间,这样才能保证装置检测到进线开关是由于失电压而跳闸的,备用电源自动投入装置才可以动作。而由于过电流保护动作造成进线开关跳闸的,备用电源自动投入装置则会闭锁。当两段母线都失去电压时,备用电源自动投入装置也会闭锁。

备用电源自动投入装置动作后故障指示灯亮,人工复位后备用电源自动投入装置才能重新启动,保证只动作一次。

2. 自动重合闸装置

(1)概述。运行经验表明,架空线路上的故障大多是暂时性的,这些故障在断路器跳闸后,多数能很快地自行消除。例如雷击闪络或鸟兽造成的线路短路故障,在雷闪过后或鸟兽烧死以后,线路大多能恢复正常运行。因此,如采用自动重合装置,使断路器自动重新合闸,迅速恢复供电,就可大大提高供电可靠性,避免因停电带来巨大损失。

供配电系统中采用的 ARE,一般都是三相一次重合式,因为一次重合式 ARE 比较简单、经济,而且基本上能满足供电可靠性的要求。运行经验证明,ARE 的重合成功率随着重合次数的增加而显著降低。对于架空线路来说,一次重合成功率可达 60%~90%,而二次重合成功率只有 15%左右,三次重合成功率仅 3%左右。

(2)对自动重合闸装置的基本要求。

1)自动重合闸装置可由保护装置或断路器控制状态与位置不对应来启动。

2)手动或通过遥控装置将断路器断开或将断路器合闸投入故障线路上,随即由保护跳闸将其断开时,自动重合闸装置均不应动作。

3)自动重合闸装置的动作次数应符合预先的规定,如一次重合闸就只应实现重合一次。

4)当断路器处于不正常状态，不允许实现自动重合闸时，应将重合闸装置闭锁。

（3）微机自动重合闸装置的原理。微机三相一次自动重合闸装置的动作逻辑框图如图 5-18 所示。

当装置检测到断路器已合闸，且重合闸功能在投入位置时，经 5 s 后装置处于重合闸允许状态，在装置的"一次系统图"上会显示"重合闸允许"字样。当装置判断是电流故障跳闸后，经延时 t 时间后使断路器重合闸。

为了提高输电线路的供电可靠性，装置可判断是否为电流故障跳闸（三段式电流保护或反时限过电流保护），如果是电流故障跳闸，则可在 0.5～5 s 后重新合闸一次（时间定值由用户设定）且只重合一次。

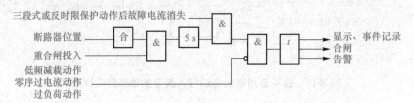

图 5-18　微机三相一次自动重合闸装置的动作逻辑框图

当断路器重合于永久性故障时，为防止事故扩大，自动重合闸装置设有加速段保护跳闸（可设置动作整定值和动作时间），快速切除故障，之后不再重合；当后加速保护开放时间过后，闭锁加速段保护。加速段保护逻辑框图如图 5-19 所示。

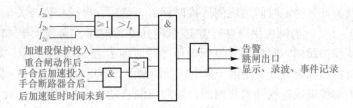

图 5-19　微机自动重合闸装置的加速段保护逻辑框图

四、电能信息采集与管理系统

电能信息采集与管理系统指电能信息采集、处理和实时监控系统，能够实现电能数据自动采集、计量异常和电能质量监测、用电分析和管理等功能。它由自动抄表系统与电力负荷管理系统合并升级而成。

1. 系统结构与主要功能

（1）系统结构。电能信息采集与管理系统的物理结构如图 5-20 所示。系统可由主站、数据采集层和采集点监控设备三层组成，各层之间通过通信网络进行数据传输。

主站是电能信息采集与管理系统的管理中心，管理全系统的数据传输、数据处理和数据应用以及系统运行和系统安全，并管理与其他系统的数据交换。它是一个包括软件和硬件的计算机网络系统。主站应满足一体化、安全性、开放性、可靠性、可维护性和可扩展性等性能要求。

数据采集层的主体是电能信息采集终端，负责各信息采集点的电能信息的采集、数据管理、数据传输以及执行或转发主站下发的控制命令。按不同应用场所，电能信息采集终端可分为厂站采集终端、专变采集终端、公变采集终端和低压集中抄表终端（包括低压集中器和低压采集器）等类型。通信单元负责主站与电能表之间的数据传输，它可以安装在电能表内。

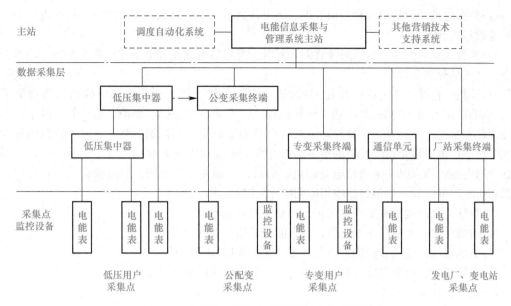

图 5-20 电能信息采集与管理系统的物理结构

采集点监控设备是各采集点的电能信息采集源和监控对象，包括电能表和相关测量设备、用户配电开关、无功补偿装置以及其他现场智能设备等。这些设备通过各种接口与电能信息采集终端连接。

系统的远程通信网络可采用 230 MHz 专用无线网、无线公网（GPRS/3 G、CDMA 等）、有线数据传输网络，实现主站和数据采集层设备间的数据传输。系统的本地通信网络用于数据采集层的采集终端之间以及采集终端与电能表之间的通信，可采用电力线载波、微功率无线、RS485 总线以及各种有线网络。

（2）系统主要功能。

1）数据采集功能。系统通过电能信息采集终端采集负荷和电能量实时数据与历史数据，监视电能表和相关设备的运行状况，以及供电电能质量等。

2）数据管理功能。系统对各种采集数据进行分析、处理和存储，为各种应用提供数据平台和接口。

3）综合应用功能。系统按应用需求，支持有序用电管理、异常用电分析、电能质量数据统计、报表管理、线损分析、增值服务、系统管理、维护及故障记录、报表管理等应用功能。

2. 专变采集终端

专变采集终端用来实现对专变用户（设置有专用配电变压器的用户）的电能信息采集，包括电能表数据采集、电能计量设备工况和电能质量监测，以及客户用电负荷和电能量的监控，并对采集数据实现管理和远程传输。专变采集终端按有无控制功能分为控制型和非控制型两类，控制型专变采集终端等同于电力负荷管理终端。

专变采集终端本地通信接口至少两路，其中一路 RS485 作为电能表接口，另一路可作为客户数据接口。专变采集终端具有电压/电流模拟量输入、脉冲输入、状态量输入和控制输出回路。

控制型专变采集终端的功能配置如下：

（1）数据采集。包括电能表数据采集、状态量采集、脉冲量采集、交流模拟量采集（选配）等。

（2）数据处理。包括实时和当前数据、历史日数据、历史月数据、电能表运行状况监测、电能质量数据统计等。

（3）参数设置和查询。包括时钟召测和对时、互感器电流比或电压比、限值参数、功率控制参数、电能量控制参数等。

（4）控制。包括功率定值闭环控制（时段功控、厂休功控、营业报停功控和当前功率下浮控）、电能量定值闭环控制（月电控、预购电控、催费告警）、保电/剔除、遥控等。其中，功率定值闭环控制指主站向专变采集终端下发客户功率定值等功率控制参数，终端连续监测客户用电实时功率；电能量定值闭环控制指主站向专变采集终端下发客户电能量定值等参数，终端监测客户用电量。当实时功率或用电量超过定值时，终端先发出告警，然后根据需要自动按设定依次动作输出继电器，控制客户端相应配电开关跳闸。

（5）事件记录。包括重要事件记录、一般事件记录等。

（6）数据传输。包括与主站通信、与电能表通信、中继转发等。

（7）本地功能。包括显示相关信息、客户数据接口（选配）等。

（8）终端维护。包括自检自恢复、终端初始化、软件远程下载等。

3. 低压集中抄表终端

低压集中抄表终端实现低压用户电能表数据的采集、用电异常监测，并对采集数据实现管理和远程传输。低压集中抄表终端包括低压集中器、低压采集器和手持设备等。

低压集中器指收集一个区域内的各采集器或电能表的数据，并进行处理、存储，同时能和主站或手持设备进行数据交换的设备。低压采集器指用于采集多个电能表电能信息，并可与集中器交换数据的设备。手持设备指能够近距离直接与单台电能表、集中器、采集器及计算机设备进行数据交换的设备，或称手持抄表终端。

低压集中抄表终端的功能包括数据采集、数据处理、参数设置和查询、事件记录、数据传输、本地功能与终端维护等。它与专变采集终端的功能类似，但无控制功能。

一个低压用户电能信息的数据采集组网方式主要有以下两种：

（1）集中器与具有通信模块的电能表直接交换数据。

（2）集中器、采集器和电能表组成二级数据传输网络，采集器采集多块电能表电能信息，集中器与多个采集器交换数据。

也可以采用上述两种方式混合组网（参见图5-20）的方式。集中器可直接与主站连接，也可通过RS485接口与公变采集终端连接。多个集中器可以级联，集中器也可与公变采集终端级联。集中器与主站之间的上行通信一般采用无线公网，集中器与采集器或电能表之间的下行通信多采用电力线载波、RS485总线等有线网络。

4. 多功能电能表与智能电能表

我国电能表的发展历程经历了机械式电能表、电子式电能表、多功能电能表和智能电能表四个阶段。用于电能信息采集与管理系统的电能表为具备通信功能的多功能电能表和智能电能表。

多功能电能表由测量单元、数据处理单元等组成。它是一种除计量有功、无功电能量外，还具有分时、测量需量等两种以上功能，并能显示、存储和输出数据的电能表。多功能电能表的基本功能包括电能计量功能、需量测量功能、清零功能、测量数据存储功能、冻结功能、事件记录功能、通信功能（红外和RS485通信接口）、脉冲输出功能、显示功能、测量功能、失电压断相提示功能、扩展功能等。

智能电能表由测量单元、数据处理单元、通信单元等组成。它是一种具有电能量计量、数据处理、实时监测、自动控制、信息交互等功能的电能表。智能电能表是一种具有双向通信与数据交互功能的多功能电能表，除配置有红外和RS485通信接口外，单相智能电能表还具备载波通信模块与微功率无线通信模块的互换功能，三相智能电能表还具备载波通信模块、微功率无线通信模块、无线公网通信模块的互换功能。

智能电能表的原理结构主要由电压、电流采样，计量，主控制器，实时时钟，人机接口，通信和电源等模块组成，如图5-21所示。

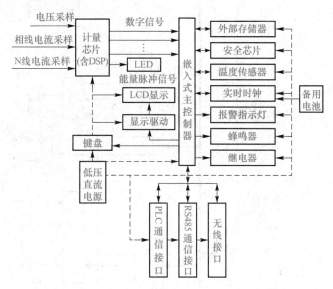

图 5-21　智能电能表的结构框图

采样电路将电压、电流信号进行滤波、抗混叠处理，经计量电路进行 A-D 转换、芯片内部的数字信号处理(DSP)计算出各种有效值、瞬时值、频率和电能量等参数。主控制器电路完成对计量芯片数据的读取和事件记录，并响应人机接口的输入；实时时钟电路实现全温度范围内的高精度计时；外部存储器保证掉电后数据不丢失；安全芯片保存电费、用电量等重要数据，以防止被人为修改。

人机接口电路包括键盘和显示器，完成电能表和监控系统的各项交互功能；液晶显示器(LCD)显示用户的各项查询数据和各种提示信息。通信电路通过 RS485、电力线载波(PLC)或无线网络将智能电能表采集的数据传输至台区集中器，也可接收集中器发出的指令，实现信息的双向互动。

以上各部分硬件电路的工作电源均由电源部分提供，另外实时时钟芯片还有备用电池作为备用电源，以维持时钟芯片内部时间的连续。在硬件的基础上，还需要相应的软件配合，实现各种具体功能。

**任务实施**

步骤1：学生分组，每小组 4~5 人。

步骤2：强调纪律和操作规范。

步骤3：任务实施。

变电所综合自动化系统图的识读

变电站综合自动化系统的结构将从集中控制、功能分散逐步向分散型网络发展。传统的系统结构是按功能分散考虑的，发展趋势将从一个功能模块管理多个电气单元或间隔单元向一个模块管理一个电气单元或间隔单元、地理位置高度分散的方向发展。这样，自动化系统故障时对电网可能造成的影响大大地减小了，自动化设备的独立性、适应性更强。以下就是自动化方案配置图(图5-22)，请同学们分析识读。

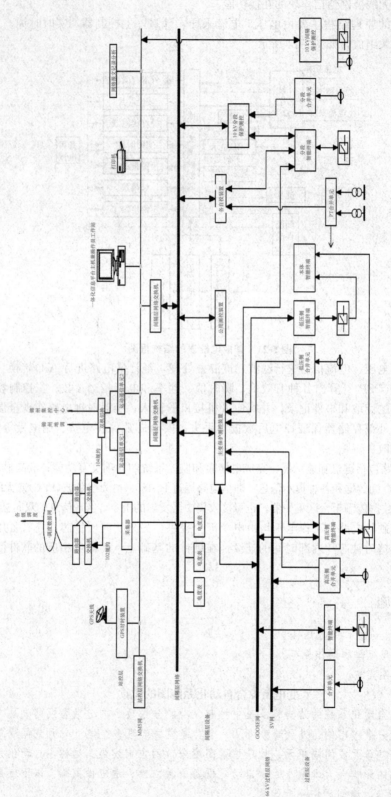

图5-22 自动化方案配置图

步骤 4：小组经过讨论确定任务结果，每小组由中心发言人陈述，经过全体同学讨论，确定正确结果并填写任务总结。

 **任务总结**

课程认知记录表见表 5-3。

表 5-3　课程认知记录表

班级		姓名		学号		日期	
收获与体会	谈一谈：通过这里的学习，你有什么心得体会？你有更好的自动化方案配置吗？可以讲出来听听。						
评价意见	评定人	评价、评议、评定意见				等级	签名
	自己评价						
	同学评议						
	老师评定						

注：该践行学分为 5 分，记入本课程总学分(150 分)中，若结算分为总学分的 95% 以上，则评定为考核"合格"。

项目评价

序号	考核点	分值	建议考核方式	考核标准	得分
1	供电系统二次回路安装	25	教师评价(50%)＋互评(50%)	能正确对设备进行安装，安装错误一处扣 1 分	
2	变电所综合自动化系统图识读	20	教师评价(50%)＋互评(50%)	能正确对图纸进行识读，识读错误一处扣 2 分	
3	项目报告	10	教师评价(100%)	格式标准，内容完整，详细记录项目实施过程，并进行归纳总结，一处不合格扣 2 分	
4	职业素养	5	教师评价(30%)＋自评(20%)＋互评(50%)	工作积极主动，遵守工作纪律，遵守安全操作规程，爱惜设备与器材	
5	练习与思考	40	教师评价(100%)	对相关知识点掌握牢固，错一题扣 1 分	
	完成日期		年 月 日	总分	

项目小结

通过本项目的学习，学生掌握了供配电系统的二次回路的相关知识，包括二次接线及其操作电源、电测量回路与绝缘监视装置、高压断路器的控制回路和信号回路，了解了配电自动化的基础知识、变电所综合自动化系统、微机自动控制装置和电能信息采集与管理系统；并对供电系统二次回路进行安装，还对变电所综合自动化系统图进行识读，相信通过本项目的学习，学生会对供电系统有进一步的认识。

练习与思考

一、填空题

1. 二次接线是用来（　　）、（　　）、（　　）和（　　）一次设备运行的电路，又称二次回路。

2. 在工厂电路中，一次电路和二次电路之间的联系，通常是通过（　　）和（　　）完成的。

3. 二次回路按其功能分，有（　　）、（　　）、（　　）、中央信号装置、（　　）以及自动化装置等。

4. 直流电源成套装置包括（　　）、（　　）和（　　）三大部分。

5. UPS方案一般适用（　　）、（　　）的变电所。

6. 电测量仪表：对电力装置回路的电力运行参数做经常测量、选择测量、记录用的仪表和做计费、（　　）、考核管理用的计量仪表的总称。

7. 高压断路器控制回路：控制（　　）分、合闸的回路。

8. 高压断路器基本控制回路主要由（　　）、（　　）、（　　）、（　　）、（　　）等组成。

9. 配电自动化系统是实现配电网的（　　）和（　　）的自动化系统。

10. 配电主站的基本功能有（　　）、（　　）。

11. 配电主站应在具备基本功能的基础上，根据实际需要，合理配置扩展功能，主要包括（　　）、（　　）、（　　）。

12. 配电子站分为（　　）子站和（　　）子站。

13. 变电所综合自动化系统的基本功能主要有（　　）、（　　）、（　　）。

14. 主供电源与备用电源的接线方式可分为两大类：（　　）接线方式和（　　）接线方式。

15. 电能信息采集与管理系统指（　　）和（　　）。

16. 电能信息采集与管理系统主要功能有（　　）、（　　）、（　　）。

17. 低压集中抄表终端的功能包括（　　）、（　　）、（　　）、（　　）、（　　）、（　　）与（　　）等。

18. 智能电能表由（　　）单元、（　　）单元、（　　）单元等组成。

二、判断题

1. 信号回路是指示一次电路设备运行状态的二次回路。（　　）

2. 断路器位置信号是指示一次电路设备运行状态的二次回路。（　　）

3. 断路器位置信号显示断路器正常工作位置状态。一般红灯（符号 RD）亮表示断路器在合闸位置；绿灯（符号 GN）亮表示断路器在分闸位置。（　　）

4. 预告信号表示在工厂电力供电系统的运行中，若发生了某种故障而使其继电保护动作的信号。（　　）

5. 预告信号：在一次设备出现不正常状态时或在故障初期发出的报警信号。值班员可根据预告信号及时处理。（　　）

6. 事故信号表示供电系统运行中，若发生了某种异常情况，但不要求系统中断运行，只要求给出示警信号。（　　）

7. 事故信号：显示断路器在事故情况下的工作状态。一般是红灯闪光表示断路器自动合闸；绿灯闪光表示断路器自动跳闸。此外还有事故音响信号和光字牌等。（　　）

三、简答题

1. 对备用电源自动投入装置的基本要求有哪些？

2. 对自动重合闸装置的基本要求有哪些？

项目六 船厂供配电系统运行保障措施（保护部分）

项目描述

本项目首先简述了继电保护，再讲述电力线路和变压器的继电保护，最后讲述在供电系统的运行过程中，由于雷击、操作、短路等，产生危及电气设备绝缘的过电压，严重危害供电系统，需要进行电气设备的防雷、接地、防腐蚀，还需要注意静电的防护及防爆和防腐蚀。在供电系统运行时，人们应知道触电后该怎么样做才安全。必须认识电流对人体的危害，人体触电的形式和触电后脱离电源的方法，同时须了解触电后急救的知识。

项目分析

首先对项目的构成进行了解，能进行保护继电器的选择，熟悉电力系统继电保护的接线和操作方式，熟悉电气装置的接地及低压配电系统的接地故障保护、漏电保护和等电位联结，了解防雷设备及电气装置的防雷、建筑物及电子信息系统的防雷等，另外，为了人身安全，学生要掌握电气安全与火灾预防及触电急救知识。

相关知识和技能

1. 相关知识
(1)熟悉保护继电器的选择；
(2)掌握电气装置与建筑物的防雷措施；
(3)熟悉电气装置的接地及其接地电阻；
(4)熟悉电气安全的措施；
(5)掌握人体触电的急救处理方法。

2. 相关技能
(1)准确识读电力线路接线图；
(2)能够正确进行保护继电器的接线；
(3)能够掌握电气装置与建筑物的防雷措施；
(4)能进行防雷接地装置的安装；
(5)能进行电气装置及低压配电系统的接地故障保护；
(6)能进行接地装置的装设与布设及接地装置的测试；
(7)熟悉保障电气安全的措施；
(8)能够进行人体触电的急救处理；
(9)能够正确安装船舶电气设备的接地与保护装置。

任务一 船厂供配电系统的继电保护

🧰 任务目标

1. 知识目标
(1)熟悉保护继电器的选择;
(2)熟悉电力线路的继电保护中选用的设备;
(3)掌握高压电力线路的继电保护的原理及接线;
(4)了解微机保护原理。
2. 能力目标
(1)准确识读"去分流跳闸"的实际电路;
(2)能够正确进行保护继电器的接线。
3. 素质目标
(1)培养学生在电力线路接线过程中的安全用电、文明操作意识;
(2)培养学生在安装操作过程中的团队协作意识和吃苦耐劳精神。

⌨ 任务分析

本任务的最终目的是掌握供配电系统的继电保护的运行与维修。为了了解运行原理,就必须了解继电保护基础知识,熟知电力线路的继电保护和变压器的继电保护,以及简要了解一下微机保护,为了维护好它,就必须清楚地认识它的实际电路。

📖 知识准备

通过项目五的学习,我们已经学会了对船厂供电系统中发生的故障和不正常运行状态进行监测,但是监测并不是目的,我们还要根据监测的结果反过来对系统进行保护,这也就是本项目要学习的主要内容。

一、继电保护概述

1. 继电保护的任务与要求

(1)继电保护装置的任务。继电保护是一种电力技术,具体是指对电力系统中发生的故障或异常情况进行检测,从而发出报警信号,或直接将故障部分隔离、切除的一种重要措施。继电保护装置是按照保护的要求,将各种继电器按一定的方式进行连接和组合而成的电气装置,其任务如下:

1)故障时动作与跳闸。在供配电系统出现故障时,反映故障的继电保护装置动作,使最近的断路器跳闸,切除故障部分,使系统的其他部分恢复正常运行,同时发出信号,提醒运行值班人员及时处理。

2)异常状态时发出报警信号。在供配电系统出现不正常工作状态时,如过负荷或出现故障苗头时,有关继电保护装置发出报警信号,提醒运行值班人员及时处理,消除异常工作状态,以免发展为故障。

(2)继电保护的基本要求。

1)选择性。当供配电系统发生故障时，离故障点最近的保护装置动作，切除故障，而系统的其他部分仍正常运行。满足这一要求的动作，称为选择性动作。如果系统发生故障时，靠近故障点的保护装置不动作(拒动作)，而离故障点远的前一级保护装置动作(越级动作)，就叫作失去选择性。

如图 6-1 所示，当 k 处发生短路故障时，应是距离事故点最近的断路器 QF2 动作，切除事故，而 QF1 不应动作，以免事故扩大。只有当 QF2 拒绝动作时，作为后一级保护的 QF1 才能动作，切除短路事故。

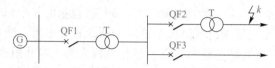

图 6-1 保护装置选择性动作

2)可靠性。保护装置在应该动作时，就应该动作，不应该拒动作。而在不应该动作时，就不应该误动作。保护装置的可靠程度，与保护装置的元件质量、接线方案及安装、整定和运行维护等多种因素有关。

3)速动性。为了防止故障扩大，减小故障的危害程度，并提高电力系统的稳定性，因此在系统发生故障时，继电保护装置应尽快地动作，切除故障。

4)灵敏度。这是表征保护装置对其保护区内故障和不正常工作状态反应能力的一个参数。如果保护装置对其保护区内极其轻微的故障都能及时地反应动作，则说明保护装置的灵敏度高。灵敏度用灵敏系数来衡量。

对过电流保护，其灵敏系数的定义为

$$S_p = \frac{I_{k.min}}{I_{op.1}} \tag{6-1}$$

式中，$I_{k.min}$ 为保护装置的保护区末端在系统最小运行方式时的最小短路电流；$I_{op.1}$ 为保护装置的一次侧动作电流，即保护装置动作电流 I_{op} 换算到一次电路侧的值。对低电压保护，其灵敏系数的定义为

$$S_p = \frac{U_{op.1}}{U_{k.max}} \tag{6-2}$$

式中，$U_{k.max}$ 为保护装置的保护区末端短路时，在保护装置安装处母线上的最大残余电压；$U_{op.1}$ 为保护装置的一次侧动作电压，即保护装置动作电压换算到一次电路侧的值。

以上四项是对保护装置的基本要求，对某一个具体的保护装置来说，往往侧重某一个方面。例如，由于电力变压器是供电系统中最关键的设备，对它的保护要求灵敏度高。而对一般电力线路的保护装置，灵敏度的要求可低一些，但对其选择性动作的要求较高。又例如，在无法兼顾选择性和速动性的情况下，为了快速切除故障以保护某些关键设备，或者为了尽快恢复系统的正常运行，有时甚至牺牲选择性来保证速动性。

(3)船厂供电系统继电保护原理。船厂供电系统发生故障时，会引起电流增大、电压降低、电压和电流间相位角改变等。因此，利用故障时上述物理量与正常时的差别，可构成各种不同工作原理的继电保护装置，如电流保护、电压保护、方向保护、距离保护和差动保护等继电保护装置。

继电保护的种类很多，但是其工作原理基本相同，它主要由测量、逻辑和执行三部分组成，如图 6-2 所示。

图 6-2 继电保护原理结构的框图

1)测量部分。测量部分测量被保护设备的某物理量，和保护装置的整定值进行比较，判断被保护设备是否发生故障，保护装置是否应该启动。

2)逻辑部分。逻辑部分根据测量部分输出量的大小、性质、出现的顺序，使保护装置按一定的逻辑关系工作，输出信号到执行部分。

3)执行部分。执行部分根据逻辑部分的输出信号驱动保护装置动作，使断路器跳闸或发出信号。

2. 常用的保护继电器及其接线和操作方式

(1)继电器的分类。继电器是一种在其输入的物理量(包括电气量和非电气量)达到规定值时，其电气量输出电路被接通或分断的自动电器。继电器按其输入量的性质分，有电气继电器和非电气继电器两大类；按其用途分，有控制继电器和保护继电器两大类，前者用于自动控制电路，后者用于继电保护电路。保护继电器按其在继电保护电路中的功能分，有测量继电器和无测量继电器两大类。

微课：常用的
保护继电器

(2)常用的机电型保护继电器。

1)电磁式电流继电器和电压继电器。电磁式电流继电器和电压继电器在继电保护装置中均为启动元件，属测量继电器。这里讲述常用的 DL-10 系列电磁式电流继电器。

常用的 DL-10 系列电磁式电流继电器的基本结构如图 6-3 所示。当继电器线圈中通过的电流达到动作值时，固定在转轴上的 Z 形钢舌片被铁芯吸引而偏转，导致继电器触点切换，使动合(常开)触点闭合，动断(常闭)触点断开，这就称为继电器动作。当线圈断电时，Z 形钢舌片被释放，继电器返回。过电流继电器线圈中使继电器动作的最小电流，称为继电器的动作电流，用 I_{op} 表示，过电流继电器线圈中使继电器由动作状态返回到起始位置的最大电流，称为继电器的返回电流 I_{re}。继电器的返回电流与动作电流的比值，称为继电器的返回系数，即

$$K_{re} = \frac{I_{re}}{I_{op}} \tag{6-3}$$

对于过电流继电器，$K_{re} < 1$，一般为 $0.8 \sim 0.85$。K_{re} 越接近于 1，说明继电器越灵敏，如果过电流继电器的 K_{re} 过低，还可能使保护装置发生误动作，这将在后面讲过电流保护动作电流整定时加以说明，电磁式电流继电器的动作电流有两种调节方法：

①平滑调节。拨动调节转杆来改变弹簧的反作用力矩，可平滑地调节动作电流值。

②级进调节。利用两个线圈的串联和并联来调节，当两个线圈由串联改为并联，动作电流将增大一倍。反之，由并联改为串联时，动作电流将减小一半。这种电流继电器的动作很快，可认为是"瞬时"动作的，因此它是一种瞬时电器。

图 6-4 所示为 DL-10 系列电磁式电流继电器图形符号。

2)DL-10 系列电磁式电压继电器。供配电系统中常用的电磁式电压继电器的结构和原理，与上述电磁式电流继电器类似，只是电压继电器的线圈为电压线圈，导线细而匝数多、阻抗大。它多做成低电压(欠电压)继电器。低电压继电器的动作电压 U_{op}，为其线圈上的使继电器动作的最高电压；而其返电压 U_{re}，为其线圈上的使继电器由动作状态返回到起始位置的最低电压，低电压继电器的返回系数 $K_{re} = U_{re}/U_{op} > 1$，一般为 1.25。$K_{re}$ 越接近于 1，说明继电器越灵敏。

3)电磁式时间继电器。电磁式时间继电器在继电保护装置中，用来获得所需要的延时。常用的 DS-110、DS-120 系列电磁式时间继电器的基本结构如图 6-5 所示。当继电器线圈接上工作电压时，可动铁芯被吸入，使被卡住的一套钟表机构释放，同时切换瞬时触点。在拉引弹簧作用下，经过整定的时间，使主触点闭合。继电器的时限，可借改变主静触点与主动触点的相对位置来调整。调整的时间范围标明在标度盘上。当继电器的线圈断电时，继电器在返回弹簧的作用下返回。

4)电磁式信号继电器。电磁式信号继电器在继电保护装置中用来发出指示信号，以提醒运行值班人员注意。常用的 DX-11 型电磁式信号继电器有电流型和电压型两种。电流型信号继电器的线圈为电流线圈，串联在二次回路内，由于其阻抗小，不影响其他二次回路元件的动作。电压型信号继电器的线圈为电压线圈，阻抗大，只能并联在二次回路中。DX-11 电磁式信号继电器的内部结构如图 6-6 所示。

微课：电磁式电流继电器

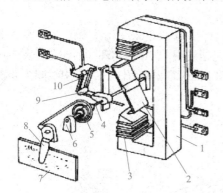

图 6-3　DL-10 系列电磁式电流继电器内部结构

1—铁芯；2—钢舌片；3—线圈；4—转轴；

5—作用弹簧；6—轴承；7—标度盘牌；8—启动

电流调节转杆；9—动触点；10—静触点

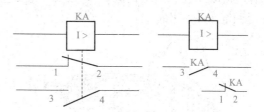

图 6-4　DL-10 系列电磁式电流继电器图形符号

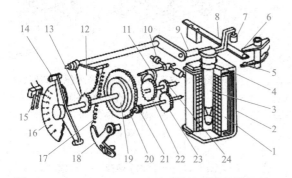

图 6-5　DS-110、DS-120 系列时间继电器的内部结构

1—线圈；2—电磁铁；3—可动铁芯；4—返回弹簧；

5、6—瞬时静触点；7—绝缘杆；8—瞬时动触点；9—压杆；

10—平衡锤；11—摆动卡板；12—扇形齿轮；13—传动齿轮；

14—主动触点；15—主静触点；16—动作时限标度盘；17—拉引

弹簧；18—弹簧拉力调节机构；19—摩擦离合器；20—主齿轮；

21—小齿轮；22—掣轮；23、24—钟表机构传动齿轮

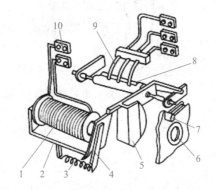

图 6-6　DX-11 型信号继电器的内部结构

1—线圈；2—电磁铁；3—弹簧；4—衔铁；

5—信号牌；6—玻璃窗孔；7—复位旋钮；

8—动触点；9—静触点；10—接线端子

信号继电器在不通电的正常状态下，其信号牌是支持在衔铁上面的。当继电器线圈通电时，衔铁被吸向铁芯而使信号牌掉下，显示动作信号，同时带动转轴旋转 90°，使固定在转轴上的动触点(导电片)与静触点(导电片)接通，从而接通信号回路，发出音响或灯光信号。要使信号停止，可旋动外壳上的复位旋钮，断开信号回路，同时使信号牌复位。

5)电磁式中间继电器。电磁式中间继电器在继电保护装置中用作辅助继电器，以弥补主继电器触点数量或触点容量的不足。它通常接在保护的出口回路中，用以接通断路器的跳闸线圈，

所以它又称出口继电器。

常用的 DZ-10 系列电磁式中间继电器的基本结构如图 6-7 所示，当其线圈通电时，衔铁被快速吸向铁芯，使其触点切换。当其线圈断电时，衔铁被快速释放，触点返回起始状态。

6）感应式电流继电器。感应式电流继电器兼有上述电磁式电流继电器、时间继电器、信号继电器和中间继电器的功能，而且可用来同时实现过电流保护和电流速断保护，从而可使继电保护装置大大简化，减少投资，因此在用户的中小型变配电所中应用极为广泛。感应式电流继电器属测量继电器。

常用的 GL-10、GL-20 系列感应式电流继电器的内部结构如图 6-8 所示，感应式电流继电器由感应元件和电磁元件两大部分组成。感应元件主要包括线圈 1、带短路环 3 的铁芯 2 及装在可偏转的框架 6 上的转动铝盘 4。电磁元件主要包括线圈 1、铁芯 2 和衔铁 15。其中线圈 1 和铁芯 2 是两组元件共用的。

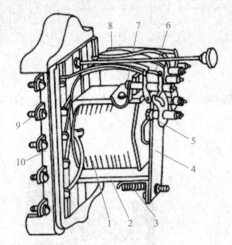

图 6-7　DZ-10 系列中间继电器的内部结构

1—线圈；2—电磁铁；3—弹簧；4—衔铁；5—动触点；
6、7—静触点；8—连接线；9—接线端子；10—底座

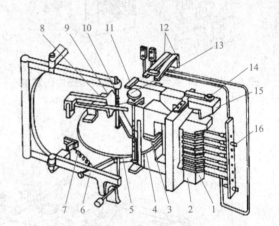

图 6-8　GL-10、GL-20 系列感应式电流
继电器的内部结构

1—线圈；2—电磁铁；3—短路环；4—铝盘；5—钢片；6—铝框架；7—调节弹簧；8—制动永久磁铁；9—扇形齿轮；10—蜗杆；11—扁杆；12—继电器触点；13—时限调节螺杆；14—速断电流调节螺钉；15—衔铁；16—动作电流调节插销

（3）继电保护装置的接线方式。在过电流的继电保护装置中，启动继电器与电流互感器之间的连接，主要有两相两继电器式和两相一继电器式两种接线方式。

1）两相两继电器式接线。图 6-9 所示是两相两继电器式接线。这种接线，如果一次电路发生三相短路或任意两相短路，都至少有一个继电器要动作，从而使一次电路的断路器跳闸。为了表述继电器电流 I_{KA} 与电流互感器二次电流 I_2 的关系，特引入一个接线系数，其定义式为

$$K_W = \frac{I_{KA}}{I_2} \tag{6-4}$$

两相两继电器式接线在一次电路发生任何形式的相间短路，其 $K_W = 1$，保护装置的灵敏度都相同。

2）两相一继电器式接线。图 6-10 所示是两相一继电器式接线，这种接线正常工作时流入继

电器的电流为两相电流互感器二次电流之差，因此又称两相流差接线。在其一次电路发生三相短路时，流入继电器电流为互感器二次电流的$\sqrt{3}$倍，即$K_\text{W}^{(3)} = \sqrt{3}$。

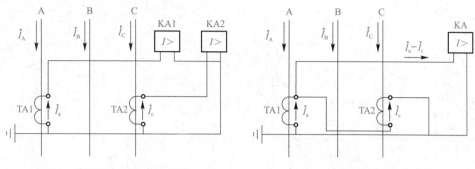

图 6-9　两相两继电器式接线　　　　图 6-10　两相一继电器式接线

在其一次电路的 A、C 两相发生短路时，流入继电器的电流为互感器二次电流的 2 倍，即$K_\text{W}^{(A,C)} = 2$。

在其一次电路的 A、B 两相或 B、C 两相发生短路时，流入继电器的电流只有一相互感器的二次电流，即$K_\text{W}^{(A,B)} = K_\text{W}^{(B,C)} = 1$。

通过分析可知，两相一继电器式接线能反映各种相间短路故障，但不同相间短路的保护灵敏度不同，有的相差一倍，因此不如两相两继电器式接线。但这种接线少用一个继电器，较为简单经济，它主要用于高压电动机保护。

（4）继电保护装置的操作方式。继电保护装置的操作电源，有直流操作电源和交流操作电源两大类。直流操作电源有蓄电池组和整流电源两种。但交流操作电源具有投资少、运行维护方便及二次回路简单可靠等优点，因此它在用户供配电系统中应用极为广泛。

交流操作电源供电的继电保护装置主要有以下两种操作方式：

1）直接动作式。直接动作式如图 6-11 所示，利用断路器操动机构内的过电流脱扣器（跳闸线圈）YR作为过电流继电器，接成两相两继电器式或两相一继电器式。

正常运行时，YR 流过的电流远小于其动作电流（脱扣电流），因此不动作。而在一次电路发生相间短

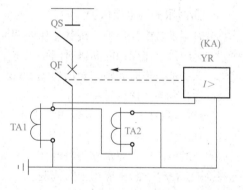

图 6-11　直接动作式过电流保护电路
QF—断路器；TA1、TA2—电流互感器；
YR—断路器内的过电流脱扣器
（直动式继电器 KA）

路时，短路电流反映到电流互感器二次侧，流过 YR，达到或超过 YR 的动作电流，从而使断路器QF 跳闸。

这种操作方式简单经济，但保护灵敏度低，实际上较少采用。

2）"去分流跳闸"的操作方式。"去分流跳闸"的操作方式如图 6-12 所示。正常运行时[图 6-12(a)]，电流继电器 KA 不动作，断路器 QF 不会跳闸。发生相间短路时，KA 动作，其常闭触点断开，使线圈 YR 的短路分流支路被去掉，电流互感器的二次电流全部通过 YR，即 YR 过流，致使断路器 QF 跳闸。

这种交流操作方式接线简单，也较灵敏可靠，但要求继电器触点的分断能力足够大。

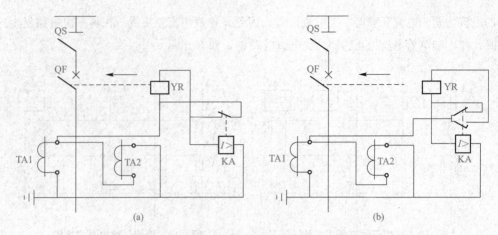

图 6-12 "去分流跳闸"的过电流保护电路

(a)原理电路；(b)实际电路

QF—断路器；TA1、TA2—电流互感器；KA—电流继电器(GL-l5、GL-25 型)；YR—跳闸线圈

需指出，这一去分流跳闸电路有一个致命缺点，就是由于外界震动引起电流继电器 KA 的常闭触点偶然断开时，有可能造成断路器误跳闸。因此这一电路只是说明"去分流跳闸"的基本原理电路，实际电路[图 6-12(b)]必须弥补这一缺点。

二、高压电力线路的继电保护

1. 带时限的过电流保护

带时限的过电流保护，按其动作时限特性分，有定时限过电流保护和反时限过电流保护两种。定时限过电流保护的动作时间是固定不变的(经整定以后)，与短路电流大小无关。反时限过电流保护的动作时间则与短路电流大小有反比关系，短路电流越大，动作时间越短，所以反时限特性也称为反比延时特性。

(1)定时限过电流保护装置的组成和原理。线路定时限过电流保护装置的原理电路如图 6-13所示。其中图 6-13(a)所示是集中表示的原理电路图，通常称为接线图。图 6-13(b)所示是分开表示的原理电路图，通常称为展开图。从原理分析的角度来说，展开图简明清晰，在二次回路(包括继电保护电路)中应用最为普遍。

下面分析图 6-13 所示定时限过电流保护的工作原理。

当一次电路发生相间短路时，KA(电流继电器)瞬时动作，其常开触点闭合，使 KT(时间继电器)启动，KT 经过整定的时限后，其延时触点闭合，使 KS(电流型串联的信号继电器)和 KM(出口的中间继电器)同时动作。KS 动作后，其指示牌掉下，同时接通信号回路，给出灯光信号和音响信号。KM 动作后，接通 YR(跳闸线圈)回路，使 QF

微课：反时限过电流保护

(断路器)跳闸，切除短路故障。在短路故障被切除后，继电保护装置除 KS 外的其他所有继电器均自动返回起始状态，而 KS 可手动复位。

(2)反时限过电流保护装置的组成和原理。线路反时限过电流保护装置的原理电路如图 6-14所示。当一次电路发生相间短路时，KA(电流继电器)动作，经一定延时后，其常开触点闭合，随后其常闭触点断开，使 QF(断路器)因其 YR(跳闸线圈)去分流而跳闸。在 GL 型继电器去分流跳闸的同时，其信号牌掉下，指示保护装置已经动作。在短路故障被切除后，继电器自动返回，其信号牌则可手动复位。

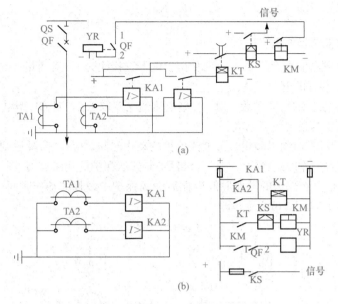

图 6-13　定时限过电流保护的原理电路

(a)接线图(按集中表示法绘制)；(b)展开图(按分开表示法绘制)

QF—断路器；KA—电流继电器(DL 型)；KT—时间继电器(DS 型)；

KS—信号继电器(DX 型)；KM—中间继电器(DZ 型)；YR—跳闸线圈

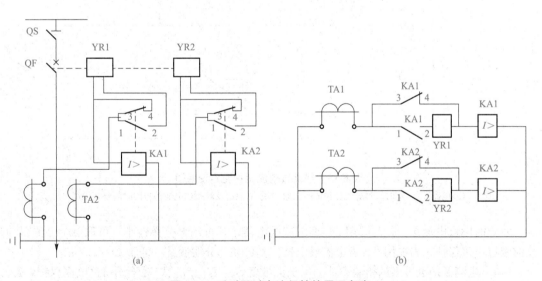

图 6-14　反时限过电流保护的原理电路

(a)接线图(按集中表示法绘制)；(b)展开图(按分开表示法绘制)

(3)过电流保护动作电流的整定。带时限的过电流保护(包括定时限和反时限)的动作电流 I_{op}，应躲过线路的最大负荷电流 $I_{L\,max}$(包括正常过负荷电流和尖峰电流)，以免在 $I_{L\,max}$ 通过线路时保护装置误动作，而且其返回电流 I_{re} 也应躲过 $I_{L\,max}$，否则保护装置还可能误动作。

经推导，过电流保护装置动作电流的整定计算公式为

$$I_{op}=\frac{K_{rel}K_W}{K_{re}K_i}I_{L.max} \tag{6-5}$$

式中　K_i——电流互感器的电流比；

　　　K_W——保护装置的接线系数，对两相两继电器式接线为 1，对两相一继电器式接线为 $\sqrt{3}$；

　　　K_{re}——保护装置的返回系数；

　　　K_{rel}——保护装置的可靠系数，对 DL 型电流继电器取 1.2，对 GL 型电流继电器取 1.3；

　　　$I_{L.max}$——线路的最大负荷电流。

(4)过电流保护动作时间的整定。过电流保护的动作时间，应按"阶梯原则"进行整定，以保证前后两级保护装置动作的选择性。在后一级保护装置所保护的线路首端[图 6-15(a)中的 k 点]发生三相短路时，前一级保护的动作时间应比后一级保护中最长的动作时间 t_2，都要大一个时间级差 Δt，如图 6-15(b)和(c)所示，即

$$t_1 \geqslant t_2 + \Delta t \tag{6-6}$$

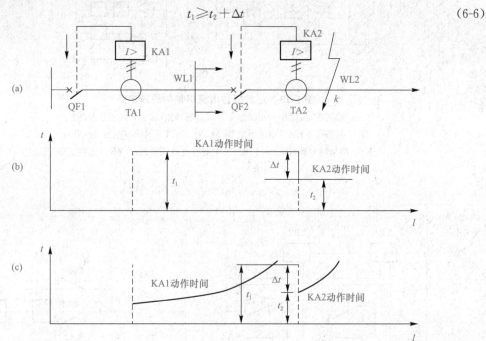

图 6-15　线路过电流保护整定说明图

(a)电路；(b)定时限过电流保护的时限整定说明；(c)反时限过电流保护的时限整定说明

对定时限过电流保护，因采用 DL 型电流继电器，其可动部分惯性小，可取 $\Delta t=0.5$ s，对反时限过电流保护，因采用 GL 型电流继电器，其可动部分惯性大，可取 $\Delta t=0.7$ s。

(5)过电流保护灵敏度的检验条件。保护灵敏度 $S_p=I_{k.min}/I_{op.1}$，对于线路过电流保护，$I_{k.min}$ 应取被保护线路末端在电力系统最小运行方式下的两相短路电流 $I_{k.min}^{(2)}$，而 $I_{op.1}=I_{op}K_i/K_W$，因此过电流保护灵敏度的检验条件(满足的条件)为

$$S_p=\frac{K_W I_{k.min}^{(2)}}{K_i I_{op}} \geqslant 1.5 \tag{6-7}$$

如果过电流保护作为后备保护，则 $S_p \geqslant 1.2$ 即可。

定时限过电流保护与反时限过电流保护的比较如下：

1)定时限过电流保护的优点：动作时间比较精确，整定简便，而且不论短路电流大小，动作时间都是一定的，不会出现因短路电流小动作时间长而使故障时间延长和事故扩大的问题。

缺点：所需继电器多，接线复杂，且需直流操作电源，投资较大。此外，靠近电源处的保护装置，其动作时间较长，这是带时限过电流保护共有的缺点。

2)反时限过电流保护的优点：继电器数量大为减少，而且可同时实现电流速断保护，加之可采用交流操作，因此简单经济，投资大大减少，因此它在中小用户供配电系统中得到广泛应用。缺点：动作时间的整定比较麻烦，而且误差较大。当短路电流较小时，其动作时间可能相当长，从而延长了故障持续时间。

2. 电流速断保护

(1)电流速断保护电路。带时限的过电流保护有一个明显缺点，就是它越靠近电源，其动作时间越长，而且短路电流也是越靠近电源越大，因此危害也就更加严重，因此相关规程规定，在过电流保护动作时间超过 0.5 s 时，应装设瞬时动作的电流速断保护装置，如图 6-16 所示。

微课：电流速断保护

为了保证前后两级瞬动的电流速断保护的选择性，电流速断保护的动作电流，即速断电流 I_{qb}，应按躲过它所保护线路末端的最大短路电流(末端三相短路电流)$I_{k.max}$ 来整定。因为只有如此整定，才能避免当后一级速断保护所保护的线路首端发生三相短路时前一级速断保护误动作的可能性，以保证选择性。

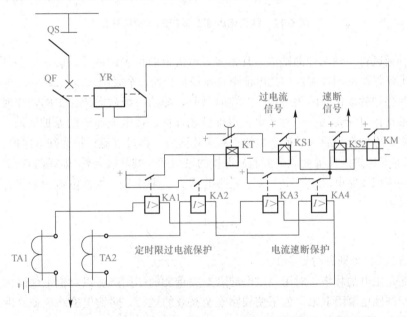

图 6-16　线路的定时限过电流保护和电流速断保护电路图

在图 6-17 所示线路中，前一段线路 WL1 末端 $k-1$ 点的三相短路电流，实际上与后一段线路 WL2 首端 $k-2$ 点的三相短路电流是几乎相等的，因为 $k-1$ 点较 $k-2$ 点之间距离很近。所以电流速断保护的动作电流(速断电流)的整定计算公式为

$$I_{qb} = \frac{K_{rel}K_W}{K_i} I_{k.max} \tag{6-8}$$

式中　K_{rel}——可靠系数，对 DL 型电流继电器，取 1.2～1.3，对 GL 型电流继电器，取 1.4～1.5，对过流脱扣器，取 1.8～2；

$I_{k.max}$——前一级保护躲过的最大短路电流；

I_{qb}——前一级保护整定的一次动作电流。

(2)电流速断保护的"死区"及其弥补。由于电流速断保护的动作电流躲过了线路末端的最大短路电流，因此靠近末端的一段线路上发生的不一定是最大的短路电流(例如两相短路电流)时，电流速断保护不会动作。这说明，电流速断保护不能保护线路的全长，这种保护装置不能保护的区域，称为"死区"，如图6-17所示。

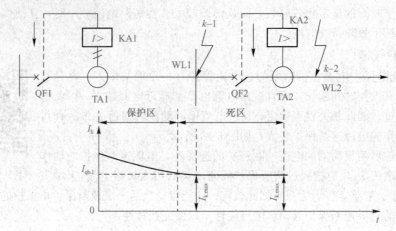

图6-17　线路电流速断保护的保护和死区

为了弥补死区得不到保护的缺陷，凡是装设电流速断保护的线路，必须配备带时限的过电流保护。过电流保护的动作时间应比电流速断保护至少长一个时间级差，$\Delta t = 0.5 \sim 0.7$ s，而且前后的过电流保护的动作时间仍须符合"阶梯原则"，即前一级过电流保护的动作时间比后一级过电流保护的动作时间要长一个时间级差以保证选择性。在电流速断的保护区内，速断保护为主保护，过电流保护作为后备；而在电流速断的死区内，则过电流保护为基本保护。

(3)电流速断保护的灵敏度。电流速断保护的灵敏度，按其接装处(即线路首端)在系统最小运行方式下的两相短路电流 $I_k^{(2)}$ 作为最小短路电流 $I_{k.min}$ 来检验。因此电流速断保护的灵敏度必须满足的条件为

$$S_p = \frac{K_W I_k^{(2)}}{K_i I_{qb}} \geqslant 1.5 \sim 2 \tag{6-9}$$

一般宜 $S_p \geqslant 2$；个别有时 $S_p \geqslant 1.5$。

输电线路是供电的脉络，对用户供电起着至关重要的作用，所以对输电线路的要求是安全第一，同时经济性也要跟上来。为了使线路安全高效的运行，对输电网络应该采取措施来提高运行工作水平和提高故障的防范措施。

三、变压器的继电保护

1. 电力变压器的故障分析与保护设置原则

电力变压器是供配电系统中的重要设备，它的故障会对供配电系统的可靠性和用户的生产、生活产生严重的影响。因此，必须根据变压器的容量和重要程度装设适当的保护装置。

变压器故障一般分为内部故障和外部故障两种。

变压器的内部故障主要有绕组的相间短路、绕组匝间短路和中性点直接接地或经小电阻接地侧的单相接地短路。内部故障是很危险的，因为短路电流产生的电弧不仅会破坏绕组绝缘，烧坏铁芯，还可能使绝缘材料和变压器油受热而产生大量气体，甚至引起变压器油箱爆炸。

变压器常见的外部故障有引出线上绝缘套管故障，此故障可能导致引出线的相间短路和中

性点直接接地或经小电阻接地侧的单相接地短路；由于外部相间短路引起的过电流；中性点直接接地或经小电阻接地侧的电网中外部接地短路引起的过电流。

变压器的不正常工作状态有过负荷、油面降低、油温过高、绕组温度过高、油压压力过高、产生瓦斯和冷却系统故障等。

根据变压器的故障类型及不正常状态，变压器一般应装设下列保护：

(1)电流速断保护或纵联差动保护：作为变压器主保护，它能反映变压器内部故障和引出线的相间短路，瞬时动作于跳闸。可根据变压器的容量、重要性和保护灵敏性确定采用何种类型的主保护。

(2)过电流保护：它能反映变压器外部短路而引起的过电流，带时限动作于跳闸，可作为上述保护的后备保护。对 110 kV 及以下降压变压器，相间短路后备保护用过电流保护不能满足灵敏度要求时，宜采用低电压闭锁的过电流保护或复合电压启动的过电流保护。

(3)中性点直接接地或经小电阻接地侧的单相接地保护：它能反映变压器中性点直接接地或经小电阻接地侧的单相接地短路，带时限动作于跳闸。

(4)过负荷保护：它能反映过负荷而引起的过电流，一般延时动作于信号。

(5)瓦斯保护：它能反映油浸式变压器油箱内部故障和油面降低，瞬时动作于信号或跳闸。

(6)温度信号：它能反映变压器油温过高、绕组温度过高和冷却系统故障。

(7)压力保护：它能反映密闭油浸变压器的油箱压力过高。

2. 几种常见的变压器继电保护

(1)变压器的瓦斯保护。规程规定容量在 800 kV·A 及以上的油浸式变压器和 400 kV·A 及以上的车间内(室内)油浸式变压器，应装设瓦斯保护。瓦斯保护的主要元件是气体继电器，它装设在变压器的油箱与储油柜之间的连通管上，如图 6-18(a)所示。图 6-18(b)所示为 FJ3-80 型气体继电器的结构示意图。

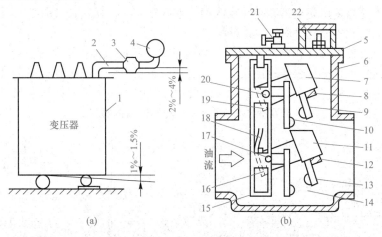

图 6-18　气体继电器的安装及结构示意

(a)气体继电器在变压器上的安装；(b)FJ3-80 型气体继电器的结构示意

1—变压器油箱；2—连通管；3—气体继电器；4—储油柜；5—盖；6—容器；
7—上油杯；8、12—永久磁铁；9—上动触点；10—上静触点；11—下油杯；
13—下动触点；14—下静触点；15—支架；16—下油杯平衡锤；17—下油杯转轴；
18—挡板；19—上油杯平衡锤；20—上油杯转轴；21—放气阀；22—接线盒

在变压器正常工作时，气体继电器的上下油杯中都是充满油的，油杯因平衡锤的作用，其上下触点都是断开的。当变压器油箱内部发生轻微故障致使油面下降时，上油杯因其中盛有剩余的油使其力矩大于平衡锤的力矩而降落，从而使上触点接通，发出报警信号，这就是轻瓦斯动作。当变压器油箱内部发生严重故障时，由于故障产生的气体很多，带动油流迅猛地由变压器油箱通过连通管进入储油柜，在油流经过气体继电器时，冲击挡板，使下油杯降落，从而使下触点接通，直接动作于跳闸，这就是重瓦斯动作。如果变压器出现漏油，将会引起气体继电器内的油也慢慢流尽。这时继电器的上油杯先降落，接通上触点，发出报警信号，当油面继续下降时，会使下油杯降落，下触点接通，从而使断路器跳闸。

气体继电器只能反映变压器油箱内部的故障，包括漏油、漏气、油内有气、匝间故障、绕组相间短路等。而对变压器外部端子上的故障情况则无法反映。因此，除设置瓦斯保护外，还需设置过电流、速断或差动等保护。

(2)变压器过电流保护和电流速断保护。降压变电站的变压器，一般设置过电流保护。如果过电流保护的动作时间超过 0.5 s，为了使故障变压器迅速地从供电系统中切除，还需增设电流速断保护。由于保护装置装设在电源侧，因而既能反映外部故障，也可以作为变压器内部故障的后备保护。

变压器的过电流保护和电流速断保护的整定原则与线路保护的整定原则相同。

由于降压变压器绕组接线不同，当低压侧发生不同类型的短路故障时，反映到高压侧的故障电流的分布就不同，此外变压器保护用电流互感器采用不同的接线方式时，流过保护继电器的电流也不相同。因此就会影响到变压器电流保护的参数计算。图 6-19 所示为 Dyn11 接线配电变压器低压侧发生 ab 相间短路时，高低压侧故障电流 $I_k^{(2)}$ 的分布和电流相量图(设变压器变比为1)。通过对电流相量图的分析可以得出，当变压器低压侧 ab 相间短路时，流过变压器高压侧 A、C 相的故障电流均为 $I_k^{(2)}/\sqrt{3}$，且方向相同，而 B 相流过的故障电流为 $2 I_k^{(2)}/\sqrt{3}$。由此可见：

1)若变压器保护用电流互感器采用不完全星形接线，则由于 A、C 相都是流过较小的故障电流，因此灵敏度较低。

2)若电流互感器采用完全星形接线或两相三继电器接线，则总有一个继电器流过的故障电流较大。因此，它比不完全星形接线灵敏度高。

3)若电流互感器采用两相电流差接线，则通过继电器的故障电流为零，保护装置不动作。因此，变压器过电流保护互感器的接线方式，通常采用不完全星形接线或完全星形接线。有时为了提高保护装置灵敏度，在不完全星形接线的中性线中接入一个电流继电器，构成两相三继电器接线方式。变压器电流保护互感器一般不采用两相电流差接线。

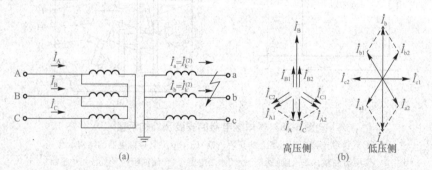

图 6-19　Dyn11 变压器低压侧 ab 相间短路电流分布及相量图
(a)电流分布；(b)相量图

(3)变压器的过负荷保护。变压器的过负荷保护一般只对并列运行的变压器或工作中有可能过负荷的变压器才装设。由于过负荷电流在大多数情况下是三相对称的，因此过负荷保护只需采用一个电流继电器装于一相电路中，保护装置作用于信号。为了防止变压器外部短路时，变压器过负荷保护发出错误的信号以及在出现能自行消除的过负荷时发出信号，通常过负荷保护动作时限整定为 10～15 s。

变压器过负荷保护电流继电器的动作电流 I_{op} 可按式(6-10)计算：

$$I_{op} = \frac{K_{rel}}{K_{re} K_i} I_{1N,T} \tag{6-10}$$

式中　$I_{1N,T}$——变压器安装过负荷保护一次侧的额定电流；

　　　K_{rel}——可靠系数，一般可取 1.2～1.25；

　　　K_{re}——返回系数，DL 型取为 0.85；

　　　K_i——电流互感器变比。

(4)变压器的单相接地保护。

1)变压器低压侧装设三相均带过电流脱扣器的低压断路器保护。低压断路器既可作为低压侧的主开关，也可用来保护变压器低压侧的相间短路和单相接地。这种保护方式在工业企业和车间变电所中应用广泛。

2)变压器低压侧三相均装设熔断器保护。低压侧三相均装设熔断器，用来保护变压器低压侧的相间短路和单相接地。但熔断器熔断后更换熔体需要一定时间，从而影响供电的连续性，所以采用熔断器保护只适用不重要负荷的小容量变压器。

3)在变压器低压侧中性点引出线上装设零序电流保护。根据变压器运行规程要求，Yyn 接线的变压器低压单相不平衡负荷不超过额定容量的 25%。因此，变压器低压侧零序电流保护的动作电流为

$$I_{op} = \frac{K_{rel} K_{unb}}{K_i} I_{2N,T} \tag{6-11}$$

式中　$I_{2N,T}$——变压器二次侧的额定电流；

　　　K_{rel}——可靠系数，一般可取 1.3；

　　　K_{unb}——不平衡系数，一般取 0.25；

　　　K_i——零序电流互感器的变比。

零序电流保护的动作时间一般取 0.5～0.7 s。其保护灵敏度按低压干线末端发生单相接地短路来校验。对架空线路，$K_{sen} \geqslant 1.5$；对电缆线路，$K_{sen} \geqslant 1.25$。

采用此种保护，灵敏度较高，但投资较多。

(5)变压器的纵联差动保护。前面简要介绍了变压器的过电流保护、电流速断保护、瓦斯保护、单相接地保护等，它们各有优点和不足之处，过电流保护动作时限较长，切除故障不迅速；电流速断保护由于"死区"的影响使保护范围受到限制；瓦斯保护只能反映变压器油箱内部故障，而不能保护变压器套管和引出线的故障。规程规定，容量在 10 000 kV·A 及以上的单独运行变压器和 6 300 kV·A 及以上的并列运行变压器，应装设纵联差动保护；6 300 kW·A 及以下单独运行的重要变压器，也可装设纵联差动保护。当电流速断保护灵敏度不符合要求时，也可装设纵联差动保护。

变压器差动保护的工作原理：正常工作或外部故障时，流入差动继电器的电流为不平衡电流，在适当选择好两侧电流互感器的变比和接线方式的条件下，该不平衡电流值很小，并小于差动保护的动作电流，故保护不动作；在保护范围内发生故障，流入该电器的电流大于差动保护的动作电流，差动保护动作于跳闸。因此，它不需要与相邻元件的保护在整定值和动作时间上进行配合，可以构成无时限速动保护。其保护范围包括变压器绕组内部及两侧套管和引出线上所出现的各种短路故障。

通过对变压器差动保护工作原理分析可知，为了防止保护误动作，必须使差动保护的动作电流大于最大的不平衡电流。为了提高差动保护的灵敏度，又必须设法减小不平衡电流。因此，讨论变压器差动保护中不平衡电流产生的原因及其减小措施是十分必要的，关于此部分内容，这里不做过多说明。

四、微机保护简介

随着微型计算机(微机)技术的发展，人们可以成功地利用微型计算机系统采集和处理来自电力系统运行过程中的数据，并通过数值计算迅速而准确地判断系统中发生故障的性质和范围，经过严密的逻辑过程后有选择性地发出各项指令。这种基于微型计算机系统的继电保护装置，就是微机保护。

1. 微机保护的硬件

微机保护的硬件主要由微机主系统、模拟量数据采集系统、开关量输入/输出系统、人机接口四部分组成，如图 6-20 所示。

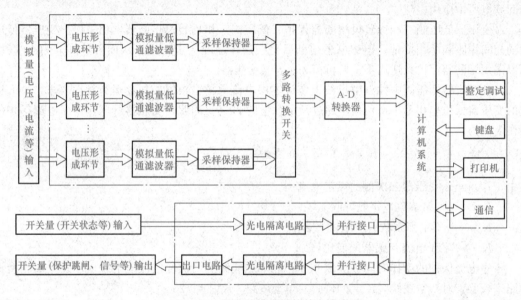

图 6-20　微机保护的硬件基本构成

电力系统的电气量(包括三相电流、电压和零序电流、电压等)通过互感器的变送和隔离，再经过电压形成、模拟滤波转换为计算机设备所允许的电压信号(如±5 V 范围内的交流电压)，然后在 CPU 控制下进行采样和 A-D 转换，读入内存。需要输入的开关量(如各种开关的状态等)经过隔离屏蔽，可以直接读入内存。需要输出的开关量(如保护跳闸出口以及本地和中央报警信号等)也经过光电隔离后输出。微机主系统根据采集到的电力系统的数字化的电气量和开关量，经过数字滤波(滤除不需要的随机干扰分量)和计算，判断所保护的设备所处的运行状态，如是否发生短路故障，并决定是否发出跳闸命令或进行重合闸等，这些是微机主系统的首要任务。微机主系统还要不断地进行自检和互检，以维持本身系统的稳定，及时发现装置出现的硬软件错误和故障。人机接口用于实现机间通信、输入程序和整定值、操作调试系统等监控功能，以及显示、打印等信息输出功能。

2. 微机保护的软件

微机保护的软件以硬件为基础，通过算法及程序设计实现所要求的保护功能，包括监控程序和运行程序两部分。监控程序包括对人机接口键盘命令处理程序及为插件调试、整定设置显示等配置的程序。运行程序就是指保护装置在运行状态下所需执行的程序，主要包括主程序（包括初始化、全面自检、开放中断等）、采样中断服务程序（包括数据采集与处理、保护启动判定、完成多 CPU 之间的数据传送等）和故障处理程序（在保护启动后才投入，用以进行保护特性计算、判定故障性质等）。

运行程序中的保护算法是微机保护的核心，根据 A-D 转换器提供的输入电气量的采样数据进行分析、运算和判断，以实现各种继电保护功能。各种微机保护的功能和要求不同，其算法也不一样，详见有关微机保护专著。

微机保护可充分利用和发挥计算机的存储记忆、逻辑判断和数值运算等信息处理功能，在应用软件的配合下，有极强的综合分析与判断能力，可以实现模拟式保护装置很难做到的自动识别、排除干扰、防止误动作，因此可靠性很高。另外，由于微机保护的特性主要是由软件决定的，所以保护的动作特性和功能可以通过改变软件程序以获取所需要的保护性能，具有较大的灵活性，因此保护性能的选择和调试都很方便。同时，微机保护具有较完善的通信功能，便于构成综合自动化系统，提高系统运行的自动化水平。

任务实施

步骤1：学生分组，每小组 4～5 人。
步骤2：强调纪律和操作规范。
步骤3：任务实施。

"去分流跳闸"的实际电路认识

"去分流跳闸"的实际电路如图 6-12（b）所示。采用 GL-15、GL-25 型感应式电流继电器，它具有先合后断的转换触点。此触点的结构和动作说明如图 6-21 所示。在图 6-21 所示实际电路中，继电器 KA 的一对常开触点与跳闸线圈 YR 串联后，又与 KA 的一对常闭触点并联，然后串联 KA 线圈后接于电流互感器 TA1、TA2 的二次侧。当一次电路发生相间短路时，电流继电器 KA 动作，经一定延时后，其常开触点先闭合，随后常闭触点断开，这时断路器因其跳闸线圈 YR 去分流而跳闸，切除短路故障。由于跳闸线圈 YR 与继电器常开触点串联，因此在继电器常闭触点因外界震动偶然断开时也不至造成误跳闸。但是继电器这两点的动作程序必须是常开触点先闭合，常闭触点后断开，否则，如果常闭触点先断开，将造成电流互感器二次侧带负荷开路，这是安全运行所不允许的，同时也将使继电器失电返回，不起保护作用。

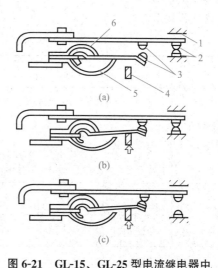

图 6-21 GL-15、GL-25 型电流继电器中"先合后断转换触点"的动作说明

（a）正常位置；（b）动作后常开触点先闭合；
（c）随后常闭触点断开
1—上止挡；2—常闭触点；3—常开触点；
4—衔铁；5—下止挡；6—簧片

一、GL-15 继电器整定

（1）对 GL-15 继电器进行外观检查，是否有破损现象；

（2）检查继电器机械部分是否灵活，主要是铝盘转动、时限调节螺杆是否稳固、速断调节钉是否牢固；

（3）检查继电器常开点、常闭点是否正常；

（4）动作电流调节插销插在整定电流位置；

（5）对继电器线圈加电流，调节弹簧，使其动作电流无限接近整定电流值（一般为±5%）；

（6）检查继电器动作返回值，一般不小于动作值的80%；

（7）调节时限调节螺杆，使继电器达到动作电流值的300%，在规定时间内动作，并测试200%和100%动作值的动作时间；

（8）用手固定住铝框架，调节速断调节钉，使其达到速断值的110%，继电器能迅速动作（一般不超过0.15 s），但达到90%时不动作，并测试速断100%时动作时间。

二、继电器整定注意事项

（1）调节继电器时，必须在无电情况下进行。

（2）必须用专用记录本，记录继电器整定情况。要求记录清晰、准确。

（3）继电器整定时，拆除与继电器连接的一切电气设备接线，防止反送电和分流造成事故，以及整定值不准确。

步骤4：小组经过讨论确定任务结果，每小组由中心发言人陈述，经过全体同学讨论，确定正确结果并填写任务总结。

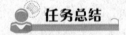 任务总结

课程认知记录表见表6-1。

表6-1　课程认知记录表

班级		姓名		学号		日期	
收获与体会	谈一谈：通过学习"去分流跳闸"的实际电路，你觉得它维护起来难易程度会怎样？						
评价意见	评定人		评价、评议、评定意见			等级	签名
	自己评价						
	同学评议						
	老师评定						
注：该践行学分为5分，记入本课程总学分（150分）中，若结算分为总学分的95%以上，则评定为考核"合格"。							

任务二　防雷保护与电气安全

任务目标

1. 知识目标

(1)掌握电气装置与建筑物的防雷措施；

(2)熟悉建筑物电子信息系统的防雷措施；

(3)熟悉电气装置的接地及其接地电阻；

(4)熟悉接地装置的装设与布设及接地装置的测试；

(5)了解电气安全有关知识；

(6)熟悉电气安全的措施；

(7)掌握人体触电的急救处理方法。

2. 能力目标

(1)能够掌握电气装置与建筑物的防雷措施；

(2)能进行防雷接地装置的安装；

(3)能进行电气装置及低压配电系统的接地故障保护；

(4)能进行接地装置的装设与布设及接地装置的测试；

(5)熟悉电气安全的措施；

(6)能够进行人体触电的急救处理；

(7)能够正确安装船舶电气设备的接地与保护装置。

3. 素质目标

(1)培养学生在电气装置的接地保护过程中的安全用电与操作意识；

(2)培养学生在测试过程中的团队协作意识和吃苦耐劳精神。

任务分析

本任务的最终目的是掌握电气安全与防雷保护设备的运行原理并对这些设备进行维护，为了使电气安全与防雷设备能够正常运行，就必须了解防雷和接地的原理，除此之外，为了保障人身安全，学生还要学习电气安全与触电急救知识。而为了维护这些设备，就必须熟知接地装置的测试。

知识准备

一、防雷

1. 过电压及雷电认识

(1)过电压的形式。过电压是指在电气线路上或电气设备上出现的超过正常工作电压的对绝缘很有危害的异常电压。在电力系统中，过电压按其产生的原因，可分为内部过电压和雷电过电压两大类。

1)内部过电压。内部过电压是指由于电力系统本身的开关操作、负荷剧变或发生故障等，系统的工作状态突然改变，从而在系统内部出现电磁能量转换、振荡而引起的过电压。

运行经验证明，内部过电压一般不会超过系统正常运行时相对地（单相）额定电压的 3～4 倍，因此对电力系统和电气设备绝缘的威胁不是很大。

2）雷电过电压。雷电过电压又称大气过电压，也称外部过电压。它是由于电力系统中的线路、设备或建（构）筑物遭受来自大气中的雷击或雷电感应而引起的过电压。雷电过电压产生的雷电冲击波，其电压幅值可高达 10^9 V，其电流幅值可高达几十万安，因此对供电系统的危害极大，必须加以防护。

雷电过电压有两种基本形式：

①直接雷击。它是雷电直接击中电气线路、设备或建（构）筑物，其过电压引起的强大的雷电流通过这些物体放电入地，从而产生破坏性极大的热效应和机械效应，相伴的还有电磁脉冲和闪络放电。这种雷电过电压称为直击雷。

②间接雷击。它是雷电没有直接击中电力系统中的任何部分，而是由雷电对线路、设备或其他物体的静电感应或电磁感应所产生的过电压。这种雷电过电压，也称为感应雷，或称雷电感应。

雷电过电压除上述两种雷击形式外，还有一种是由于架空线路或金属管道遭受直接雷击或间接雷击而引起的过电压波，沿着架空线路或金属管道侵入变配电所或其他建筑物。这种雷电过电压形式，称为高电位侵入或雷电波侵入。据我国几个大城市统计，供电系统中由于雷电波侵入而造成的雷害事故，占整个雷害事故的 50％～70％，比例很大，因此对雷电波侵入的防护应予以足够的重视。

（2）雷电的形成原理。

1）直击雷的形成原理。雷电是带有电荷的"雷云"之间或"雷云"对大地或物体之间产生急剧放电的一种自然现象。

关于雷云形成的理论或学说较多，但比较公认的看法是在闷热的天气里，地面上的水分蒸发上升，在高空低温影响下水汽凝结成冰晶。冰晶受到上升气流的冲击而破碎分裂。气流挟带一部分带正电的小冰晶上升，形成"正雷云"，而另一部分较大的带负电的冰晶则下降，形成"负雷云"。由于高空气流的流动，正、负雷云均在天空中飘浮不定。据观测，在地面上产生雷击的雷云多为负雷云。

当空中的雷云靠近大地时，雷云与大地之间形成一个很大的雷电场。由于静电感应作用，使地面上出现与雷云的电荷极性相反的电荷，如图 6-22（a）所示。

当雷云与大地之间在某一方位的电场强度达到 25～30 kV/cm 时，雷云就会开始向这一方位放电，形成一个导电的空气通道，称为雷电先导。大地感应出的异性电荷集中在尖端上方，在雷电先导下行到离地面 100～300 m 时，也形成一个上行的迎雷先导，如图 6-22（b）所示。当上、下雷电先导相互接近时，正、负电荷强烈吸引中和而产生强大的雷电流，并伴有雷鸣电闪。这就是直击雷的主放电阶段。这段时间极短，一般只有 50～100 μs。主放电阶段之后，雷云中的剩余电荷继续沿着主放电通道向大地放电，形成断续的隆隆雷声。这就是直击雷的余辉放电阶段，时间为 0.03～0.15 s，电流较小，仅几百安。

雷电先导在主放电阶段前与地面上雷击对象之间的最小空间距离，称为"闪击距离"，简称"击距"。

雷电的闪击距离，与雷电流的幅值和陡度有关。确定直击雷防护范围的"滚球半径"大小（参看后面表 6-2），就与闪击距离有关。

2）感应雷（感应过电压）的形成原理。架空线路在其附近出现对地雷击时，极易产生感应过电压。当雷云出现在架空线路上方时，线路上由于静电感应而积聚大量异性的束缚电荷，如图 6-23（a）所示。当雷云对地放电或与其他异性雷云中和放电后，线路上的束缚电荷被释放而形成自由电荷，向线路两端泄放，形成很高的感应过电压，如图 6-23（b）所示，这就是"感应雷"。高压线路上的感应过电压，可高达几十万伏，低压线路上的感应过电压也可达几万伏，对供电系统的危害都很大。

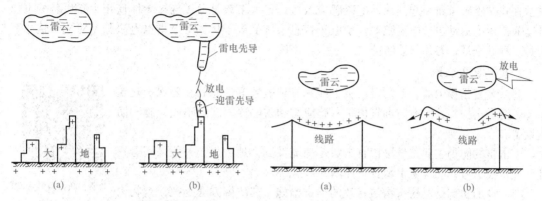

图 6-22　雷云对大地放电(直击雷)示意
(a)负雷云出现在大地建筑物上方时；
(b)负雷云对建筑物顶部尖端放电时

图 6-23　架空线路上的感应过电压
(a)雷云在线路上方时；(b)雷云对地或对其他雷云放电后

　　当强大的雷电流沿着导体如接地引下线泄放入地时，由于雷电流具有很大的幅值和陡度，因此在它周围产生强大的电磁场。如果附近有一开口的金属环，如图 6-24 所示，则其电磁场将在该金属环的开口(间隙)处感生相当大的电动势而产生火花放电。这对存放有易燃易爆物品的建筑物是十分危险的。为了防止雷电的电磁感应引起的危险过电压，应该用跨接导体或用焊接将开口金属环(包括包装箱上的铁皮箍)连成闭合回路后接地。

　　(3)雷电的有关名词。

　　1)雷电流的幅值和陡度。雷电流是指流入雷击点的电流，它是一个幅值很大、陡度很高的冲击波电流，如图 6-25 所示。对电气设备绝缘来说，雷电流的陡度越大，产生的过电压越高，对设备绝缘的破坏性也越严重。因此，如何降低雷电流的幅值和陡度是防雷保护的一个重要课题。

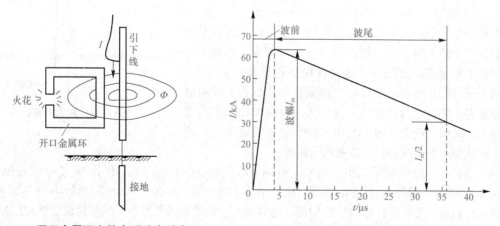

图 6-24　开口金属环上的电磁感应过电压

图 6-25　雷电流的波形

　　2)年平均雷暴日数。凡有雷电活动的日子，包括看到雷闪和听见雷声，都称为雷暴日。由当地气象台、站统计的多年雷暴日的平均值，称为年平均雷暴日数。年平均雷暴日数不超过15 天的地区，称为少雷区。年平均雷暴日数超过 40 天的地区，称为多雷区。年平均雷暴日数超过 90 天的地区及雷害特别严重的地区，称为雷电活动特别强烈地区，也可归入多雷区。年平均雷暴日数越多，说明该地区的雷电活动越频繁，因此防雷要求越高，防雷措施越需加强。

3) 雷电电磁脉冲。雷电电磁脉冲，又称浪涌电压。它是雷电直接击在建筑物的防雷装置上或击在建筑物附近所引起的一种电磁感应效应，绝大多数是通过连接导体使相关联设备的电位升高而产生电流冲击或电磁辐射，使电子信息系统受到干扰。所以雷电电磁脉冲对电子信息系统是一种干扰源，必须加以防护。

2. 防雷装置认识

防雷装置是接闪器、避雷器、引下线和接地装置等的总和。要保护建筑物等不受雷击损害，应有防御直击雷、感应雷和雷电侵入波的不同措施和防雷设备。

直击雷的防御主要是设法把直击雷迅速流散到大地中去。一般采用避雷针、避雷线、避雷网等避雷装置，如图 6-26 所示。

微课：防雷装置认识

感应雷的防御是对建筑物最有效的防护措施，其防御方法是把建筑物内的所有金属物，如设备外壳、管道、构架等均进行可靠接地，混凝土内的钢筋应绑扎或焊成闭合回路。

雷电侵入波的防御一般采用避雷器。避雷器装设在输电线路进线处或 10 kV 母线上，如有条件可采用 30～50 m 的电缆段埋地引入，在架空线终端杆上也可装设避雷器。避雷器的接地线应与电缆金属外壳相连后直接接地，并连入公共地网。

(1) 避雷针结构。避雷针结构包括避雷针、引下线、接地装置，如图 6-26 所示。

1) 接闪器。接闪器就是专门用来接受直接雷击（雷闪）的金属物体。接闪的金属杆，称为避雷针。接闪的金属线，称为避雷线，亦称架空地线。接闪的金属带，称为避雷带。接闪的金属网，称为避雷网。

① 避雷针。避雷针的功能实质上是引雷，它能对雷电场产生一个附加电场，这个附加电场是由于雷云对避雷针产生静电感应引起的，它使雷电场畸变，从而将雷云放电的通道，由原来可能向被保护物体发展的方向，吸引到避雷针本身，然后经与避雷针相连的引下线和接地装置，将雷电流泄放到大地中去，使被保护物体免受雷击。所以，避雷针实质是引雷针，它把雷电流引入地下，从而保护了线路、设备和建筑物等。

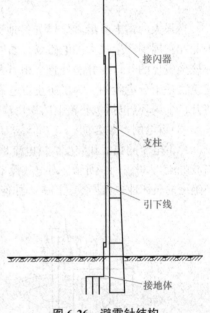

图 6-26　避雷针结构

避雷针一般采用镀锌圆钢（针长 1 m 以下时直径不小于 12 mm、针长 1～2 m 时直径不小于 16 mm）或镀锌钢管（针长 1 m 以下时内径不小于 20 mm、针长 1～2 m 时内径不小于 25 mm）制成。它通常安装在电杆（支柱）或构架、建筑物上，它的下端要经引下线与接地装置相连。

避雷针的保护范围，以它能够防护直击雷的空间来表示，而现行国家标准《建筑物防雷设计规范》(GB 50057—2010) 则规定采用 IEC（国际电工委员会）推荐的"滚球法"来确定。

所谓"滚球法"就是选择一个半径为 h_r（滚球半径）的球体，按需要防护直击雷的部位滚动，如果球体只接触到接闪器或接闪器与地面，而不触及需要保护的部位，则该部位就在接闪器的保护范围之内。滚球半径按建筑物的防雷类别不同而取不同值，见表 6-2。

表 6-2　按建筑物防雷类别确定滚球半径和接闪网网格尺寸

建筑物防雷类别	滚球半径/m	接闪网网格尺寸 /m
第一类防雷建筑物	30	$\leqslant 5 \times 5$ 或 $\leqslant 6 \times 4$
第二类防雷建筑物	45	$\leqslant 10 \times 10$ 或 $\leqslant 12 \times 8$
第三类防雷建筑物	60	$\leqslant 20 \times 20$ 或 $\leqslant 24 \times 16$

单支避雷针的保护范围，应按下列方法确定(参看图 6-27)：

a. 当避雷针高度 $h \leqslant h_r$ 时：

(a)在距地面 h_r 处作一平行于地面的平行线。

(b)以避雷针的针尖为圆心，h_r 为半径，作弧线交于平行线的 A、B 两点。

(c)以 A、B 为圆心，h_r 为半径作弧线，该弧线与针尖相交并与地面相切。从此弧线起到地面上的整个锥形空间，就是避雷针的保护范围。

(d)避雷针在被保护物高度 h_x 的 xx' 平面上的保护半径，按下式计算：

$$r_x = \sqrt{h(2h_r - h)} - \sqrt{h_x(2h_r - h_x)} \tag{6-12}$$

式中，h_r 为滚球半径，按表 6-2 确定。

(e)避雷针在地面上的保护半径，按下式计算：

$$r_0 = \sqrt{h(2h_r - h)} \tag{6-13}$$

b. 当避雷针高度 $h \geqslant h_r$ 时。在避雷针上取高度 h_r 的一点代替单支避雷针的针尖作圆心，其余的做法与上述 $h \leqslant h_r$ 时的作法相同。

【例 6-1】　某厂一座高 30 m 的水塔旁边，建有一水泵房(属第三类防雷建筑物)，尺寸如图 6-28 所示。水塔上安装有一支高 2 m 的避雷针。试问此避雷针能否保护这一水泵房？

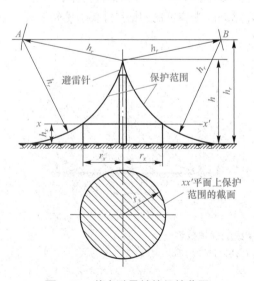

图 6-27　单支避雷针的保护范围

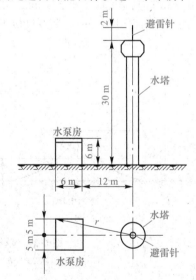

图 6-28　例 6-1 所示避雷针的保护范围

解：查表 6-2 得滚球半径 $h_r = 60$ m，而 $h = 30 + 2 = 32$(m)，$h_x = 6$ m。故由式(6-12)得避雷针在水泵房顶部高度上的水平保护半径为

$$r_x = \sqrt{32 \times (2 \times 60 - 32)} - \sqrt{6 \times (2 \times 60 - 6)} = 26.9 \text{(m)}$$

而水泵房顶部最远一角距离避雷针的水平距离为

$$r=\sqrt{(12+6)^2+5^2}=18.7(\text{m})<r_x$$

由此可见，水塔上的避雷针完全能够保护这一水泵房。

②避雷线。避雷线的功能和原理，与避雷针基本相同。

避雷线一般采用截面不小于 35 mm² 的镀锌钢绞线，架设在架空线路的上方，以保护架空线路或其他物体(包括建筑物)免遭直接雷击。由于避雷线既是架空，又要接地，因此又称为架空地线。

单根避雷线的保护范围：当避雷线高度 $h \geq 2h_r$ 时，无保护范围。当避雷线的高度 $h < 2h_r$ 时，应按下列方法确定(参看图 6-29)。但要注意，确定架空避雷线的高度时，应计及弧垂的影响。在无法确定弧垂的情况下，等高支柱间的档距小于 120 m 时，其避雷线中点的弧垂宜取 2 m；档距为 120~150 m 时，弧垂宜取 3 m。

a. 在距地面 h_r 处作一平行于地面的平行线。

b. 以避雷线为圆心，h_r 为半径，作弧线交于平行线的 A、B 两点。

c. 以 A、B 为圆心，h_r 为半径作弧线，该两弧线相交或相切，并与地面相切。从该弧线起到地面止的空间，就是避雷线的保护范围。

d. 当 $2h_r > h > h_r$ 时，保护范围最高点的高度 h_0 按下式计算：

$$h_0 = 2h_r - h \tag{6-14}$$

e. 避雷线在 h_0 高度的 xx' 平面上的保护宽度 b_x 按下式计算：

$$b_x = \sqrt{h(2h_r-h)} - \sqrt{h_x(2h_r-h_x)} \tag{6-15}$$

③避雷带和避雷网。避雷带和避雷网主要用来保护建筑物特别是高层建筑物，使之免遭直接雷击和雷电感应。

避雷带和避雷网宜采用圆钢或扁钢，优先采用圆钢。圆钢直径应不小于 8 mm；扁钢截面面积应不小于 48 mm²，其厚度应不小于 4 mm。当烟囱上采用避雷环时，其圆钢直径不小于 12 mm；扁钢截面面积应不小于 100 mm²，其厚度应不小于 4 mm。避雷网的网格尺寸要求见表 6-2。

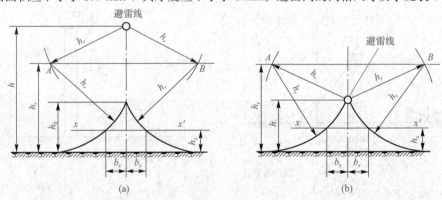

图 6-29 单根避雷线的保护范围
(a)当 $2h_r > h > h_r$ 时；(b)当 $h \geq h_r$ 时

2)引下线。引下线是连接接闪器于接地装置的金属导体，其作用是构建雷电流向大地泄放的通道。材料选用经过防腐处理的圆钢或扁钢等耐腐蚀、热稳定性好的材料，还需满足机械强度的要求，宜采用圆钢或扁钢，优先采用圆钢，应沿建筑物外墙明敷，并经最短路径接地；建筑艺术要求较高者可暗敷，圆钢直径不得小于 8~12 mm，扁钢截面面积不得小于 12~14 mm²。

3)接地装置。防雷接地装置是接地体和接地线的总和，其作用是将引下的雷电流迅速泄流到大地土壤中去，是避雷针将雷电流导入大地的最后装置，属于工作接地范畴，有关工作接地和接地体大小的计算将在后述作详细说明。

（2）避雷器装置。避雷器（包括电涌保护器）用来防止雷电过电压波沿线路侵入变配电所或其他建筑物内，危及被保护设备的绝缘，或用来防止雷电电磁脉冲对电子信息系统的电磁干扰。避雷器应与被保护设备并联，且安装在被保护设备的电源侧，如图 6-30 所示。当线路上出现危及设备绝缘的雷电过电压时，避雷器的火花间隙就被击穿，或由高阻抗变为低阻抗，使雷电过电压通过接地引下线对大地放电，从而保护了设备的绝缘，或消除了雷电电磁干扰。

避雷器的类型有阀式避雷器、排气式避雷器、保护间隙、金属氧化物避雷器和电涌保护器等。

1）阀式避雷器。阀式避雷器（文字符号 FV），又称阀型避雷器，主要由火花间隙和阀片组成，装在密封的瓷套管内。火花间隙用铜片冲制而成。每对间隙用厚 $0.5\sim1$ mm 的云母垫圈隔开，如图 6-31(a)所示。正常情况下，火花间隙能阻断工频电流通过，但在雷电过电压作用下，火花间隙被击穿放电。阀片是用陶料粘固的电工用金刚砂（碳化硅）颗粒制成的，如图 6-31(b)所示。这种阀片具有非线性电阻特性。正常电压时，阀片电阻很大，而过电压时，阀片电阻则变得很小[图 6-31(c)]。因此阀式避雷器在线路上出现雷电过电压时，其火花间隙被击穿，阀片电阻变得很小，能使雷电流顺畅地向大地泄放。当雷电过电压消失、线路上恢复工频电压时，阀片电阻又变得很大，使火花间隙的电弧熄灭、绝缘恢复而切断工频续流，从而恢复线路的正常运行。

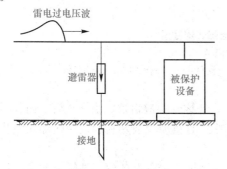

图 6-30　避雷器的连接

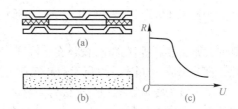

图 6-31　阀式避雷器的组成部件及其特性曲线
(a)单元火花间隙；(b)阀电阻片；(c)阀电阻特性曲线

阀式避雷器中火花间隙和阀片的多少，与其工作电压高低成比例。高压阀式避雷器串联很多单元火花间隙，目的是将长弧分割成多段短弧，以加速电弧的熄灭。但阀电阻片的限流作用是加速电弧熄灭的主要因素。

图 6-32(a)和(b)分别是 FS4-10 型高压阀式避雷器和 FS-0.38 型低压阀式避雷器的结构图。

普通阀式避雷器除上述 FS 型外，还有一种 FZ 型。FZ 型避雷器内的火花间隙旁边并联有一串分流电阻。这些并联电阻主要起均压作用，使与之并联的火花间隙上的电压分布比较均匀。火花间隙未并联电阻时，由于各火花间隙对地和对高压端都存在着不同的杂散电容，从而造成各火花间隙的电压分布也不均匀，这就使得某些电压较高的火花间隙容易击穿重燃，导致其他火花间隙也相继重燃而难以熄灭，使工频放电电压降低。火花间隙并联电阻后，相当于增加了一条分流支路。在工频电压作用下，通过并联电阻的电导电流远大于通过火花间隙的电容电流。这时火花间隙上的电压分布主要取决于并联电阻的电压分布。由于各火花间隙的并联电阻是相等的，因此各火花间隙上的电压分布也相应地比较均匀，从而大大改善了阀式避雷器的保护特性。

FS 型阀式避雷器主要用于中小型变配电所，FZ 型则用于发电厂和大型变配电站。

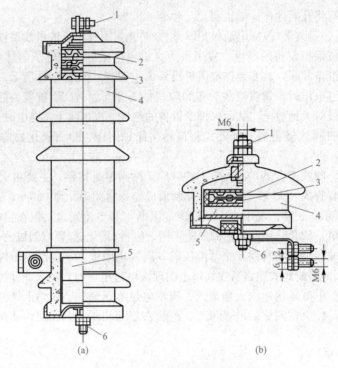

图 6-32 高低压普通阀式避雷器

(a)FS4-10 型；(b)FS-0.38 型

1—上接线端子；2—火花间隙；3—云母垫圈；4—瓷套管；5—阀电阻片；6—下接线端子

2)排气式避雷器。排气式避雷器(文字符号 FE)，通称管型避雷器，由产气管、内部间隙和外部间隙等部分组成，如图 6-33 所示。产气管由纤维、有机玻璃或塑料制成。内部间隙装在产气管内，一个电极为棒形，另一个电极为环形。

当线路上遭到雷击或雷电感应时，雷电过电压使排气式避雷器的内、外间隙击穿，强大的雷电流通过接地装置入地。由于避雷器放电时内阻接近于零，所以其残压极小，工频续流极大。雷电流和工频续流使产气管内部间隙产生强烈的电弧，使管内壁材料烧灼产生大量灭弧气体，由管口喷出，强烈吹弧，使电弧迅速熄灭，全部灭弧时间最多 0.01 s(半个周期)。这时外部间隙的空气迅速恢复绝缘，使避雷器与系统隔离，恢复系统的正常运行。

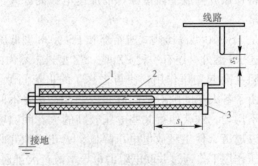

图 6-33 排气式避雷器

1—产气管；2—内部棒形电极；3—环形电极

s_1—内部间隙；s_2—外部间隙

排气式避雷器具有简单经济、残压很小的优点，但它动作时有电弧和气体从管中喷出，因此它只能用在室外架空场所，主要用在架空线路上。

3) 保护间隙。保护间隙(文字符号 FG)又称角型避雷器，其结构如图 6-34 所示。它简单经济，维护方便，但保护性能差，灭弧能力小，容易造成接地或短路故障，使线路停电。因此对于装有保护间隙的线路，一般也宜装设自动重合闸装置，以提高供电可靠性。

保护间隙的安装，是一个电极接线路，另一个电极接地。但为了防止间隙被外物(如鼠、鸟、树枝等)偶然短接而造成接地或短路故障，没有辅助间隙的保护间隙[图 6-34(a)、(b)]必须在其公共接地引下线中间串入一个辅助间隙，如图 6-35 所示。这样即使主间隙被外物短接，也不致造成接地或短路。

保护间隙只用于室外不重要的架空线路上。

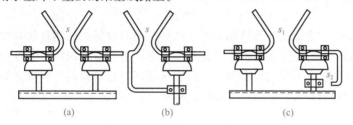

图 6-34 保护间隙

(a)双支持绝缘子单间隙；(b)单支持绝缘子单间隙；(c)双支持绝缘子双间隙

s—保护间隙；s_1—主间隙；s_2—辅助间隙

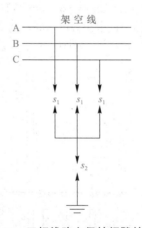

图 6-35 三相线路上保护间隙的连接

s—保护间隙；s_1—主间隙；s_2—辅助间隙

4) 金属氧化物避雷器。金属氧化物避雷器(文字符号 FMO)按有无火花间隙分两种类型，最常见的一种是无火花间隙只有压敏电阻片的避雷器。压敏电阻片是由氧化锌或氧化铋等金属氧化物烧结而成的多晶半导体陶瓷元件，具有理想的阀电阻特性。在正常工频电压下，它呈现极大的电阻，能迅速有效地阻断工频续流，因此无须火花间隙来熄灭由工频续流引起的电弧。而在雷电过电压作用下，其电阻又变得很小，能很好地泄放雷电流。另一种是有火花间隙且有金属氧化物电阻片的避雷器，其结构与前面讲的普通阀式避雷器类似，只是普通阀式避雷器采用的是碳化硅电阻片，而有火花间隙金属氧化物避雷器采用的是性能更优异的金属氧化物电阻片，具有比普通阀式避雷器更优异的保护性能，且运行更加安全可靠，所以它是普通阀式避雷器的更新换代产品。

5) 电涌保护器。电涌保护器又称为浪涌保护器(缩写 SPD)，是用于低压配电系统中电子信号设备上的一种雷电电磁脉冲(浪涌电压)保护设备。它的连接与一般避雷器一样，也与被保护设备并联，接于被保护设备的电源侧，如图6-30所示。

电涌保护器按应用性质分，有电源线路电涌保护器和信号线路电涌保护器两种。这两种SPD的原理结构基本相同，只是信号线路SPD的结构较简单，工作电压较低，放电电流也小得多，但它对传输速度的要求高，要求响应时间(即动作时间)极短。

避雷针是否能替代避雷器？为什么？

避雷针不能代替避雷器，避雷针应对的是雷击，将雷电流引入地下，避免周围设备受到雷击损坏。而避雷器是应对线路中的过电压，将沿着线路侵入的过电压削波，使过电压降低，不破坏设备绝缘。这两种设施都要采用，分别应对不同的破坏对象。

(3)防雷的接地装置的要求。防雷的接地装置及避雷针(线、网)引下线的结构尺寸，应符合相关要求。

为了防止雷击时雷电流在接地装置上产生的高电位对被保护的建筑物和配电装置及其接地装置进行"反击闪络"，危及建筑物和配电装置的安全，防直击雷的接地装置与建筑物和配电装置及其接地装置之间应有一定的安全距离，此安全距离与建筑物的防雷等级有关，在有关规程中有具体规定，但总的来说，空气中的安全距离 $s_0 \geqslant 5$ m，地下的安全距离 $s_E \geqslant 3$ m，如图6-36所示。

为了降低跨步电压，保障人身安全，按有关规定，防直击雷的人工接地体距建筑物入口或人行道的距离不应小于3 m。当小于3 m时，应采取下列措施之一：

1)水平接地体局部埋深应不小于1 m。

2)水平接地体局部应包绝缘物，可采用50～80 mm厚的沥青层。

3)采用沥青碎石地面，或在接地体上面敷设50～80 mm厚的沥青层，其宽度应超过接地体2 m。

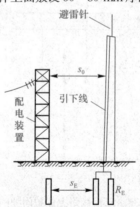

图6-36　防直击雷的接地装置间的安全距离

s_0—空气中间距(不小于5 m)；s_E—地下间距(不小于3 m)

3. 防雷措施

(1)架空线路的防雷措施。

1)架设避雷线。这是防雷的有效措施，但造价高，因此只在66 kV及以上的架空线路上才全线架设。35 kV的架空线路上，一般只在进出变配电所的一段线路上装设。而10 kV及以下的架空线路上一般不装设。

2)提高线路本身的绝缘水平。在架空线路上，可采用木横担、瓷横担或高一级电压的绝缘子，以提高线路的防雷水平。这是10 kV及以下架空线路防雷的基本措施之一。

3)利用三角形排列的顶线兼作防雷保护线。对于中性点不接地系统的3～10 kV架空线路，可在其三角形排列的顶线绝缘子上装设保护间隙，如图 6-37 所示。在出现雷电过电压时，顶线绝缘子上的保护间隙被击穿，通过其接地引下线对地泄放雷电流，从而保护了下边两根导线。由于线路为中性点不接地系统，一般也不会引起线路断路器跳闸。

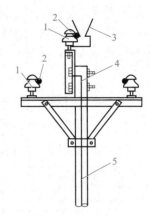

图 6-37　顶线绝缘子附加保护间隙

1—绝缘子；2—架空导线；3—保护间隙；

4—接地引下线；5—电杆

4）装设自动重合闸装置。线路上因雷击放电造成线路电弧短路时，会引起线路断路器跳闸，但断路器跳闸后电弧会自行熄灭。如果线路上装设一次自动重合闸，使断路器经 0.5 s 自动重合闸，电弧通常不会复燃，从而能恢复供电，这对一般用户不会有多大影响。

5）个别绝缘薄弱地点加装避雷器。对架空线路中个别绝缘薄弱地点，如跨越杆、转角杆、分支杆、带拉线杆以及木杆线路中个别金属杆等处，可装设排气式避雷器或保护间隙。

（2）变配电所的防雷措施。

1）装设避雷针。室外配电装置应装设避雷针来防护直击雷。如果变配电所处在附近更高的建筑物上以及防雷设施的保护范围之内或变配电所本身为车间内型，则可不必再考虑直击雷的防护。

2）装设避雷线。处于峡谷地区的变配电所，可利用避雷线来防护直击雷。在 35 kV 及以上的变配电所架空进线上，架设 1～2 km 的避雷线，以消除一段进线上的雷击闪络，避免其引起的雷电侵入波对变配电所电气装置的危害。

3）装设避雷器。避雷器可用来防止雷电侵入波对变配电所电气装置特别是对主变压器的危害。变配电所对高压侧雷电波侵入防护的接线图如图 6-38 所示。在每路进线终端和每段母线上，均装设阀式避雷器或金属氧化物避雷器。如果进线是具有一段引入电缆的架空线路，则在架空线路终端的电缆头处装设阀式避雷器或排气式避雷器，其接地端与电缆头相连后接地。

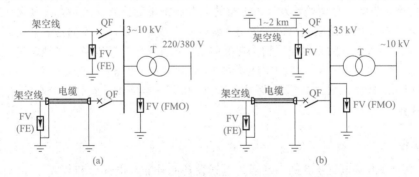

图 6-38　变配电所对雷电波侵入的防护

(a)3～10 kV 架空线和电缆进线；(b)35 kV 架空线和电缆进线

FV—阀式避雷器；FE—排气式避雷器；FMO—金属氧化物避雷器

为了有效地保护主变压器，阀式避雷器应尽量靠近主变压器安装。

配电变压器的高低压侧均应装设阀式避雷器。变压器两侧的避雷器应与变压器中性点及其金属外壳一同接地，如图 6-39 所示。

（3）高压电动机的防雷措施。高压电动机耐压水平不高，因此高压电动机对雷电波侵入的防护，应采用 FCD 型磁吹阀式避雷器，或金属氧化物避雷器。对定子绕组中性点能引出的高压电动机，就在中性点装设磁吹阀式避雷器或金属氧化物避雷器。对定子绕组中性点不能引出的高压电动机，可采用图 6-40 所示接线。为降低沿线路侵入的雷电波波头陡度，减轻其对电动机绕组绝缘的危害，可在电动机进线上加一段 100～150 m 的引入电缆，并在电缆头处安装一组普通阀式或排气式避雷器，而在电动机电源端(母线上)安装一组并联有电容器的 FCD 型磁吹阀式避雷器。

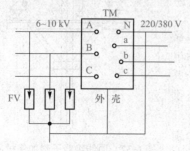

图 6-39 电力变压器的防雷
保护及其接地系统

TM—电力变压器；FV—阀式避雷器

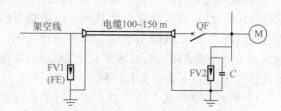

图 6-40 高压电动机对雷电波侵入的防护

FV1—普通阀式避雷器；FV2—磁吹阀式避雷器；
FE—排气式避雷器

(4)建筑物的防雷。建筑物(含构筑物)根据防雷要求分为三类：

1)第一类防雷建筑物：凡制造、使用或存储炸药、火药、起爆药、火工品等大量爆炸物质的建筑物，因电火花而引起爆炸会造成巨大破坏和人身伤亡的工业建筑物。

2)第二类防雷建筑物：制造、使用或存储爆炸物质的建筑物，但电火花不易引起爆炸或不致造成巨大破坏和人身伤亡的工业建筑物；年预计雷击次数大于 0.2 的一般民用建筑物；国家级重要建筑物。

3)第三类防雷建筑物：根据雷击后对工业生产的影响及产生的后果，并结合当地气象、地形、地质及周围环境等因素，确定需要防雷的 21 区、22 区、23 区危险环境；预计雷击次数大于或等于 0.05 次/年的一般工业建筑物；预计雷击次数大于或等于 0.012 次/年、且小于或等于 0.06 次/年的部、省级办公建筑物及其他重要的或人员密集的公共建筑物；高度在 15 m 及以上的烟囱、水塔等孤立的高耸建筑物；在平均雷暴日小于或等于 15 日/年的地区，高度在 20 m 及以上的烟囱、水塔等孤立的高耸建筑物；省级重点文物保护的建筑物及省级档案馆。

按相关规定，第一类、第二类防雷建筑物中有爆炸危险的场所，应有防直击雷、防感应雷和防雷电波侵入的措施。第二类(除有爆炸危险外)和第三类防雷建筑物，应有防直击雷和防雷电波侵入的措施。

二、接地

接地指电力系统和电气装置的中性点、电气设备的外露导电部分和装置外导电部分经由导体与大地相连。可以分为工作接地和保护接地，其中前述提到的防雷接地属于工作接地。

1. 接地装置的构成及其散流效应

(1)接地装置的构成。接地装置是接地体(埋入地中并与大地直接接触的一组金属导体)和接地引下线(电气设备接地部分与接地体连接的金属导体)的总称。而由若干接地体在大地中相互连接而构成的总体，称为接地网。

接地引下线(图 6-41)通常采用 25 mm×4 mm 或 40 mm×4 mm 的扁钢或直径为 16 mm 的圆钢。接地线又分为接地干线和接地支线。接地装置示意如图 6-42 所示。

接地体通常采用直径为 50 mm，长为 2～2.5 m 的钢管或 50 mm×50 mm×5 mm，长 2.5 m 的角钢，端部削尖，埋入地中。接地体按其布置方式又可分为外引式和环路式两种。

外引式接地体是将接地体引出户外某处集中埋于地下，如图 6-42 所示。环路式接地体则是将接地体围绕电气设备或建筑物四周埋入地中。接地体上端应露出 100～200 mm 的沟底，以便与接地线可靠焊接。

图 6-41　接地引下线实物

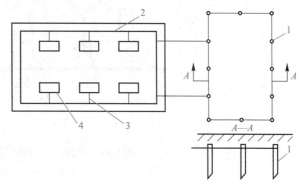

图 6-42　接地网示意

1—接地体；2—接地干线；3—接地支线；4—电气设备

为了减少投资，应在满足要求的条件下尽量采用自然接地体而不采用上述的人工接地体。自然接地体包括上下水的金属管道；与大地有可靠金属性连接的建筑物或构筑物的金属结构；直埋地下的两根以上电缆的金属外皮和敷设于地下的各种金属管道等(但通有易燃易爆的液体或气体的管道除外)。

(2)接地装置的散流效应。

1)接地电流和对地电压。当电气设备发生接地故障时，电流就通过接地体向大地做半球形散开。这一电流，称为接地电流，用 I_E 表示。由于这半球形的球面，距离接地体越远，球面越大，其散流电阻越小，相对于接地点的电位来说，其电位越低，所以接地电流的电位分布如图 6-43 所示。

试验表明，在距离接地故障点约 20 m 的地方，散流电阻实际上已接近于零。这电位为零的地方，称为电气上的"地"或"大地"。

电气设备的接地部分，例如接地的外壳和接地体等，与零电位的"地"(大地)之间的电位差，就称为接地部分的对地电压，如图 6-43 中的 U_E。

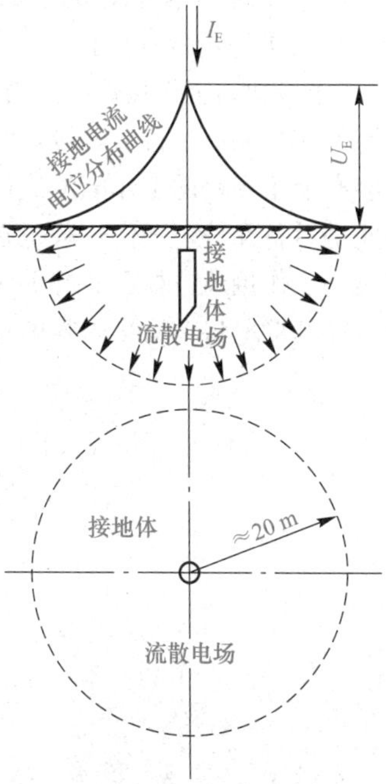

2)接触电压和跨步电压。

①接触电压。接触电压是指设备的绝缘损坏时，在身体可触及的两部分之间出现的电位差，例如人站在发生接地故障的设备旁边，手触及设备的金属外壳，则人手与脚之间所呈现的电位差，即为接触电压，如图 6-44 中的 U_{tou}。

②跨步电压。跨步电压是指在接地故障点附近行走时，两脚之间所出现的电位差，如图 6-44 中的 U_{step}。在带电的断线落地点附近及雷击时防雷装置泄放雷电流的接地体附近行走时，同样也有跨步电压。越靠近接地点及跨步越长，跨步电压越大。离接地故障点达 20 m 时，跨步电压为零。

图 6-43　接地电流、对地电压及接地电流电位分布曲线

I_E—接地电流；U_E—对地电压

· 191 ·

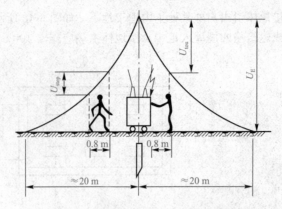

图 6-44　接触电压和跨步电压说明图

U_{tou}—接触电压；U_{step}—跨步电压

2. 电气设备的接地

船厂供电系统和电气设备的接地同样按其作用的不同可分为工作接地和保护接地两大类。此外，还有为进一步保证保护接地的重复接地。

（1）工作接地。工作接地就是由电力系统运行需要而设置的（如中性点接地），因此在正常情况下就会有电流长期流过接地电极，但是只是几安培到几十安培的不平衡电流。在系统发生接地故障时，会有上千安培的工作电流流过接地电极，然而该电流会被继电保护装置在 0.05～0.1 s 内切除，即使是后备保护，动作一般也在 1 s 以内。通常，电力系统中性点接地、避雷器、避雷针的接地都属于工作接地，如图 6-45 所示。电力系统中性点接地在项目二已经具体学习过，关于避雷器和避雷针的接地将在后续内容中具体学习。

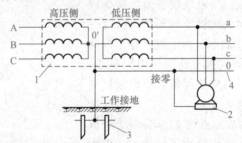

图 6-45　工作接地示意图

1—变压器；2—电动机；3—接地装置；4—中性线；0′—中性点

（2）保护接地（接零）。以保护人身安全为目的，把设备不带电的金属外壳接地或接零，叫作保护接地或保护接零。保护接地只是在设备绝缘损坏的情况下才会有电流流过，其值可以在较大范围内变动。

在中性点不接地的三相系统中，当接到这个系统上的某电气设备因绝缘损坏而使外壳带电时，如果人站在地上用手触及外壳，由于输电线与地之间有分布电容存在，将有电流通过人体及分布电容回到电源，使人触电，如图 6-46(a)所示。在一般情况下这个电流是不大的。但是，如果电网分布很广，或者电网绝缘强度显著下降，这个电流可能达到危险程度，这就必须采取安全措施。

1）保护接地。保护接地就是把电气设备的金属外壳用足够粗的金属导线与大地可靠地连接起来。电气设备采用保护接地措施后，设备外壳已通过导线与大地有良好的接触，当人体触及带电的外壳时，人体相当于接地电阻的一条并联支路，如图6-46(b)所示。由于人体电阻远远大于接地电阻，所以通过人体的电流很小，避免了触电事故。

保护接地应用于中性点不接地的配电系统。

2)保护接零。所谓保护接零(又称接零保护)就是在中性点接地的系统中，将电气设备在正常情况下不带电的金属部分与零线做良好的金属连接。图6-46(c)所示是采用保护接零情况下故障电流的示意。当某一相绝缘损坏使相线碰壳，外壳带电时，由于外壳采用了保护接零措施，因此该相线和零线构成回路，单相短路电流很大，足以使线路上的保护装置(如熔断器)迅速熔断，从而将漏电设备与电源断开，避免人身触电的可能性。保护接零用于380/220 V、三相四线制、电源的中性点直接接地的配电系统。

3)TN系统、TT系统和IT系统。根据现行的国家标准《低压配电设计规范》(GB 50054—2011)，低压配电系统有三种接地形式，即IT系统、TT系统、TN系统，其中：

第一个字母表示电源端与地的关系：

T——电源变压器中性点直接接地；

I——电源变压器中性点不接地，或通过高阻抗接地。

第二个字母表示电气装置的外露可导电部分与地的关系：

T——电气装置外露可导电部分直接接地，此接地点在电气上独立于电源端的接地点；

N——电气装置的外露可导电部分与电源端接地点有直接电气连接；

S——保护线(PE线)和中性线(N线)完全分开；

C——保护线和中性线合一；

C-S——部分合一，部分分开。

①IT系统(图6-47)。IT系统就是电源中性点不接地，用电设备外露可导电部分直接接地的系统。IT系统可以有中性线，但IEC(国际电工标准化机构)强烈建议不设置中性线。因为如果设置中性线，在IT系统中N线任何一点发生接地故障，该系统将不再是IT系统。

IT系统特点：

a.IT系统发生第一次接地故障时，电流仅为非故障时相对地的电容电流，其值很小，外露导电部分对地电压不超过50 V，不需要立即切断故障回路，保证供电的连续性。

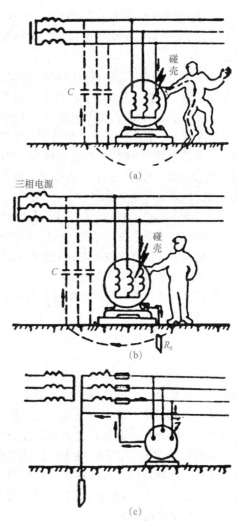

图6-46 保护接地示意
(a)没有保护接地的一相碰壳情况；
(b)装有保护接地的电动机一相碰壳情况；
(c)保护接零

微课：TN系统、TT系统
和IT系统及区别

b. 发生接地故障时，对地电压升高 1.73 倍。

c. 220 V 负载需配降压变压器，或由系统外电源专供。

d. 安装绝缘监察器。使用场所：供电连续性要求较高的地方，如应急电源、医院手术室等。

e. IT 方式供电系统在供电距离不是很长时，供电的可靠性高、安全性好。一般用于不允许停电的场所，或者要求严格地连续供电的地方，例如电力炼钢、大医院的手术室、地下矿井等处。地下矿井内供电条件比较差，电缆易受潮。

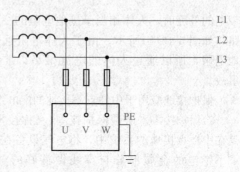

图 6-47　IT 系统接线图

f. 运用 IT 方式供电系统，即使电源中性点不接地，一旦设备漏电，单相对地漏电流仍很小，不会破坏电源电压的平衡，所以比电源中性点接地的系统安全。但是，如果用在供电距离很长的情况下，供电线路对大地的分布电容就不能忽视了。

g. 在负载发生短路故障或漏电使设备外壳带电时，漏电流经大地形成架路，保护设备不一定动作，这是危险的。只有在供电距离不太长时才比较安全。这种供电方式在工地上很少见。

需注意：在 IT 系统中，当电气设备发生单相接地故障时，流过人体的电流主要是电容电流。一般情况下，此电流是不大的，但是，如果电网绝缘强度显著下降，这个电流可能达到危险程度。

②TT 系统(图 6-48)。TT 系统就是电源中性点直接接地，用电设备外露可导电部分也直接接地的系统。通常将电源中性点的接地称作工作接地，而设备外露可导电部分的接地称作保护接地。TT 系统中，这两个接地必须是相互独立的。设备接地可以是每一设备都有各自独立的接地装置，也可以若干设备共用一个接地装置。

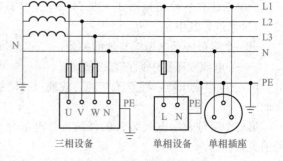

图 6-48　TT 系统接线图

TT 系统的主要优点如下：

a. 能抑制高压线与低压线搭连或配变高低压绕组间绝缘击穿时，低压电网出现的过电压。

b. 对低压电网的雷击过电压有一定的泄漏能力。

c. 与低压电器外壳不接地相比，在电器发生碰壳事故时，可降低外壳的对地电压，因而可减轻人身触电危害程度。

d. 由于单相接地时接地电流比较大，可使保护装置(漏电保护器)可靠动作，及时切除故障。

e. 单相接地的故障点对地电压较低，故障电流较大，使漏电保护器迅速动作切断电源，有利于防止触电事故发生。

f. PT 线不与中性线相连接，线路架设分明、直观，不会有接错线的事故隐患；几个施工单位同时施工的大工地可以分片、分单位设置 PT 线，有利于安全用电管理和节约导线用量。

g. 不用在每台电气设备下重复埋设接地线，可以节约埋设接地线费用开支，也有利于提高接地线质量并保证接地电阻≤10 Ω，用电安全保护更可靠。

TT 系统的主要缺点如下：

a. 低、高压线路遭受雷击时，配变设备可能发生正、逆变换过电压。

b. 低压电器外壳接地的保护效果不及 IT 系统。

c. 当电气设备的金属外壳带电(相线碰壳或设备绝缘损坏而漏电)时，由于有接地保护，可以大大减少触电的危险性。但是，低压断路器(自动开关)不一定能跳闸，造成漏电设备的外壳对地电压高于安全电压，属于危险电压。

d. 当漏电电流比较小时，即使有熔断器也不一定能熔断，所以还需要漏电保护器作保护，因此 TT 系统难以推广。

e. TT 系统接地装置耗用钢材多，而且难以回收、费工时、费料。

TT 系统的应用：

TT 系统由于接地装置就在设备附近，因此 PE 线断线的概率小，且容易被发现。

TT 系统设备在正常运行时外壳不带电，故障时外壳高电位不会沿 PE 线传递至全系统。因此，TT 系统适用于对电压敏感的数据处理设备及精密电子设备进行供电，在存在爆炸与火灾隐患等危险性场所应用有优势。

TT 系统能大幅降低漏电设备上的故障电压，但一般不能降低到安全范围内。因此，采用 TT 系统必须装设漏电保护装置或过电流保护装置，并优先采用前者。

TT 系统主要用于低压用户，即用于未装备配电变压器，从外面引进低压电源的小型用户。

③TN 系统。TN 系统即电源中性点直接接地，设备外露可导电部分与电源中性点直接电气连接的系统。在 TN 系统中，所有电气设备的外露可导电部分均接到保护线上，并与电源的接地点相连，这个接地点通常是配电系统的中性点。TN 系统的电力系统有一点直接接地，电气装置的外露可导电部分通过保护导体与该点连接。TN 系统通常是一个中性点接地的三相电网系统。其特点是电气设备的外露可导电部分直接与系统接地点相连，当发生碰壳短路时，短路电流即经金属导线构成闭合回路，形成金属性单相短路，从而产生足够大的短路电流，使保护装置能可靠动作，将故障切除。如果将工作零线 N 重复接地，碰壳短路时，一部分电流就可能分流于重复接地点，会使保护装置不能可靠动作或拒动作，使故障扩大。

在 TN 系统中，也就是三相五线制，因 N 线与 PE 线是分开敷设，并且是相互绝缘的，同时与用电设备外壳相连接的是 PE 线而不是 N 线。因此我们所关心的最主要的是 PE 线的电位，而不是 N 线的电位，所以在系统中重复接地不是对 N 线的重复接地。如果将 PE 线和 N 线共同接地，由于 PE 线与 N 线在重复接地处相接，重复接地点与配电变压器工作接地点之间的接线已无 PE 线和 N 线的区别，原由 N 线承担的中性线电流变为由 N 线和 PE 线共同承担，并有部分电流通过重复接地点分流。由于这样可以认为重复接地点前侧已不存在 PE 线，只有由原 PE 线及 N 线并联共同组成的 PEN 线，原 TN-S 系统所具有的优点将丧失，所以不能将 PE 线和 N 线共同接地。

TN 系统根据其保护零线是否与工作零线分开可划分为 TN-C 系统、TN-S 系统、TN-C-S 系统三种形式。

a. TN-C 系统(图 6-49)。

在 TN-C 系统中，将 PE 线和 N 线的功能综合起来，由一根称为 PEN 线的导体同时承担两者的功能。在用电设备处，PEN 线既连接到负荷中性点上，又连接到设备外露的可导电部分。由于它所固有的技术上的种种弊端，现在已很少采用，尤其是在民用配电中，已基本上不允许采用 TN-C 系统。

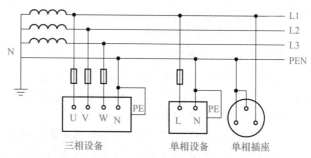

图 6-49　TN-C 系统接线图

TN-C 系统的特点如下：

(a)设备外壳带电时，接零保护系统能将漏电电流上升为短路电流，实际就是单相对地短路故障，熔丝会熔断或自动开关跳闸，使故障设备断电，比较安全。

(b)TN-C 系统只适用于三相负载基本平衡的情况，若三相负载不平衡，工作零线上有不平衡电流，对地有电压，所以与保护线连接的电气设备金属外壳有一定的电压。

(c)如果工作零线断线，则保护接零的通电设备外壳带电。

(d)如果电源的相线接地，则设备的外壳电位升高，使中线上的危险电位蔓延。

(e)TN-C 系统干线上使用漏电断路器时，工作零线后面的所有重复接地必须拆除，否则漏电开关合不上闸，而且工作零线在任何情况下不能断线。所以，实用中工作零线只能在漏电断路器的上侧重复接地。

(f)当三相负载不平衡时，在零线上出现不平衡电流，零线对地呈现电压，触及零线可能导致触电事故。

(g)通过漏电保护开关的零线，只能作为工作零线，不能作为电气设备的保护零线，这是由漏电开关的工作原理决定的。

(h)对接有二极漏电保护开关的单相用电设备，如用于 TN-C 系统中的金属外壳的保护零线，严禁与该电路的工作零线相连接，也不允许接在漏电保护开关前面的 PEN 线上，但在使用中极易发生误接。

(i)重复接地装置的连接线，严禁与通过漏电开关的工作零线相连接。

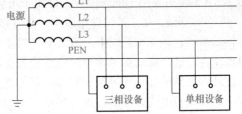

图 6-50　三相四线制系统接线图

电源变压器中性点接地，保护零线(PE)与工作零线(N)共用(简称 PEN)，称为三相四线制系统(图 6-50)。其中，中性线(N 线)的作用：一是用来提供相电压；二是用来传导不平衡电流；三是减少中性点电压偏移。

b. TN-S 系统(图 6-51)。

TN-S 系统中性线 N 与 TT 系统相同。与 TT 系统不同的是，用电设备外露可导电部分通过 PE 线连接到电源中性点，与系统中性点共用接地体，而不是连接到自己专用的接地体，中性线(N 线)和保护线(PE 线)是分开的。TN-S 系统的最大特征是 N 线与 PE 线在系统中性点分开后，不能再有任何电气连接，这一条件一旦破坏，TN-S 系统便不再成立。

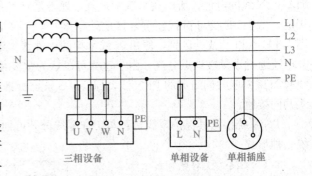

图 6-51　TN-S 系统接线图

TN-S 系统的特点如下：

(a)系统正常运行时，专用保护线上没有电流，只是工作零线上有不平衡电流。PE 线对地没有电压，所以电气设备金属外壳接零保护是接在专用的保护线 PE 上，安全可靠。

(b)工作零线只用作单相照明负载回路。

(c)专用保护线 PE 不许断线，也不许接入漏电开关。

(d)干线上使用漏电保护器，所以 TN-S 系统供电干线上也可以安装漏电保护器。

(e)TN-S 方式供电系统安全可靠，适用于工业与民用建筑等低压供电系统。

(f)保护零线 PE 线绝对不允许断开，也不许接入漏电开关。

(g)同一用电系统中的电器设备绝对不允许部分接地、部分接零。否则当保护接地的设备发生漏电时，会使中性点接地线电位升高，造成所有采用保护接零的设备外壳带电。

(h)保护接零 PE 线的材料及连接要求：保护零线的截面应不小于工作零线的截面，并使用黄/绿双色线。与电气设备连接的保护零线应为截面不少于 2.5 mm² 的绝缘多股铜线。

保护零线与电气设备连接应采用铜鼻子等可靠连接，不得采用铰接；电气设备接线柱应镀锌或涂防腐油脂，保护零线在配电箱中应通过端子板连接，在其他地方不得有接头出现。

该系统将工作零线与保护零线完全分开，从而克服了 TN-C 供电系统的缺陷，所以现在施工现场已经不再使用 TN-C 系统。

在 TN-S 系统中，工作零线 N 和保护零线 PE 从电源端中性点开始完全分开，此系统习惯称为三相五线制系统(图 6-52)。

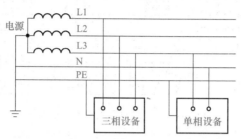

图 6-52　三相五线制系统接线图

当电气设备相线碰壳，直接短路时，可采用过电流保护器切断电源。当 N 线断开，如三相负荷不平衡，中性点电位升高，但外壳无电位，PE 线也无电位；TN-S 系统 PE 线首末端应做重复接地，以减少 PE 线断线造成的危险。TN-S 系统适用于工业企业、大型民用建筑。目前单独使用一个变压器供电的或变配电所距施工现场较近的工地基本上都采用了 TN-S 系统，与逐级漏电保护相配合，确实起到了保障施工用电安全的作用。

c. TN-C-S 系统(图 6-53)。

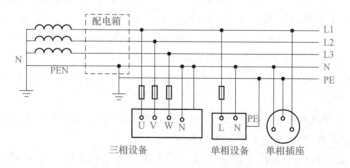

图 6-53　TN-C-S 系统接线图

TN-C-S 系统是 TN-C 系统和 TN-S 系统的结合形式，在 TN-C-S 系统中，从电源出来的那一段采用 TN-C 系统。因为在这一段中无用电设备，只起电能的传输作用，到用电负荷附近某一点处，将 PEN 线分开形成单独的 N 线和 PE 线。从这一点开始，系统相当于 TN-S 系统。

TN-C-S 系统的特点如下：

(a)TN-C-S 系统可以降低电动机外壳对地的电压，然而又不能完全消除这个电压。这个电压的大小取决于负载不平衡的情况及线路的长度。要求负载不平衡电流不能太大，而且在 PE 线上应作重复接地。

(b)PE 线在任何情况下都不能接入漏电保护器，因为线路末端的漏电保护器动作会使前级漏电保护器跳闸造成大范围停电。

(c)对 PE 线除在总箱处必须和 N 线连接以外，其他各分箱处均不得把 N 线和 PE 线相连接，PE 线上不许安装开关和熔断器。

实际上，TN-C-S 系统是在 TN-C 系统上变通的做法。当三相电力变压器工作接地情况良好，三相负载比较平衡时，TN-C-S 系统在施工用电实践中效果还是不错的。但是，在三相负载不平衡，建筑施工工地有专用的电力变压器时，必须采用 TN-S 方式供电系统。

在整个系统中，工作零线同保护零线是部分共用的，此系统即为局部三相五线制系统(图 6-54)。第一部分是 TN-C 系统，第二部分是 TN-S 系统，其分界面在 N 线与 PE 线的连接点。

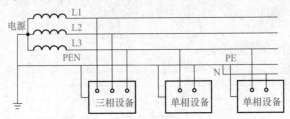

图 6-54　局部三相五线制系统接线图

当电气设备发生单相碰壳，同 TN-S 系统；当 N 线断开，故障同 TN-S 系统；TN-C-S 系统中 PEN 应重复接地，而 N 线不宜重复接地。PE 线连接的设备外壳在正常运行时始终不会带电，所以 TN-C-S 系统提高了操作人员及设备的安全性。当变电台距现场较远或没有施工专用变压器时，施工现场一般采取 TN-C-S 系统。

(3)重复接地。在 TN 系统中，为确保公共 PE 线或 PEN 线安全可靠，除在电源中性点进行工作接地外，还应在 PE 线或 PEN 线的下列地点进行重复接地：一是在架空线路终端及沿线每隔 1 km 处；二是电缆和架空线引入车间和其他建筑物处。

如果不进行重复接地，则在 PE 线或 PEN 线断线且有设备发生单相接壳短路时，接在断线后面的所有设备的外壳都将呈现接近相电压的对地电压，即 $U_E \approx U_\phi$，如图 6-55(a)所示，这是很危险的。如果进行了重复接地，则在发生同样故障时，断线后面的设备外壳呈现的对地电压 $U'_E = I_E R'_E \ll U_\phi$，如图 6-55(b)所示，危险程度大大降低。

必须注意：N 线不能重复接地，否则系统中所装设的漏电保护器不起作用。

各种接地的区别：

(1)保护接地是指将电气装置正常情况下不带电的金属部分与接地装置连接起来，以防止该部分在故障情况下突然带电而造成对人体的伤害。

(2)工作接地就是将变压器的中性点接地。其主要作用是使系统电位具有稳定性，即减轻低压系统由于一相接地；防雷接地与电气接地可以连接在一起。但是不能把防雷引下线和保护接引下线在地面上连成一体后与接地极相连，因为雷击时雷电流通过防雷引下线入地的同时，也会由 PE 线分流到设备上，人员触及会遭到雷击。

(3)防雷接地与电气接地可以连接在一起。但是不能把防雷引下线和保护接地引下线在地面上连成一体后与接地极相连，因为雷击时雷电流通过防雷引下线入地的同时，也会由 PE 线分流到设备上，此时若有人员触及会遭到雷击。

(4)PE 线保护接地的引下线应该单独和接地极相连，PE 线的引下线和防雷引下线相距越远越好，要求 10 m 以上，雷电流沿防雷引下线入地后，让雷电流流散入地，就不会从 PE 线的引下线扩散到设备外壳上。

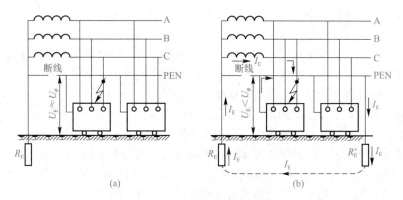

图 6-55　重复接地作用的说明

(a)没有重复接地的系统中，PE 线或 PEN 线断线时；

(b)采取重复接地的系统中，PE 线或 PEN 线断线时

3. 接地电阻及电气装置的接地要求

前文讲述了接地的重要性，既然接地这么重要，那么具体什么地方需要接地呢？不同于接地装置，接地电阻究竟是什么呢？这里将进行具体介绍。

(1)电气装置的接地要求。

1)电气装置应该接地或接零的金属部分。相关规程规定，电气装置的下列金属部分，均应接地或接零：

①电机、变压器、电器、携带式或移动式用电器具等的金属底座和外壳；

②电气设备的传动装置；

③屋内外配电装置的金属或钢筋混凝土构架以及靠近带电部分的金属遮栏和金属门；

④配电、控制、保护用的屏(柜、箱)及操作台等的金属框架和底座；

⑤交、直流电力电缆的接头盒、终端头及膨胀器的金属外壳和可触及的电缆金属保护层及穿线的钢管；

⑥穿线的钢管之间或钢管与电器设备之间有金属软管过渡的，应保证金属软管段接地畅通；

⑦电缆桥架、支架和井架，装有避雷线的电力线路杆塔；

⑧装在配电线路杆上的电力设备；

⑨在非沥青地面的居民区内，不接地、经消弧线圈接地和高电阻接地系统中无避雷线的架空电力线路的金属杆塔和钢筋混凝土杆塔；

⑩承载电气设备的构架和金属外壳；

⑪发电机中性点柜外壳，发电机出线柜、封闭母线的外壳及其他裸露的金属部分；

⑫气体绝缘全封闭组合电器(GIS)的外壳接地端子和箱式变电站的金属箱体；

⑬电热设备的金属外壳；

⑭铠装控制电缆的金属护层；

⑮互感器的二次绕组。

2)电气装置可不接地或不接零的金属部分。相关规程规定，电气装置的下列金属部分可不接地或不接零：

①在木质、沥青等不良导电地面的干燥房间内，交流额定电压为 400 V 及以下或直流额定电压为 440 V 及以下的电气设备的外壳；但当有可能同时触及上述电气设备外壳和已接地的其他物体时，则仍应接地；

②在干燥场所，交流额定电压为 127 V 及以下或直流额定电压为 110 V 及以下的电气设备的外壳；

③安装在配电屏、控制屏和配电装置上的电气测量仪表、继电器和其他低压电器等的外壳，以及当发生绝缘损坏时，在支持物上不会引起危险电压的绝缘子的金属底座等；

④安装在已接地金属构架上的设备，如穿墙套管等；

⑤额定电压为 220 V 及以下的蓄电池室内的金属支架；

⑥由发电厂、变电所和船厂区域内引出的铁路轨道；

⑦与已接地的机床、机座之间有可靠电气接触的电动机和电器的外壳。

(2)接地电阻及其要求。不同于接地装置，接地电阻是指电流经过接地体进入大地并向周围扩散时所遇到的电阻。接地电阻按其通过电流的性质分为以下两种：

1)工频接地电阻：是工频接地电流流经接地装置入地所呈现的接地电阻，用 R_E（或 $R_\sim$）表示。

2)冲击接地电阻：是雷电流流经接地装置入地所呈现的接地电阻，用 R_{sh}（或 R_i）表示。

4. 接地装置的装设与确定

(1)接地装置装设及布置。

1)自然接地体利用。在设计和装设接地装置时，首先应充分利用自然接地体，以节约投资、节约钢材。如果实地测量所利用的自然接地体接地电阻已满足要求，且这些自然接地体又满足短路热稳定度条件，除 35 kV 及以上变配电所外，一般就不必再装设人工接地装置，否则应装设人工接地装置。

可以利用的自然接地体如下：

①埋设在地下的金属管道，但不包括装有可燃和爆炸物质的管道；

②金属井管；

③与大地有可靠连接的建筑物的金属结构；

④水工建筑物及其类似的构筑物的金属管、桩等。

2)人工接地体的装设。

①人工接地体有垂直埋设和水平埋设两种，如图 6-56 所示。

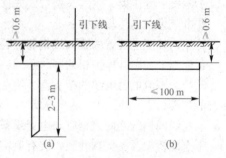

图 6-56 人工接地体
(a)垂直埋设的管形或棒形接地体；
(b)水平埋设的带形接地体

最常用的垂直接地体[图 6-56(a)]为直径 50 mm、长 2.5 m 的钢管。如果采用的钢管直径小于 50 mm，则因钢管的机械强度较小，易弯曲，不适于用机械方法打入土中；如果钢管直径大于 50 mm，则钢材耗用增大，很不经济。如果采用的钢管长度小于 2.5 m，则散流电阻增加很多；如果钢管长度大于 2.5 m，则难以打入土中。由此可见，采用直径为 50 mm、长度为 2.5 m 的钢管作为垂直接地体是最为经济合理的，且埋入地下的接地体，其顶端离地面不宜小于 0.6 m。水平接地体距地面距离与之相同[图 6-56(b)]。

②当多根接地体相互邻近时，会出现入地电流相互排挤的屏蔽效应，如图 6-57 所示。这种屏蔽效应使接地装置的利用率下降。因此垂直接地体之间的间距不宜小于接地体长度的 2 倍，而水平接地体之间的间距一般不宜小于 5 m。

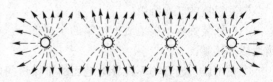

图 6-57 接地体间的电流屏蔽效应

③人工接地网的布置，应尽量使地面的电位分布均匀，以降低接触电压和跨步电压。人工接地网的外缘应闭合。外缘各角应做成圆弧形，圆弧的半径不宜小于下述均压带间距的一半。

35 kV 及以上变电所的人工接地网内应敷设水平均压带，如图 6-58 所示。为保障人身安全，应在经常有人出入的过道处，铺设碎石、沥青路面，或在地下加装帽檐式均压带。

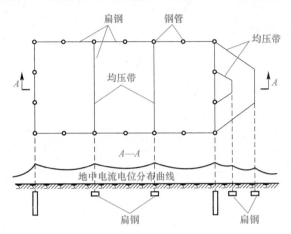

图 6-58 加装均压带的人工接地网

为了减小建筑物的接触电压，接地体与建筑物的基础间应保持不小于 1.5 m 的水平距离，通常取 2～3 m。

（2）接地装置确定。

1）人工接地体工频接地电阻的确定。在工程设计中，人工接地体的工频接地电阻可采用下列简化公式计算。

①单根垂直管形或棒形接地体的接地电阻：

$$R_{E(1)} \approx \frac{\rho}{l} \tag{6-16}$$

式中，ρ 为土壤电阻率（Ω·m）；l 为接地体长度（m）。

②n 根垂直接地体通过连接扁钢（或圆钢）并联时，由于接地体间屏蔽效应的影响，使得总的接地电阻 $R_E > R_{E(1)}/n$，因此实际总的接地电阻：

$$R_E = \frac{R_{E(1)}}{n\eta_E} \tag{6-17}$$

式中，$R_{E(1)}$ 为单根接地体的接地电阻（Ω）；η_E 为多根接地体并联时的接地体利用系数。

③单根水平带形接地体的接地电阻：

$$R_E \approx \frac{2\rho}{l} \tag{6-18}$$

式中，ρ 为土壤电阻率（Ω·m）；l 为接地体长度（m）。

④n 根放射形水平接地带（$n \leqslant 12$，每根长度 $l \approx 60$ m）的接地电阻：

$$R_E \approx \frac{0.062\rho}{n+1.2} \tag{6-19}$$

⑤环形接地网（带）的接地电阻：

$$R_E \approx \frac{0.6\rho}{\sqrt{A}} \tag{6-20}$$

式中，A 为环形接地网（带）所包围的面积（m²）。

2)自然接地体工频接地电阻的确定。部分自然接地体的工频接地电阻可按下列简化计算公式计算。

①电缆金属外皮和水管等的接地电阻：

$$R_{\mathrm{E}} \approx \frac{2\rho}{l} \tag{6-21}$$

②钢筋混凝土基础的接地电阻：

$$R_{\mathrm{E}} \approx \frac{0.2\rho}{\sqrt[3]{V}} \tag{6-22}$$

式中，V 为钢筋混凝土基础的体积(m^3)。

钢筋混凝土电杆的接地电阻见表 6-3。

表 6-3　钢筋混凝土电杆的接地电阻计算方法

钢筋混凝土电杆	单杆	双杆	带拉线的单、双杆	拉线底盘
接地电阻/Ω	$R_{\mathrm{E}} \approx 0.3\rho$	$R_{\mathrm{E}} \approx 0.2\rho$	$R_{\mathrm{E}} \approx 0.1\rho$	$R_{\mathrm{E}} \approx 0.28\rho$
注：表中 ρ 为土壤电阻率。				

3)冲击接地电阻的确定。冲击接地电阻是指雷电流经接地装置泄放入地所呈现的电阻，包括接地线、接地体电阻和地中散流电阻。由于强大的雷电流泄放入地时，当地的土壤被雷电波击穿并产生火花，使散流电阻显著降低。按规程规定，冲击接地电阻按下式计算：

$$R_{\mathrm{sh}} = \frac{R_{\mathrm{E}}}{\alpha} \tag{6-23}$$

式中，R_{E} 为工频接地电阻；α 为换算系数，为 R_{E} 与 R_{sh} 的比值。

4)接地装置的确定程序。接地装置的计算程序如下：

①按设计规范的要求确定允许的接地电阻 R_{E} 值。

②实测或估算可以利用的自然接地体的接地电阻 $R_{\mathrm{E(net)}}$ 值。

③计算需要补充的人工接地体的接地电阻：

$$R_{\mathrm{E(man)}} = \frac{R_{\mathrm{E(net)}} R_{\mathrm{E}}}{R_{\mathrm{E(net)}} - R_{\mathrm{E}}} \tag{6-24}$$

如果不考虑利用自然接地体，则 $R_{\mathrm{E(man)}} = R_{\mathrm{E}}$。

④在装设接地体的区域内初步安排接地体的布置，并按一般经验试选，初步确定接地体和接地线的尺寸。

⑤计算单根接地体的接地电阻 $R_{\mathrm{E(1)}}$。

⑥用逐步渐近法计算接地体的数量：

$$n = \frac{R_{\mathrm{E(1)}}}{\eta E R_{\mathrm{E(man)}}} \tag{6-25}$$

⑦校验短路热稳定度。对于大接地电流系统中的接地装置，可进行单相短路热稳定度的校验。由于钢线的热稳定系数 $C = 70$，因此满足单相短路热稳定度的钢接地线的最小允许截面面积为

$$A_{\min} = \frac{I_{\mathrm{k}}^{(1)} \sqrt{t_{\mathrm{k}}}}{70} \tag{6-26}$$

式中，$I_{\mathrm{k}}^{(1)}$ 为单相接地短路电流(A)，为计算简便，并使热稳定度更有保障，可取为 $I_{\mathrm{k}}^{(3)}$；t_{k} 为短路电流持续时间(s)。

三、电气安全与触电急救

1. 电气安全有关概念

(1)电流对人体的作用。电流通过人体时，人体内部组织将产生复杂的作用。

人体触电可分两种情况：一种是雷击和高压触电，较大的安培数量级的电流通过人体所产生的热效应、化学效应和机械效应，将使人的肌体遭受严重的电灼伤、组织碳化坏死及其他难以恢复的永久性伤害，甚至导致迅速死亡的严重后果。另一种是低压触电，在数十至数百毫安电流作用下，使人的肌体产生病理生理性反应，轻的有针刺痛感，或出现痉挛、血压升高、心律不齐以致昏迷等暂时性的功能失常，重的可引起呼吸停止、心脏骤停、心室纤维性颤动，严重的可导致死亡。

(2)安全电流及相关因素。安全电流是人体触电后的最大摆脱电流。安全电流值，各国规定并不完全一致。我国一般取 30 mA(50 Hz 交流)为安全电流，但是触电时间按不超过 1 s 计，因此这一安全电流也称为 30 mA·s，如果通过人体的电流不超过 30 mA·s 时，对人身肌体不会有损伤，不致引起心室颤动或器质性损伤。如果通过人体的电流达到 50 mA·s，对人就有致命危险。而达到 100 mA·s 时，一般会致人死亡。这 100 mA 即为"致命电流"。

安全电流主要与下列因素有关：

1)触电时间。触电时间在 0.2 s 以下和 0.2 s 以上(即以 200 ms 为界)，电流对人体的危害程度是大有差别的。触电时间超过 0.2 s 时，致颤电流值将急剧降低。

2)电流性质。试验表明，直流、交流和高频电流通过人体时对人体的危害程度是不一样的，通常以 50～60 Hz 的工频电流对人体的危害最为严重。

3)电流路径。电流对人体的伤害程度，主要取决于心脏的受损程度。试验表明，不同路径的电流对心脏有不同的伤害程度，而以电流从手到脚特别是从一手到另一手对人最为危险。

4)体重和健康状况。健康人的心脏和虚弱病人的心脏对电流伤害的抵抗能力是大不一样的。人的心理状态、情绪好坏以及人的体重等，也使电流对人体的危害程度有所差异。

(3)安全电压和人体电阻。安全电压是指不使人直接致死或致残的电压。

实际上，从电气安全的角度来说，安全电压与人体电阻是有关系的。

人体电阻由体内电阻和皮肤电阻两部分组成。体内电阻约为 500 Ω，与接触电压无关。皮肤电阻随皮肤表面的干湿洁污状况及接触面积而变，为 1 700～2 000 Ω。从人身安全的角度考虑，人体电阻一般取下限值 1 700 Ω。

由于安全电流取 30 mA，而人体电阻取 1 700 Ω，因此人体允许持续接触的安全电压为

$$U_{saf} = 30 \times 10^{-3} \times 1700 \approx 50 \text{(V)}$$

这 50 V(50 Hz 交流有效值)称为一般正常环境条件下允许持续接触的"安全特低电压"。有关规程规定："设备所在环境为正常环境，人身电击安全电压限值为 50 V。"

(4)直接触电防护和间接触电防护。根据人体触电的情况将触电防护分为直接触电防护和间接触电防护两种。

1)直接触电防护指对直接接触正常时带电部分的防护，例如对带电导体加隔离栅栏或加保护罩等。

2)间接触电防护指对故障时可带危险电压而正常时不带电的电气装置外露可导电部分的防护，例如将正常不带电的设备金属外壳和框架等接地，并装设接地故障保护等。

2. 电气安全措施

在供用电工作中，必须特别注意电气安全。如果稍有麻痹或疏忽，就可能造成严重的人身触电事故或者引起火灾和爆炸，给国家和人民带来极大的损失。

保证电气安全的一般措施如下：

(1)加强电气安全教育。电能够造福于人，但如果使用不当，也能给人以极大危害，甚至致人死亡。因此必须加强电气安全教育，人人树立"以人为本，安全第一"的观点，个个都做安全教育工作，力争供用电系统无事故地运行，防患于未然。

(2)严格执行安全工作规程。国家颁布的和现场制定的安全工作规程，是确保工作安全的基本依据。只有严格执行安全工作规程，才能确保工作安全。

(3)严格遵循设计、安装规范。国家制定的设计、安装规范，是确保设计、安装质量的基本依据。

(4)加强运行维护和检修试验工作。加强供用电设备的运行维护和检修试验工作，对于供用电系统的安全运行，也具有很重要的作用。这方面也应遵循有关的规程、标准。

(5)采用安全电压及符合安全要求的相应电器。对于容易触电及有触电危险的场所，应按相关规定采用相应的安全电压值。

对于在有爆炸和火灾危险的环境中使用的电气设备和导线、电缆，应符合相关规程规定。

(6)按规定使用电气安全用具。电气安全用具分基本安全用具和辅助安全用具两类。

1)基本安全用具。这类安全用具的绝缘足以承受电气设备的工作电压，操作人员必须使用它，才允许操作带电设备。

2)辅助安全用具。这类安全用具的绝缘不足以完全承受电气设备工作电压的作用，但是工作人员使用它，可使人身安全有进一步的保障。例如绝缘手套、绝缘靴、绝缘地毯、绝缘垫台、高压验电器、低压试电笔、临时接地线及"禁止合闸，有人工作""止步，高压危险！"标示牌等。

(7)安全用电常识。

1)不得私拉电线，装拆电线应请电工，以免发生短路和触电事故。

2)不得超负荷用电，不得随意加大熔断器熔体规格或更换熔体材质。

3)绝缘电线上不得晾晒衣物，以防电线绝缘破损，漏电伤人。

4)不得在架空线路和变配电所附近放风筝，以免造成线路短路或接地故障。

5)不得用鸟枪或弹弓打电线上的鸟，以免击毁线路绝缘子。

6)不得擅自攀登电杆和变配电装置的构架。

7)移动式和手持式电器的电源插座，一般应采用带保护接地(PE)插孔的三孔插座。

8)所有可触及的设备外露可导电部分必须接地，或接 PE 线及 PEN 线。

9)当带电的电线断落在地上时，不可走近，更不能用手去拣。对落地的高压线，人应该离开落地点 8 m 以上。遇此类断线落地故障，应画定禁止通行区，派人看守，并通知电工或供电部门前来处理。

10)如遇有人触电，应立即设法断开电源，并按规定进行急救处理。

(8)电气失火事故处理。

1)电气设备起火的原因。

①电气设备的绝缘下降或损坏，电气线路发生短路、接地等故障引起的火花。

②电气设备长期过载、超负荷工作，温升超过允许值，甚至燃烧。

③继电器、接触器通断情况不良，灭弧不好。

④直流电机换向不好，换向火花过大。

⑤导体或电缆连接点松动，接触不好，引起局部发热甚至燃烧。

2)电气设备的防火要求。

①经常检查电气线路及设备的绝缘电阻，发现接地、短路等故障时要及时排除。

②电气线路和设备的载流量必须控制在额定范围内。

③严格按施工要求，保证电气设备的安装质量。

④按环境条件选择使用电气设备，易燃易爆场所要使用防爆电器。

⑤电缆及导线连接处要牢靠，防止松动脱落。

3)电气灭火器具。对于已经切断电源而范围较大的电气火灾，可使用水和常规灭火器。对于未切断电源的电气火灾应采用绝缘性能好、腐蚀性小的灭火器具。船用灭火器具一般有下列几种：

①二氧化碳灭火器。二氧化碳绝缘性能好，没有腐蚀性，使用后不留渣渍，不损坏设备，是一种很理想的灭火材料。使用时，不要与水或蒸汽一起使用，否则灭火性能会大大降低。

②1211灭火器。1211是一种含有一溴二氟一氯甲烷的灭火材料，扑灭电气火灾的效果理想。其适合扑灭小面积电气火灾，一般船舶配电极附近备有这种小型灭火器。

③干粉灭火器。干粉是碳酸氢钠加硬脂酸铝、云母粉、石英粉或滑石粉等制成的粉状物。干粉本身无毒，不腐蚀，不导电。灭火时，钢瓶中的压缩气体将干粉以雾状物喷射到燃烧物表面，隔离空气，使火熄灭。干粉灭火迅速，效果好，但成本高，灭火后须擦拭被喷射物，一般仅用于小面积灭火。

4)带电灭火的措施和注意事项。带电灭火应使用二氧化碳(CO_2)灭火器、干粉灭火器。这些灭火器的灭火剂不导电，可直接用来扑灭带电设备的失火。但使用二氧化碳灭火器时，要防止冻伤和窒息，因为其使用的二氧化碳是液态的，灭火时它喷射出来后，强烈扩散，大量吸热，形成温度很低(可低至$-78\ ℃$)的雪花状干冰，降温灭火，并隔绝氧气。因此使用二氧化碳灭火器时，要打开门窗，并要离开火区$2\sim3\ m$，不要使干冰沾到皮肤，以防冻伤。带电灭火不能使用一般泡沫灭火器，因为其灭火剂(水溶液)具有一定的导电性，而且对电气设备的绝缘有一定的腐蚀性。一般也不能用水来灭电气失火，因为水中多少含有导电杂质，用水进行带电灭火，容易发生触电事故。可使用干砂来覆盖进行带电灭火，但只能是小面积的。

3. 人体触电的急救处理

(1)影响触电伤害程度的因素。

1)与电流种类有关。直流电对人体血液有分解作用，交流电对人的神经有破坏作用，通常交流电对人体伤害程度要大于直流电。

2)与流过人体的电流量大小有关。一般情况下，当流过人体的交流电流在$20\ mA$以下时，人体是安全的，此时人的头脑清醒，自己有能力摆脱带电体。而当电流达到$50\ mA$以上时，人的心脏受到严重损害，导致立即死亡。

微课：人体触电急救

3)与交流电流频率有关。$50\ Hz$或$60\ Hz$的工频电流对人体的伤害最大。当频率增高到$2\ 000\sim2\ 500\ Hz$时，对人的危害性降低。频率再增高时，电流对人的伤害程度就大大降低。

4)与电压高低有关。当加于人体的电压小于$36\ V$时，由于人体自身电阻的作用，通过人体的电流不会超过$50\ mA$，不至于伤害人体。因此规定$36\ V$以下为安全电压。当电压超过$36\ V$时，就有可能危及人身安全。电压越高，危害性越大，$1\ 000\ V$以上的高电压能很快使人停止呼吸和心跳而致死。

5)流经人体的电流持续时间越长，对人造成的伤害就越严重。经验证明：$100\ mA$的电流通过人体持续$0.2\ s$以上，就完全可能置人于死地。

6)与电流流过人体的路径有关。电流经过人体其他部位而不经过心脏，危险性相对小一些。触电电流经过心脏的危险性最大。但是，人体任何部位触电，都能引起呼吸神经中枢急剧失调，丧失知觉，甚至死亡。

7)与人体电阻和人的体质有关。人体电阻因人而异，但在一般情况下，干燥洁净的皮肤，人体电阻可达$40\sim50\ k\Omega$。而皮肤潮湿时可降到$1\ k\Omega$以下，如皮肤破损，人体电阻将降至$600\sim800\ k\Omega$，使触电的危险性增大。体格强健、身心健康者，其耐受能力较强，触电危险性相对小些，而身体虚弱者的危险性就较大。

（2）触电的急救处理。触电者的现场急救，是抢救过程中关键的一步。如果处理及时和正确，则因触电而呈假死的人就有可能获救；反之，会带来不可弥补的后果。带电灭火时，应采取防触电的可靠措施。如有人触电，应按下述方法进行急救处理。

1）脱离电源。触电急救，首先要使触电者迅速脱离电源，越快越好，因为触电时间越长，伤害越重。

脱离电源就是要将触电者接触的那一部分带电设备的电源开关断开，或者设法使触电者与带电设备脱离。在脱离电源时，救护人员既要救人，又要注意保护自己，防止触电。触电者未脱离电源前，救护人员不得用手触及触电者。

如果触电者触及低压带电设备，救护人员应设法迅速切断电源，例如拉开电源开关或拔下电源插头，或者使用绝缘工具、干燥木棒等不导电物体解脱触电者。也可抓住触电者干燥而不贴身的衣服将其拖开；也可戴绝缘手套或将手用干燥衣物等包起绝缘后解脱触电者。救护人员也可站在绝缘垫上或干木板上进行救护。

如果触电者触及高压带电设备，救护人员应立即通知有关供电单位或用户停电；或迅速用相应电压等级的绝缘工具按规定要求拉开电源开关或熔断器。也可抛掷先接好地的裸金属线使高压线路短路接地，迫使线路的保护装置动作，断开电源。但抛掷短接线时一定要注意安全。抛出短接线后，要迅速离开短接线接地点 8 m 以外，或双脚并拢，以防跨步电压伤人。

如果触电者处于高处，解脱电源后触电者可能从高处掉下，因此要采取相应的安全措施，以防触电者摔伤或致死。

如果触电事故发生在夜间，在切断电源救护触电者时，应考虑到救护所必需的应急照明；但也不能因此而延误切断电源、进行抢救的时间。

2）急救处理。当触电者脱离电源后，应立即根据具体情况对症救治，同时通知医生前来抢救。

如果触电者神志尚清醒，则应使之就地躺平，或抬至空气新鲜、通风良好的地方让其躺下，严密观察，暂时不要让他站立或走动。

如果触电者已神志不清，则应使之就地仰面躺平，且确保空气通畅，并用 5 s 左右时间，呼叫伤员，或轻拍其肩部，以判定其是否意识丧失。禁止摇动伤员头部呼叫伤员。

如果触电者已失去知觉，停止呼吸，但心脏微有跳动时，应在通畅气道后，立即施行口对口或口对鼻的人工呼吸。

如果触电者伤害相当严重，心跳和呼吸均已停止，完全失去知觉时，则在通畅气道后，立即同时进行口对口（鼻）的人工呼吸和胸外按压心脏的人工循环。如果现场仅有一人抢救时，可交替进行人工呼吸和人工循环。先胸外按压心脏 4～8 次，然后口对口（鼻）吹气 2～3 次，再按压心脏 4～8 次，又口对口（鼻）吹气 2～3 次，如此循环反复进行。

由于人的生命的维持，主要是靠心脏跳动而造成的血液循环和呼吸而形成的氧气与废气的交换，因此采取胸外按压心脏的人工循环和口对口（鼻）吹气的人工呼吸的方法，能对处于因触电而暂时停止了心跳和呼吸的"假死"状态的人起暂时弥补的作用，促使其血液循环和正常呼吸，达到"起死回生"，因此这两种急救方法统称为"心肺复苏法"。

在急救过程中，人工呼吸和人工循环的措施必须坚持进行。在医务人员未来接替救治前，不应放弃现场抢救，更不能只根据没有呼吸和脉搏就擅自判定伤员死亡，放弃抢救。只有医生有权做出伤员死亡的论断。

3）人工呼吸法。人工呼吸法有仰卧压胸法、俯卧压背法和口对口（鼻）吹气法等，这里只介绍现在公认简便易行且效果较好的口对口（鼻）吹气法。

①迅速解开触电者衣服、裤带，松开上身的紧身衣、胸罩、围巾等，使其胸部能自由扩张，

不致妨碍呼吸。

②应使触电者仰卧，不垫枕头，头先侧向一边，清除其口腔内的血块、假牙及其他异物。如果舌根下陷，应将舌根拉出，使气道畅通。如果触电者牙关紧闭，救护人员应以双手托住其下颌骨的后角处，大拇指放在下颌角边缘，用手将下颌骨慢慢向前推移，使下牙移到上牙之前；也可用开口钳、小木片、金属片等，小心地从口角伸入牙缝撬开牙齿，清除口腔内异物。然后将其头扳正，使之尽量后仰，鼻孔朝天，使气道畅通。

③救护人位于触电者一侧，用一只手捏紧鼻孔，不使漏气；用另一只手将下颌拉向前下方，使嘴巴张开。可在其嘴上盖一层纱布，准备进行吹气。

④救护人做深呼吸后，紧贴触电者嘴巴，向他大口吹气，如图 6-59（a）所示。如果掰不开嘴，也可捏紧嘴巴，紧贴鼻孔吹气。吹气时，要使其胸部膨胀。

⑤救护人吹完气换气时，应立即离开触电者的嘴巴（或鼻孔）并放松紧捏的鼻孔（或嘴巴），让其自由排气，如图 6-59（b）所示。

(a)   (b)

图 6-59　口对口吹气的人工呼吸法
(a)贴紧吹气；(b)放松换气
(⇨气流方向)

按照上述操作要求对触电者反复地吹气、换气，每分钟约 12 次。对幼小儿童施行此法时，鼻子不必捏紧，任其自由漏气，而且吹气也不能过猛，以免其肺泡胀破。

4)胸外按压心脏的人工循环法。按压心脏的人工循环法，有胸外按压和开胸直接挤压两种。后者是在胸外按压心脏效果不大的情况下，由胸外科医生进行的一种手术。这里只介绍胸外按压心脏的人工循环法。

①与上述人工呼吸法的要求一样，首先要解开触电者的衣服、裤带、胸罩、围巾等，并清除口腔内异物，使气道畅通。

②使触电者仰卧，姿势与上述口对口吹气法一样，但后背着地处的地面必须平整牢固，为硬地或木板之类。

③救护人位于触电者一侧，最好是跨腰跪在触电者腰部，两手相叠（对儿童可只用一只手），手掌根部放在心窝稍高一点的地方，如图 6-60 所示。

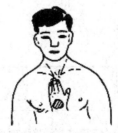

图 6-60　胸外按压心脏的正确压点

④救护人找到触电者的正确压点后，自上而下、垂直均衡地用力向下按压，压出心脏里面的血液，如图6-61(a)所示。对儿童，用力应适当小一些。

⑤按压后，掌根迅速放松(但手掌不要离开胸部)，使触电者胸部自动复原，心脏扩张，血液又回到心脏，如图6-61(b)所示。

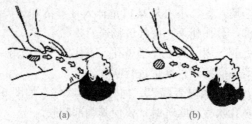

图6-61　人工胸外按压心脏法
(a)向下按压；(b)放松回流(⇨血流方向)

按照上述操作要求对触电者的心脏反复地进行按压和放松，每分钟约60次。按压时，定位要准确，用力要适当。

在施行人工呼吸和心脏按压时，救护人应密切观察触电者的反应。只要发现触电者有苏醒征象，例如眼皮闪动或嘴唇微动，就应终止操作几秒钟，以让触电者自行呼吸和心跳。

对触电者施行心肺复苏法——人工呼吸和心脏按压，对于救护人员来说是非常劳累的，但为了救治触电者，还必须坚持不懈，直到医务人员前来救治为止。事实说明，只要正确地坚持施行人工救治，触电假死的人被抢救成活的可能性非常大。

任务实施

步骤1：学生分组，每小组4～5人。
步骤2：强调纪律和操作规范。
步骤3：任务实施。

接地装置的测试

一、采用电压表、电流表和功率表(三表法)测量接地电阻

测试电路如图6-62所示。其中电压极、电流极为辅助测试极。电压极、电流极与接地体之间的布置方案有直线布置和等腰三角形布置两种。

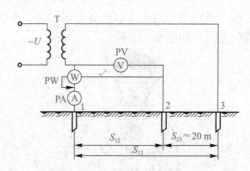

图6-62　三表法测量接地电阻电路
1—被测接地体；2—电压极；3—电流极；PV—电压表；PA—电流表；PW—功率表

(1)直线布置[图 6-63(a)]。取 $S_{13} \geqslant (2 \sim 3)D$，$D$ 为被测接地网的对角线长度；取 $S_{12} \geqslant 0.6S_{13}$（理论上 $S_{12} = 0.618S_{13}$）。

(2)等腰三角形布置[图 6-63(b)]。取 $S_{12} = S_{13} \geqslant 2D$，$D$ 为被测接地网的对角线长度；夹角取 $\alpha \approx 30°$。

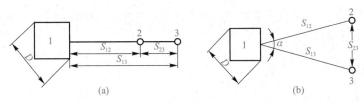

图 6-63　接地电阻测量的电极布置

(a)直线布置方案；(b)等腰三角形布置方案

图 6-62 所示测试电路加上电源后，同时读取电压 U、电流 I 和功率 P 值，即可由下式求得接地体(网)的接地电阻值：

$$R_E = \frac{U}{I} \tag{6-27}$$

$$R_E = \frac{P}{I^2} = \frac{U^2}{P} \tag{6-28}$$

二、采用接地电阻测试仪测量接地电阻

接地电阻测试仪俗称接地电阻摇表，其测量机构为流比计。电极的布置如图 6-63 所示，测试电路如图 6-64 所示。具体方案和要求同前。常用的接地电阻测试仪的型号规格见表 6-4。

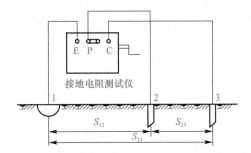

图 6-64　采用接地电阻测试仪测量接地电阻的电路

1—被测接地体；2—电压极；3—电流极

表 6-4　常用的接地电阻测试仪

型号	名称	量程	准确度	外形尺寸(长×宽×高)/mm
ZC8	接地电阻测试仪	1/10/100	在额定值的 30% 及以下，误差为额定值的 ±1.5%；在额定值的 30% 以上，误差为指示值的 ±5%	170×110×164
		10/100/1 000		
ZC29-1	接地电阻测试仪	10/100/1 000		172×116×135
ZC34A	晶体管接地电阻测试仪	2/20/200	误差 ±2.5%	180×120×110

摇测时，先将测试仪的"倍率标尺"开关置于较大的倍率挡。然后慢慢旋转摇柄，同时调整"测量标度盘"，使指针指零（中线）；接着加快转速达到每分钟约120转，并同时调整"测量标度盘"，使指针指零（中线）。这时"测量标度盘"所指示的标度值乘以"倍率标尺"的倍率，即为所测的接地电阻值。

步骤4：小组经过讨论确定任务结果，每小组由中心发言人陈述，经过全体同学讨论，确定正确结果并填写任务总结。

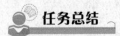
任务总结

课程认知记录表见表 6-5。

表 6-5　课程认知记录表

班级		姓名		学号		日期	
收获 与体会	谈一谈：你喜欢哪种接地装置测试方法？说说原因						
评价意见	评定人	评价、评议、评定意见				等级	签名
	自己评价						
	同学评议						
	老师评定						

注：该践行学分为5分，记入本课程总学分（150分）中，若结算分为总学分的95％以上，则评定为考核"合格"。

项目评价

序号	考核点	分值	建议考核方式	考核标准	得分
1	认识"去分流跳闸"的实际电路	20	教师评价（50％）＋互评（50％）	能正确说出它的组成结构和工作原理，错误一处扣1分	
2	接地装置的测试	25	教师评价（50％）＋互评（50％）	能正确对接地装置进行测试，错一步扣2分	
3	项目报告	10	教师评价（100％）	格式标准，内容完整，详细记录项目实施过程并进行归纳总结，一处不合格扣2分	
4	职业素养	5	教师评价（30％）＋自评（20％）＋互评（50％）	工作积极主动，遵守工作纪律，遵守安全操作规程，爱惜设备与器材	
5	练习与思考	40	教师评价（100％）	对相关知识点掌握牢固，错一题扣1分	
	完成日期		年　月　日	总分	

项目小结

通过本项目的学习，了解了供配电系统的继电保护和电气安全以及防雷保护，认识了"去分流跳闸"的实际电路，学会了接地装置的测试，这为毕业后从事本行业打下了良好的基础。

练习与思考

一、填空题

1. 继电保护装置就是反映供电系统中电气元件发生故障或不正常运行状态，（　　）一种自动装置。

2. 继电保护装置的基本要求是（　　）、（　　）、（　　）、可靠性。

3. 继电保护的种类很多，但是其工作原理基本相同，它主要由（　　）、（　　）和（　　）三部分组成。

4. 带时限的过电流保护，按其动作时限特性分，有（　　）过电流保护和（　　）过电流保护两种。

5. 在过电流保护动作时间超过（　　）时，应装设瞬时动作的电流速断保护装置。

6. 变压器故障一般分为（　　）故障和（　　）故障两种。

7. 变压器的不正常工作状态有（　　）、（　　）、（　　）、（　　）、（　　）、（　　）和（　　）等。

8. 常见的变压器继电保护有（　　）、（　　）、（　　）、（　　）、（　　）。

9. 微机保护的硬件主要由（　　）、（　　）、（　　）、（　　）四部分组成。

10. 微机保护的软件以硬件为基础，通过算法及程序设计实现所要求的保护功能，包括（　　）程序和（　　）程序两部分。

11. 接地装置是（　　）和（　　）的总称。而由若干接地体在大地中相互连接而构成的总体，称为（　　）。

12. 接地电流：当电气设备发生接地故障时通过接地体向大地做（　　）的电流。

13. 对地电压：电气设备的接地部分，如接地的外壳和接地体等，与（　　）的"地"之间的电位差。

14. 接触电压：电气设备的绝缘损坏时，在身体可同时触及的两部分之间出现的（　　），如手触及设备的金属外壳，则人手与脚之间所呈现的电位差，即（　　）。

15. 跨步电压：在接地故障点附近行走时，两脚之间出现的（　　），越靠近接地故障点或跨步越大，跨步电压（　　）。离接地故障点达（　　）时，跨步电压为零。

16. 按接地的目的不同，接地可分为（　　）、（　　）和（　　）。系统中性点接地属（　　）接地，电气设备正常不带电金属外壳接地属（　　）接地，防雷设备接地属（　　）接地。

17. 保护接地分为（　　）三种。

18. 人工接地体有（　　）埋设和（　　）埋设两种。

19. 在电力系统中过电压包括（　　）和（　　）两种。

20. 内部过电压分为（　　）。

21. 外部过电压主要是由（　　）引起的。

22. 防雷装置所有接闪器都必须经过（　　）与（　　）相连。

23. 为有效地担负起引雷和泄雷任务，避雷针通常由（　　）、（　　）和（　　）三部分组成。

24. 防直击雷的设备主要有（　　）、（　　）、（　　）；雷电侵入波的设备是（　　）。

25. 雷击和高压触电：安培级电流通过人体产生的热、化学、机械效应，使人体遭受严重电灼伤、组织碳化坏死、其他重要器官（　　）受到损害。

26. 低压触电：低压数十毫安级电流通过人体的（　　），人体受到损害，严重则死亡。

27. 影响安全电流的因素有（　　）、（　　）、（　　）、（　　）和健康状况。

28. 触电的急救处理有（　　）、（　　）、（　　）、胸外按压心脏的人工循环等方法。

二、选择题

1. 定时限过流保护动作值是按躲过线路（　　）电流整定的。

A. 最大负荷　　　　　　　　　　　　　B. 三相短路

C. 两相短路电流　　　　　　　　　　　D. 末端三相短路最小短路电流

2. 定时限过流保护动作时限级差一般为（　　）s。

A. 0.5　　　　　　B. 0.7　　　　　　C. 1.5　　　　　　D. 3

3. 定时限过流保护的保护范围是（　　）。

A. 本线路的一部分

B. 本线路的全部

C. 本线路的一部分及相邻线路的一部分

D. 本线路的全长及相邻线路的一部分

4. 下列关于船厂高压线路的定时限过电流保护装置的动作说法正确的是（　　）。

A. 短路电流超过整增定值时，动作时间是固定的

B. 动作时间与短路电流大小成反比

C. 短路电流超过整增定值就动作

D. 短路电压超过整增定值时，动作时间是固定的

5. 下列关于船厂高压线路的反时限过电流保护装置的动作说法正确的是（　　）。

A. 动作时间与短路电流大小成反比

B. 短路电流超过整增定值时，动作时间是固定的

C. 短路电流超过整增定值就动作

D. 短路电压超过整增定值时，动作时间是固定的

6. 当线路故障出现时，保护装置动作将故障切除，然后重合闸，若为稳定性故障，则立即加速保护装置动作将断路器断开，叫（　　）。

A. 二次重合闸保护　　　　　　　　　　B. 一次重合闸保护

C. 重合闸前加速保护　　　　　　　　　D. 重合闸后加速保护

7. 设备的绝缘损坏时，在身体可同时触及的两部分之间出现的电位差，称为（　　）。

A. 接触电压　　　　B. 跨步电压　　　　C. 对地电压　　　　D. 触电电压

8. 以下接地方式属于保护接地的系统是（　　）。

A. 变压器的中性点接地　　　　　　　　B. 电机的外壳接地

C. 把一根金属和地线相连　　　　　　　D. 以上都不是

9. 下列不属于工厂供电系统和电气设备接地的是（　　）。

A. 工作接地　　　　B. 重复接地　　　　C. 保护接地　　　　D. PEN 接地

10. 下列设备在工作中属于工作接地的是（　　）。

A. 避雷器　　　　　B. 电压互感器　　　C. 电动机　　　　　D. 变压器外壳

11. 避雷器是防止电侵入的主要保护设备，应与保护设备（　　）。

A. 并联　　　　　　B. 串联　　　　　　C. 接在被保护设备后　　D. 以上都不是

三、判断题

1. 当供电系统发生故障时，离故障点远的保护装置要先动作。（　　）
2. 当供电系统发生故障时，离故障点最近的保护装置后动作。（　　）
3. 继电保护的接线方式有两相两继电器式与两相一继电器式（差接式）。（　　）
4. 继电保护装置的操作方式有直接动作式和"去分流跳闸"的操作方式。（　　）
5. 定时限的动作时限按预先整定的动作时间固定不变，与短路电流大小无关。（　　）
6. 定时限的动作时限先是按 10 倍动作电流整定，实际的动作时间则与短路电流成反比关系，短路电流越大，动作时间越短。（　　）
7. 定时限过流保护的动作时间与短路电流的大小成正比。（　　）
8. 反时限的动作时限按预先整定的动作时间固定不变，与短路电流大小无关。（　　）
9. 接地就是电气设备的某部分与大地之间做良好的电气连接。（　　）
10. 人工接地体就是埋入地中并直接与大地接触的金属导体。（　　）
11. 接地极就是专门为接地而人为装设的接地体。（　　）
12. 自然接地体：兼做接地体用的直接与大地接触的各种金属构件、金属管道及建筑物的钢筋混凝土基础等。（　　）
13. 接地网就是接地线与接地体的组合。（　　）
14. 接地装置是由若干接地体在大地中相互用接地线连接起来的一个整体。（　　）
15. 当单根垂直接地体的接地电阻不能满足要求时，可以用多根垂直接地体串联。（　　）
16. 针对不同的保护目的，接地可分为防雷接地、工作接地和保护接地。（　　）
17. 大地并非理想导体，它具有一定的电阻率。（　　）
18. 为保障设备正常运行，满足人身安全和防雷要求，均要求接地装置具有高的接地电阻。（　　）
19. 接地故障是指低压配电系统中相线对地或与地有联系导体之间的短路，即相线与大地、PE 线、设备的外露可导电部分间的短路。（　　）
20. 负荷聚变引起的过电压属于外部过电压。（　　）
21. 避雷针应与发电厂、变电所的电气设备串联。（　　）
22. 变配电所中所有电气设备的绝缘，均应受到阀型避雷器的保护。（　　）
23. 防雷装置的接地属于保护接地。（　　）
24. 等电位联结是使电气设备各外露可导电部分和设备外可导电部分电位基本相等的一种电气联结。（　　）

四、简答题

1. 定时限过电流保护与反时限过电流保护相比较各有什么优缺点？
2. 电流速断保护动作电流是指什么？
3. 变压器的继电保护有哪些？它们的共同点与区别有哪些？
4. 低压配电系统是怎样分类的？TN-C、TN-S、TN-C-S、TT 和 IT 系统各有什么特点？其中的中性线（N 线）、保护线（PE 线）和保护中性线（PEN 线）各有哪些功能？
5. 低压配电系统中的中性线（N 线）、保护线（PE 线）和保护中性线（PEN 线）各有哪些功能？
6. 电源中性点的运行方式有哪些？
7. 过电压分为哪几种？各有什么特点？
8. 雷电的形成原理及危害有哪些？

项目七　船厂电力负荷的确定与船厂照明（用电部分）

项目描述

本项目通过介绍对电力负荷的分级及对供电电源的要求，在熟悉用电设备的工作制及负荷曲线和有关物理量的基础上，进行用电设备组计算负荷和尖峰电流的计算，同时以最常见的照明为例，进行照明负荷相关计算。

项目分析

首先对项目的构成进行了解，掌握船厂电力负荷分类与负荷曲线绘制，掌握船厂三相用电设备组计算负荷与尖峰电流确定，掌握船厂供电系统的功率损耗和电能损耗确定，了解船厂照明及其参数计算，并且学会识读照明系统图。

相关知识和技能

1. 相关知识
(1)掌握负荷曲线绘制；
(2)熟悉用电设备尖峰电流的确定；
(3)掌握三相用电设备组计算负荷的确定；
(4)熟悉工厂供电系统电能损耗与功率损耗的确定；
(5)掌握照明设备容量及照明计算负荷的确定。
2. 相关技能
(1)准确识别负荷级别并正确绘制负荷曲线；
(2)准确确定三相用电设备组计算负荷并确定尖峰电流；
(3)准确确定工厂供电系统功率损耗和电能损耗；
(4)能够确定照明设备容量及照明计算负荷。

任务一　船厂电力负荷分类与负荷曲线绘制

任务目标

1. 知识目标
(1)熟悉电力负荷分类；
(2)掌握负荷曲线绘制。
2. 能力目标
(1)准确识别负荷级别；

(2)能够正确绘制负荷曲线。

3. 素质目标

(1)培养学生准确绘制负荷曲线的能力；

(2)培养学生在学习过程中的团队协作意识和吃苦耐劳精神。

任务分析

本任务的最终目的是掌握船厂电力负荷分类与负荷曲线绘制。为了熟悉船厂电力负荷分类，必须了解电力负荷的分级、分类及其对供电电源的要求；为了能够绘制负荷曲线就必须学习它的绘制方法。

知识准备

经过前几个项目的学习，我们已经成功地将电输送到船厂的生产车间并用于生产生活，那么每种用电设备到底消耗了多少电能呢？在这个项目里我们就来详细进行讲述，同时以船厂照明设备为例，简要阐述相关内容。

一、电力负荷的分级、分类及其对供电电源的要求

电力负荷，既可指用电设备或用电单位(用户)，也可指用电设备或用电单位所耗用的电功率或电流。这里指用电单位(船厂)或用电设备。

1. 电力负荷的分级

电力负荷根据其对供电可靠性的要求及中断供电在政治、经济上所造成损失或影响的程度，分为以下三级：

(1)一级负荷。中断供电将造成人身伤亡；在政治、经济上造成重大损失，例如重大设备损坏、大量产品报废、用重要原料生产的产品大量报废、国民经济中重点企业的连续生产过程被打乱需要长时间才能恢复等；中断供电将影响有重大政治、经济意义的用电单位的正常工作，例如重要交通枢纽、重要通信枢纽、重要宾馆、大型体育场馆、经常用于国际活动的大量人员集中的公共场所等用电单位中的重要电力负荷。

在一级负荷中，当中断供电将发生中毒、爆炸和火灾等情况的负荷，以及特别重要场所的不允许中断供电的负荷，应视为特别重要的负荷。

一级负荷属重要负荷，应由两个独立电源供电，当一个电源发生故障时，另一个电源不应同时受到损坏；一级负荷中特别重要的负荷，除由两个电源供电外，还应增设应急电源，并严禁将其他负荷接入应急供电系统。可作为应急电源的如下：

1)独立于正常电源的发电机组；

2)供电网络中独立于正常电源的专用馈电线路；

3)蓄电池；

4)干电池。

(2)二级负荷。中断供电将在政治、经济上造成较大损失，例如主要设备损坏、大量产品报废、连续生产过程被打乱需较长时间才能恢复、重点企业大量减产等；中断供电将影响重要用电单位的正常工作，例如交通枢纽、通信枢纽等用电单位中的重要电力负荷，以及中断供电将造成大型影剧院、大型商场等较多人员集中的重要的公共场所秩序混乱的。

二级负荷也属重要负荷，但其重要程度次于一级负荷。二级负荷宜由两回线路供电，供电变压器一般也应有两台。在负荷较小或地区供电条件困难时，二级负荷可由一回 6 kV 及以上专

用的架空线路或电缆供电；当采用架空线时，可为一回架空线供电；当采用电缆线路时，应采用两根电缆组成的线路供电，其每根电缆应能承受 100％的二级负荷。

(3)三级负荷。所有不属于一级和二级负荷者，应为三级负荷。

三级负荷对供电电源的要求：三级负荷属不重要负荷，对供电电源无特殊要求。

2. 电力负荷的类别

(1)电力负荷按用途的分类。电力负荷按用途可分为照明负荷和动力负荷。照明负荷为单相负荷，在三相系统中很难做到三相平衡。而动力负荷一般可视为三相平衡负荷。电力负荷按行业分，有工业负荷、非工业负荷和居民生活负荷等。

(2)电力负荷(设备)按工作制的分类。

1)长期连续工作制。这类设备长期连续运行，负荷比较稳定，例如通风机、空气压缩机、电动发电机组、电炉和照明灯等。机床电动机的负荷虽然变动一般较大，但大多也是长期连续工作的。

2)短时工作制。这类设备的工作时间较短，而停歇时间相对较长，例如机床上的某些辅助电动机(如进给电动机、升降电动机等)。

3)断续周期工作制。这类设备周期性地工作-停歇-工作，如此反复运行，而工作周期一般不超过 10 min，例如电焊机和起重机械。

照明负荷的主要形式有白炽灯、荧光灯、各种气体放电灯及其他光源，有关照明的具体情况我们将在后续项目中介绍，总而言之，它是将电能转换成仅供人们照明使用的负荷。从负荷曲线来看，除大建筑物采用人工采光，白天也需照明外，大部分的照明负荷集中在 18：00～22：00。此外，照明负荷的大小受天气影响较大。

电热负荷是将电能转换成热能的负荷。由于电加热能得到 2 000 ℃以上的高温，能进行整体加热，加热温度易于控制，清洁而无废气及残余物，因而广泛用于冶炼、熔化、热处理、食品加工、纤维制品及油漆干燥等工业领域，也广泛用于民用炊事、取暖、空调等方面。

电力系统中各类电力负荷随时间变化的曲线是调度电力系统的电力和进行电力系统规划的依据。电力系统的负荷涉及广大地区的各类用户，每个用户的用电情况很不相同，且事先无法确知在什么时间、什么地点、增加哪一类负荷。因此，电力系统的负荷变化带有随机性。人们用负荷曲线记述负荷随时间变化的情况，并据此研究负荷变化的规律性。

分析电力负荷的等级，绘出照明负荷曲线图并分析图中各参数的具体意义。

3. 用电设备的额定容量、负荷持续率及负荷系数

(1)用电设备的额定容量。用电设备的额定容量，是指用电设备在额定电压下、在规定的使用寿命内能连续输出或耗用的最大功率。其中：

1)电机、电炉和电灯等设备的额定容量，均用有功功率 P_N 表示，单位为瓦(W)或千瓦(kW)。

2)变压器、互感器和电焊机等设备的额定容量，一般用视在功率 S_N 表示，单位为伏安(V·A)或千伏安(kV·A)。

3)电容器类设备的额定容量，则用无功功率 Q_C 表示，单位为乏(var)或千乏(kvar)。

必须指出：对断续周期工作制的设备(如电焊机、起重机等)来说，其额定容量是对应于一定的负荷持续率的。

(2)负荷持续率。负荷持续率，又称暂载率或相对工作时间，符号为 ε，其定义为一个工作周期 T 内工作时间 t 与 T 的百分比，即

$$\varepsilon = \frac{1}{T} \times 100\% = \frac{1}{t_0 + t} \times 100\% \tag{7-1}$$

式中，t_0 为工作周期 T 内的停歇时间。T、t 和 t_0 的单位均为秒(s)。

同一设备，在不同负荷持续率下运行时，其输出的功率是不同的。例如某设备在 ε_1 下的设备容量为 P_1，那么该设备在 ε_2 下的设备容量 P_2 该是多少呢？这应该进行"等效"换算。即按在同一周期内不同负荷(P_1 或 P_2)下造成相同的热损耗条件来进行换算。假设设备的内阻为 R，则电流 I 通过该设备在 t 时间内产生的热量为 I^2Rt，因此在 R 不变且产生的热量相同的条件下，$I \propto 1/\sqrt{t}$。电压相同时，设备容量 $P \propto 1$，因此 $P \propto 1/\sqrt{t}$。而由式(7-1)可知，同一周期的负荷持续率 $\varepsilon \propto t$。由此可知 $P \propto 1/\sqrt{t}$，即设备容量与负荷持续率的二次方根成反比关系，因此

$$P_2 = P_1 \sqrt{\frac{\varepsilon_1}{\varepsilon_2}} \tag{7-2}$$

(3)用电设备的负荷系数。用电设备的负荷系数 K_L，为设备在最大负荷时输出或耗用的功率 P 与设备额定容量 P_N 的比值：

$$K_L = \frac{P}{P_N} \tag{7-3}$$

它表征了设备容量的利用程度。负荷系数的符号有时也用 β 表示。

二、负荷曲线绘制

1. 负荷曲线的绘制与类型

负荷曲线是表征电力负荷随时间变动情况的一种图形。它绘制在直角坐标上，纵坐标轴表示负荷功率(一般用有功功率)，横坐标轴表示负荷变动所对应的时间。

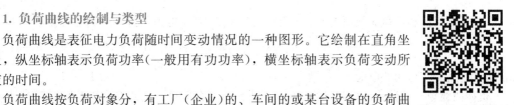

负荷曲线按负荷对象分，有工厂(企业)的、车间的或某台设备的负荷曲线；按负荷的功率性质分，有有功和无功负荷曲线；按所表示的负荷变动时间分，有年的、月的、日的和工作班的负荷曲线；按绘制方式分，有依点连成的负荷曲线[图 7-1(a)]和梯形负荷曲线[图 7-1(b)]。

年负荷曲线，通常绘成负荷持续时间曲线，按负荷大小依次排列。另一种形式的年负荷曲线，是按全年每日的最大负荷(通常取每日最大负荷的半小时平均值)绘制的，称为年每日最大负荷曲线(图 7-2)。

年最大负荷曲线，可用来确定拥有多台电力变压器的变电所在一年的不同时期宜于投入几台运行，即所谓"经济运行方式"，以降低电能损耗，提高供配电系统运行的经济性。

2. 与负荷曲线有关的物理量

(1)年最大负荷和年最大负荷利用小时。

年最大负荷 P_{30}，是指全年中负荷最大的工作班内(该工作班的最大负荷不是偶然出现的，而是在负荷最大的月份内至少出现过 2~3 次)消耗电能最多的半小时的平均负荷。年最大负荷利用小时 T_{max}，是假设电力负荷按年最大负荷 $P_{max}(P_{30})$ 持续运行时，在此 T_{max} 时间内电力负荷所耗用的电能，恰与该电力负荷全年实际耗用的电能相等，如图 7-3 所示。因此年最大负荷利用小时是一个假想时间，按下式计算：

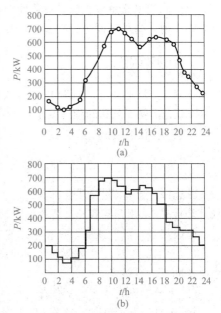

图 7-1　日有功负荷曲线

(a)依点连成的负荷曲线；(b)梯形负荷曲线

$$T_{max} = \frac{W_a}{P_{max}} \tag{7-4}$$

式中，W_a 为电力负荷全年实际耗用的电能。

年最大负荷利用小时是反映电力负荷特征的一个重要参数，与企业的工作制有明显的关系。例如一班制企业 $T_{max} \approx 1\ 800 \sim 3\ 000$ h，两班制企业 $T_{max} \approx 3\ 500 \sim 4\ 800$ h，三班制企业，$T_{max} \approx 5\ 000 \sim 7\ 000$ h。

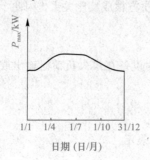

图 7-2　年每日最大负荷曲线　　　　**图 7-3　年最大负荷和年最大负荷利用小时**

（2）平均负荷和负荷曲线填充系数。年平均负荷 P_{av} 就是电力负荷全年平均耗用的功率，即

$$P_{av} = \frac{W_a}{8\ 760} \tag{7-5}$$

式中，W_a 为全年耗用的电能。

负荷曲线填充系数就是将起伏波动的负荷曲线"削峰填谷"，由此求出的平均负荷 P_{av} 与最大负荷 P_{max} 的比值，亦称负荷系数或负荷率，即

$$\beta = \frac{P_{av}}{P_{max}} \tag{7-6}$$

负荷曲线填充系数表征了负荷曲线不平坦的程度，即负荷变动的程度。从发挥整个电力系统效能来说，应尽量设法提高 β 值，因此供配电系统在运行中必须实行负荷调整。

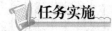 任务实施

步骤 1：学生分组，每小组 4～5 人；

步骤 2：强调纪律和操作规范；

步骤 3：任务实施。

负荷曲线的绘制

任选一种负荷(如船厂电机负荷、船厂照明负荷等)，每小时记录负荷(可以记录电流，也可以记录功率)，并且绘制日负荷曲线，判断负荷类别及等级。

若采用船厂用电设备，按长期连续工作制、短期工作制和断续周期工作制三类进行：

（1）长期工作制：这类设备长期连续运行，负荷比较稳定，如通风机、水泵、空气压缩机、电动发电机、照明等。

（2）短时工作制：设备工作时间短，而停歇时间较长，如升降电动机等。

（3）断续周期工作制：设备周期性地时而工作，时而停歇，如此反复运行，而工作周期一般不超过 10 min，如电焊机和起重机电动机。

步骤 4：小组经过讨论确定任务结果，每小组由中心发言人陈述，经过全体同学讨论，确定正确结果并填写任务总结。

 **任务总结**

课程认知记录表见表 7-1。

表 7-1　课程认知记录表

班级		姓名		学号		日期	
收获 与体会	谈一谈：对负荷曲线绘制的认识有哪些？						
评价意见	评定人	评价、评议、评定意见				等级	签名
	自己评价						
	同学评议						
	老师评定						
注：该践行学分为 5 分，记入本课程总学分(150 分)中，若结算分为总学分的 95％以上，则评定为考核"合格"。							

任务二　船厂三相用电设备组计算负荷与尖峰电流确定

任务目标

1. 知识目标
(1)熟悉用电设备尖峰电流的确定；
(2)掌握三相用电设备组计算负荷的确定。
2. 能力目标
(1)准确确定三相用电设备组计算负荷；
(2)能够确定尖峰电流。
3. 素质目标
(1)培养学生准确计算三相用电设备组计算负荷的能力；
(2)培养学生在学习过程中的团队协作意识和吃苦耐劳精神。

任务分析

本任务的最终目的是能够确定船厂三相用电设备组计算负荷与尖峰电流，为了实现这个目的，必须了解三相用电设备组计算负荷，并准确绘制计算负荷图。

知识准备

一、三相用电设备组计算负荷确定

1. 计算负荷

我国目前普遍采用的确定用电设备组计算负荷的方法有需要系数法和二项式法。需要系数法是世界各国普遍采用的确定计算负荷的基本方法，简单方便。二项式法应用的局限性较大，但在确定设备台数较少而设备容量差别很大的分支干线的计算负荷时，采用二项式法较之采用需要系数法更为合理，且计算也较简化。

2. 需要系数法的基本计算公式及其应用

用电设备组的计算负荷，是指用电设备组从供电系统中取用的半小时最大负荷，如图 7-4 所示。用电设备组的设备容量 P_e，是指用电设备组所有设备（不包括备用设备）的额定容量 P_N 之和，即 $P_e = \sum P_N$。而设备的额定容量，是设备在额定条件下的最大输出功率。

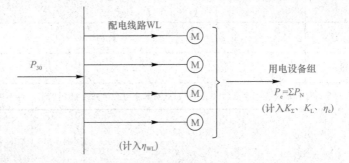

图 7-4　用电设备组的计算负荷

但实际上，用电设备组的设备不一定都同时运行，运行的设备也不太可能都是满负荷，同时设备和线路在运行中都有功率损耗，因此用电设备组进线上的有功计算负荷应为

$$P_{30} = \frac{K_\Sigma K_L}{\eta_e \eta_{WL}} P_e \tag{7-7}$$

式中，K_Σ 为设备组的同时系数，即设备组在最大负荷时运行的设备容量与全部（不含备用）设备容量之比；K_L 为设备组的负荷系数，即设备组在最大负荷时的输出功率与运行的设备容量之比；η_e 为设备组的平均效率，即设备组在最大负荷时的输出功率与其取用功率之比；η_{WL} 为配电线路的平均效率，即配电线路在最大负荷时的末端功率（即设备组的取用功率）与其首端功率（即计算负荷）之比。

令式(7-7)中的 $K_\Sigma K_L/(\eta_e \eta_{WL}) = K_d$，这里的 K_d 即"需要系数"。由此可得需要系数的定义式为

$$K_d = \frac{P_{30}}{P_e} \tag{7-8}$$

即电设备组的需要系数 K_d，是用电设备组在最大负荷时需要的有功功率与其设备容量的比值。实际上，用电设备组的需要系数 K_d 不仅与其工作性质、设备台数、设备效率及线路损耗等因素有关，而且与其操作人员的技能水平和生产组织等多种因素有关，因此需要系数值宜尽可能实测分析确定，使之尽量接近实际。

由式(7-8)可得按需要系数法确定三相用电设备组有功计算负荷 P_{30} 的基本公式为

$$P_{30} = K_d P_e \tag{7-9}$$

式中，P_e 为用电设备组所有设备(不含备用设备)的额定容量之和。

这里必须指出，对断续周期工作制的用电设备组，其设备容量应为各设备在不同负荷持续率下的铭牌容量换算到一个统一的负荷持续率下的容量之和。断续周期工作制的用电设备常用的有电焊机和起重机电动机，它们的容量换算要求如下。

(1)电焊机组的容量换算。要求统一换算到 $\varepsilon = 100\%$，因此由式 $P_2 = P_1 \sqrt{\dfrac{\varepsilon_1}{\varepsilon_2}}$ 可得换算后的设备容量为

$$P_e = P_N \sqrt{\frac{\varepsilon_N}{\varepsilon_{100}}} = S_N \cos\varphi \sqrt{\frac{\varepsilon_N}{\varepsilon_{100}}} \tag{7-10}$$

即

$$P_e = P_N \sqrt{\varepsilon_N} = S_N \cos\varphi \sqrt{\varepsilon_N} \tag{7-11}$$

式中　P_N、S_N——电焊机的铭牌容量(P_N 为有功容量，S_N 为视在容量)；

　　　　ε_N——与 P_N、S_N 对应的负荷持续率(计算中用小数)；

　　　　ε_{100}——其值为 100% 的负荷持续率(计算中用1)；

　　　　$\cos\varphi$——铭牌规定的功率因数。

(2)起重机电动机组的容量换算。要求统一换算到 $\varepsilon = 25\%$，因此由式 $P_2 = P_1 \sqrt{\dfrac{\varepsilon_1}{\varepsilon_2}}$ 可得换算后的设备容量为

$$P_e = P_N \sqrt{\frac{\varepsilon_N}{\varepsilon_{25}}} = 2P_N \sqrt{\varepsilon_N} \tag{7-12}$$

式中，P_N 为起重机电动机的铭牌容量；ε_N 为与 P_N 对应的负荷持续率(计算中用小数)；ε_{25} 为其值为 25% 的负荷持续率(计算中用 0.25)。

注意：电动葫芦、起重机等均按起重机类考虑。

(3)确定其余的计算负荷。

无功计算负荷　　　　　　　　　$Q_{30} = P_{30} \tan\varphi \tag{7-13}$

视在计算负荷　　　　　　　　　$S_{30} = \dfrac{P_{30}}{\cos\varphi} \tag{7-14}$

计算电流　　　　　　　　　　　$I_{30} = \dfrac{S_{30}}{\sqrt{3}U_N} \tag{7-15}$

式中，$\cos\varphi$ 为用电设备组的平均功率因数；$\tan\varphi$ 为对应于 $\cos\varphi$ 的正切值；U_N 为用电设备组的额定电压。

【例 7-1】 已知某车间的金属切削机床组，拥有电压为 380 V 的三相电动机 11 kW 的 1 台，7.5 kW 的 3 台，4 kW 的 12 台，1.5 kW 的 8 台，0.75 kW 的 10 台。试求其计算负荷。

解：此机床组电动机的总容量为

$$P_e = 11\times1 + 7.5\times3 + 4\times12 + 1.5\times8 + 0.75\times10 = 101(\text{kW})$$

查附表 1 中"小批生产的金属冷加工机床电动机"项，得 $K_d = 0.16 \sim 0.2$(取 0.2)，$\cos\varphi = 0.5$，$\tan\varphi = 1.73$，因此可得

有功计算功率　　　　　　　$P_{30} = 0.2\times101 = 20.2(\text{kW})$

无功计算负荷　　　　　　　$Q_{30} = 20.2\times1.73 = 34.95(\text{kvar})$

视在计算负荷　　　　　　　$S_{30} = 20.2/0.5 = 40.4(\text{kV}\cdot\text{A})$

计算电流　　　　　　　　　$I_{30} = 40.4/(\sqrt{3}\times0.38) = 61.4(\text{A})$

【例 7-2】 某配车间 380 V 线路，供电给 3 台起重机电动机，其中 1 台 7.5 kW（ε＝60%），2 台 3 kW（ε＝15%）。试求该线路的计算负荷。

解： 按规定，起重机电动机容量统一换算到 ε＝25%，因此 3 台起重机电动机总容量为

$$P_e = 7.5 \times 2 \times \sqrt{0.6} + 3 \times 2 \times 2 \times \sqrt{0.15} = 16.3 (\text{kW})$$

查附表 1 得 $K_d = 0.1 \sim 0.15$（取 0.15），$\cos\varphi = 0.5$，$\tan\varphi = 1.73$，因此可得

有功计算功率 $\qquad P_{30} = 0.15 \times 16.3 = 2.45 (\text{kW})$

无功计算负荷 $\qquad Q_{30} = 2.45 \times 1.73 = 4.24 (\text{kvar})$

视在计算负荷 $\qquad S_{30} = 2.45 / 0.5 = 4.9 (\text{kV} \cdot \text{A})$

计算电流 $\qquad I_{30} = 1.9 / (\sqrt{3} \times 0.38) = 7.44 (\text{A})$

3. 按二项式法确定三相用电设备组的计算负荷

二项式法确定有功计算负荷的基本公式为

$$P_{30} = bP_e + cP_x \tag{7-16}$$

式中，bP_e 为用电设备组的平均负荷，其中 P_e 为用电设备组的设备总容量，计算方法与需要系数法相同；cP_x 为用电设备组中有 x 台容量最大的设备时增加的附加负荷，其中 P_x 是 x 台最大设备的设备容量；b、c 为二项式系数。其余的计算负荷 Q_{30}、S_{30} 和 I_{30} 的计算公式与前述需要系数法相同。

【例 7-3】 试用二项式法确定例 7-1 所述机修车间金属切削机床组的计算负荷。

解： 由附表 1 得 $b = 0.14$，$c = 0.4$，$x = 5$，$\cos\varphi = 0.5$，$\tan\varphi = 1.73$。而设备总容量为 $P_e = 101$ kW（见例 7-1）。

x 台最大容量设备的容量为

$$P_x = P_5 = 11 \times 1 + 7.5 \times 3 + 4 \times 1 = 37.5 (\text{kW})$$

因此可求得其有功计算负荷为

$$P_{30} = 0.14 \times 101 + 0.4 \times 37.5 = 29.14 (\text{kW})$$

同理按公式可求得其无功功率计算负荷为

$$Q_{30} = 29.14 \times 1.73 = 50.4 (\text{kvar})$$

可求得其视在功率计算负荷为

$$S_{30} = 29.14 / 0.5 = 58.3 (\text{kV} \cdot \text{A})$$

可求得其计算电流为

$$I_{30} = 58.3 / (\sqrt{3} \times 0.38) = 88.6 (\text{A})$$

比较例 7-1 和例 7-3 的计算结果可以看出，按二项式法计算的结果比按需要系数法计算的结果稍大，特别是在设备台数较少的情况下。供电设计的经验说明，选择低压分支干线或支路时，特别是用电设备台数少而每台设备容量相差悬殊时，宜采用二项式法计算。

4. 多组用电设备计算负荷的确定

(1) 用需要系数法确定多组用电设备计算负荷。确定多组用电设备的干线上或车间变电所低压母线上的计算负荷时，应考虑各组用电设备的最大负荷不同时出现的因素。因此在确定多组用电设备的计算负荷时，应结合具体情况对其有功负荷和无功负荷分别计入一个综合系数（又称同时系数或参差系数）$K_{\sum P}$ 和 $K_{\sum Q}$。

总的有功计算功率：

$$P_{30} = K_{\sum P} \sum P_{30,i} \tag{7-17}$$

总的无功计算负荷：

$$Q_{30} = K_{\sum Q} \sum Q_{30,i} \tag{7-18}$$

以上两式中 $\sum P_{30,i}$ 和 $\sum Q_{30,i}$，分别为各组设备的有功和无功计算负荷之和。

总的视在计算负荷：

$$S_{30}=\sqrt{P_{30}^2+Q_{30}^2} \tag{7-19}$$

总的计算电流：

$$I_{30}=\frac{S_{30}}{\sqrt{3}U_{\mathrm{N}}} \tag{7-20}$$

【例 7-4】 某机工车间 380 V 线路上，接有流水作业的金属切削机床电动机 30 台共 85 kW，其中较大容量电动机有 11 kW 的 1 台；7.5 kW 的 3 台，4 kW 的 6 台，其他为更小容量的电动机。另有通风机 3 台，共 5 kW；电动葫芦 1 个，3 kW(ε＝40％)。试确定各组的计算负荷和总的计算负荷。

解：先求各组的计算负荷。

①机床组。查附表 1 得 K_{d}＝0.18～0.25(取 0.25)，$\cos\varphi$＝0.5，$\tan\varphi$＝1.73，因此

$$P_{30(1)}=0.25\times85=21.3(\mathrm{kW})$$

$$Q_{30(1)}=21.3\times1.73=36.8(\mathrm{kvar})$$

$$S_{30(1)}=21.3/0.5=42.6(\mathrm{kV\cdot A})$$

$$I_{30(1)}=42.6/(\sqrt{3}\times0.38)=64.7(\mathrm{A})$$

②通风机组。查附表 1 得 K_{d}＝0.7～0.8(取 0.8)，$\cos\varphi$＝0.8，$\tan\varphi$＝0.75，因此

$$P_{30(2)}=0.8\times5=4(\mathrm{kW})$$

$$Q_{30(2)}=4\times0.75=3(\mathrm{kvar})$$

$$S_{30(2)}=4/0.8=5(\mathrm{kV\cdot A})$$

$$I_{30(2)}=5/(\sqrt{3}\times0.38)=7.6(\mathrm{A})$$

③电葫芦。查附表 1 得 K_{d}＝0.1～0.15(取 0.15)，$\cos\varphi$＝0.5，$\tan\varphi$＝1.73，而 ε＝25％，故此设备为

$$P_{\mathrm{e}(3)}=3\times2\sqrt{0.4}=3.79(\mathrm{kW})$$

因此

$$P_{30(3)}=0.15\times3.79=0.569(\mathrm{kW})$$

$$Q_{30(3)}=0.569\times1.73=0.984(\mathrm{kvar})$$

$$S_{30(3)}=0.569/0.5=1.138(\mathrm{kV\cdot A})$$

$$I_{30(3)}=1.138/(\sqrt{3}\times0.38)=1.73(\mathrm{A})$$

以上三组设备总的计算负荷(取 $K_{\sum P}$＝0.95，$K_{\sum Q}$＝0.97)为

$$P_{30}=0.95\times(21.3+4+0.596)=24.6(\mathrm{kW})$$

$$Q_{30}=0.97\times(36.8+3+0.984)=39.6(\mathrm{kvar})$$

$$S_{30}=\sqrt{24.6^2+39.6^2}=46.6(\mathrm{kV\cdot A})$$

$$I_{30}=46.6/(\sqrt{3}\times0.38)=70.8(\mathrm{A})$$

(2)采用二项式法确定多组用电设备总的计算负荷。

应考虑各组设备的最大负荷不同时出现的因素。但不是计入一个小于 1 的综合系数 $K_{\sum}$ 而是在各组设备中取其中一组最大的附加负荷 $(cP_x)_{\max}$，再加上各组的平均负荷 bP_{e}。由此可得总的有功计算负荷为

$$P_{30}=\sum(bP_{\mathrm{e}})_i+(cP_x)_{\max} \tag{7-21}$$

总的无功计算负荷为

$$Q_{30} = \sum (bP_e\tan\varphi)_i + (cP_x)_{max}\tan\varphi_{max} \tag{7-22}$$

式中，$\tan\varphi$ 为最大附加负荷 $(cP_x)_{max}$ 的设备组的平均功率因数角的正切值。

总的视在计算负荷：

$$S_{30} = \sqrt{P_{30}^2 + Q_{30}^2} \tag{7-23}$$

总的计算电流：

$$I_{30} = \frac{S_{30}}{\sqrt{3}U_N} \tag{7-24}$$

为了简化和统一，按二项式法计算多组设备总的计算负荷时，与前述按需要系数法计算一样，也不论各台设备台数多少，各组的计算负荷 b、c、x 和 $\cos\varphi$、$\tan\varphi$ 等均按相关表格所列数据取值。

【例 7-5】 试用二项式法确定例 7-4 所述机工车间 380 V 线路上各组设备的计算负荷和总的计算负荷。

解： 先求各组的平均负荷、附加负荷和计算负荷。

① 机床组。查附表 1 得 $b=0.14$，$c=0.5$，$x=5$，$\cos\varphi=0.5$，$\tan\varphi=1.73$。因此
$$bP_{e(1)} = 0.14 \times 85 = 11.9(\text{kW})$$
$$cP_{x(1)} = 0.5 \times (11 \times 1 + 7.5 \times 3 + 4 \times 1) = 18.8(\text{kW})$$
故
$$P_{30(1)} = 11.9 + 18.8 = 30.7(\text{kW})$$
$$Q_{30(1)} = 30.7 \times 1.73 = 53.1(\text{kvar})$$
$$S_{30(1)} = 30.7/0.5 = 61.4(\text{kV} \cdot \text{A})$$
$$I_{30(1)} = 61.4/(\sqrt{3} \times 0.38) = 93.3(\text{A})$$

② 通风机组。查附表 1 得 $b=0.65$，$c=0.25$，$x=5$，$\cos\varphi=0.8$，$\tan\varphi=0.75$。因此
$$bP_{e(2)} = 0.65 \times 5 = 3.25(\text{kW})$$
$$cP_{e(2)} = 0.25 \times 5 = 1.25(\text{kW})$$
故
$$P_{30(2)} = 3.25 + 1.25 = 4.5(\text{kW})$$
$$Q_{30(2)} = 4.5 \times 0.75 = 3.38(\text{kvar})$$
$$S_{30(2)} = 4.5/0.8 = 5.63(\text{kV} \cdot \text{A})$$
$$I_{30(2)} = 5.63/(\sqrt{3} \times 0.38) = 8.55(\text{A})$$

③ 电动葫芦。查附表 1 得 $b=0.06$，$c=0.2$，$x=3$，$\cos\varphi=0.5$，$\tan\varphi=1.73$。电葫芦在 $\varepsilon=40\%$ 时 $P_N=3$ kW，换算到 $\varepsilon=25\%$ 时 $P_e=3.79$ kW（见例 7-4）。因此
$$bP_{e(3)} = 0.06 \times 3.79 = 0.227(\text{kW})$$
$$cP_{x(3)} = 0.2 \times 3.79 = 0.758(\text{kW})$$
故
$$P_{30(3)} = 0.227 + 0.758 = 0.985(\text{kW})$$
$$Q_{30(3)} = 0.985 \times 1.73 = 1.70(\text{kvar})$$
$$S_{30(3)} = 0.985/0.5 = 1.97(\text{kvar})$$
$$I_{30(3)} = 1.97/(\sqrt{3} \times 0.38) = 2.99(\text{A})$$

比较以上各组的附加负荷 cP_x 可知，机床组的 $cP_{x(1)}=18.8$ kW 最大。因此总计算负荷为
$$P_{30} = 11.9 + 3.25 + 0.227 + 18.8 = 34.2(\text{kW})$$
$$Q_{30} = 11.9 \times 1.73 + 3.25 \times 0.75 + 0.227 \times 1.73 + 18.8 \times 1.73 = 55.9(\text{kvar})$$

$$S_{30} = \sqrt{34.2^2 + 55.9^2} = 65.5(\mathrm{kV \cdot A})$$

$$I_{30} = 65.5/(\sqrt{3} \times 0.38) = 99.5(\mathrm{A})$$

5. 用户无功功率补偿及补偿后的用户计算负荷

按《供电营业规则》规定：用户在当地供电企业规定的电网高峰负荷时的功率因数，100 kV·A 及以上的高压供电用户，不得低于 0.90；其他电力用户，不得低于 0.85。因此用户在充分发挥设备潜力，改善设备运行性能，提高自然功率因数的情况下，如果达不到要求，需要无功功率补偿。

补偿的一般方法是采用静态电容器组补偿。

要使功率因数 $\cos\varphi$ 提高到 $\cos\varphi'$，必须装设的无功功率补偿容量为

$$Q_{\mathrm{C}} = Q_{30} - Q_{30}' = P_{30}(\tan\varphi - \tan\varphi) \tag{7-25}$$

$$Q_{\mathrm{C}} = \Delta q_{\mathrm{C}} P_{30} \tag{7-26}$$

式中，Δq_{C} 称为无功功率补偿率，是表示要使 1 kW 的有功功率由 $\cos\varphi$ 提高到 $\cos\varphi'$ 所需要的无功功率补偿的 kvar 值。

在确定了总的补偿容量后，即可根据所选的并联电容器的单个容量来确定电容器的个数 n，即 $n = Q_{\mathrm{C}}/q_{\mathrm{C}}$，对于单相电容器，应取 3 的倍数，以便三相平衡。用户装设了无功装置以后，在确定补偿装置装设地点以前的总负荷时应扣除无功补偿容量 Q_{C}，即总的计算负荷：

$$Q_{30}' = Q_{30} - Q_{\mathrm{C}} \tag{7-27}$$

无功补偿后的视在计算负荷：

$$S_{30} = \sqrt{P_{30}^2 + (Q_{30} - Q_{\mathrm{C}})^2} \tag{7-28}$$

二、尖峰电流确定

1. 尖峰电流的有关概念

尖峰电流是指持续时间 1~3 s 的短时最大负荷电流，例如电动机的启动电流等。

尖峰电流主要用来选择熔断器和低压断路器，整定继电器保护和检测电动机自启动条件等。

2. 单台用电设备尖峰电流的确定

单台用电设备的尖峰电流就是其启动电流，因而尖峰电流为

$$I_{\mathrm{pk}} = I_{\mathrm{st}} = K_{\mathrm{st}} I_{\mathrm{N}}$$

式中，I_{N} 为用电设备的额定电流；I_{st} 为用电设备的启动电流；K_{st} 为用电设备的启动电流倍数，对笼型电动机 $K_{\mathrm{st}} = 5~7$，绕线转子电动机 $K_{\mathrm{st}} = 2~3$，直流电动机 $K_{\mathrm{st}} = 1.7$，电焊变压器 $K_{\mathrm{st}} = 3$ 或稍大。

3. 多台用电设备尖峰电流的确定

引至多台用电设备的线路上的尖峰电流按下式计算：

$$I_{\mathrm{pk}} = K_{\sum} \sum_{i=1}^{n-1} I_{\mathrm{N}.i} + I_{\mathrm{st,max}}$$

或

$$I_{\mathrm{pk}} = I_{30} + (I_{\mathrm{st}} - I_{\mathrm{N}})_{\max}$$

式中，$I_{\mathrm{st.max}}$ 和 $(I_{\mathrm{st}} - I_{\mathrm{N}})_{\max}$ 分别为用电设备中启动电流与额定电流之差最大的那台用电设备的启动电流和它的启动电流与额定电流之差；$\sum_{i=1}^{n-1} I_{\mathrm{N}.i}$ 为将 $I_{\mathrm{st}} - I_{\mathrm{N}}$ 最大的设备除外的其他 $n-1$ 台设备的额定电流之和；$K_{\sum}$ 为上述 $n-1$ 台设备的综合系数（又称同时系数），按台数多少选取，一般为 0.7~1；I_{30} 为全部用电设备投入运行时线路的计算电流。

【例 7-6】 有一条 380 V 三相线路，供电给表 7-2 所示 5 台电动机。该线路的计算电流为 50 A。试求该线路的尖峰电流。

解： 由表 7-2 可知，M4 的 $I_M - I_N = 58 - 10 = 48(A)$ 在所有电动机中最大，因此按式 $I_{pk} = I_{30} + (I_{st} - I_N)_{max}$ 可得线路的尖峰电流为

$$I_{pk} = 50 + (58 - 10) = 98(A)$$

表 7-2 负荷资料

参数	电动机				
	M1	M2	M3	M4	M5
额定电流/A	8	18	25	10	15
启动电流/A	40	65	46	58	36

 任务实施

步骤 1：学生分组，每小组 4~5 人。

步骤 2：强调纪律和操作规范。

步骤 3：任务实施。

车间的计算负荷确定

某金工车间三相负荷有车、铣、刨床 22 台，额定容量共 166 kW；镗、磨、钻床 9 台，额定容量共 44 kW；砂轮机 2 台，额定容量共 2.2 kW；暖风机 2 台，额定容量共 1.2 kW；起重机 1 台，额定容量 8.2 kW($\varepsilon = 25\%$)；电焊机 2 台，额定容量共 44 kV·A，$\cos\varphi = 0.5$($\varepsilon = 60\%$)，见表 7-3。试用需要系数法确定出该车间的计算负荷。

表 7-3 某金工车间三相负荷

用电设备名称	台数 n	K_d	$\cos\varphi$	$\tan\varphi$
机床	33	0.2	0.5	1.73
暖风机	2	0.8	0.8	0.75
起重机	1	0.15	0.5	1.73
电焊机	2	0.35	0.35	2.68
$K_{\sum P} = 0.80, K_{\sum Q} = 0.85$				

步骤 4：小组经过讨论确定任务结果，每小组由中心发言人陈述，经过全体同学讨论，确定正确结果并填写任务总结。

 **任务总结**

课程认知记录表见表 7-4。

表 7-4　课程认知记录表

班级		姓名		学号		日期	
收获 与体会	谈一谈：现在你对车间有什么样的认识？						
评价意见	评定人	评价、评议、评定意见			等级		签名
	自己评价						
	同学评议						
	老师评定						

注：该践行学分为 5 分，记入本课程总学分（150 分）中，若结算分为总学分的 95% 以上，则评定为考核"合格"。

任务三　船厂供电系统的功率损耗和电能损耗确定

任务目标

1. 知识目标
(1) 熟悉船厂供电系统电能损耗的确定；
(2) 掌握船厂供电系统功率损耗的确定。
2. 能力目标
(1) 准确确定船厂供电系统功率损耗；
(2) 能够确定船厂供电系统电能损耗。
3. 素质目标
(1) 培养学生准确计算功率损耗和电能损耗的能力；
(2) 培养学生在学习过程中的团队协作意识和吃苦耐劳精神。

任务分析

本任务的最终目的是能够确定船厂供电系统功率损耗和电能损耗，为了实现这个目的，必须熟悉线路及变压器功率损耗种类，以及确定计算方法和公式等。

知识准备

一、船厂供电系统的功率损耗

在确定各用电设备组的计算负荷后，如果要确定车间或船厂的计算负荷，就需要逐级计入有关线路和变压器的功率损耗，如图 7-5 所示。例如要确定车间变电所低压配电线 WL2 首端的计算负荷 $P_{30(4)}$，就应将其末端计算负荷 $P_{30(5)}$ 加上线路损耗 ΔP_{WL2}（无功计算负荷则应加上无功损耗）。如果要确定高压配电线 WL1 首端的计算负荷 $P_{30(2)}$，就应将车间变电所低压侧计算负荷

$P_{30(3)}$加上变压器 T 的损耗 ΔP_{T}，再加上高压配电线 WL1 的功率损耗 ΔP_{WL1}。为此，下面要讲述线路和变压器功率损耗的计算。

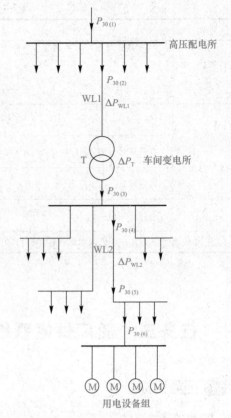

图 7-5 工厂供电系统中各部分的计算负荷和功率损耗（只显示出有功部分）

1. 线路功率损耗的计算

线路功率损耗包括有功和无功两部分。

（1）线路的有功功率损耗。线路的有功功率损耗是电流通过线路电阻所产生的，按下式计算：

$$\Delta P_{\mathrm{WL}} = 3I_{30}^2 R_{\mathrm{WL}} \tag{7-29}$$

式中，I_{30} 为线路的计算电流；R_{WL} 为线路每相的电阻。

$$电阻 \ R_{\mathrm{WL}} = R_0 l$$

这里 l 为线路长度，R_0 为线路单位长度的电阻值，可查有关手册或产品样本。

（2）线路的无功功率损耗。线路的无功功率损耗是电流通过线路电抗所产生的，按下式计算：

$$\Delta Q_{\mathrm{WL}} = 3I_{30}^2 X_{\mathrm{WL}} \tag{7-30}$$

式中，I_{30} 为线路的计算电流；X_{WL} 为线路每相的电抗。

$$电抗 \ X_{\mathrm{WL}} = X_0 l$$

这里 l 为线路长度，X_0 为线路单位长度的电抗值，也可查表。但是查 X_0，不仅要根据导线或电缆的截面，而且要根据导线之间的几何均距。所谓几何均距，是指三相线路各相导线之间距离的几何平均值。如图 7-6(a)所示 A、B、C 三相线路，其线间几何均距为

$$a_{\mathrm{av}} = \sqrt[3]{a_1 a_2 a_3} \tag{7-31}$$

如果导线为等边三角形排列，如图 7-6(b)所示，则 $a_{\mathrm{av}} = a$。如果导线为水平排列，如图 7-6(c)所示，则 $a_{\mathrm{av}} = \sqrt[3]{2}a = 1.26a$。

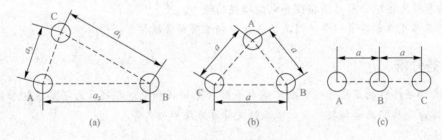

图 7-6 三相线路的线间距离

(a)一般情况；(b)等边三角形排列；(c)水平等距排列

2. 变压器功率损耗的计算

变压器功率损耗也包括有功和无功两部分。

（1）变压器的有功功率损耗。变压器的有功功率损耗又由两部分组成：

1）变压器铁芯中的有功功率损耗，即铁损 ΔP_{Fe}。铁损在变压器一次绕组外施电压和频率恒定的条件下是固定不变的，与负荷大小无关。铁损可由变压器空载实验测定。变压器的空载损

耗 ΔP_0 可认为就是铁损，因为变压器的空载电流 I_0 很小，在其一次绕组中产生的有功损耗可略去不计。

2)变压器有负荷时其一、二次绕组中的有功功率损耗，即铜损 ΔP_{Cu}。铜损与负荷电流(或功率)的平方成正比。铜损可由变压器短路实验测定。变压器的短路损耗 ΔP_k(也称负载损耗)可认为就是铜损，因为变压器二次侧短路时一次侧短路电压 U_k 很小，在铁芯中产生的有功损耗可略去不计。

因此，变压器的有功功率损耗为

$$\Delta P_T = \Delta P_{Fe} + \Delta P_{Cu}\left(\frac{S_{30}}{S_N}\right)^2 \approx \Delta P_0 + \Delta P_k\left(\frac{S_{30}}{S_N}\right)^2 \tag{7-32}$$

或

$$\Delta P_T \approx \Delta P_0 + \Delta P_k\beta^2$$

式中，S_N 为变压器额定容量；S_{30} 为变压器计算负荷；$\beta = S_{30}/S_N$，称为变压器的负荷率。

(2)变压器的无功功率损耗。变压器的无功功率损耗也由两部分组成：

1)用来产生主磁通即产生励磁电流的一部分无功功率，用 ΔQ_0 表示。它只与绕组电压有关，与负荷无关。它与励磁电流(或近似地与空载电流)成正比，即

$$\Delta Q_0 \approx \frac{I_0(\%)}{100}S_N \tag{7-33}$$

式中，$I_0(\%)$ 为变压器空载电流占额定电流的百分值。

2)消耗在变压器一、二次绕组电抗上的无功功率。额定负荷下的这部分无功功率损耗用 ΔQ_N 表示。由于变压器绕组的电抗远大于电阻，因此 ΔQ_N 近似地与短路电压(即阻抗电压)成正比，即

$$\Delta Q_N \approx \frac{U_k(\%)}{100}S_N \tag{7-34}$$

式中，$U_k(\%)$ 为变压器短路电压占额定电压的百分值。

因此，变压器的无功损耗为

$$\Delta Q_T = \Delta Q_0 + \Delta Q_N\left(\frac{S_{30}}{S_N}\right)^2 \approx S_N\left[\frac{I_0(\%)}{100} + \frac{U_k(\%)}{100}\left(\frac{S_{30}}{S_N}\right)^2\right] \tag{7-35}$$

或

$$\Delta Q_T \approx S_N\left[\frac{I_0(\%)}{100} + \frac{U_k(\%)}{100}\beta^2\right] \tag{7-36}$$

以上各式中的 ΔP_0、ΔP_k、$I_0(\%)$ 和 $U_k(\%)$ 等均可从有关手册或产品样本中查得。

在负荷计算中，对 S9、SC9 等新系列低损耗电力变压器，可按下列简化公式计算：

有功功率损耗
$$\Delta P_T \approx 0.01 S_{30} \tag{7-37}$$

无功功率损耗
$$\Delta Q_T \approx 0.05 S_{30} \tag{7-38}$$

二、船厂供电系统的电能损耗

船厂供电系统中的线路和变压器由于常年持续运行，其电能损耗相当可观，直接关系到供电系统的经济效益。作为供电人员，应设法降低供电系统的电能损耗。

1. 线路的电能损耗

电线、电缆的阻抗大小决定电压损失的大小，阻抗大小主要与导体材料、截面面积大小、线路长度有关，即电流通过导线所产生的电压损失由上面的三种因素决定。导线的材料选择确定后，另外两个因素与电压损失的关系：若线路长度一样，导线截面面积选择越小，阻抗就越大，电流通过导线所产生的电压损失也越大。当线路电压损失超过一定范围后，将会影响用电设备的正常运行。同理若导线截面面积一定，长度越长，电流通过导体产生的电压损失也越大。

现阶段低压电网多为单端树干形供电方式，线路各段上电流分布不同，差异较大，线路等效电阻较大，线损和电压降随之增大，若靠加大导线截面面积来减少线路电阻，以降低线路损耗，这样要耗费大量资金和大量的金属材料，而且实施起来也不容易。为了解决上述的问题，若将电源进网点移至负载中心处，即负载中心供电，就能大大地改善线路上的电流分布，这样就相当于加大导线截面面积及缩短线路长，从而减少线路的等效电阻，达到降损节电和改善供电质量的目的。在选择变电所地址时，要使变电所的位置处于用电负荷的中心。

当电能沿供电系统中的导线输送时，在其中产生有功功率和无功功率损耗。各个供电线路的首端和末端，计算负荷的差别就是线路上的功率损耗。用计算负荷求得的功率损耗，显然不是实际的功率损耗，计算它的意义，在于在同等条件下，对供电系统进行技术经济分析，以确定方案的可行性。

线路上全年的电能损耗 ΔW_{a} 可按下式计算：

$$\Delta W_{a}=3I_{30}^{2}R_{WL}\tau \tag{7-39}$$

式中，I_{30} 为通过线路的计算电流；R_{WL} 为线路每相的电阻；τ 为年最大负荷损耗小时。

年最大负荷利用小时 T_{max} 是一个假想时间，在此时间内，系统中的元件（含线路）持续通过计算电流 I_{30} 所产生的电能损耗，恰好等于实际负荷电流全年在元件（含线路）上产生的电能损耗。年最大负荷损耗小时 τ 与年最大负荷利用小时 T_{max} 有一定的关系，如下所述：

$$W_{a}=P_{max}T_{max}=P_{30}\times 8\ 760$$

在 $\cos\varphi=1$，且线路电压不变时，$P_{max}=P_{30}\propto I_{av}$，因此

$$I_{30}T_{max}=I_{av}\times 8\ 760$$

故

$$I_{av}=I_{30}T_{max}/8\ 760$$

因此全年电能损耗为

$$\Delta W_{a}=3I_{av}^{2}R\times 8\ 760=3I_{30}^{2}RT_{max}^{2}/8\ 760 \tag{7-40}$$

τ 与 T_{max} 的关系式（在 $\cos\varphi=1$ 时）为

$$\tau=\frac{T_{max}^{2}}{8\ 760} \tag{7-41}$$

不同 $\cos\varphi$ 下的 $\tau\text{-}T_{max}$ 关系曲线，如图 7-7 所示。如果已知 T_{max} 和 $\cos\varphi$，即可由曲线查得 τ。

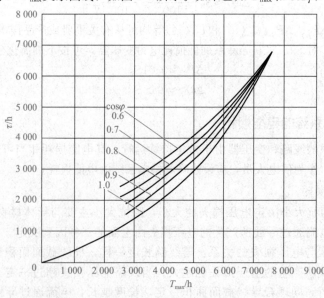

图 7-7　$\tau\text{-}T_{max}$ 关系曲线

2. 变压器的电能损耗

变压器的电能损耗包括两部分：

(1)变压器铁损 ΔP_{Fe} 引起的电能损耗。只要外施电压和频率不变，它就是固定不变的。ΔP_{Fe} 近似地等于其空载损耗 ΔP_0，因此其全年电能损耗为

$$\Delta W_{a1} = \Delta P_{Fe} \times 8\,760 \approx \Delta P_0 \times 8\,760 \tag{7-42}$$

(2)变压器铜损 ΔP_{Cu} 引起的电能损耗。它与负荷电流（或功率）的平方成正比，即与变压器负荷率 β 的平方成正比。而 ΔP_{Cu} 近似地等于其短路损耗 ΔP_k，因此其全年电能损耗为

$$\Delta W_{a2} = \Delta P_{Cu} \beta^2 \tau \approx \Delta P_k \beta^2 \tau \tag{7-43}$$

式中，τ 为变压器的年最大负荷损耗小时，查图 7-7 曲线。

由此可得变压器全年的电能损耗为

$$\Delta W_a = \Delta W_{a1} + \Delta W_{a2} \approx \Delta P_0 \times 8\,760 + \Delta P_k \beta^2 \tau \tag{7-44}$$

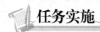 **任务实施**

步骤 1：学生分组，每小组 4～5 人。

步骤 2：强调纪律和操作规范。

步骤 3：任务实施。

船厂供电系统的电能损耗确定

船厂某车间三相负荷有：车、铣、刨床 22 台，额定容量共 166 kW；镗、磨、钻床 9 台，额定容量共 44 kW；砂轮机 2 台，额定容量共 2.2 kW；暖风机 2 台，额定容量共 1.2 kW；起重机 1 台，额定容量 8.2 kW($\varepsilon = 25\%$)；电焊机 2 台，额定容量共 44 kV·A、$\cos\varphi = 0.5$($\varepsilon = 60\%$)，见表 7-5。确定该车间电能损耗。

表 7-5　船厂某车间三相负荷

用电设备名称	台数 n	K_d	$\cos\varphi$	$\tan\varphi$
机床	33	0.2	0.5	1.73
通风机	2	0.8	0.8	0.75
起重机	1	0.15	0.5	1.73
电焊机	2	0.35	0.35	2.68
$K_{\sum P} = 0.80, K_{\sum Q} = 0.85$				

步骤 4：小组经过讨论确定任务结果，每小组由中心发言人陈述，经过全体同学讨论，确定正确结果并填写任务总结。

 **任务总结**

课程认知记录表见表 7-6。

表 7-6　课程认知记录表

班级		姓名		学号		日期	
收获与体会	谈一谈：通过对供电系统的电能损耗确定的学习你有什么心得和收获？						
评价意见	评定人	评价、评议、评定意见				等级	签名
	自己评价						
	同学评议						
	老师评定						

注：该践行学分为 5 分，记入本课程总学分(150 分)中，若结算分为总学分的 95% 以上，则评定为考核"合格"。

任务四　船厂照明

🧰 任务目标

1. 知识目标

(1)熟悉照明设备容量的确定；

(2)掌握照明计算负荷的确定。

2. 能力目标

(1)准确确定照明计算负荷；

(2)能够确定照明设备容量；

(3)能正确辨识照明系统图。

3. 素质目标

(1)培养学生准确计算照明容量和计算负荷的能力；

(2)培养学生在学习过程中的团队协作意识和吃苦耐劳精神。

⌨ 任务分析

本任务的最终目的是掌握船厂照明系统的运行和维护。为了保证船厂照明系统正常运行，就必须了解照明的有关知识、照明的容量确定和计算负荷；为了能够对其进行维护就必须掌握系统图的识读。

📚 知识准备

照明供电系统是船厂供电系统的一个组成部分。良好的照明环境是保证船厂安全生产、提高劳动生产率、提高产品质量、改善职工劳动环境、保障职工身体健康的重要条件。船厂的电气照明设计，应根据生产性质、厂房自然条件等因素选择合适的光源和灯具，进行合理的布置，使工作场所的照明度达到规定的要求。

一、照明的有关知识

1. 电光源

电光源按其发光原理可分为热辐射光源和气体放电光源两大类。热辐射光源是利用物体加热时发光的原理做成的光源，如白炽灯、卤钨灯。气体放电光源是利用气体放电发光的原理做成的光源，如荧光灯、荧光高压汞灯等。白炽灯泡结构简单，使用方便，在一般工矿企业、机关、学校和家庭的照明中得到了广泛的应用，高压汞灯使用寿命长、光效高、省电，但显色性不好，因此适用车站、广场、街道、码头、工地、运动场以及交通运输场所等的大面积照明。高压钠灯的光色为全白色，光效高，显色性差，穿透云雾能力强，适用道路和室外大面积照明。低压钠灯多用于航线和机场跑道指示灯。长弧氙灯广泛用于广场、公园、体育场、车站、码头、大型建筑工地、露天煤矿等场所的大面积高亮度照明，还可用作彩色照相制版、电影摄影、复印等方面的光源，以及用于药物、塑料的老化试验和布匹织物的颜色检验等。金属卤化物灯是比较理想的光源，不同的卤化物灯分别用于大面积照明、植物培育灯照、彩色照相制版及舞台灯光照明等。

2. 船厂常用灯具的选择和布置

(1)照明光源的选择要求。光源的选择以优先选用光效高、寿命长、节约能源的光源为原则，结合环境特点及工艺要求，综合考虑。照明光源宜采用荧光灯、白炽灯、高压气体放电灯等。当悬挂高度在 4 m 及以下时，宜采用荧光灯。当悬挂高度在 4 m 以上时，宜采用高压气体放电灯，当不宜采用气体放电灯时也可采用白炽灯。局部照明场所，防止电磁波干扰的场所，因光源频闪影响视觉效果的场所，经常开关灯的场所以及照度要求不高且照明时间较短的场所宜采用白炽灯。近年来，国际上推广使用两种不同光色的混合光源，这是一种既能获得良好显色效果，又节约能源的新照明方式。混合光源的选择主要根据使用场所对光源的亮度及色度等技术参数要求而定，对光色要求不高的高大厂房选用荧光高压汞灯与普通高压钠灯的混光进行照明较为适宜。

(2)照明灯具的布置方案与要求。室内照明灯具的布置方案有均匀布置和选择布置两种，如图 7-8 所示。灯具在整个受照房间内均匀分布，其布置与生产设备位置或工作位置无关，均匀布置有矩形和菱形两种方式，如图 7-9 所示，在有局部照明的房间内，其一般照明灯具的布置都采用均匀布置，如图 7-8(a)所示。选择布置方案灯具的布置与生产设备位置或工作位置有关，大多数根据作业面对称布置，力求使作业面上能获得最有利的光通方向，并消除影响作业的阴影，如图 7-8(b)所示。

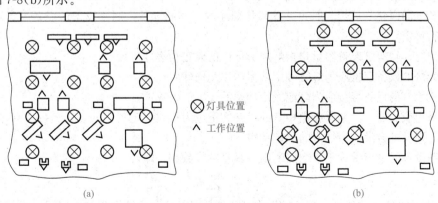

(a)　　　　　　　　　　　　　　(b)

图 7-8　室内照明灯具的布置方案

(a)均匀布置；(b)选择布置

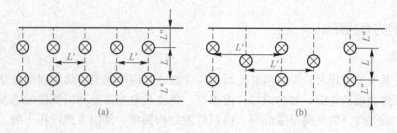

图 7-9　灯具的均匀布置方案

(a)矩形布置；(b)菱形布置

照明系统如图 7-10 所示。

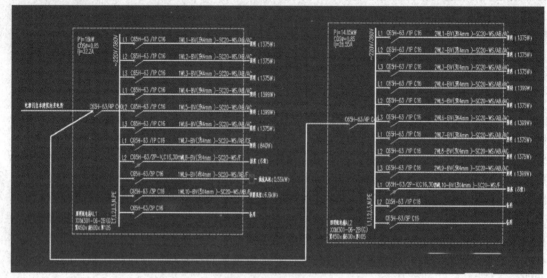

图 7-10　照明系统

二、照明设备容量及照明计算负荷的确定

1. 照明设备容量的确定

(1)按照明设备铭牌确定照明设备容量。船厂常用的照明设备有白炽灯、碘钨灯、荧光灯、高压球灯和金属卤化物灯等。照明设备属长期连续工作制设备，照明设备的设备容量通常按下列原则进行确定：

1)白炽灯、碘钨灯设备容量是指灯泡上标出的额定功率(kW)。

2)荧光灯的设备容量应为灯管额定功率的 1.2 倍(kW)。

3)高压汞灯的设备容量应为灯泡额定功率的 1.1 倍(kW)。

4)在采用镇流器时，金属卤化物灯的设备容量应为灯泡额定功率的 1.1 倍(kW)，若采用触发器启辉，则设备容量应为灯泡的额定功率。

5)照明设备的总容量等于单个照明设备容量的代数和，即

$$P_e = \sum P_{ei} \tag{7-45}$$

(2)照明设备容量的估算。在已知工作场所性质(用途)和建筑面积的情况下，进行初步的电气照明设计时，可按下式对工作场所的照明设备容量进行估算：

$$P_e = P_o A \tag{7-46}$$

式中，P_e 为受照空间的照明设备安装容量；P_o 为比功率，根据工作场所水平作业面上的平均照度 E、受照面积 A 和选用灯具等条件查有关手册选取，一般车间比功率值可按表 7-7 选取；A 为受照空间的水平总面积。

表 7-7　一般车间比功率值 P_o（以白炽灯计算）

序号	建筑名称	$P_o(\text{kW} \cdot \text{m}^{-2})$	序号	建筑名称	$P_o(\text{kW} \cdot \text{m}^{-2})$
1	金工车间	6	8	铸钢车间	8
2	装配车间	9	9	铸铁车间	8
3	工具修理车间	8	10	木工车间	11
4	金属结构车间	10	11	实验室	10
5	焊接车间	9	12	煤气站	7
6	锻工车间	7	13	气压站	5
7	热处理车间	8	14	办公楼	5

【例 7-7】　某建筑物的分配电箱及所带负荷如图 7-11 所示，从分配电箱引出三条支线，分别带 100 W 白炽灯 15 只、13 只、14 只，带电感镇流器的 40 W 荧光灯 10 只、12 只、10 只，求干线的计算电流。

解：①白炽灯。设备容量：$P_e = P_N = 100$ W

支线 1 计算负荷：$P_{1j11} = \sum P_e = 15 \times 100 = 1\,500(\text{W})$

支线 2 计算负荷：$P_{1j12} = \sum P_e = 13 \times 100 = 1\,300(\text{W})$

支线 3 计算负荷：$P_{1j13} = \sum P_e = 14 \times 100 = 1\,400(\text{W})$

干线有功计算负荷：$P_{2j1} = K_C \sum P_{1j1} = 0.8 \times (1\,500 + 1\,300 + 1\,400) = 3\,360(\text{W})$

②荧光灯。设备容量：$P_e = P_N(1+a) = 40 \times (1+0.2) = 48(\text{W})$

支线 1 计算负荷：$P_{1j21} = \sum P_e = 10 \times 48 = 480(\text{W})$

支线 2 计算负荷：$P_{1j22} = \sum P_e = 12 \times 48 = 576(\text{W})$

支线 3 计算负荷：$P_{1j23} = \sum P_e = 10 \times 48 = 480(\text{W})$

干线有功计算负荷：$P_{2j2} = K_C \sum P_{1j2} = 0.8 \times (480 + 576 + 480) = 1\,229(\text{W})$

③干线总有功计算负荷：$P_{2j} = P_{2j1} + P_{2j2} = 3\,360 + 1\,229 = 4\,589(\text{W})$

查表知荧光灯功率因数为 0.53，干线总无功计算负荷：

$$Q_{2j} = Q_{2j1} + Q_{2j2} = 0 + 1\,229 \times \tan(\arccos 0.53) = 1\,966(\text{kvar})$$

干线计算电流：$I_j = \dfrac{P_{2j}}{U_P \cos\varphi^1} = \dfrac{4\,589}{220 \times \dfrac{4\,589}{\sqrt{4\,589^2 + 1\,966^2}}} = 22.7(\text{A})$

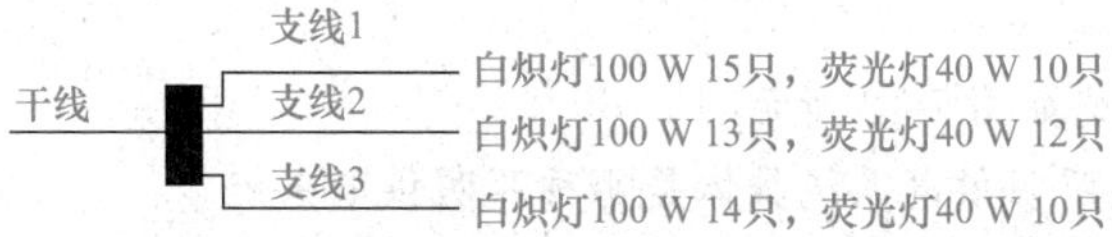

```
                     支线1
                ┌──────────── 白炽灯100 W 15只，荧光灯40 W 10只
      干线  ■───┤ 支线2
                ├──────────── 白炽灯100 W 13只，荧光灯40 W 12只
                └── 支线3
                    ──────── 白炽灯100 W 14只，荧光灯40 W 10只
```

图 7-11　例 7-7 图

2. 照明计算负荷的确定

照明设备通常都是单相负荷，在设计安装时应将它们均匀地分配和连接到三相电路上，力求减少三相负荷不平衡状况。设计规范规定，如果三相电路中单相设备总容量不超过三相设备容量的15%，则单相设备可按三相平衡负荷考虑；如果三相电路中单相设备总容量超过三相设备容量的15%，且三相负荷明显不对称，则首先应将单相设备容量换算为等效三相设备容量。换算的简单方法：选择其中最大的一相单相设备容量乘三，作为等效三相设备容量，再与三相设备容量相加，应用需要系数法计算其计算负荷。

通常，车间的照明设备容量都不会超过车间三相设备容量的15%。因此，可在确定了车间照明设备总容量后，按需要系数法单独计算车间照明设备的计算负荷，照明设备组的需要系数及功率因数值按表7-8选取，负荷计算公式如前文所述的需要系数法。

表7-8　照明设备组的需要系数及功率因数

序号	建筑名称	$P_0(kW \cdot m^{-2})$	序号	建筑名称	$P_0(kW \cdot m^{-2})$
1	金工车间	6	8	铸钢车间	8
2	装配车网	9	9	铸铁车间	8
3	工具修理车间	8	10	木工车间	11
4	金属结构车间	10	11	实验室	10
5	焊接车间	8	12	煤气站	7
6	锻工车间	7	13	气压站	5
7	热处理车间	8	14	办公楼	5

【例7-8】 船厂办公室的面积为$(3.3 \times 4.2)m^2$，拟采用 YG1-1 型荧光灯照明。办公桌面高度为 0.8 m，灯具安装高度为 3.1 m，试计算需要安装的灯具的数量。

解： 采用单位容量法计算：

计算高度　$h = 3.1 - 0.8 = 2.5 (m)$

房间面积　$A = 3.3 \times 4.2 = 13.86 (m^2)$

查表，平均照度标准为 150 lx。查表得单位面积安装功率为 12.5 W。

总安装功率　$P_\Sigma = 12.5 \times 13.68 = 171 (W)$

每套灯具内安装 40 W 荧光灯一支，即 $P_L = 40$ W，灯数为

$$n = \frac{P_\Sigma}{P_L} = \frac{171}{40} = 4.3 (盏)$$

单位容量法计算结果一般偏高，故可安装 40 W 荧光灯 4 盏。

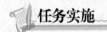 **任务实施**

步骤1：学生分组，每小组4～5人。

步骤2：强调纪律和操作规范。

步骤3：任务实施。

常用的照明供电系统如图7-12所示。

请分析图7-12中的照明供电系统具体是哪种照明供电系统。

步骤4：小组经过讨论确定任务结果，每小组由中心发言人陈述，经过全体同学讨论，确定正确结果并填写任务总结。

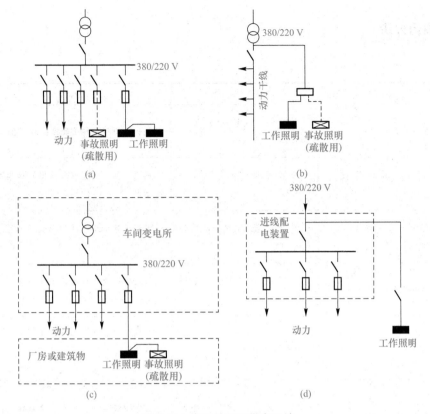

图 7-12 常用的照明供电系统

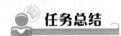 任务总结

课程认知记录表见表 7-9。

表 7-9 课程认知记录表

班级		姓名		学号		日期	
收获 与体会	谈一谈：通过本次学习，你对照明供电系统有哪些认识？						
评价意见	评定人	评价、评议、评定意见				等级	签名
	自己评价						
	同学评议						
	老师评定						
注：该践行学分为 5 分，记入本课程总学分(150 分)中，若结算分为总学分的 95% 以上，则评定为考核"合格"。							

序号	考核点	分值	建议考核方式	考核标准	得分
1	负荷曲线的绘制	5	教师评价（50%）＋互评（50%）	根据熟练程度和正确性给出分值	
2	车间的计算负荷确定	15	教师评价（50%）＋互评（50%）	根据计算熟练程度和步骤正确性给出分值	
3	船厂供电系统的电能损耗确定	15	教师评价（50%）＋互评（50%）	根据计算熟练程度和步骤正确性给出分值	
4	照明系统图识读	10	教师评价（50%）＋互评（50%）	能正确识读系统图，识读错误一处扣1分	
5	项目报告	10	教师评价(100%)	格式标准，内容完整，详细记录项目实施过程并进行归纳总结，一处不合格扣2分	
6	职业素养	5	教师评价（30%）＋自评（20%）＋互评（50%）	工作积极主动，遵守工作纪律，遵守安全操作规程，爱惜设备与器材	
7	练习与思考	40	教师评价(100%)	对相关知识点掌握牢固，错一题扣1分	
	完成日期		年 月 日	总分	

项目小结

通过本项目的学习，学生掌握了船厂电力负荷分类与负荷曲线绘制，掌握了船厂三相用电设备组计算负荷与尖峰电流确定、功率损耗和电能损耗确定，并了解了照明系统以及其参数的计算方法，最后识读了照明系统图，这为学生以后的进厂工作打下了良好基础。

练习与思考

一、填空题

1. 电力负荷分（　　）三类。
2. 负荷曲线：一组用电设备功率随（　　）变化关系的图形。
3. 一级负荷中特别重要的负荷，除由（　　）个独立电源供电外，还须备有（　　），并严禁其他负荷接入。
4. 实用的计算负荷的实用计算方法有（　　）和（　　）等。

5. 线路和变压器均具有电阻和电抗，因而功率损耗分为（　　）和（　　）两部分，变压器有功功率损耗又分为（　　）和（　　）两部分。

6. 变压器在运行中内部损耗包括（　　）和（　　）两部分。

7. 电光源按其发光原理可分为（　　）光源和（　　）光源两大类。

8. 室内照明灯具的布置方案有（　　）布置和（　　）布置两种。

二、选择题

1. 如果中断供电会在政治、经济上造成重大损失的电力负荷称为（　　）。
   A. 一级负荷　　　　　　B. 二级负荷　　　　　　C. 三级负荷　　　　　　D. 四级负荷

2. 若中断供电将在政治、经济上造成较大损失，如造成主要设备损坏、大量的产品报废、连续生产过程被打乱，需较长时间才能恢复的电力负荷是（　　）。
   A. 一级负荷　　　　　　B. 二级负荷　　　　　　C. 三级负荷　　　　　　D. 四级负荷

3. 负荷持续率表征（　　）设备的工作特性。
   A. 连续工作制　　　　B. 短时工作制　　　　C. 断续周期工作制　　　　D. 长期工作制

4. 在求计算负荷 P_{30} 时，我们常将工厂用电设备按工作情况分为（　　）。
   A. 金属加工机床类、通风机类、电阻炉类
   B. 电焊机类、通风机类、电阻炉类
   C. 连续运行工作制、短时工作制、断续周期工作制
   D. 一班制、两班制、三班制

5. 某车间起重机的额定容量为 48.6 kW，暂载率 $\varepsilon = 60\%$，该起重机的设备容量为（　　）kW。
   A. 48.6　　　　　　B. 59.53　　　　　　C. 75.29　　　　　　D. 37.64

6. 电焊机的设备功率是指将额定功率换算到负载持续率为（　　）%时的有功功率。
   A. 15　　　　　　　B. 25　　　　　　　C. 50　　　　　　　D. 100

7. 用电设备台数较多，各台设备容量相差不悬殊时，宜采用（　　），一般用于干线、配变电所的负荷计算。
   A. 二项式法　　　　　　　　　　　　B. 单位面积功率法
   C. 需要系数法　　　　　　　　　　　D. 变值需要系数

8. 尖峰电流是指持续时间为（　　）s 的短时最大负荷电流。
   A. 1～2　　　　　　B. 2～5　　　　　　C. 5～210　　　　　　D. 10～15

9. 起重机电动机组的功率是指将额定功率换算到负载持续率为（　　）%时的有功功率。
   A. 15　　　　　　　B. 25　　　　　　　C. 50　　　　　　　D. 100

10. 用电设备台数较少，各台设备容量相差悬殊时，宜采用（　　），一般用于干线、配变电所的负荷计算。
    A. 二项式法　　　　　　　　　　　　B. 单位面积功率法
    C. 需要系数法　　　　　　　　　　　D. 变值需要系数法

11. 在触电危险性较大的场所，采用的局部照明电压为（　　）V。
    A. 220　　　　　　B. 24　　　　　　C. 36　　　　　　D. 380

12. 白炽灯的特点是（　　）。
    A. 能量转换效率高　　　　　　　　　B. 能量转换效率低
    C. 发光时可见光多　　　　　　　　　D. 寿命长

三、判断题

1. 二级电力负荷必须采用两个电源供电。（　　）

2. 变压器的铜损与铁损相等时，变压器的效率达到最大值。（　　）

3. 有一台设备，在其以 9 min 一个周期的工作中，电动机只工作短短的 30 s，它是短时工作制。（　　）

4. 工厂供电系统运行时的实际负荷并不等于所有用电设备额定功率之和。（　　）

5. 对于只接单台电动机或电焊机的支线，其尖峰电流不等于其启动电流。（　　）

6. 需要系数是 P_{30}（全年负荷最大的工作班消耗电能最多的半个小时平均负荷）与 P_e（设备容量）之比。（　　）

7. 二项式系数法适用于计算设备台数不多，而且各台设备容量相差较大的车间干线和配电箱的计算负荷。（　　）

四、计算题

1. 计算短路电路阻抗时要注意哪两点？

2. 已知某一厂用电设备的总容量为 4 500 kW，线路电压为 380 V，试估算该厂的计算负荷（需要系数 $K_d=0.35$、功率因数 $\cos\varphi=0.75$、$\tan\varphi=0.88$）。

3. 已知某机修车间金属切削机床组，拥有 380 V 的三相电动机 7.5 kW 3 台，4 kW 8 台，3 kW 17 台，1.5 kW 10 台（需要系数 $K_d=0.2$、功率因数 $\cos\varphi=0.5$、$\tan\varphi=1.73$）。试求计算负荷。

4. 某机修车间 380 V 线路上，接有金属切削机床电动机 20 台共 50 kW（其中较大容量电动机有 7.5 kW 1 台，4 kW 3 台，2.2 kW 7 台；需要系数 $K_d=0.2$、功率因数 $\cos\varphi=0.5$、$\tan\varphi=1.73$），通风机 2 台共 3 kW（需要系数 $K_d=0.8$、功率因数 $\cos\varphi=0.8$、$\tan\varphi=0.75$），电阻炉 1 台 2 kW（需要系数 $K_d=0.7$、功率因数 $\cos\varphi=1$、$\tan\varphi=0$），同时系数 $K_{\sum P}=0.95$、$K_{\sum Q}=0.97$，试计算该线路上的计算负荷。

5. 某动力车间 380 V 线路上，接有金属切削机床电动机 20 台共 50 kW，其中较大容量电动机有 7.5 kW 1 台，4 kW 3 台（$b=0.14$、$c=0.4$、$x=3$、$\cos\varphi=0.5$、$\tan\varphi=1.73$）。试求计算负荷。

6. 某机修间 380 V 线路上，接有金属切削机床电动机 20 台共 50 kW，其中较大容量电动机有 7.5 kW 1 台，4 kW 3 台，2.2 kW 7 台（$b=0.14$、$c=0.4$、$x=5$、$\cos\varphi=0.5$、$\tan\varphi=1.73$）。试求计算负荷。

7. 已知某机修车间金属切削机床组，拥有 380 V 的三相电动机 7.5 kW 3 台，4 kW 8 台，3 kW 17 台，1.5 kW 10 台（$b=0.14$、$c=0.4$、$x=5$、$\cos\varphi=0.5$、$\tan\varphi=1.73$）。试求计算负荷。

项目八 船厂的电能节约和计划用电

项目描述

电是一种宝贵的资源，因此船厂实行电能节约和计划用电是非常有意义的。本项目在讲述电能节约意义的基础上，向学生介绍节约电能的科学管理方法和节约电能的一般技术措施，以及如何计划用电等。

项目分析

首先对项目的构成进行了解，了解船厂节约电能的一般措施，掌握计划用电、用电管理与电费计收，掌握安全用电相关知识，学习电费收取的计算。

相关知识和技能

1. 相关知识

(1)了解电能节约的意义；

(2)掌握节约电能的科学管理方法和一般技术措施；

(3)掌握计划用电的意义及其一般措施；

(4)了解用电管理与电费计收。

2. 相关技能

(1)能进行规范的安全用电；

(2)能进行电费的计收。

任务一 船厂节约电能的一般措施

任务目标

1. 知识目标

(1)了解电能节约的意义；

(2)掌握节约电能的科学管理方法；

(3)掌握节约电能的一般技术措施。

2. 能力目标

(1)对节约电能的一般技术措施能够身体力行做到位；

(2)对安全用电能身体力行做到位。

3. 素质目标

(1)培养学生在实操过程中的节约用电意识和安全用电意识；

(2)培养学生的团队协作意识和吃苦耐劳精神。

本任务的最终目的是掌握船厂节约电能的一般措施。为了实现这个目的，必须了解电能节约的意义、节约电能的科学管理方法，以及节约电能的一般技术措施。除此之外，在用电安全方面学生又应怎么做？

📚 知识准备

一、电能节约的意义

电能是在各行各业中应用最广泛的一种二次能源，是国民经济的命脉，是工农业生产的重要物质基础，同时电能也是制约国民经济发展的一个重要因素。从我国电能消耗的情况来看，70%以上消耗在工业部门，所以船厂节能是重点。节约电能，不仅可以减少船厂的电费开支，降低产品的生产成本，而且由于电能能够创造更多、更大的产值，因此多节约 1 kW·h 电，就能为国家多创造若干财富，有力地促进国民经济的发展，所以节约电能具有十分重要的意义。节约电能就是通过采取技术上可行、经济上合理和对环境保护无妨碍的措施，以消除供电过程中的电能浪费现象，提高电能的利用率。

二、节约电能的科学管理方法

要做好船厂的电能节约工作，应该提高人们的节电意识，大力提高船厂供用电水平。这需要从管理和技术两方面入手。对于船厂节约电能的科学管理，可以采取以下几种方法。

(1)加强电能管理，建立和健全合理的管理机构和制度。船厂建立合理的管理机构，健全一套科学的管理制度，对船厂各种用电进行统一管理，实行能耗定额管理，对船厂节约电能具有很大的作用。

(2)实行计划供用电，提高电能利用率。船厂用电应按与地方电业部门达成的供用电协议，实行计划用电，电业部门可以对船厂采取必要的限电措施。船厂供电管理部门对各个用电部门也要下达指标，实行计划用电。

(3)实行"削峰填谷"的负荷调整。供电部门根据用户的不同用电规律，合理地、有计划地安排各用户的用电时间，以降低负荷高峰，填补负荷低谷("削峰填谷")。可采取各船厂错开双休日，船厂里各车间错开工作时间等措施，提高供电能力，节约用电。

(4)实行经济运行方式，降低电力系统的能耗。经济运行指使整个电力系统的有功损耗最小，能获得最佳经济效益的设备运行方式。

(5)加强电力设备的运行维护和管理。

三、节约电能的一般技术措施

用户供配电系统的电能节约主要从降低配电变压器、配电线路及配电电器的能耗以及用电设备(如电动机、照明电器等)的能耗几方面着手，提高能源利用率。

1. 变压器的节能措施

(1)合理选择变压器容量和台数，使变压器运行在高效负荷率附近；

(2)选用符合国家标准能效指标的高效节能型变压器，有条件时选择卷制铁芯变压器或非晶合金变压器；

(3)加强运行管理，根据负荷的变化，及时调整变压器投运台数，实现变压器经济运行。

2. 配电线路的节能措施

(1)合理设计供配电系统和选择配电电压，减少配电级数。

(2)变电所尽量接近负荷中心，以缩短低压供电半径。

(3)按经济电流密度合理选择导线及电缆截面面积。

(4)提高功率因数，减少线路和变压器的电能损耗。

3. 配电电器的节能措施

选用国家推荐的、节能的新产品，接触器吸引线圈采用直流接线等。

4. 电动机的节能措施

(1)采用高效率电动机。

(2)根据负荷特性合理选择电动机功率，避免"大马拉小车"。

(3)轻载电动机采取减压运行，提高电动机运行效率及其自然功率因数。

(4)需要根据机械负载变化调节电动机的转速。

5. 照明的节能措施

(1)采用高效光源和高效灯具。

(2)选用合理的照明方案，严格控制功率密度值。

(3)合理设计照明灯的控制方式，减少不必要的点灯时间。

(4)合理设计照明配电线路，保证照明电源运行在光效率较高的工作电压范围内。

(5)气体放电灯采用低能耗高功率因数的电子镇流器，或选择节能型电感镇流器及单灯或线路无功的补偿方案，补偿后的功率因数不小于0.9。

任务实施

步骤1：学生分组，每小组4～5人。

步骤2：强调纪律和操作规范。

步骤3：任务实施。

安全用电从我做起

对用电人员讲，要牢记"安全用电无小事、以防为主最重要"。在日常生活和工作小事中，坚持"低压勿摸，高压勿近"的原则，从日常小事做起，具体如下所示：

(1)不用湿手扳开关、插入或拔出插头。

(2)不随意摆弄或玩电器，不能带电移动和安装家用电器。

(3)不购买假冒伪劣的电器、电线、电槽(管)、开关和插座等，凡产品说明说要求接地(接零)的电器具，应做到可靠的"保护接地"或"保护接零"，并定期检查是否接地(接零)良好。

(4)不在电加热器上烘烤衣服。

(5)不把晾衣杆搭在电线或变压器架子上，户外所晾晒衣服应与电线保持安全距离。

(6)不乱拉电线、超负荷用电。空调、电加热器等大容量设备应敷设专用线路。

(7)不用铜丝代替熔断丝，不用橡皮胶代替电工绝缘胶布。进行电气安装或检修前，必须先断开电源再进行操作，并有专人监护等相应的保护措施。

(8)不懂电气装修的人员不安装或修理电气线路或电气器具，发现电气线路或电气器具发生故障时，应请专业电工维修；安装、检修电气线路或电气器具，一定穿绝缘鞋、站在绝缘体上，切断电源；电气线路中安装触电保护器，应定期检查其灵敏度。

步骤4：小组经过讨论确定任务结果，每小组由中心发言人陈述，经过全体同学讨论，确定正确结果并填写任务总结。

课程认知记录表见表 8-1。

表 8-1 课程认知记录表

班级		姓名		学号		日期	
收获 与体会	谈一谈：在安全用电方面你是怎样做的？						
评价意见	评定人	评价、评议、评定意见			等级		签名
	自己评价						
	同学评议						
	老师评定						

注：该践行学分为 5 分，记入本课程总学分(150 分)中，若结算分为总学分的 95% 以上，则评定为考核"合格"。

任务二　计划用电、用电管理与电费计收

任务目标

1. 知识目标

(1)掌握计划用电的意义及其一般措施；

(2)熟悉用电管理与电费计收。

2. 能力目标

(1)能做到安全用电；

(2)会计算船厂电费。

3. 素质目标

(1)培养学生安全用电意识；

(2)培养学生节约用电习惯。

任务分析

本任务的最终目的是能够计划用电、用电管理与电费计收，为了实现这个目的，必须了解计划用电的意义，掌握计划用电的一般措施及电能的管理和计收方法。

知识准备

一、计划用电的意义及其一般措施

1. 计划用电的意义

实行计划用电之所以必要，首先由电力这一特殊商品的生产特点所决定。电力的生产、供应和使用过程是同时进行的，只能用多少发多少，不像其他商品那样可以大量存储。发电、供电和用电每时每刻都必须保持平衡。如果用电负荷突然增加，则电力系统的频率和电压就要下降，可能造成严重的后果。

实行计划用电也是解决电力供需矛盾的一项重要措施。即使在电力供需矛盾出现缓和的情况下，实行计划用电也是完全必要的，它可以改善电力系统的运行状态，更好地保证电能的质量。

实行计划用电也是实现电能节约的重要保证，包括利用合理的电价政策这一经济杠杆来调整负荷，使电力系统"削峰填谷"，就可降低系统的电能损耗，提高发、供电设备的利用率。

2. 计划用电的一般措施

计划用电可有下列一般措施：

（1）建立健全计划用电的各种能源管理机构和制度。船厂应组建能源办公室或"三电"（指安全用电、节约用电、计划用电）办公室，负责具体工作，做好用电负荷的预测、调度和管理。

（2）供用电双方签订《供用电合同》。供电企业与船厂应在接电前根据用户的需要和供电企业的供电能力双方签订《供用电合同》。《供用电合同》应当具备以下内容：

1）供电方式、供电质量和供电时间；

2）用电容量和用电地址、用电性质；

3）计量方式和电价、电费结算方式；

4）供用电设施维护责任的划分；

5）合同的有效期限；

6）违约责任；

7）双方共同认为应当约定的其他条款。

《供用电合同》为计划用电提供了基本依据。

（3）实行分类电价。按用户用电性质的不同，各类电价也不同。分类电价有居民生活电价、非居民照明电价、商业电价、普通工业电价、大工业电价、非工业电价、农业电价等。通常居民生活电价和农业电价较低，以示优惠。

（4）实行分时电价。分时电价包括峰谷分时电价和丰枯季节电价。峰谷分时电价就是一天内峰高谷低的电价。谷低电价可比平时段电价低 30%～50% 或更低，峰高电价可比平时段电价高 30%～50% 或更高，以鼓励用户避开负荷高峰用电。丰枯季节电价是水电比重较大地区的电网所实行的一种电价。丰水季节电价可比平时段电价低 30%～50%，枯水季节电价可比平时段电价高 30%～50%，以鼓励用户在丰水季节多用电，充分发挥水电的潜力。

（5）实行"两部电费制"。两部电费，即用户每月缴纳的电费，包括基本电费和千瓦时电费两部分。基本电费，按用户的最大需量或最大装机容量来收取，以促使用户尽可能压低负荷高峰，提高低谷负荷，以减少其基本电费开支。而千瓦时电费，是按用户每月用电量（千瓦时数）收取的电费。按原国家经济贸易委员会和国家发展计划委员会 2000 年年底发布的《节约用电管理办法》规定：要"扩大两部制电价的使用范围，逐步提高基本电价，降低千瓦时电价；加速推广峰谷分时电价和丰枯电价，逐步拉大峰谷、丰枯电价差距；研究制定并推行可停电负荷电价。"利用电价政策这一经济杠杆进行用电管理的措施今后将更加强。

（6）装设电力负荷管理装置。电力负荷管理装置是指能够监视、控制用户电力负荷的各种仪器装置，包括音频、载波、无线电等集中型电力负荷管理装置和电力定量器、电流定量器、电力时控开关、电力监控仪、多费率电能表等分散型电力负荷管理装置。装设电力负荷管理装置的目的，是贯彻落实国家有关计划用电的政策，也是实现管理到户的一种技术手段。通过推广应用用电力管理技术来加强计划用电和节约用电管理，保证重点用户用电，对居民生活用电优先予以保证，有计划地均衡用电负荷，保证电网的安全经济运行，尽量提高电力资源的社会效益。

二、用电管理与电费计收

1. 用电管理的若干重要规定

（1）《中华人民共和国电力法》明确规定：国家对电力供应和使用，实行安全用电、节约用电、计划用电（"三电"）的管理原则。

（2）供用电双方应当根据平等自愿、协商一致的原则，按照《电力供应与使用条例》的规定签订《供用电合同》，确定双方的权利和义务。

（3）供电企业应当保证供给用户的供电质量符合国家标准。用户对供电质量有特殊要求的，供电企业应当根据其必要性和电网的可能，提供相应的电力。

（4）供电企业在发电、供电系统正常的情况下，应当连续向用户供电，不得中断。因供电设备检修、依法限电或者用户违法用电等原因，需要中断供电时，供电企业应当按国家有关规定事先通知用户。

（5）用户应当安装用电计量装置。用户受电装置的设计、施工安装和运行管理，应当符合国家标准或者电力行业标准。

（6）用户用电不得危害供电、用电安全和扰乱供电、用电秩序。对危害供电、用电安全和扰乱供电、用电秩序的，供电企业有权制止。

（7）供电企业应当按照国家标准的电价和用电计量的记录，向用户计收电费。

（8）电价实行统一政策、统一定价原则。电价的制定，应当合理补偿成本、合理确定收益、依法计入税金、坚持公平负担、促进电力建设。要实行分类电价和分时电价。对同一电网内的同一电压等级、同一类别的用户，执行相同的电价标准。禁止任何单位和个人在电费中加收其他费用；法律、行政法规另有规定的，按照规定执行。

（9）任何单位或个人需新装用电或增加用电容量、变更用电，都必须按《供电营业规则》规定，事先到供电企业用电营业场所提出申请，办理手续。供电企业应在用电营业场所公告办理各项用电业务的程序、制度和收费标准。

（10）供电企业应按《用电检查管理办法》规定，对本供电营业区内的用户进行用电检查，用户应接受检查，并为供电企业的用电检查提供方便。用电检查的内容如下：

1）用户执行国家有关电力供应与使用的法规、方针、政策、标准和规章制度的情况；

2）用户受（送）电装置工程的施工质量检验；

3）用户受（送）电装置中电气设备运行的安全状况；

4）用户的保安电源和非电性质的保安措施；

5）用户的反事故措施；

6）用户进网作业电工的资格、进网作业的安全状况及作业的安全保障措施；

7）用户执行计划用电节约用电情况；

8）用电计量装置、电力负荷控制装置、继电保护和自动装置、调度通信等的安全运行状况；

9)《供用电合同》及有关协议履行的情况；

10)受电端电能的质量状况；

11)违章用电和窃电行为；

12)并网电源、自备电源并网安全状况等。

2. 用电计量与电费计收

(1)用电计量的有关规定。关于用电计量，《供电营业规则》规定了以下要求：

1)供电企业应在用户每一个受电点内按不同电价类别，分别安装用电计量装置。每个受电点作为用户的一个计量单位。

2)计费电能表及其附件的购置、安装、移动、更换、校验、拆除、加封、启封及表计接线等，均由供电企业负责办理，用户应提供工作上的方便。高压用户的成套设备中装有自备电能表及附件时，经供电企业检验合格、加封并移交供电企业维护管理的，可作为计费用电能表。

3)对 10 kV 及以下电压供电的用户，应配置专用的电能计量柜；对 35 kV 及以上电压供电的用户，应有专用的电流互感器二次线圈和专用的电压互感器二次连接线，并不得与保护、测量回路共用。

4)用电计量装置原则上应装在供电设施的产权分界处。如果产权分界处不适宜装表时，对专线供电的高压用户，可在供电变压器低压侧计量。当用电计量装置不装在产权分界处时，线路与变压器损耗的有功和无功电能均需由产权所有者负担。在计算用户基本电费、千瓦时电费及功率因数调整电费时，应将上述损耗电能计算在内。

5)供电企业必须按规定周期校验、轮换计费电能表，并对计费电能表进行不定期检查。

(2)电费计收的要求与环节。电费计收是按照国家批准的电价，依据用户实际用电情况和用电计量装置记录来定时计算和收取电费。

电费计收包括抄表、电费核算和电费收取等环节：

1)抄表。抄表就是供电企业抄表人员定期抄录用户所装用电计量装置记录的读数，以便计收电费。抄表有现场手抄或通过微机抄表器抄表、远程遥测抄表、电话抄表和委托专业抄表公司代理抄表等多种方式。

2)电费核算。电费核算是电费管理的中枢。电费是否按照规定及时、准确地收回，账务是否清楚，统计数字是否准确，关键在于电费核算的质量。因此电费核算一定要严肃认真，一丝不苟，逐项审查，而且要注意账务处理和汇总工作。

3)电费收取。电费的收取，有上门收费、定期定点收费、委托银行代收、用户电费储蓄扣收及用户购电付费等多种方式。其中用户购电付费，是用户持供电企业发放的购电卡前往供电企业营业部门售电微机购电，将购电数量存储于购电卡中。用户持卡插入电卡式智能电能表后，其电源开关即自动合闸送电。如果购电卡上存储的电量余额不足 50 kW·h，电能表将显示余额，提醒用户再去购电。当余额不足 3 kW·h 时，即停电一次以警告用户速去购电，而用户将电卡再插入智能电能表即可恢复供电。当所购电量全部用完时，则自动断电，直到用户插入新购电卡后，方可恢复用电。这种付费购电方式改革了传统的人工抄表、核收电费制度，从根本上解决了有的用户只管用电、不按时交纳电费的问题，值得推广。

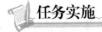 **任务实施**

步骤 1：学生分组，每小组 4～5 人。

步骤 2：强调纪律和操作规范。

步骤 3：任务实施。

船厂电价的计算

船厂作为大工业，电价是适用用工业方法从事物质生产及直接为生产服务，受电变压器在某规定容量及以上用电的电价。大型船厂用电大多使用三相电压，如三相 380 V AC，三相 660 V AC 等。

一、电价组成

船厂用电实行两部制电价，两部制电价由基本电价、千瓦时电价和功率因数调整电费三部分构成。基本电价是指按用户受电变压器(kV·A)或最大需量(kW)计算的电价；千瓦时电价是指按用户实用电量计算的电价；功率因数调整电费是指根据用户月加权平均功率因数调整减收或增收的电费。

二、电费算法

一是对变压器容量在 315 kV·A 以下的，执行"单一电价"，即用 1 kW·h 电、交 1 kW·h 电的电费；二是对变压器容量在 315 kV·A 及以上的，执行"两部制电价"，除用一度电交 1 kW·h 电的电费外，还要按照变压器的容量交纳基本电费(像电话的底费)；对 100 kW 及以上的用户，还要执行力率调整电费，对力率(功率因数)达不到国家标准的，进行奖惩。

同时，《中华人民共和国电力法》还规定：第四十三条，任何单位不得超越电价管理权限制定电价。供电企业不得擅自变更电价。第四十四条，禁止任何单位和个人在电费中加收其他费用；但是，法律、行政法规另有规定的，按照规定执行。地方集资办电在电费中加收费用的，由省、自治区、直辖市人民政府依照国务院有关规定制定办法。禁止供电企业在收取电费时，代收其他费用。

三、电费计算方法

计算公式：电费金额＝基本电费＋电度电费＋功率因数调整电费

基本电费：①按变压器容量＝计费容量×基本电

②按需量＝需量示数×乘率×基本电

电度电费＝抄见电量×电价

功率因数调整电费＝(基本电费＋千瓦时电费)×(±)功率因数调整电费月增减率

功率因数高于标准值减收电费，低于标准值增收电费。

四、实施范围

除船厂以外，凡以电为原动力，或以电冶炼、烘焙、熔焊、电解、电化的一切工业生产，受电变压器总容量在 315 kV·A 及以上的大工业用户，以及符合上述容量规定的下列用电：机关、部队、学校及学术研究、试验等单位的附属工厂(凡以学生参加劳动实习为主的校办工厂除外)有产品生产纳入国家计划，或对外承受生产及修理业务的用电；铁路(包括地下铁路)航运、电车、电信、下水道、建筑部门及部队等单位所属修理工厂的用电；自来水厂用电；工业试验用电；照相制版工业水银用电，都用此计算方法。

五、区别居民用电

船厂用电大多使用三相电压，而民用电采用的是单相 220 V AC 对居民供电，价格不同，船厂用电价格高，在用电高峰期，常常因负荷过大而导致断电，而且船厂用电的电压往往高于居民用电，也容易把家中的电器烧坏，存在极大的安全隐患。另外，如果断电后相当长的时间内难以恢复供电。

步骤 4：小组经过讨论确定任务结果，每小组由中心发言人陈述，经过全体同学讨论，确定正确结果并填写任务总结。

任务总结

课程认知记录表见表8-2。

表8-2　课程认知记录表

班级		姓名		学号		日期	
收获 与体会	谈一谈：对船厂电费计算你会了吗？						
评价意见	评定人	评价、评议、评定意见			等级		签名
	自己评价						
	同学评议						
	老师评定						

注：该践行学分为5分，记入本课程总学分(150分)中，若结算分为总学分的95%以上，则评定为考核"合格"。

项目评价

序号	考核点	分值	建议考核方式	考核标准	得分
1	安全用电方面你做了什么？	20	教师评价（50%）＋互评（50%）	列举出1项给4分	
2	电费的计算方法你掌握了吗？	25	教师评价（50%）＋互评（50%）	根据掌握程度给出分数	
3	项目报告	10	教师评价(100%)	格式标准，内容完整，详细记录项目实施过程并进行归纳总结，一处不合格扣2分	
4	职业素养	5	教师评价（30%）＋自评（20%)＋互评(50%)	工作积极主动，遵守工作纪律，遵守安全操作规程，爱惜设备与器材	
5	练习与思考	40	教师评价(100%)	对相关知识点掌握牢固，错一题扣1分	
	完成日期		年　月　日	总分	

 **项目小结**

通过本项目的学习，学生了解了船厂节约电能的一般措施和计划用电、用电管理与电费计收，同时掌握了安全用电和船厂电费的计收。

 练习与思考

一、填空题

1. 供电计量部门采用用电的峰值、平值、谷值电价不同的收费制度，目的是保证电网 24 h 内用电平衡，要求用户用电时采取（　　　）。

2. 节约电能的一般技术措施有（　　　）、（　　　）、（　　　）。

3. 电费计收包括（　　　）、（　　　）和（　　　）等环节。

二、简答题

1. 节约电能的科学管理方法有哪些？

2. 计划用电的意义有哪些？

项目九　船舶电路系统组成与继电保护

 **项目描述**

船舶电力系统主要任务是把其他形式的能量转换成电能，并将电能输送、分配给各处船舶用电电气设备，保证船舶安全可靠用电。本项目简述了船舶电力系统的组成，详述了船舶发电机原理、配电装置功能、船用万能式自动空气断路器的操作。最后讲述船舶同步发电机与船舶电网的继电保护。

项目分析

首先对项目的构成进行了解，熟悉船舶电力系统的组成，熟悉船舶发电机原理、配电装置功能及组成，掌握船用万能式自动空气断路器的操作，了解船舶同步发电机与船舶电网的继电保护，能够进行船舶发电机的常见故障检修，能正确进行配电板汇流排的连接，并能进行同步发电机与船舶电网的继电保护。

 **相关知识和技能**

1. 相关知识
(1)熟悉船舶电力系统的组成、特点和电气参数；
(2)掌握船舶发电机原理，配电装置组成；
(3)掌握万能式自动空气断路器功能、开关保护电路和操作方式；
(4)掌握船舶同步发电机的继电保护。
2. 相关技能
(1)能检测船舶发电机的常见故障并能进行维护；
(2)能进行配电板的汇流排的连接；
(3)能正确进行万能式自动空气断路器的操作；
(4)能正确识读万能式自动空气断路器的开关保护电路；
(5)能进行船舶同步发电机的过载、过电流或过功率保护的整定；
(6)能正确识读自动分级卸载保护装置的原理图。

任务一　船舶电力系统组成与维护

任务目标

1. 知识目标
(1)熟悉船舶电力系统的组成与特点；
(2)熟悉船舶电力系统的电气参数；
(3)掌握船舶发电机原理、配电装置组成。

2. 能力目标

(1)能检测船舶发电机的常见故障并能进行维护；

(2)能进行配电板汇流排的连接。

3. 素质目标

(1)培养学生在检测与连接过程中的安全用电与操作意识；

(2)培养学生在发电机维护过程中的团队协作意识和吃苦耐劳精神。

🖥 任务分析

本任务的最终目的是掌握船舶电路系统组成并对其进行维修。为了实现这个目的，必须了解船舶电路系统组成，最重要的是要熟悉发电机的功能，只有这样才能对船舶发电机的常见故障进行处理。

📚 知识准备

电在船上得到应用，已有 100 多年的历史。从早期的用于单一照明到电力驱动，再到辅机的电力拖动而得到不断的发展。随着船舶向大型化、自动化方向发展，电力系统本身的容量也得到不断增大。20 世纪 40 年代，万吨级船舶平均容量只有 60 kW，而目前已上升到 1 500 kW 以上，自动化程度也不断提高，并朝着"高可靠性智能化"方向发展。

20 世纪 60 年代后，我国自行设计研制了新一代的舰艇和船舶，主要有导弹驱逐舰、核潜艇及万吨级远洋货轮。从仿制逐步走向自行设计、试制和生产，我国自行设计、试制完成了交流 200 kW、400 kW、1 200 kW 柴油发电机组和汽轮发电机组等。大力发展船舶交流电气设备，完成了船舶起货机用恒力矩变极变速异步电动机及控制装置、轴带发电机系统成套装置、DZ910 系列船用塑壳式自动开关设备的试制与生产。在我国自行设计制造的沿海及远洋轮船上普遍采用了交流电制，从而实现了船电交流化。

20 世纪 80 年代开始，我国实行对外开放、对内搞活的发展经济政策，积极开展了从国外引进船用电气设备制造的先进技术的工作，加以消化吸收，国产船用电气设备正逐步打入国际市场。并积极开展国际交流和学术交流活动，按 IEC 标准修订我国船电设备标准，以适应船舶向大型化、自动化方向发展的需要。近年来，我国的船舶制造技术得以迅猛发展。

总之，随着船舶自动化技术的不断提高，发展的目标是把自动化船舶的研究与开发推向无人化程度，并保证机电设备处于最佳运行状态，出现异常情况时能够及时发现和排除故障。

一、船舶电力系统

1. 船舶电力系统组成

船舶电力系统，是指由一个或几个在统一监控之下运行的船舶电源及与之相连接的船舶电网所组成的、用以向负载供电的整体。换句话说，船舶电力系统是由电源装置、电力网和负载按照一定方式连接的整体，如图 9-1 所示。船舶电力系统是船上电能生产、传输、分配和消耗等全部装置和网络的总称。

图 9-1 所示为船舶电力系统单线示意图。

(1)电源装置。电源装置是将其他形式的能量(如机械能、化学能、核能)转换成电能的装置。目前船上常用的电源有发电机组和蓄电池。

(2)配电装置。配电装置主要用于控制、保护、监测和分配船舶电源产生的电力，并对船舶正常航行或应急状况下使用的电力负载进行配电的开关设备和控制设备的组合装置。配电装置

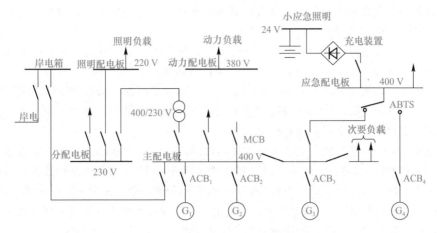

图 9-1 船舶电力系统单线示意图

G_1、G_2、G_3—主发电机；G_4—应急发电机；ACB_1、ACB_2、ACB_3、ACB_4—空气断路器；

MCB—装置式断路器；ABTS—汇流排转换接触器

可分为主配电板、应急配电板、区域配电板、分配电板、充放电板和岸电箱等。

(3)船舶电力网。船舶电力网是指向全船供电的电缆与电线组成的馈电系统的总称。其作用是把电源的电能传输给全船所有的用电设备。船舶电力网可分为动力电网、照明电网、应急电网、低压电网和弱电电网等。

(4)负载。负载又称船舶用电设备，是将电能转变为机械能、光能、热能和其他形式能的总称。其可分为以下几类：如采用电动机拖动的甲板机械设备、舱室机械设备；采用电光源的照明设备、信号设备；采用电加热的电炉、电灶等设备。

2. 船舶电力系统的特点

船舶电力系统由于受到水上环境条件及船舶自身运行情况的影响，与陆地电力系统比较，有如下特点：

(1)容量较小。船舶电力系统电源多为单一电站，一般容量小于 2 000 kW，单机容量小于 1 000 kW。由于船舶上大的用电负载(如起货机等)，其功率可与发电机容量相比拟，因此电动机的启动电流引起的电网电压降较大，因而对船舶电力系统的稳定性提出了更高的要求，如要求船用发电机的动态特性要好，有强励能力，发电机有较大的过载能力等。

(2)船舶电站与用电设备之间的距离短。船舶用电设备虽然较多，但比较集中，因此电网长度短，输送容量小，输电电压低，一般不会超过 200 m，电压小于 500 V，多采用电缆，而不采用架空线，配电装置也简单、可靠，只采用低压电器开关及控制和保护装置，除照明须配置容量不大的变压器外，并无其他的变压设备。由于船舶电站直接对用电设备供电，造成它们之间相互影响较大，电压也易于波动。

(3)船舶电器设备工作条件恶劣。船舶在水上航行，必然受到各种恶劣气候条件的影响，给船舶电气设备的正常、安全运行带来很多困难，这些困难可能造成的后果将比陆地上严重得多。环境温度高，相对湿度较大，金属部件易于腐蚀，工作稳定性差。

3. 船舶电力系统的电气参数

船舶电力系统的主要电气参数有电流等级、电压等级和频率等级等。正确地选择合适的电气参数，可以保证船舶电力系统的可靠性和稳定性。

(1)电流种类。电流种类又称电制。船舶电力系统常采用的有交流和直流两种电制。

直流电动机采用启动器后启动冲击小，可以实现大范围内的平滑调速；直流配电板上的开关电器及仪表也较交流配电板简单；直流电网传输电流时没有趋肤效应，效率较高；而且蓄电池组无须整流设备可直接充电。

但是，采用交流电制会使船舶电气设备的维修、保养工作大大简化。因为船舶电气设备主要是各种电机和电器，交流电机没有整流子，具有结构简单、体积小、重量轻、运行可靠的优点；鼠笼式异步电动机无须启动设备，控制设备少；通过变压器，可以方便地将电压变换成各种负载所需要的电压等级，使照明网络与动力网络没有直接电的联系，相互影响大为减小；交流电的采用也使岸电连接变得更加容易。

由于电子技术的迅速发展，大功率半导体器件的出现，成功地解决了曾经阻碍船舶电力系统交流化的一系列难题(调速、调压、调频和并联运行等)；使交流电制得到普及。目前，对于一般船舶，不论是货船、液货船、集装箱船，还是客船和调查船，都优先采用交流电制。

(2)额定电压等级。随着船舶大型化、自动化及舰船设备的更新和生活工作条件的改善，船舶电器的负荷急速增加，发电机的功率也必然随之增加。从而带来如下问题：

对 500 V 以下的电力系统来说，短路电流的增大使开关电器与保护装置的断流容量难以满足要求；大功率发电机(2 000 kW 以上)和电动机(200 kW 以上)在技术上是非常困难的(已接近功率极限)，在经济上也不合算；使电缆的截面面积增大，并须多股并联，造成布线与安装上的困难。

由于上述这些原因，所以发展了船舶中压电力系统。当发电机单机容量超过 2 000 kW 时，可考虑采用 3.3 kV 电压；电动机功率超过 2 000 kW 以上时，也可用中压 3 kV 供电。

采用中压电力系统后，保护装置、接地、变压器、配电方式、开关形式、电缆端头的构造及处理方法都与 500 V 以下系统有很大的差别，使用时必须注意。

(3)额定频率等级。对于船舶电力系统的频率，我国采用 50 Hz，与陆用电力系统的频率标准一样。国外一些国家采用 60 Hz。船舶供电系统的频率见表 9-1。对于一些弱电设备，如无线电导航系统，则采用 500 Hz 和 1 000 Hz 的中频电源等，这些中频电源通常是由变流机组或变频器供电。

国外一些军舰为减轻电气设备的重量和尺寸，开始采用 400 Hz 的中频电源供电。但提高频率也带来一些不利因素，如要求制造特殊频率的电机、电器和仪表等；同时，交流阻抗加大，损耗增加，需要制造高速机械装置和高速轴承与电动机配套；此外，中频电器、变压器的工作噪声和电磁干扰较大。

表 9-1　船舶供电系统的交流电压和频率

用途	额定电压/V	额定频率/Hz		最高电压/V
	三相	三相	三相	三相
	120	50	60	1 000
	220	50	60	1 000
	240	50	—	1 000
	380	50		1 000
	415	50		1 000
1. 可靠固定和永久连接的动力、电热和炊具设备	440	—	60	1 000
	660	50	60	1 000
	3 000/3 300	50	60	11 000
	6 000/6 600	50	60	11 000
	10 000/11 000	50	60	
	单相	单相	单相	单相
	120	50	60	500
	220	50	60	500
	240	50	—	500

用途	额定电压/V	额定频率/Hz		最高电压/V
	单相	单相	单相	单相
2. 固定照明，包括插座	120	50	60	250
	220	50	60	250
	240	50	—	250
3. 用于须特别当心触电处的插座：	单相	单相	单相	单相
(1)用或不用隔离变压器供电；	24	50	60	55
(2)用一台安全隔离变压器仅对一个用电设备	120	50	60	250
供电的场合	220	50	60	250
	240	50	—	250

二、船舶发电机功能

同步发电机与直流发电机一样，也是根据电磁感应原理，将机械能转变为电能的装置。不过它所输出的电能是一种交流电能，故又称交流发电机。交流电在输送方面，可以通过变压器变压后进行高压输电、低压用电，减少线路上的电能损失；在用电方面，可以使电动机的结构简化，控制电路简单，降低了用电设备的造价。因此，交流电优于直流电，目前船上大多采用交流发电机。

1. 同步发电机的起压原理

(1)同步发电机结构。同步发电机由定子和转子两部分组成。按三相对称分布，在定子铁芯上绕有三相对称绕组；转子上也有铁芯，在铁芯上绕有一对或数对绕组，一般借助两个滑环引入直流电流，以获得固定磁极极性的磁场。

(2)同步发电机的起压与励磁。转子由原动机带动而旋转，这样转子的磁场就变成旋转磁场。当它切割定子上的三相绕组以后，根据电磁感应原理，则感应出三相交流电。

对同步发电机励磁，必须具备供给励磁电流的直流电源。这个电源可以是直流发电机，或是带整流器的交流发电机；也可以在同步发电机定子输出的交流电压上加装整流装置作为直流电源。作为励磁电源用的直流或交流发电机称为励磁机，由励磁机进行励磁的方式称为他励式，如图 9-2(a)所示；依靠发电机定子绕组中产生的交流电势，经整流后进行励磁的方式称为自励式，如图 9-2(b)所示。

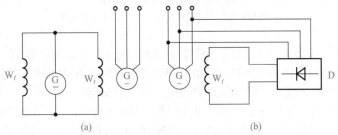

图 9-2 同步发电机励磁原理图

(a)他励式；(b)自励式

G—发电机；W_f—励磁线圈；D—整流器

采用励磁机不仅会增加同步发电机总的造价，而且维护、检修工作量大，时间常数也大。对于中小型同步发电机，额定励磁容量仅是发电机额定容量的 3% 左右，发电机本身完全有能力供给这些功率，因此，船舶同步发电机、移动式电站的同步发电机大多采用自励式的励磁方式。这样可省去励磁机，既能提高运行的可靠性，又可增加经济效益。如果采用恰当的措施，采用自励式不仅可以使同步发电机依靠剩磁自励起压，而且可以使发电机具备自动控制励磁的能力，在一定范围内维持发电机的电压基本不变，从而改善了发电机性能。这种具有自动控制励磁能力的自励式同步发电机，一般称为自励恒压同步发电机。

（3）同步发电机的自励起压。同步发电机自励系统的线路如图9-3所示（以单线图表示）。自励是一种内反馈，整个系统并无外来输入量。在发电机的磁极上存在剩磁的条件下，当其转子即磁极以额定转速旋转时，在定子绕组中感应出具有额定频率的交流剩磁电势。这个剩磁电势经整流后加在励磁绕组上，励磁绕组内将通过不大的励磁电流，在发电机磁路中建立磁势，这样系统的输出量返回到输入端，如果磁化方向与剩磁方向相同，就可使气隙磁场得到加强，由感应产生的电势得以升高，从而增大整个系统的输出量——电枢电压，由于整流装置交流侧励磁电压就是电枢电压，因此，气隙磁场更得到增强。如此反复，发电机的端电压便上升到一定值。自励过程如图9-4(a)所示。

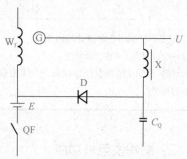

图 9-3　自励系统的单线图

W_f—励磁线圈；X—线流电抗器；D—整流管；
E—蓄电池；QF—开关；C_Q—谐振电容

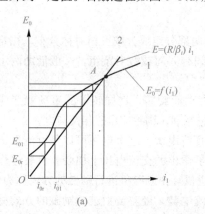
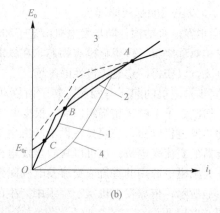

(a)　　　　　　　　　　　(b)

图 9-4　自励起压特性曲线

（a）理想的自励起压过程；（b）实际的自励起压过程

图中 $E_0=f(i_1)=R/\beta_1$，为发电机空载特性1（E_0 为励磁电势的有效值，i_1 为励磁电流。），$E_0=R/\beta_i$ 为不计电感的综合励磁回路与电枢回路的伏安特性2（R 为励磁回路的等值电阻，包括直流侧励磁绕组的电阻、碳刷、滑环间接触电阻，以及整流器的电阻等，β_i 为电流整流系数），在图中表明自励开始时，首先在电枢绕组中感应产生剩磁电势 E_{0r}。E_{0r} 作用于综合励磁回路与电枢回路的励磁系统，由 E_{0r} 产生励磁电流 i_{0r}，经整流后建立励磁磁势，增强了气隙磁场并升高了电枢电势到 E_{01}，励磁电流由 i_{0r} 增加到 i_{01}，气隙磁场得到进一步增强，自励过程就这样极其迅速、往复地进行下去，直到两特性的交点 A，过程终止。

同步发电机不能自励起压，大多由于自励条件未满足，因此若不能正常起压，需从以下几方面考虑：

1）发电机必须有剩磁，这是自励的必要条件，新造的发电机无剩磁，长期不运行的发电机剩磁也会消失，这时可用别的直流电源进行充磁。

2）要使自励系统成为正反馈系统，由剩磁电势所产生电流建立的励磁磁势必须与剩磁方向相同。所以整流装置直流侧的极性与对励磁绕组所要求的极性必须一致。

3）发电机的空载特性与综合励磁回路及电枢电路的伏安特性必须有确定的交点 A，这个交点的纵坐标就是发电机的空载电压值，因为励磁回路中有半导体整流器的存在，其伏安特性是非线性的，当正向电压很低时，电阻很大，以后随电压增加，电阻渐小，如图 9-4（b）中曲线 2 所示，与空载特性 1 有三个交点 C、B、A，起压时，电压达 C 点时，便稳定下来了，这样就达不到空载额定电压，因此，必须消去 C 与 B 两点，大体可采用如下几种方法：

①提高发电机的剩磁电压，即提高空载特性的起始电压，一般采取加恒磁插片或用蓄电池临时充磁的方法来实现，如图 9-4（b）中曲线 3。

②降低伏安特性 2，利用谐振起压的方法，在较小剩磁电压下即可获得较大励磁电流（相当于减少了励磁回路电阻），将图 9-4（b）中曲线 2 下降为曲线 4，由于曲线 4 的开始一段陡度小，可以顺利地起压，当起励电压接近正常空载电压时，励磁回路电阻减小，脱离了谐振，伏安特性由 4 转为 2，与空载特性交于 A 点，发电机便进入正常空载运行。

3）利用复励电流帮助起压，在起压时临时短接一下主电路，利用短路产生的复励电流帮助起压。

2. 自动励磁装置的功能

船舶电站的负载经常是变化的，由于同步发电机电枢反应的作用，且用电设备多为感性负载，负载电流对交流同步发电机是起去磁作用，负载电流大小和功率因数的变化都会引起发电机端电压的变化，并直接影响船舶电站电压的稳定和电气设备的正常使用与运转（如继电器、接触器动作不正常，电机停转，荧光灯熄灭等），为此，必须在同步发电机系统中加装自动电压调整器（自动励磁装置），以确保发电机电压在各种可能变化的负载情况下，都能保证工作在允许的变化范围内。

直流发电机多采用积复励形式，当负载发生变化时，其磁场中的串励绕组流过的电流也随之变化，从而合成磁场便随负载变化自动地调整，使发电机端电压基本上保持不变，所以在没有特殊要求的船舶上，直流发电机一般不需装设电压自动调整器。

由于目前船舶大多采用交流配电系统，并以交流同步发电机为电源装置，故这里只对交流发电机的自动励磁装置（电压自动调整器）进行分析。

衡量电能质量好坏的指标有三个，即电压、频率和波形。电压大小是否稳定，取决于自动调节励磁装置性能的优劣；频率恒定与否，则取决于原动机容量大小与调速机构的灵敏度；波形畸变是否符合国家标准要求，很大程度上由电机设计来决定。

（1）自动励磁装置的任务。

1）在船舶电力系统正常运行情况下，要求船舶电网电压维持在某一允许范围内，为此，要求发电机端电压几乎不变。这样一来，发电机的励磁电流必须适时地做出相应的调整。这一任务是由电压自动调整器来完成的。

2）为了保持发电机组并联运行的稳定，各并联发电机间无功功率必须进行合理地分配。这一任务也是由电压自动调整器来完成的。

3）在船舶电力系统发生短路故障时，为了提高船舶电力系统发电机组并联运行的稳定性和继电保护装置动作的可靠性，需要励磁系统适时地进行强行励磁。这一任务也是由电压自动调整器来完成的。

（2）对自动励磁装置的基本要求。除要求结构简单、使用可靠、灵敏度高和调整的过渡过程短以外，还必须满足下述基本要求：

1）保证同步发电机端电压在允许范围内。为了保证供电质量，要求发电机突卸或突加负载时，其电压调整性能的静态指标、动态指标以及发电机组并联运行时无功功率分配的不均匀度指标，必须满足有关规范和规则的要求。

2)要求保证强行励磁。当发电机负载突然增大或电力系统发生短路时，发电机电压会突然下降很大，甚至使电力系统运行不稳定。要求强励系统应能保证在短时间内将励磁电流升高到超过额定状态的最大值，使发电机电压迅速得到恢复；同时强行励磁也能使发电机的电势和短路电流大为增加。这对保证电站运行的稳定性和保证继电保护装置动作的可靠性是必要的。

3)要求合适的放大系数。电压自动调整器的放大系数是被调量的变化值与被测量的变化值的比值。一般来说，提高放大系数可以提高发电机电压自动调整器的静态特性指标；但放大系数过大时，会使调整系统不稳定，甚至会影响整个电力系统运行的稳定性。所以保证合适的放大系数是必要的。

4)保证自励同步发电机的起始励磁。在发电机组启动后，转速接近额定转速时，自动励磁装置应保证发电机在任何情况下都能够可靠起励，建立额定空载电压。对于有励磁机的他励系统来说，靠励磁机自励建立电压；对于无刷机的自励系统来说，应要求励磁装置能确保发电机能自励建立电压。由于交流同步发电机的剩磁比直流发电机的剩磁少，而磁场回路的总电阻又比较大，还存在炭刷-滑环接触电阻和整流元件正向电阻这样的非线性电阻，所以交流同步发电机的自励比直流发电机的自励要困难一些。

3. 自动励磁装置的分类

船用同步发电机的自动励磁装置的类型很多，分类方法也不一致。通常可按照励磁装置的组成元件和励磁调节器的作用原理等进行分类。

(1)按照励磁装置所使用的元件分类，如图 9-5 所示。

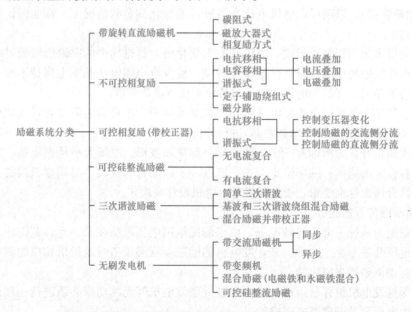

图 9-5　励磁系统分类(按照励磁装置所使用的元件分类)

(2)按照励磁调节器的作用原理分类。

1)按扰动调节的励磁调节器。按发电机负载电流 I 和功率因数 $\cos\varphi$ 的大小进行励磁电流调整的装置即属于按扰动控制的励磁调节器，其原理如图 9-6(a)所示。这里被控制量是发电机端电压，控制信号是励磁电压或励磁电流，扰动量是发电机的负载电流。

当发电机负载电流的大小与性质改变时，由于电枢反应作用，端电压会发生变化，而与此同时，由于扰动量输入励磁调节器，使其控制信号励磁电流随之做出相应的改变去补偿扰动所造成的电压变化，使系统输出量尽可能保持原有水平。这种作用的机理是"利用扰动，补偿扰动"。它没有能力对系统输出量进行准确的测量，输出量对控制信号没有作用，换言之，没有任何反馈比较，控制过程不构成闭合环路，因此这种控制作用没有按输出量保持不变的要求去调节控制量，而仅是根据输出量的主要扰动去进行控制，是一个开环调节系统，故而调压精度不高，静态调压率不会小于±2%。但因其具有结构简单、可靠，动态指标好，易于调整等优点，在船上仍然得到了广泛的应用。不可控相复励自励恒压装置中的电流叠加式、电磁叠加带曲折绕组的自励恒压装置均属于这种类型。

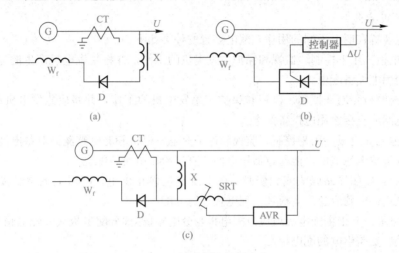

图 9-6　自动励磁装置分类

(a)按负载电流和功率因数调节；(b)按电压偏差调节；(c)按复式调节

W_f—励磁线圈；D—整流电路；X—限流电抗器；CT—电流互感器；SRT—可控硅；AVR—电压校正器

2)按偏差控制的励磁调节器。按发电机输出实际电压与给定值电压(发电机额定电压)的差值即电压偏差 ΔU 的大小调整励磁电流的自动装置。图 9-6(b)所示的可控硅自动励磁调节装置即属于此种类型。该励磁装置主要由三部分组成：电压检测环节、移相触发控制环节和励磁主回路，电压检测环节将发电机实际电压与基准电压进行比较获得与电压偏差成比例的直流电压信号 U_R 去移相触发控制环节，改变可控硅的移相控制角 α，从而实现调整励磁电流的目的。这种自动控制装置调压精度很高，静态调压率可小于±1%，在控制过程中，始终将输出量即端电压与所希望保持的值做严格而认真的比较，获得偏差信号，根据偏差信号的大小及时地调节控制信号即励磁电流，去消除这种偏差，控制系统构成了一个自己闭合的环路。这种控制作用是"检测偏差，纠正偏差"，不论什么扰动对输出量所造成的偏差都会得到纠正。

3)按复合控制的励磁调节器。图 9-6(c)所示为可控相复励系统的单线图，它实现了按负载电流的大小及性质和按电压偏差信号综合调整励磁电流以维持发电机输出电压恒定的目的。因其具有上述两种类型自动励磁调节器的优点，所以，目前在较先进的船舶上也得到了广泛的应用，无刷发电机励磁系统多采用这种装置。它主要由相复励部分和自动电压校正器部分(AVR)两大部分构成，前者按扰动控制，后者按偏差控制。AVR 输出与 ΔU 成比例的直流电流去控制饱和电抗器 SRT 的电抗值，从而改变励磁电流的分流大小，实现调整励磁电流的目的。

三、船舶配电装置

1. 船舶配电装置的功能

船舶配电装置是用来接收和分配船舶电能，并能对发电机、电网及各种用电设备进行切换、控制、保护、测量和调整等工作的设备。它是由各种开关、自动控制与保护装置、测量仪表及互感器、调节和信号指示等电器设备按一定要求组合而成的一个整体，其功能如下：

(1)正常运行时接通和断开电路(手动或自动)；

(2)电力系统发生故障或不正常运行状态时，保护装置动作，切断故障元件或发出报警信号；

(3)测量和显示运行中的各种电气参数，例如电压、频率、电流、功率、电能、绝缘电阻等；

(4)进行某些电气参数或有关的其他参数的调整，如电压、频率(转速)的调整；

(5)对电路状态、开关状态以及偏离正常工作状态进行信号指示。

2. 配电装置的种类

按照配电装置在船上不同的用途，配电装置的种类如下：

(1)主配电板：用来控制、监视和保护主发电机的工作，并将主发电机产生的电能，通过主电网或直接给用电设备配电。

(2)应急配电板：用来控制、监视和保护应急发电机的工作，并将应急发电机产生的电能，通过主应急电网或直接给用电设备配电。

(3)蓄电池充放电板：用来控制、监视和保护充电发电机和充电整流器对蓄电池组的充电与放电工作，并将蓄电池组的电能通过低压电网或直接给用电设备配电。

(4)岸电箱：船舶停靠码头或大修时，船上发电机停止供电，将岸上电源线接到船上岸电箱，再由岸电箱送电到应急配电板和主配电板进行分配。

(5)区配电板：介于主配电板或应急配电板与分电箱(亦称分配电板或分配电箱)之间，用以向分电箱和最后支路供电的配电板。

(6)分电箱(分配电板)：将由主配电板输送来的电能向不同区域的成组用电设备进行配电，并装有保护装置。按其使用目的和使用性质，分电箱通常又分以下几种：

1)电力分电箱(或称分配电板)；

2)照明分电箱(或称分配电板)；

3)无线电分配电板(无线电电源板)；

4)助航通信分配电板；

5)专用设备分配电板(如冷藏集装箱电源板)。

(7)交流配电板：当船舶采用直流电制时，由于多数通信导航设备仍需要交流电源，所以需装设交流变流机组。交流配电板用来控制和监测交流变流机组，并给用电设备配电。

(8)电工试验板：接有全船各种电源和必要的检测仪表，专供船上检修和校验各种用电设备的配电板。

3. 配电板的结构形式

(1)防护式：较大型配电板如主配电板、应急配电板等均采用此种结构，用钢板制成，板前有面板，以便操作时不触及带电部分，板后敞开，不能防止水滴渗入，便于修理，连接电缆一般从下部开孔引入。

(2)防滴式：机舱和舵机舱中的分配电板采用此种结构，用钢板制成外壳，能防止与垂直线成15°的下落水滴浸入。电缆多从下面引入，也有从侧面通过套管引入的，两侧可开散热窗。

(3)防水式：这种形式的配电板适于露天或潮湿处安装，如岸电箱，它能够经受4~10 m水柱的集中水流从任何方向进行喷射15 min而不致有水滴进入，连接电缆的引入采用水密填料函。

4. 配电板的配电方式

配电板分配出去的电能必须与发电机的电源引线组成回路，因此，发电机电源引线方式不同，将决定不同的配电方式。

（1）直流电制的配电方式。此方式有双线绝缘系统；一极接地的双线系统；利用船体作为回路的单线系统；中线接地但不以船体为回路的三线系统；中线接地并以船体为回路的三线系统。

（2）交流电制的配电方式。

1）三相交流电制的配电方式：三相三线绝缘系统；中点接地的三相三线系统（以船体作为中性线回路的三相三线系统）；中点接地但不以船体作为中性线回路的三相四线系统。

2）单相交流电制的配电方式：单相双线绝缘系统；一极接地的单相双线系统；一极以船体作为回路的单线系统。

各有关规范有些具体的规定，必须予以充分的重视。例如中国船级社《钢质海船入级与建造规范》规定：1 600总吨及1 600总吨以上的船舶动力、电热及照明系统，均不应采用利用船体做回路的配电系统。又规定钢铝混合结构的船舶，严禁铝质部分做导电回路。

对于油船、化学品船等液货船及其他特殊船舶，必须注意其配电系统的特殊要求，如油船可以采用的配电系统只限制在：直流双线绝缘系统；交流单相双线绝缘系统；交流三相三线绝缘系统。

实际上目前交流船舶绝大多数都采用三线绝缘系统，只有个别船舶采用中性点接地的三相四线制，采用三相三线绝缘系统有许多优点：如三相照明系统与动力系统无直接电的联系，相互影响小；发生单相接地不形成短路，仍可维持电气设备短时工作；测量三相电流可用两个电流互感器和电流转换开关，一个电流表进行。

任务实施

步骤1：学生分组，每小组4～5人。

步骤2：强调纪律和操作规范。

步骤3：任务实施。

一、船舶发电机的常见故障及其处理方法

船舶常用交流同步发电机，其常见故障、产生原因及处理方法参见表9-2。

表9-2　船舶发电机故障现象、原因与处理方法

故障现象	可能原因	处理方法
发电机不能建压	1. 没有剩磁	用外电源进行充磁
	2. 励磁绕组开路	检查从整流器至励磁绕组的连接是否有松动或断线，励磁绕组本身是否断线
	3. 集电环锈蚀、发黑不导电	用"00"号细砂布打磨集电环
	4. 电刷卡在刷握中或刷辫线断开	检查和修理电刷、刷握及刷辫
	5. 线性电抗器无气隙或气隙太小	调整气隙到适当大小
	6. 调压器整流元件被击穿	检查和更换击穿的整流元件
	7. 接线错误	认真检查接线，更正接线的地方
	8. 励磁绕组接反	调换励磁绕组的连接
	9. 电抗器、谐振电容器和相复励变压器之间的连线断开	检查连线，重新接好
	10. 谐振电容器短路	更换电容器

故障现象	可能原因	处理方法
发电机电压低于额定电压	1. 移相电抗器气隙太小	调整气隙使之增大
	2. 电抗器、整流器及相复励变压器有一相开路	检查三者之间接线的松动或断线，查出后接好并紧固
	3. 整定电阻太小	调大整定电阻
	4. 转速太低	提高转速至额定值，并校核频率
	5. 发电机励磁绕组有断路	检查励磁绕组，修复或换新
	6. 电抗器或相复励变压器抽头有变动	检查并校核电压，重新抽头接线
	7. 电压表有误差	校对电压表
发电机电压高于额定电压	1. 移相电抗器气隙太大	按需要调小气隙
	2. 整定电阻的滑动触头烧坏，锈蚀，接触不良，或电阻烧断	检查、修复或更新电阻
	3. 电抗器、相复励变压器抽头变动	按需要重新抽头接线
	4. 电压表有误差	校正电压表
负载增加，发电机电压大幅度下降	1. 移相电抗器、整流器、相复励变压器有一相开路	检查三者之间连线有否断开
	2. 整流器中有开路	检查整流器及连线使其接通
	3. 相复励变压器的电流绕组和电压绕组极性不一致	调换电流绕组或电压绕组，使两者的极性一致
	4. 原动机的调速器性能不良	检修调速器
	5. 定子铁芯有位移	将铁芯调回原位固定好
发电机过热	1. 长期过载	观察发电机输出电流及功率，并将其控制在额定值以下
	2. 励磁绕组或定子绕组短路	检查电机定、转子绕组并修复短路的绕组
	3. 相负载不平衡	检查是否有单相大功率负载或电动机单相运转
	4. 定、转子相擦	检查电机轴承和转轴转子铁芯有否松动
轴承过热	1. 轴承磨损严重	更换轴承
	2. 润滑油太多、太少或变质	检查、加油或换油，润滑油量不得超过轴承室空间的2/3
	3. 电机端盖或轴承装配不当	重新安装好
	4. 发电机组装配不良	重新安装
	5. 转轴弯曲	校正转轴

二、配电板的汇流排的连接

汇流排是配电板中用铜质裸条排制成的发电机电源引出线和电网并联线等。它具有外形美观大方，通过电流大，散热条件好，并联接头方便等优点，因此在配电板中得到广泛使用。

汇流排连接应满足以下要求：

(1)汇流排及其连接件应为铜质的，一般采用电导率为97％以上的铜材，汇流排的连接处应作防腐和氧化处理。汇流排的允许最高温度为45℃，汇流排连接处的温升不得高于表9-3规定。

表 9-3 汇流排连接处允许温度

汇流排类别	环境温度为 45 ℃时允许温升/℃
铜-铜	40
铜烫锡-铜烫锡	45
铜镀银-铜镀银	55

(2)汇流排和裸线的颜色应满足有关规范和规则的要求。按我国国家标准和中国船级社的要求如下：

对直流汇流排和裸线的极性颜色规定如下：

正极：红色；

负极：蓝色；

接地线：绿色和黄色间隔。

对于交流汇流排和裸线的相序颜色规定如下：

第 1 相：绿色；

第 2 相：黄色；

第 3 相：褐色或紫色；

接地线：绿色和黄色间隔；

中性线：浅蓝色。

(3)汇流排在配电板内的排列，应符合有关规范和规则的规定。按我国国家标准和中国船级社的要求，应满足表 9-4 的规定排列。

表 9-4 汇流排在配电板内排列

汇流排	相序或极性	汇流排安装的相互位置			辅图
		垂直布置	水平布置	引下线	
交流	第一相	上	前	左	配电板正视方向示意图
	第二相	中	中	中	
	第三相	下	后	右	
直流	正极	上	前	左	
	均压极	中	中	中	
	负极	下	后	右	
注：交流中性线汇流排可放在适当位置。					

(4)均压汇流排的载流能力，应不小于电站中最大发电机额定电流的 50%；交流三相四线制中中性线汇流排的截面面积，应不小于相汇流排截面面积的 50%。

(5)主汇流排分段：与主汇流排相连的发电机总容量超过 1 000 kW 时，主汇流排至少应分为两部分，这两部分之间可用负荷开关或自动开关连接起来。发电机及任何有 2 台设备的负载都应在这两部分上平均连接。

步骤 4：小组经过讨论确定任务结果，每小组由中心发言人陈述，经过全体同学讨论，确定正确结果并填写任务总结。

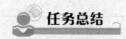
课程认知记录表见表9-5。

表9-5　课程认知记录表

班级		姓名		学号		日期	
收获与体会	谈一谈：对船舶发电机的维修中你学到了什么？						
评价意见	评定人	评价、评议、评定意见			等级		签名
	自己评价						
	同学评议						
	老师评定						

注：该践行学分为5分，记入本课程总学分(150分)中，若结算分为总学分的95%以上，则评定为考核"合格"。

任务二　船用万能式自动空气断路器继电保护

任务目标

1. 知识目标
(1)掌握万能式自动空气断路器功能；
(2)掌握万能式自动空气断路器的开关保护电路；
(3)掌握万能式自动空气断路器的操作方式。

2. 能力目标
(1)能正确进行万能式自动空气断路器的操作；
(2)能正确识读万能式自动空气断路器的开关保护电路。

3. 素质目标
(1)培养学生在电气操作过程中的安全用电意识；
(2)培养学生在任务完成过程中的团队协作意识和吃苦耐劳精神。

任务分析

本任务的最终目的是掌握船用万能式自动空气断路器继电保护的运行和维护。为了了解继电保护的运行，必须了解万能式自动空气断路器的功能；为了能对其进行维护，就必须学会正确识读自动空气断路器的开关保护电路并进行操作。

知识准备

一、万能式自动空气断路器的功能

1. 作用

万能式自动空气断路器又称自动空气开关，在正常运行时，作为接通和断开主电路的开关电器；在不正常运行时，可用来对主电路进行过载、短路和欠压保护，自动断开电路。所以，万能式自动空气断路器既是一种开关电器，又是一种保护电器。

船用万能式自动空气断路器，主要是用作船舶发电机的主开关。它既可做发电机主电路通断，又可做发电机的继电保护装置。所以，它是船舶电站中一个十分重要的电器。

目前，我国生产的船用万能式自动空气断路器主要有 DAW94、DAW95、DAW98 和引进产品 AH 型（国内编号 DAW914 型）几种。

断路器与接触器、继电器都属于自动开关电器，但三者有很大的区别，见表 9-6。顾名思义，断路器是用来切断故障电路的，特别是它能切断断路电流，它的通断电流能力比接触器大得多。但开关通断的次数比接触器少得多，典型的机械寿命为数千次到一万次（电气寿命还要少一个数量级），后者的机械寿命可达数百万次。

表 9-6 三种开关电器比较

名称	触头容量	灭弧装置	频繁通断	用途	体积
断路器	大	有，能力强	不允许	切断大故障电流	大
接触器	大	有	允许	通断大工作电流	较大
继电器	小	无	允许	通断控制电路	小

断路器（简称 CB）分万能式和装置式两大类。发电机主开关通常采用万能式空气断路器（简称 ACB，又称为框架式断路器、空气断路器），配电板上的配电开关通常采用装置式断路器（简称 MCCB，称为塑壳式断路器）。

2. 结构组成

断路器由主触头系统、脱扣机构、合闸机构和传动机构等组成，如图 9-7 所示。

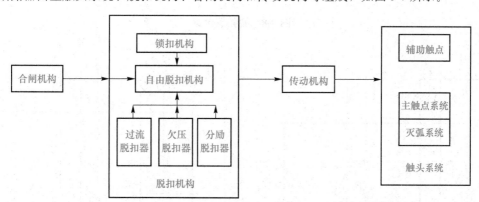

图 9-7 断路器结构框图

三相电路采用的断路器有三组主触头，有一组主触头及其灭弧装置、断路器接通后通过的电流主要流过主要触头。为了避免主触头在分断电流时被电弧灼伤，除主触头外还设有预测触头和弧触头。接通电路时，它们的闭合次序为：弧触头—预测触头—主触头；在分断电路时，分断次序为：主触头—预测触头—弧触头。触头系统的设计应保证足够的电动稳定性，并具有电动力补偿作用，即短路电流产生的电动力是加强触头接触的压力。在分断电路时的电动力把电弧引向灭弧室方向。灭弧方式通常采用复合方式，既有去离子栅，也有窄缝。

3. 基本操作及其要求

合闸机构分手动和电动类。手动机构由人操作手柄完成合闸，较大容量的开关须用电动机构才能完成合闸操作。电动方式又分电动机驱动方式和电磁线圈驱动方式两种。首先由电动方式施力使合闸弹簧储能，然后根据合闸指令，瞬间发力使断路器接通。

断路器的保护功能是通过诸如过流脱扣器、欠压脱扣器实现的。无故障时要使开关分断则可通过分励脱扣实现。各种脱扣器的示意如图 9-8 所示，图中按钮供操作人员远距离操纵脱扣用。

接线图如图 9-9、图 9-10 所示。图中过流脱扣器用符号 $I>$ 表示。通常过流脱扣器具有过载延时、短路延时和特大短路瞬时脱扣的三段式保护特性。欠压脱扣器用符号 $U<$ 表示，欠压脱扣器线圈在 75% 以上的额定电压条件下须保证短路器可靠接通，而在 40% 以下额定电压时视为失压状态，须保证可靠脱扣，在 40%～75% 额定电压时，视为欠压状态，根据整定情况脱扣，在 75%～110% 额定电压下应可靠动作，使断路器脱扣。分励脱扣器或欠压脱扣器可用来实现远距离人工控制断路器脱扣，也可于逆功率继电器配合用来实现发电机逆功率保护动作。

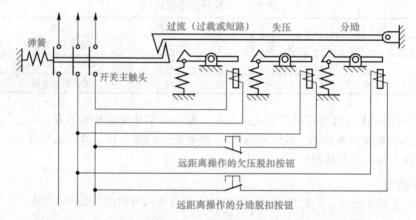

图 9-8　脱扣器示意

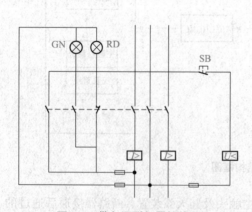

图 9-9　带欠压脱扣器接线图

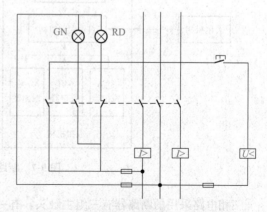

图 9-10　带分励脱扣器的断路器接线图

国产断路器型号命名的格式如下：

$$D\ \boxed{1}\ 9\ \boxed{2}-\boxed{3}\boxed{4}/\boxed{5}\boxed{6}$$

其中 D 表示断路器。方格 1 如为字母 W 表示万能式，如为字母 Z 表示装置式。数字 9 表示船用。方格 2 是数字，表示产品序号，如为 4、5、8 和 14 等。方格 3 也是数字，表示断路器的额定电流，单位为安培。方格 4 是一位字符，表示派生型号，见表 9-7。方格 5 是数字，表示极数，如 3 表示 3 极或 3 相。方格 6 是两位数字，表示脱扣器代号见表 9-8。国外产品及国内近年引进产品的命名方法不同，如日本寺崎公司的万能式空气断路器有 AH 系列，装置式断路器有 TO、TG 等系列。

表 9-7　低压电器派生型号的字符含义

符号	含义	符号	含义
A 及 B、C、D	结构设计改型变化	N	可逆
F	返回，带分励脱扣	P	电磁复位
H	保护式，带缓冲装置	S	有锁位机构，手动复位，防水式，三相，三个电源，双线圈
J	直流，自动复位，防震，重任务	TA	干热带
K	开启式	TH	湿热带
L	电流的	W	无灭弧装置
M	密封式，灭磁		

表 9-8　脱扣器代号中数字含义

左边第一位数字含义		右边第一位数字含义	
数字	含义	数字	含义
0	无脱扣器	0	不带附件
1	热脱扣器	1	带分励脱扣
2	电磁脱扣器（瞬时）	2	带辅助触头
3	复式脱扣器	3	带欠压脱扣
5	电磁脱扣器	4	带分励脱扣及辅助触头
6	过载长延时，短路瞬时	5	带分励脱扣及欠压脱扣
7	过载长延时，短路短延时	6	带两组辅助触头
		7	带欠压脱扣及辅助触头

选择断路器时需要考虑以下主要参数：额定电压、极数、全切断时间、额定电流、脱扣器种类、过流脱扣器额定电流、断路器分断电流能力、断路器接通电流能力、断路器允许短时电流能力等。其中电流参数多，需要进一步说明。

通常断路器型号上标明的额定电流是主触头的额定电流，即主触头允许通过的最大电流值；过电流脱扣器额定电流是过流脱扣器的额定参数，这个参数必定小于或等于断路器额定电流。生产厂对应于某一短断路器的额定电流，有大小不等的多种过流脱扣器额定电流供选择。用户或设计者根据发电机额定电流的大小选择相应的过流脱扣器额定电流。对发电机三段式过流保护，需要整定断路器过流脱扣器动作值，发电机保护是依发电机额定电流的倍数来考虑的，但整定习惯上是以断路器过流脱扣额定电流值为基准，按它的倍数来整定的，因此，发电机额定电流与断路器过流脱扣器额定电流不一致时，整定时要注意换算。

短延时脱扣器具有三个时限带，例如，寺崎脱扣器的时限带中间值为 0.42 s，上限值 0.51 s，下限值为 0.34 s。其中间值为标称值。同样，中间带为标称带，它的中间值为 0.27 s，上下限分别为 0.338 s 和 0.21 s。

AH 系列断路器的电子式过流脱扣器采用运算放大器和分立元件混装，其动作精确，返回系数高。新型的 M 系列断路器的控制器采用微处理器，面板上有数字电流表及有关参数的指示，可实现自检和有关参数的通信。

二、船舶万能式自动开关继电保护

使万能式自动开关跳闸有以下三种方法：一是备用的手动机械脱扣跳闸；二是常用的手动按钮电磁脱扣跳闸；三是由继电保护装置动作自动控制脱扣器使开关自动跳闸。上面介绍了前两种方法，下面主要介绍第三方法。

1. DW-98 自动开关继电保护

DW-98 型自动开关采用晶体管继电保护装置作为脱扣器，图 9-11 所示为其保护装置的方框图。从图中可以看出，输入信号包括电流和电压两部分。电流信号又分为两种情况，即过载反时限延时、短路定时限短延时和瞬时发出跳闸信号。电压信号也分为两种情况，即欠压定时限延时、无压瞬时发出跳闸信号。

输出信号为开关自动脱扣跳闸。它接收两方面的信号。按钮跳闸为正常跳闸；可控硅和无压跳闸均属于故障自动跳闸。

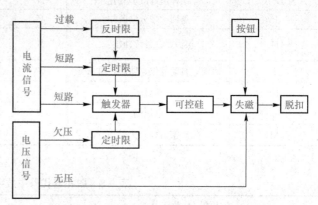

图 9-11 DW-98 开关保护电路方框图

由方框图还可以看出，促使开关跳闸共有六个信号。其中五个信号属于故障信号，一个按钮信号为人工正常操作信号。因此，对不同的延时电路必须进行认真的分析和调试，以确保开关动作准确、可靠。

图 9-12 所示为其保护电路原理图。

(1) 欠压延时保护。发电机电压经变压器 TV1 的第二个副边绕组降压，并经 U1 桥式整流，R_{24}、C_8 阻容滤波，稳压管 WG5 稳压之后，作为晶体管直流稳压工作电源。

欠压保护的电压形成和整流滤波回路：由图 9-12 中可见，发电机电压 U_{UW} 由变压器 TV_1 的第一个副边绕组降压到 15 V，经二极管 VD15 半波整流，电容 C_5 滤波，电阻 R_{19}、R_{20} 分压后，在 R_{20} 上取出弱电直流电压控制信号。该电压信号与发电机电压成正比，加到后面的启动电路上。

欠压保护的起动电路和时限电路，由稳压管 WG4、晶体管 V5 和充电延时电容 C_6、C_7 等组成。

发电机工作于正常电压时，R_{20} 上的电压可以使 WG4 击穿，V5 处于饱和导通状态，因而其时限电路的延时电容 C_6 被短路。V5 集电极电位约 0.3 V，故 VD_{17} 不能导通。此时，出口电路不输出欠压信号。

当发电机电压低于欠压保护启动电压整定值，例如达 $65\%U_e$ 时，R_{20} 上的电压低到不足以击穿 WG4，V5 截止，工作电源通过电阻 R_{22}、R_{23} 对 C_6 和 C_7 并联充电，电容充电达单结晶体管 VT 的峰值电压所需的时间，就是欠压保护的延时时限。DW-98 半导体脱扣器的欠压延时分 0.5 s、1 s、3 s、5 s 四种可供选择。延时完毕，通过出口电路，发出欠压延时保护跳闸信号，使开关跳闸，实现发电机欠压延时保护。

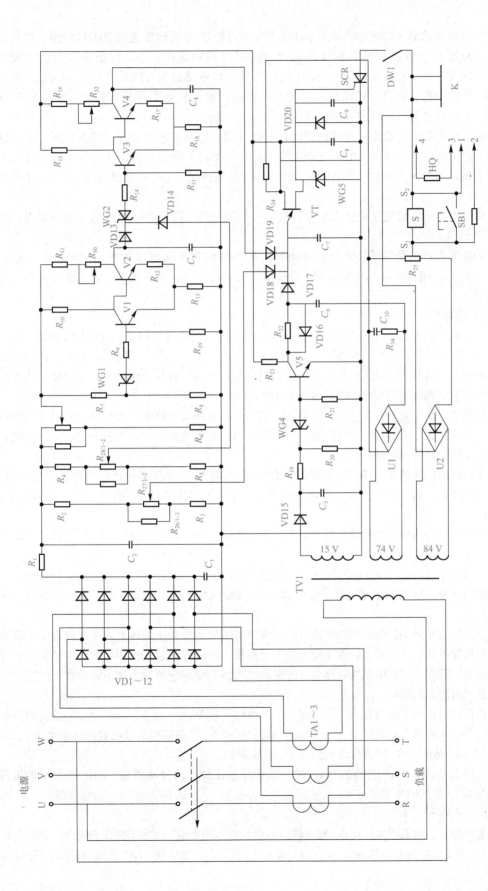

图9-12 DW-98开关的半导体脱扣器电路原理图

半导体脱扣器总的出口电路由单结晶体管 VT 和可控硅 SCR 组成无触点出口电路。欠压延时，特大短路瞬时，短路短延时和过载长延时跳闸保护的动作信号，分别通过三个二极管 VD17、VD18 和 VD19 来启动这同一出口电路，故该出口电路是由 VD17、VD18 和 VD19 组成的三端"或门"控制着，只要上述保护其中之一动作时，就会使触发器发出脉冲，触发 SCR 导通，即通过该出口电路发出跳闸控制信号。

晶体管继电保护装置都是间接动作式的，因此其出口电路的输出信号，要去控制一个跳闸操作机构。由前所述，自动开关的失压脱扣器 S 就是一个跳闸操作机构，当 S 有电时，开关才有可能合上闸；而当 S 失电时，开关就会自动跳闸，故可使出口电路的输出通过控制 S，来操作自动跳闸。

正常情况下，发电机电压经变压器 VT_1 的第三个副边绕组降压，U_2 整流后，对 S 供电，其方向由 S_2 点到 S_1 点。

当保护装置出口电路的可控硅 SCR 导通时，使 74V 电源通过 SCR 给 S 又加上一个方向 S_1 点到 S_2 点的电压，此电压与 84V 电源对 S 所加电压的方向相反，相互抵消，因此使 S 失压，开关自动跳闸。

(2)过电流保护。

1)过电流保护的电压形成和整流滤波回路：发电机的三相电流分别经三个电流变换器 $TA_{1\sim3}$ 进行检测，经三个单相桥式整流器 VD1～12 进行整流，由 C_1、C_2、R_1 滤波之后，通过三组并联的分压器，将电流信号最后变换成弱电直流电压控制信号。显然，分压器输出电阻上的弱电直流电压控制信号与发电机的强电交流电流信号成正比。

在电路图中，从左至右，第一组分压器 R_2、R_{26}、R_3 为特大短路瞬时跳闸保护的信号检测电路，第二组分压器 R_4、R_{27}、R_5 为短路短延时保护的信号检测电路；第三组分压器 R_{28}、R_6 为过载长延时保护的信号检测电路。

2)特大短路瞬时跳闸保护的启动电路：所谓"特大短路"，在这里是指接近电源处发生短路。因为短路路径特短，阻抗很小，故短路电流特别大。由于要求快速性，因此采用电流速断保护，瞬时动作跳闸。

特大短路保护的启动电路由稳压管 WG3 和二极管 VD18 构成。正常情况下 WG3 截止，保护不动作。

当发生特大短路时，由 R_{26} 整定的电压足以使 WG3 击穿。通过 VD18，使 C_7 迅速充电，VT 几乎立即发出脉冲，触发 SCR 导通，使 S 失电，开关瞬时动作跳闸，此即实现了特大短路瞬时跳闸保护。

3)短路短延时跳闸保护的启动和时限电路：在离电源较远处发生短路时，发电机也会出现较大电流。根据保护选择性的要求，首先应由发生短路那一级的保护装置动作。若该保护装置失灵拒绝动作或动作迟缓了，发电机的短路短延时保护作为前一级保护的后备保护才动作，故它们需要有一个延时时限上的配合。

短路短延时保护的启动电路和时限电路，主要由稳压管 WG2，晶体管 V3、V4 构成的射极耦合触发器式启动电路及充电延时电容 C_4 组成。短路短延时保护的控制信号从检测环节的 R_{27}、R_5 输出，经 VD14、WG2、R_{14} 加到作为监控器 V3 的基极上。

在正常情况下，电流小于短路短延时的启动电流整定值，由分压器输出的电压低于稳压管 WG2 的击穿电压值，WG2 截止，V3 无基极电流，亦截止，V4 饱和导通，C_4 上电压很低，VD19 截止，故出口电路不工作。

当发生短路时，电流增大，由 R_{27} 整定输出的直流控制电压使 WG2 击穿，于是 V3 导通，V4 截止。由 V4 的工作电源经电阻 R_{16}、R_{32} 对 C_4 充电。当 C_4 上的电压使 VD19 正向导通后，C_4 与 C_7

并联而被充电。电容被充电达 VT 峰点电压的时间，即时限电路的延时时间。当充电达 VT 峰点电压时，VT 发出脉冲，触发 SCR 导通，使 S 失压，开关跳闸，从而实现了短路短延时跳闸保护。

对短路短延时保护，调整 $R_{27/1}$ 的动触点，可整定启动电流值。调整 R_{32} 的大小，可在 0.2～0.6 s 范围内整定延时时限，保护具有定时限特性。

4)过载长延时保护的启动电路和时限电路：过载长延时跳闸保护的启动电路和时限电路，主要由稳压管 WG1，晶体管 V1、V2 构成的射极耦合触发器式启动电路及电阻 R_{11}、R_{30}、电容 C_3 构成的充电延时电路组成。

发电机过载信号，由电位器 $R_{28/1}$ 整定的电压取得。这一电压，一方面作为 V1、V2 直流工作电源；另一方面又经电阻 R_7 和 R_8 进行分压并从 R_8 上取出电压信号加到启动电路的 WG1 和 V1 基极上。

在发电机正常工作时，R_8 上的电压较低，稳压管 WG1 是截止的，V1 无基极电流，也处于截止状态，V2 饱和导通，保护装置不动作。

当出现过载时，R_8 上的电压升高，使 WG1 击穿，V1 饱和导通，V2 截止。这时候，从 $R_{28/1}$ 上取得的电压信号，经 R_{11}、R_{30} 直接对 C_3 充电。C_3 上的电压按指数规律上升，进行延时。当 C_3 上的电压上升到足以击穿 WG2 时，延时完毕。WG2 被击穿后，同短路短延时保护动作过程一样，开关跳闸，从而实现了过载长延时保护。

在分析这一部分电路时，应注意两点：

长延时的信号是经过短延时信号的通道送出去的，但由于长延时时间远大于短延时的时间，因此，长延时的时间主要决定于 C_3 充电电路的时间常数。

对 C_3 充电的电源电压是由过电流信号变换过来的，是随过载的大小而成正比变化的电压，因此，虽然 C_3 充电电路的时间常数不变，但延时不是定时限的，过载小时延时时间长，过载大时延时时间短，这就使过载长延时保护具有反时限特性。

对过载长延时保护，调整 $R_{28/1}$ 的动触头，可整定过载起动值。调整 R_{30} 的动触头，可在 5～30 s 整定长延时的时间。

2. DW-95 型自动开关继电保护

DW-95 型自动开关也是用半导体脱扣器作为继电保护装置的，其方框图如图 9-13 所示，将此图与图 9-11 比较后，可以看出这两种开关的输入电路、延时电路、触发电路、可控硅电路、失压脱扣和无压脱扣等部分是相同的。所不同的有三点：

(1)采用稳压电源对过载长延时、短路短延时、短路无延时、欠压短延时及触发电路供电。可以使电路工作稳定，测试方便。

(2)增加了分励脱扣。即当电磁铁的线圈通电以后产生的电磁力吸引衔铁时，利用衔铁运动碰撞脱扣器使其跳闸。由于它的线圈是在与电源并联后通电励磁的情况下才发出跳闸指令，故称分励脱扣。因此应另接直流电源供电，用常开按钮控制，要求工作可靠。一般做成短时工作制，用作远距离遥控操作。

(3)增加了特大电流电磁脱扣。在 U、W 两相设有特大电流瞬时动作的电磁式脱扣器，即使半导体脱扣器因各种原因不能工作，此脱扣器能在 0.04 s 内迅速使开关跳闸，避免事故扩大，从而实现双重保护。

其电路原理图，如图 9-14 所示。其基本作用原理和分析方法，与上述 DW-98 型开关半导体脱扣器基本相同。

由变压器 T1 的第二个副边绕组提供了晶体管的直流工作电源和操作电源。

由变压器 T1 的第三个副边绕组提供了欠压延时跳闸保护的电压控制信号。由稳压管 WG6、三极管 V5 和电容 C_{24} 构成了欠压延时跳闸保护的启动和时限电路。

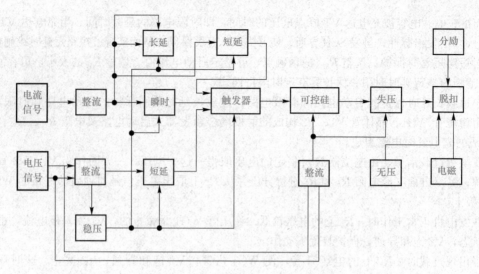

图 9-13　DW-95 开关保护电路方框图

该半导体过电流脱扣器采用过载长延时，短路短延时保护。过电流保护的信号由电流变换器 TA1～3，经整流器 U1、滤波器 C_1、R_1、C_2 所提供。由稳压管 WG4、三极管 V3、V4 和电容 C_{17} 构成了短路短延时跳闸保护的启动和时限电路。由稳压管 WG1、三极管 V1、V2 和电容 C_5、C_6 构成了过载长延时信号及跳闸保护的启动和时限电路。

由单结晶体管弛振荡器 VT1 和可控硅 SCR1 构成了跳闸保护的无触点出口电路。它是一个由各保护输出二极管 VD3、VD8 和 VD13 构成的三端"或门"电路所控制的装置总的出口电路。当"或门"的一端有输入时，VT1 即振荡发出脉冲，使 SCR1 导通。因而分励脱扣器线圈 FQ 有电，使开关跳闸。由 VT2 和 SCR2 构成过载长延时保护讯响出口电路。

该脱扣器的跳闸操作执行元件采用分励脱扣器 FQ。当按下分励脱扣器按钮 SB 或使 SCR1 导通时，FQ 将通电，使开关跳闸。图中 DW1 为开关辅助接点，SA 为微动开关。

3. 电磁式失压脱扣器——欠压瞬时动作保护

图 9-15 所示为 AH 自动开关失压脱扣器原理接线图。失压线圈 Yo 经整流器和电压互感器由发电机电压供电。当发电机未建压或未达到额定值前，不论是手柄或电磁操作合闸，都不能使开关合闸。当发电机电压接近额定值，Yo 上电压较高，吸动衔铁时，才能合闸。当发电机电压降至欠压保护启动值时，Yo 上电压达衔铁释放值，失压脱扣器动作，使自动开关自动跳闸。

由图可知，AH 自动开关是采用短接 Yo 的方式，使 Yo 失压，失压脱扣器动作跳闸。自动开关的常开辅助接点 ACB，在合闸前断开，保证可靠合闸；在合闸后闭合，以备电磁操作跳闸或逆功率保护动作跳闸，跳闸后接点 ACB 立即断开，以免长时间短接。

4. AH 型自动开关继电保护

"DW"系列自动开关因过流保护、短路保护、失压保护共用一个出口电路，相互干扰较大，整定值也不够稳定。"AH"系列开关则克服了这一缺点，图 9-16 画出了"AH"系列开关电子型过电流脱扣器方框图。

"AH"系列开关内的过电流保护由过电流脱扣器和短路瞬时脱扣器两部分组成。过电流脱扣器采用电子元件构成的固体电路，动作值精确、返回系数高，电子电路的直流稳压电源和电流检测信号均经接于出线的电流互感器的副边再经电流变换器后给出；执行环节由晶闸管控制分励脱扣器实现。这套装置灵敏度高、动作功率小，可按需要整定合适的过载脱扣电流及时延时

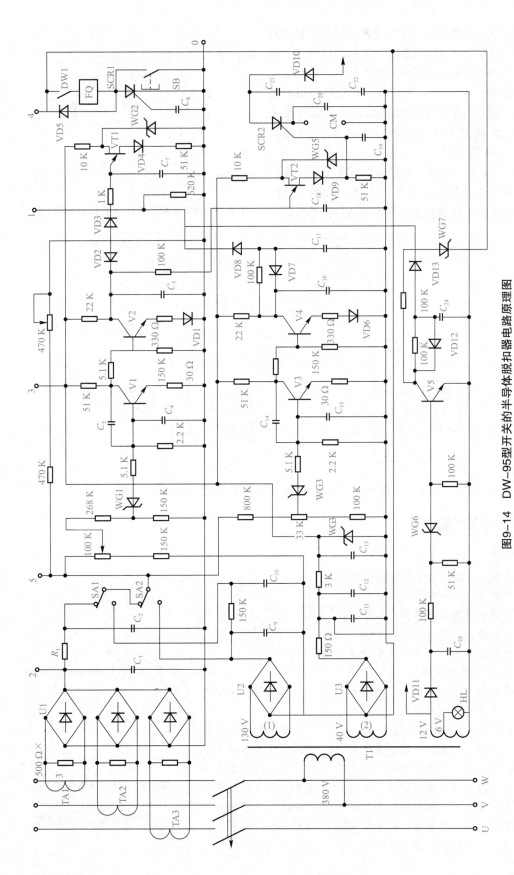

图9-14　DW-95型开关的半导体脱扣器电路原理图

时间。在进行调整时，注意应把自动开关抽出到"试验"位置，调节时，旋钮上的指示应对准表盘刻度，如指示调在表盘两刻度之间，则表示脱扣电流已调至最大值。"AH"系列开关短路瞬时脱扣器采用单独的电磁脱扣机构，当电路发生短路，电流超过其整定值时，脱扣器瞬时动作(0.03 s)电路断开。

AH 系列自动开关除带有电磁式欠压式保护装置和过电流保护装置外，还带有晶体管欠压式保护装置、过载保护装置和短路保护装置。

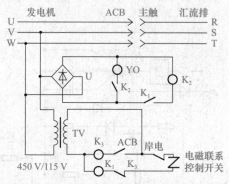

图 9-15　AH 自动开关失压脱扣器原理接线图

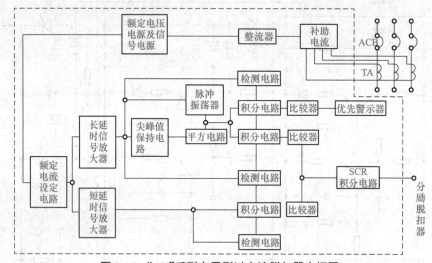

图 9-16　"AH"系列电子型过电流脱扣器方框图

任务实施

步骤 1：学生分组，每小组 4～5 人。

步骤 2：强调纪律和操作规范。

步骤 3：任务实施。

自动空气断路器的操作如下。

一、合闸操作

自动空气开关有手动及电动或电磁合闸操作方式。

1. 手动操作合闸

手动操作合闸一般只在检查和非常情况下使用。手柄有转动和上下扳动两种形式。

(1)中央手柄弹簧储能快速合闸。刀形开关闸刀直接由操作力合闸，如果操作力小且速度慢，将可能在电极间产生火花，很不安全。为了使闸刀快速合闸，不受操作力大小和速度的影响，可以利用储能弹簧释放的能量，强迫断路器的动触点快速合闸。这好像拉弓射箭一样。当用力把弓张至一定幅度时，如突然松手，则箭即快速被射击。本断路器采用中央手柄(或电磁)操作储能合闸，如图 9-17 所示。

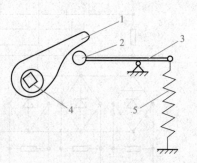

图 9-17　储能弹簧合闸原理
1—凸轮；2—滚轮；3—杠杆；
4—手柄操作轴；5—储能弹簧

图中凸轮 1 由手柄操作轴 4 带动。当手柄逆时针转动至滚轮 2 上部时(如图示位置),再顺时针转动,压下滚轮 2。经滚轮 2、杠杆 3 把储能弹簧 5 拉长储能。待手柄转到一定角度时(90°左右),凸轮 1 与滚轮 2 突然分离,弹簧也突然收缩,释放弹性位能,通过与它相连的合闸机构使开关快速合闸。

(2)DW-95、DW-98 和 AH 型开关手柄操作合闸。DW-95、DW-98 和 AH 型开关的手柄操作合闸,都采用中央手柄弹簧储能快速合闸。其机械传动机构作用原理大同小异,此处不再赘述。

DW-95 和 DW-98 自动开关手柄合闸操作方法:先将操作手柄逆时针方向转 110°(或 90°)左右,然后顺时针方向转一定角度,使储能弹簧储能,自由脱扣机构"再扣"。再顺时针方向转一定角度,则储能弹簧释放能量,使开关触头瞬时闭合。

AH 型开关的手柄操作合闸方法:先将手柄扳向下方,使储能弹簧储能,自由脱扣机构"再扣";再将手柄扳向上方,则储能弹簧释放能量,即使自动开关瞬时闭合。

(3)DW-94 手柄操作合闸。DW-94 开关是一种老式的开关。由于本开关要求合闸力矩很大,因此不能直接用手柄操作滚轮转动 90°左右储能。而采用减速机构来传动手柄的力矩。即将手柄转 38 圈左右,使储能弹簧储能,同时通过凸轮、杠杆、连杆等传动机构使脱扣器恢复至再扣(紧扣)位置,为合闸做好准备。

需要合闸时,将手柄再摇 2～4 圈,使储能弹簧释放,利用弹簧弹性位能的收缩力使开关迅速合闸。

2. 电动或电磁操作合闸

(1)DW-94 自动开关电动操作合闸。DW-94 自动空气断路器采用电动操作合闸,其合闸操作原理接线图,如图 9-18 所示。

DW-94 自动开关采用断开储能方式。当发电机电压建立之后,经 DW1 使红色指示灯 HD 亮,并经储能常闭触头 KM1 使失压脱扣器线圈有电,操作电动机 M 通电转动(M 转动时,相当于上述手柄操作摇 38 圈左右时的情况),直到储能弹簧储能,自由脱扣机构"再扣",储能触头 KM1 断开、KM2 闭合,从而使电动机自动断

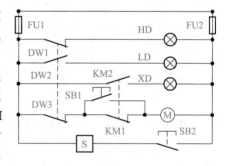

图 9-18　DW-94 自动开关操作电路原理图

电停转,并使黄色指示灯 XD 亮,表示开关的储能弹簧已储能。当需要合闸时,只要按下合闸按钮 SB1,电动机 M 又通电转动,通过凸轮使储能弹簧释放,通过杠杆传动机构使开关合闸。此时,开关之常闭辅助触头 DW1 断开、DW2 接通,M 自动断电停转,使红色指示灯 HD 熄灭,绿色指示灯 LD 亮,表示开关已闭合。由于储能开关释放,黄色指示灯熄灭,KM1 闭合,以准备开关再断开时储能。SB2 是分闸按钮,按下 SB2 时可使失压脱扣器线圈断电,从而使开关断开。

(2)DW-95、DW-98 电磁操作合闸。DW-95 和 DW-98 自动开关采用电磁操作,弹簧储能合闸。其电磁合闸操作的控制电路原理接线图,如图 9-19 和图 9-20 所示,两个操作电路基本相同。下面以图 9-19 所示 DW-95 开关电磁合闸操作电路原理图为例,说明其动作原理。

当发电机建压后,电源经合闸操作通过 SB 的常闭接点、整流二极管 VD1、限流电阻 R、中间继电器 KM 的常闭接点 KM1 和 KM2,对电容 C 进行充电,做好合闸准备。合闸时,按下合闸操作自动复位按钮 SB,其常闭接点断开,常开接点闭合,C 的充电回路被断开,已充电的 C 经 SB 的常开接点、开关的常闭辅助触点 DW1 立即对 KM 放电。

KM 获电后立即动作,KM1、KM2 断开,使 C 的充电回路保持断开。KM 的常开触点 KM3

闭合，使 KM 自动保持常开触点 KM4～6 闭合，使操作电源经 KM4～6 和桥式整流器 VD2～5，对合闸操作电磁铁线圈 HQ 供电。HQ 获电后动作，立即将储能弹簧拉长，使弹簧储能。

由于 C 很快放电结束，因此经很短时间后，C 的电压降低至 KM 的释放电压，KM 释放。于是 KM4～6 断开，使 HQ 断电。已储有位能的储能弹簧被突然释放，使自动开关合闸。

由于 KM 释放，KM1、KM2 闭合，C 又被充电；KM3 断开，使 C 对 KM 的放电回路断开，这就又为下次合闸做好了准备。当开关合闸后，因为 DW1 已断开，所以这时即使重按 SB，也不会有任何动作。

在 DW-95 开关未合闸之前，当 HQ 通电吸动衔铁使储能弹簧储能的同时，压下微动开关 WK，使 WK 闭合，给失压脱扣线圈 S 通电。当合闸后，WK 又断开，但此时 DW-95 开关的常开辅助触点 DW2 已闭合，故仍可保持 S 有电。

图 9-20 与图 9-19 的作用原理基本相同，区别仅在于控制失压线圈 S 带电的方法不同。图 9-20 使其 S 带电的方法：在 DW-98 开关未合闸之前，当 HQ 通电时，由 VD2～5 给 S 供电，以保证开关可靠地闭合。合闸后，S 由变压器的电源供电。

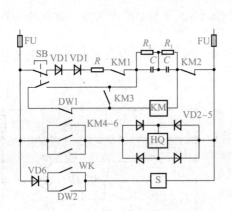

图 9-19　DW-95 开关电磁合闸操作
电路原理图

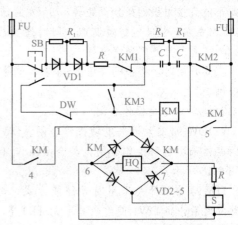

图 9-20　DW-98 开关电磁合闸操作电路原理

(3)AH 型开关电磁操作合闸。

AH 开关采用电磁铁直推式合闸。其电磁铁合闸操作的控制电路原理接线图，如图 9-21 所示。动作原理如下：

当发电机建立电压后，整流器 U 和电压互感器 TV 获电。合上电磁铁控制开关，则继电器 KM1 通电，其常开接点 KM1 闭合，控制继电器 KM2 通电，其常开接点 KM2 闭合。合闸线圈 YO 通电，快速将动铁芯吸上，使之与静铁芯吸合。利用动铁芯较大的质量和速度，通过电磁合闸柱销，对四连杆机构产生一较大的冲击，推动合闸机构使开关闭合。自动开关闭合后，其辅助

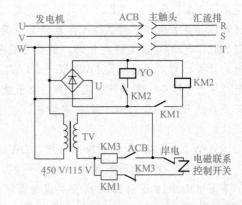

图 9-21　AH 系列开关电磁合闸操作电路原理图

常开接点 ACB 闭合，使继电器 KM3 通电，其常闭接点 KM3 断开，使继电器 KM1 断电，其常开接点 KM1 断开，控制继电器 KM2 失电，其常开接点断开。从而使合闸线圈 YO 断电，电磁吸力消失，合闸动铁芯在自身重力和恢复弹簧作用下掉落，准备下次合闸。

二、跳闸操作

自动开关一般有手动机械脱扣和按钮电磁脱扣两种操作方式。

1. 手动机械脱扣跳闸

各种类型的自动开关上都备有手动的机械脱扣按钮，采用半轴脱扣方式。当按下"分闸"按钮时，通过机械传动，使脱扣半轴传动，自由脱扣机构动作，使开关触头断开。

图9-22所示为DW-94开关手动机械脱扣原理示意。当按下脱扣按钮K时，按钮的小杆推动脱扣半轴上的搭子，搭子带动脱扣半轴顺时针方向转动，使跳扣头部沿脱扣半轴的切口滑上去。此时，在断开弹簧的拉力的作用下，触头轴转动，将主触头和弧触头都断开。

2. 按钮电磁脱扣

各种类型的自动开关常用的跳闸操作，一般都是通过开关中的电磁式失压脱扣器来完成的，如图9-23所示。当按下跳闸按钮SB时，Ⅱ型电磁铁失压脱扣器线圈S失电，失压脱扣器电磁铁释放，并被压缩反力弹簧打开，于是，衔铁带动撞头撞击脱扣器上的搭子，使脱扣半轴转动，而使跳扣头部沿脱扣半轴切口滑上去，与上述手动机械脱扣跳闸传动情况相同，通过自由脱扣机构传动和触头传动机构，使开关触头断开。

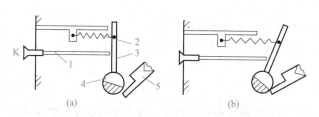

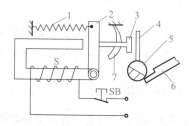

图9-22　DW-94开关手动机械脱扣原理示意

1—小杆；2—复位弹簧；3—搭子；4—脱扣半轴；5—跳扣头

图9-23　脱扣器原理示意

1—压缩反力弹簧；2—衔铁；3—撞头；4—搭子；
5—脱扣半轴；6—跳扣头部；7—钩子杠杆

步骤4：小组经过讨论确定任务结果，每小组由中心发言人陈述，经过全体同学讨论，确定正确结果并填写任务总结。

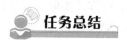
任务总结

课程认知记录表见表9-9。

表9-9　课程认知记录表

班级		姓名		学号		日期	
收获 与体会	谈一谈：通过对船用万能式自动空气断路器继电保护的操作，你有哪些认识？						
评价意见	评定人	评价、评议、评定意见			等级		签名
	自己评价						
	同学评议						
	老师评定						
注：该践行学分为5分，记入本课程总学分(150分)中，若结算分为总学分的95%以上，则评定为考核"合格"。							

任务三　船舶同步发电机继电保护

任务目标

1. 知识目标

(1)熟悉船舶电力系统的保护；

(2)掌握船舶同步发电机的继电保护；

(3)熟悉保护装置动作性与电缆的保护协调。

2. 能力目标

(1)能进行船舶同步发电机的过载、过电流或过功率保护的整定；

(2)能正确识读自动分级卸载保护装置的原理图。

3. 素质目标

(1)培养学生在船舶同步发电机的继电保护过程中的安全用电意识；

(2)培养学生在任务实践过程中的团队协作意识和吃苦耐劳精神。

任务分析

本任务的最终目的是掌握对船舶同步发电机继电保护的运行与维护。为了掌握运行原理，学生必须了解船舶同步发电机的各种保护；为了能对继电保护进行维护，学生就必须学会识读典型的船舶交流电力系统图，说明保护的主要内容；正确识读 ZFX-1 型半导体自动分级卸载装置接线图。

知识准备

根据各种故障和不正常运行情况出现的特点，构成了各种原理不同的继电保护。根据过电流量值的大小，区分为自动卸载、过载和短路自动跳闸保护。对欠电压，则有反映电压量值改变的低电压信号或跳闸保护。对于功率倒流，则有反映功率方向改变的逆功率跳闸保护等。

典型的船舶交流电力系统图如 9-24 所示，根据其系统的组成，保护的主要内容如下：

(1)发电机保护；

(2)馈电回路保护；

(3)电源变压器保护；

(4)电动机保护；

(5)蓄电池回路保护；

(6)照明回路保护；

(7)其他保护，如电缆、仪表和电力半导体设备的保护等。

按保护的目的可以分为以下内容：

(1)过载-过电流或过功率保护；

(2)短路保护；

(3)逆功率保护；

(4)欠电压保护；

(5)自动卸载等。

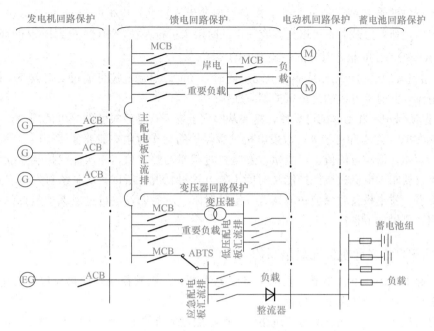

图 9-24 典型船舶交流电力系统图

G—主发电机；EG—应急发电机；M—电动机；ACB—空气断路器；

MCB—装置式断路器；ABTS—汇流排转换接触器

一、船舶同步发电机过载保护

1. 船舶同步发电机过载的原因

(1)船舶电力系统在运行中发电机的容量不能满足负载增长的需要；

(2)几台发电机应并联运行而未做并联运行，或者当并联运行的发电机中有一台或几台发生故障而自动停机；

(3)并联运行的发电机间的负荷分配不恰当。

不论是哪种负载电流超过发电机的额定电流，负载功率超过了发电机的额定功率，对发电机组都是不利的。发电机长时间在这种不正常的状态下运行，会使发电机绝缘老化和损坏，原动机的寿命缩短和部件损坏等。应装设相应的继电保护装置，以保护发电机组。

同步发电机过载采取的保护措施：一方面要保护发电机不受损坏；另一方面还要考虑到尽量保证不间断供电。因此，当发电机过载时，首先应将一部分不重要的负载自动卸载，保证重要负载的不间断供电，自动发出发电机过载报警信号，以警告运行人员及时处理或发出自启动指令，启动备用发电机组。若在一定时间内仍不能解除过载，为保护发电机不被损坏，就应将发电机从汇流排上切除，并发出过载自动跳闸信号。

2. 过载保护动作的整定对船舶同步发电机过载保护的要求

发电机过电流能力为其额定电流 I_{fe} 的 1.5 倍时，在 120 s 内发电机不致烧坏，这是发电机制造出厂时，保证可以达到的技术指标。若过电流不是 1.5 倍，而是 K 倍，则允许的过电流时间 t 为

$$(1.5I_{fe})^2 \times 120 = (KI_{fe})^2 t \tag{9-1}$$

$$t = \left(\frac{1.5}{K}\right)^2 \times 120 \tag{9-2}$$

当过电流倍数为 K 时，即可求得在 K 倍过电流下允许的过电流时间 t。因为发电机具有一定的过载能力，所以过载时，可以允许有一定的时限来进行保护，即可"不要求立即跳闸"。

3. 过载保护动作的整定对外部系统方面的要求

（1）当相当大的电动机启动或多台电动机同时启动时，启动电流可能很大，以至于超过发电机的额定电流，此时发电机的过载保护不应动作。

（2）为保证保护装置动作的可靠性，需要从时间上躲开这种暂时性的过电流现象，电动机启动电流一般在 10 s 左右即可消失，故发电机过载保护的动作时限一般要大于 10 s。另外，若在发电机远处短路，短路电流值也可能超过发电机过载时的整定值，为保证保护装置动作的可靠性和选择性，要求发电机过载保护能从时间上躲开这种情况。所以，从系统对发电机过载保护的要求方面看，发电机过载保护必须具有一定的时限。对船舶发电机过载保护装置的启动电流和动作时限，可做如下整定。

二、船舶同步发电机外部短路保护

发生短路的原因是维护不周、检修不良、绝缘老化、机械损伤和误操作以及停电检修时，导电物品遗放在裸体导体上及动物触电等。

当发电机端部发生三相短路时，短路电流可达额定电流的 10 倍以上，此电流产生的热量和机械力可比正常值大 100 倍以上，对发电机有巨大的破坏作用。电压的下降，会使电动机停转，甚至发电机全部断开，导致全船停电。为了限制短路故障的破坏作用，在技术措施方面则必须装设继电保护装置，以便在故障发生后，能自动地切除故障部分，保护设备，防止事故扩大，保证非故障部分得以正常运行。

对发电机外部短路故障的判断：从发电机到短路点，出现很大的过电流，以此来检测发电机的外部短路。

处理发电机外部短路的原则是既要保护发电机，又要保证不中断供电。因此要着重兼顾到保护的选择性和快速性问题，视短路点的远近分别处理。如图 9-25（a），当 D_2 点发生短路时，应仅使 DZ 开关中的保护装置动作，把 DZ 开关断开，切除故障点，当 D_1 点发生短路时，只好尽快使 DW 开关中的保护装置动作，使发电机跳闸。

实现保护选择性有两个基本原则：时间原则和电流原则。时间原则是指以保护装置动作时间的不同，来保证选择性。如图 9-25（b）所示，过电流保护装置 GL1 和 GL2 的动作时限分别为 t_1 和使 t_2，$t_1 > t_2$。电流原则是指以保护装置动作的电流值的不同，来保证选择性。如图 9-25（c）所示，电流速断保护装置 SD1 的启动电流为 $I_{qd\,SD1}$，过电流保护装置 GL2 的启动电流为 $I_{qd\,GL2}$，使 $I_{qd\,SD1} > I_{qd\,GL2}$。

从原理上讲，按时间原则或电流原则都能实现保护的选择性，但由于船舶输电线路短，线路阻抗较小，电网各段短路电流都很大，因此按电流原则实现选择性保护往往是有困难的，而按时间原则实现选择性保护，则整定比较容易，而且比较可靠。但是，完全按时间原则实现选择往往又影响快速性要求和使保护装置复杂，甚至是不可能的。所以，在一个系统中，常常是采用时间和电流原则混合的方法来满足保护选择性和快速性的。

对于船舶发电机外部短路保护，我国《钢质海船入级与建造规范》作了规定：对于船舶发电机外部短路保护一般应设有短路短延时和短路瞬时动作保护。短路短延时保护的启动电流整定为 3～5 倍的发电机额定电流，动作时限整定为 0.2～0.6 s，作用于发电机跳闸。短路瞬时保护的启动电流整定为 5～10 倍的发电机额定电流，瞬时动作于发电机跳闸。

船舶发电机的外部短路保护装置是由万能式自动空气断路器中的过电流脱扣器或综合保护装置中的晶体管过电流继电器等承担的。

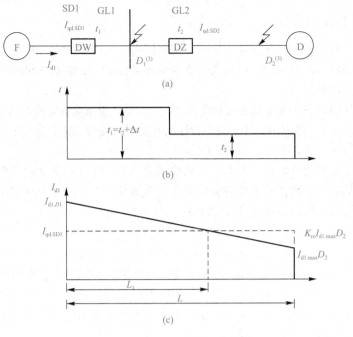

图 9-25　外部短路的继电保护

三、船舶同步发电机欠压保护

发电机欠压保护的任务就是当发电机在低电压时，保证发电机合不上闸或从电网上自动断开。发电机欠压保护，还可作为发电机外部短路的后备保护，因发电机外部短路的，也必定要出现欠压现象。

船舶发电机欠压保护的启动电流，应按躲过最低可能的工作电压进行整定：

$$U_{qb} = \frac{U_{g.min}}{K_{ko} K_{fh}} \tag{9-3}$$

式中　U_{qb}——启动电压整定值；

　　　$U_{g.min}$——最低工作电压；

　　　K_{ko}——可靠系数；

　　　K_{fh}——返回系数。

当电力系统中突然有较大负载增加，如有较大电动机或多台自启动电动机启动或发生暂时性短路和并车冲击电流时，发电机电压也可能有很大的下降，但这是正常或暂时情况，发电机欠压保护不应动作。因此，在整定发电机欠压保护的启动电压值时应当考虑到对保护动作可靠性的要求。可以用整定启动电压值或动作时限的方法，来躲过这些不应使保护动作的欠压情况。

对于船舶发电机的欠压保护整定，我国《钢质海船入级与建造规范》规定：对带时限的发电机欠压保护，整定在当发电机电压低于其额定电压 70%～80%时，延时 1.5～3 s，动作于跳闸。对不带时限的发电机欠压保护，整定在当发电机电压低于其额定电压的 40%～75%时，瞬时动作于跳闸。

船舶发电机的欠压保护装置由万能式自动空气断路器中的失压脱扣器或综合保护装置中的晶体管低电压继电器等承担。

四、发电机逆功率保护

发电机并联运行过程中，某发电机故障，发电机将由向电网输出有功功率的状态改变为吸收电网的有功功率状态，这种现象称为发电机逆功率运行状态。逆功率保护要规定保护的启动值及保护动作的延时时间。

通常整定起始值范围为发电机额定功率的 8%～15%；当原动机是汽轮机时，为 2%～6%。

延时时间在 3～10 s 范围内，通常保护特性具有反时限特性，如逆功率 10% 时延时 10 s，逆功率 50% 时延时 1 s，逆功率 100% 时瞬时断开。

发电机逆功率保护通常由逆功率继电器来检测逆功率，并且具有延时功能，配合发电机主开关的失压脱扣器或分励脱扣器来实现保护动作。规范要求当供电电压下降 50% 的额定值时，逆功率保护不能失效，但动作值可以有所改变。

五、岸电保护

船舶停靠码头时，可接岸电向船上负载供电，以延长船舶发电机使用时间。但要确认船舶发电机已与船舶电网分离并且岸电接入时与船舶电网的相序一致。船舶发电机与电网分离后接岸电由发电机开关与岸电开关的连锁来保证。船舶电网与岸电接口部分的岸电箱上有相序指示灯，可以显示两者相序关系是否准确。

相序指示灯的判断相序如下：

负序继电器和断路器配合，可实现岸电相序接错保护和缺相保护功能。电路图如图 9-26(a) 所示。

由电阻 R_1、R_2 和电容 C_1、C_2 构成一个负序电压滤过器，岸电电压经电压互感器 TV 接入，从 m、n 两点输出电压 U_{mn}，当岸电相序正确时，U_{mn} 为 0，继电器部分不动作；当相序不正确或缺相时，$U_{mn} \neq 0$，引起继电器动作，使岸电开关 Q 断开。其原理分析如下：

设图 9-26(b) 中 R_1、C_1 加上电压 U_{ab} 正比于岸电线电压 U_{AB}，而 R_2、C_2 上加上电压 U_{bc} 正比于岸电线电压 U_{BC}，流过的电流分别为 I_A 和 I_C，电流分别超前于它的电压。因此可知，每一部分的电容电压滞后于电阻电压 90°。矢量关系如图 9-26(b) 右部所示，有

$$U_{ab} = U_{R1} + U_{C1} \tag{9-4}$$

$$U_{bc} = U_{R2} + U_{C2} \tag{9-5}$$

输出端 m、n 分别在矢量三角形的直角顶点处。当 R、C 变化时，m 和 n 的变化轨迹构成半圆弧。

当滤过器由正常电压供电时，两个半圆弧关系如图 9-26(c) 所示，这时应满足 $U_{mn} = 0$ 的条件。因为 $U_{mn} = U_{R1} + U_{C2}$，所以应满足 $U_{R1} = -U_{C2}$，或者说 m 点与 n 点应在矢量图上重合，即在两半圆轨迹的交点处，所以有 $\dfrac{R_1}{X_{C1}} = \dfrac{X_{C2}}{R_2} = \sqrt{3}$。根据关系校正各元件值，且通常选 $R_1 = X_{C2}$。

当滤过器由负序电压供电时，矢量关系如图 9-26(d) 所示。由几何关系分析可知，此时 U_{mn} 为 U_{ca} 的 1.5 倍。这个电压经单相桥式整流后使继电器 K 的常开触点闭合，又使时间继电器 KT 经延时后动作，使岸电开关 Q 的失压脱扣失压，而最终使 Q 分断。当电源有缺相时，如缺 A 相，那么 $U_m = U_b$，所以 $U_{mn} = U_{C2} = \dfrac{\sqrt{3}}{2} U_{bc}$，同样使继电器动作而使 Q 分断。若缺 B 相或 C 相时，也能达到保护目的。

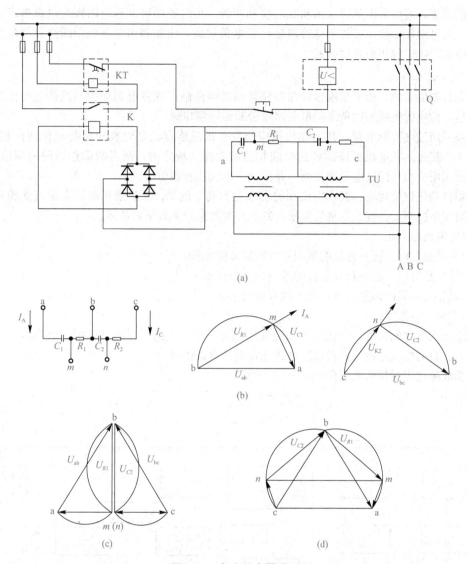

图 9-26　负序继电器原理

(a)线路图；(b)负序电压滤过器矢量关系；(c)加正序电压时；(d)加负序电压时

六、自动分级卸载装置

发电机自动卸载又称优先脱扣，属发电机过载保护的一种形式。当发电机过载时，在其长延时脱扣器的延时时间内，优先切除次要负载，使发电机消除过载，从而保证重要负载的连续供电。

1. 自动卸载的设置

如果根据全船电力负载计算结果，在最大工况下仅使用一台发电机时，其负载率在 85% 左右，则不必设置自动卸载。这是因为不会出现正常使用中的过载，如果发电机过载，多数是高阻抗短路引起的，此时利用自动卸载是无济于事的。

对于两台或两台以上并联运行的发电机，若有一台发电机故障，很可能使运行的发电机过载，所以，必须设置自动卸载。

根据需要，可以采用延时脱扣和瞬时脱扣两种。延时脱扣可以避免因暂态过载造成不必要的卸载；瞬时动作一般不需要等待检测运行发电机过载，比如利用发电机用断路器故障脱扣信号，立即实现优先脱扣而自动卸载。

2. 优先脱扣特性

优先脱扣的实现，通常是通过设在断路器内的辅助触点或发电机保护回路的过电流继电器检测信号，使应优先脱扣的负载馈电断路器分断而达到卸载。

如果采用过电流继电器，其动作特性应与发电机断路器长延时脱扣器的动作特性相接近，但动作点不能进入发电机断路器长延时脱扣器的动作区域之内，两者的动作延时时间应协调，故通常采用同一型号的过电流继电器，并由同一电流互感器引出。

船舶自动化程度越高，对优先脱扣的要求也越高。例如，某集装箱船设有废气涡轮发电机组和柴油发电机组，并按无人机舱要求，其优先脱扣信号来自下列故障：

(1)发电机过电流；

(2)并联运行时，任一台发电机用空气断路故障脱扣；

(3)并联运行时，任一台发电机的原动机应急停车；

(4)涡轮发电机的涡轮机蒸汽调节阀开度过大；

(5)主机应急停车。

对于无人机舱的船舶，当优先脱扣装置动作时，应发出报警，而且备用发电机机组应同时自动启动、自动投入运行，再自动给已优先切断的负载供电。

某船故障优先脱扣的流程图如图9-27所示。

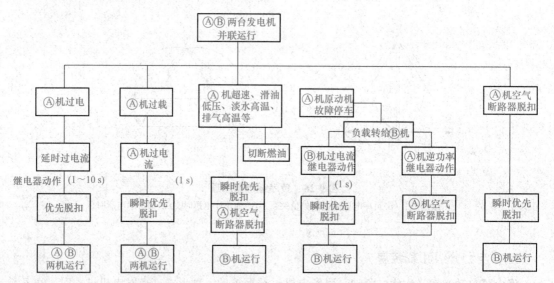

图9-27　两台发电机并联运行时故障优先脱扣流程图

通常对发电机过电流时的优先脱扣采用延时动作，以减少不必要地切除负载，保证最大限度地给负载供电。而对于可能造成发电机停机或解列的故障，可能导致运行发电机过载的，采用瞬时优先脱扣，其脱扣时间不大于0.1 s，这是由发电机和原动机的过载能力决定的。

3. 优先脱扣过电流继电器的整定

优先脱扣过电流继电器的整定包括动作电流和延时时间两个方面。

(1)动作电流的整定。动作电流的整定通常是以发电机过载保护的长延时整定电流为基础，日本某公司设计标准为长延时整定值的82%～96%可调。例如，某集装箱船发电机的额定电流为770 A，其优先脱扣过电流继电器整定为90%的长延时脱扣器整定电流，则

$$长延时整定电流＝770×1.1＝847(A)$$
$$优先脱扣整定电流＝847×0.9＝762(A)$$

优先脱扣整定电流为发电机额定电流的99%。

(2)延时时间的整定。不仅要求该过电流继电器的动作电流整定值与发电机过载保护的长延时整定电流相协调，而且延时时间的整定也应很好协调。在实际设计中，长延时脱扣器的延时通常整定为15～30 s，所以，优先脱扣的过电流继电器的延时，通常整定值应小于15 s。有关公司标准为5～10 s和5～12 s。

根据船舶电站发电机的容量和台数，考虑非重要负载的性能和大小，也可以采用分级脱扣卸载，以求最大限度地给负载供电。各级脱扣是利用延时的时间差来实现的。例如，长延时脱扣器的延时为20 s，若分三级脱扣，建议延时时间整定为

第一级脱扣延时　5 s；

第二级脱扣延时　10 s；

第三级脱扣延时　15 s。

4. 优先卸载范围

优先切断的非重要负载，在规范中没有明确的规定，通常是根据负载的性质，再根据功率的大小进行调整。如某集装箱船的优先脱扣切断负载分为2级，第一级切断的负载：机修工具；厨房设备；造水机；绞缆机；一台起货机；空调；货舱风机；住舱风机；日用淡水泵；舱底水分离泵；舱底压载扫舱泵。第2级切断的负载为冷藏集装箱电源。

优先切断多少负载，取决于并联运行发电机的台数和负载率。比如两台同容量的发电机并联运行，当一台发电机故障解列时，其优先切断的负载，希望控制在表9-10范围内。

表9-10　在不同负载率下应优先切断的负载

两台并联运行时负载率/%	一台脱扣后另一台负载率/%	优先切断后负载率/%	必须优先切断的负载率/%
50	100	80	20
60	120	80	40
70	140	80	60
80	160	80	80
90	180	90	90

任务实施

步骤1：学生分组，每小组4～5人。

步骤2：强调纪律和操作规范。

步骤3：任务实施。

一、典型船舶交流电力系统图认识

典型船舶交流电力系统图的内容：

(1)说明系统的组成。

(2)说明系统保护的主要内容。

（3）按保护的目的分类。

二、ZFX-1 型半导体自动分级卸载装置自动分级卸载接线图认识

图 9-28 所示为 ZFX-1 型半导体自动分级卸载保护装置的原理方框图。该装置具有如下功能：一级定时限卸载保护；二级定时限卸载保护；发电机过载反时限跳闸保护以及发电机欠压定时限跳闸保护。由此可见，该装置可作为发电机的过载和欠压继电保护装置。

1. 主要环节

（1）电源变压器 T4：输入电压为单相 110 V。降压以后输出，既是本装置的工作电源，又是欠压保护的信号源。

（2）电流信号变换器 T1、T2、T3：每相变换器的输入绕组有四个。其中 W1 为独立原边绕组，另三个绕组因由 A、B、C 三相电流引入叠加，故统称为零序绕组 W0。由图可看出，每个变换器的初级绕组均由三相零序绕组 W0 与某相电流绕组 W1 组成。变换器的次级绕组为 W2。

当三相负载电流对称时，三相零序绕组的合成电流为零。故次级输出由初级 W1 中流过的电流决定。经整流后，仍能取得相应直流信号电压。

当三相负载电流不对称时，次级输出的电流中除初级 W1 的分量外，尚有三相零序绕组流过不对称电流的合成分量。

因此，无论是单相、两相或三相出现过载，此变换器的次级绕组均有相应电压输出。

（3）稳压电源：由 WG1 与 WG2 两只稳压管串联组成。其中 24 V 电源供各触发器 VT1、VT2、VT3、VT4 和继电器 KA 使用。12 V 电源供三极管 V1、V2 使用。

（4）触发器：共有四个由单结晶体管组成的脉冲触发器。VT1 为第一级卸载触发；VT2 为第二级卸载触发；VT3 为全部卸载跳闸触发；VT4 为欠压跳闸触发。它们的触发时间是可调节的。

（5）继电器 KA：共有三个继电器。KA1 为第一级卸载控制开关跳闸；KA2 为第二级卸载控制开关跳闸；KA3 为控制主开关跳闸。

（6）电流信号检测器：由 V1 和 V2 组成。实际上是一个共发射极的施密特翻转电路。由此检测器输出的电压信号，可以控制各级卸载是否投入运行。

2. 电路的工作原理

（1）电流检测电路：从发电机的电流互感器来的电流信号，通过电流信号变换器 T1、T2、T3，由 VD1～8 整流后，经过电阻 R_{P1} 分压，电阻 R_{10} 降压后，分别作为 V1（第一级卸载）和 V5 的输入信号使用。

发电机正常工作时，应保证检测电路中的 V1 可靠截止，V2 可靠导通。因此，由 R_3、R_{P1}、R_4 组成的分压电路中，应调节电位器 R_{P1}，使其分压值小于 V1 的 e、b 间压降和 VD14、VD13 的管压降之和，才能确保 V1 截止，V2 导通，输出低电位信号。

当发电机过载，电流达到卸载所需的电流整定值时，R_{P1} 的分压值相应升高使 V1 导通，V2 截止。输出一个高电位信号。

（2）第一级自动卸载电路：当 V2 截止后，触发脉冲使电容 C_4 在稳压电源（WG1 和 WG2 串联稳压）作用下被充电。充电电路为定时限，由 R_{P2}、R_{11}、C_4 组成。调节 R_{P2} 使 C_4 两端电压升到 VT1 管峰值电压的时间为 5 s。只要过载电流存在的时间超过 5 s，则 VT1 管输出脉冲电压，作用于继电器 KA1，使 KA1 动作，那么它的触点立即动作，控制第一级自动空气断路器自动跳闸。卸掉一部分次要负载。

如果过载电流在 5 s 之内撤销，恢复正常电流。那么 V1 又截止，V2 导通，C_4 两端被 V2 短接，则 C_4 充电、VD16、V2、VD14、VD13 放电，以保证时限的准确性。

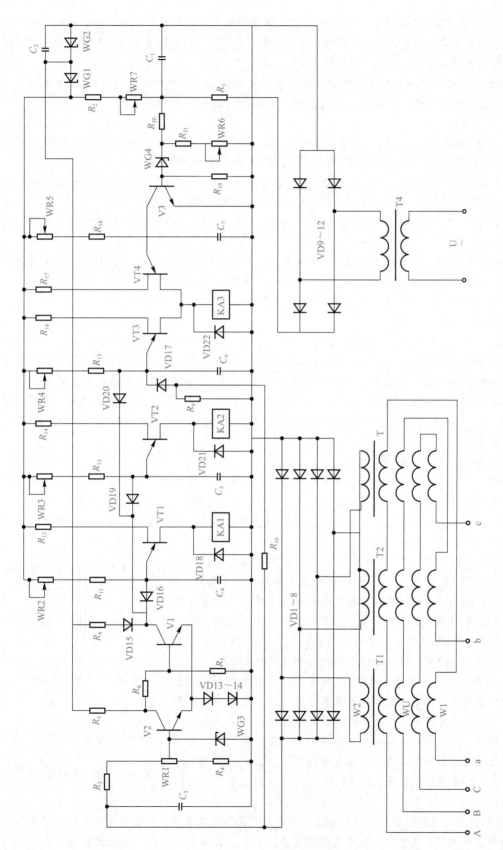

图9-28 ZFX-1型半导体自动分级卸载保护装置的原理图

(3)第二级自动卸载电路：当第一级卸载电路动作卸去部分次要负载后，如果发电机仍然过载，那么可以由第二级自动卸载电路 V2 来进行第二次卸载。此电路与第一级卸载电路工作原理相同。仅延时时间整定为 10 s，可调节 R_{P3} 来实现。

(4)过载长延时跳闸电路：若第二级卸载后，发电机仍出现过载，只有通过 VT3 电路，延时 15 s，使主开关跳闸。长延时 15 s 的整定，由 R_{P4} 来完成。

3. 欠压保护电路

(1)电压检测电路：由 C_1 两端的滤波电压供电，经 R_{20}、R_{21}、R_{P6} 组成的分压电路进行分压。由电阻 R_{21} 和 R_{P6} 两端取出的电压信号与稳压管 WG4 的击穿电压作比较。

当发电机电压正常时，分压值大于 WG4 击穿电压，WG4 被击穿。当发电机电压降至额定电压的 $60\%\sim70\%$ 时，则分压值低于 WG4 击穿电压，WG4 将电路阻断。

(2)欠压保护电路：在正常电压作用下，WG4 被击穿，V3 导通，电容 C_7 被 V3 短接而不能充电。

当欠压至 $60\%\sim70\%U_e$ 时，WG4 阻断电路，V3 由导通变为截止。此时稳压电源经 R_{P5}、R_{18} 对 C_7 充电。当 C_7 两端电压达到 VT4 的峰值电压时，则电容 C_7 经 V6 管向 KA3 放电，使 KA3 动作，主开关自动跳闸。C_7 充电的时间由调节 R_{P5} 来完成。一般延时 $1\sim3$ s。

4. 短路电流保护电路

由反时限充电电路 R_{10}、VD17、C_6 及分压电路 R_{10}、R_9 组成大电流信号检测器。

当发电机短路或严重过载时，变换器输出的电流信号很强，使 C_6 很快充电完毕，使 V5 工作，输出电流给 KA3，KA3 动作后主开关立即跳闸。其延时时间很短，一般在 1 s 以内。

图中 VD16、VD19、VD20 三只二极管，既起前后级的隔离作用，又起放电通路的作用。即电容 C_4、C_5、C_6 上积累的暂时过载留下的电荷，可通过 VD16、VD19、VD20 及 V2 迅速放掉。防止造成误卸载。

5. 三相绝缘系统的绝缘监测

船舶电网和电气设备绝缘性能降低或损坏会造成漏电，是触电、火灾及电气设备损坏等事故的重要原因。对于油轮和运载可燃性气体或化学物品的船舶来说，电气绝缘需要严格监测。

由于船舶电网几乎总是带电的，因此不能采用普通的摇表来测量电网对地的绝缘程度。通常有以下几种方法：

(1)指示灯法。指示灯法如图 9-29 所示，当电网正常时，按下按钮，三灯亮度相同，若 A 相线路上某点接地，按下按钮，a 灯短路不发光，另两相灯所受的电压从相电压上升为线电压，两灯异常亮；若 A 相线路漏电，则 a 灯还能发光，但三灯间亮度有显著区别，从而可指示出线路绝缘情况；但三相线路绝缘均下降，情况就不易辨别。所以，这种方法也叫单接地检测。

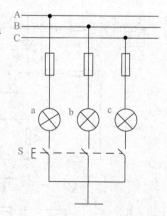

图 9-29 接地监视指示灯

(2)兆欧表法。兆欧表法如图 9-30 所示。兆欧表由表头部分和附加装置两部分组成，附加装置提供直流电源，电源一端接表头、另一端经开关接入电网，再经电网的绝缘电阻到地与表头构成直流回路。表头指针偏转越大，说明电网绝缘电阻越小，即漏电电流越大。表上刻度直接用绝缘电阻值标注。由于指示随电网电压而变化，影响测量精度，改进的附加装置提供直流稳压电源效果较好。

(3)电网绝缘监测仪法。电网绝缘监测仪法的监测的基本原理与兆欧表法相同，主要扩展功能是检测值低于整定值时能发出声光报警信号。另外，报警整定值在一定范围内可调，以适应

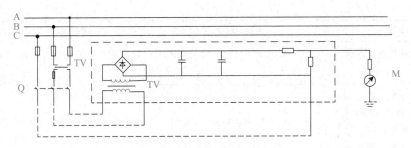

图 9-30　船用兆欧表原理

不同系统对检测的需要，并能保证一定的精度。《钢质海船入级与建造规范》规定"用于电力、电热和照明的绝缘配电系统，不论是一次系统还是二次系统，均应设有连续监测绝缘电阻，且能在绝缘电阻异常低时发生听觉或视觉报警信号的绝缘电阻监测报警器。"可见，只有电网绝缘监测仪方法是符合规范要求的。

步骤 4：小组经过讨论确定任务结果，每小组由中心发言人陈述，经过全体同学讨论，确定正确结果并填写任务总结。

 **任务总结**

课程认知记录表见表 9-11。

表 9-11　课程认知记录表

班级		姓名		学号		日期	
收获 与体会	谈一谈：通过对船舶交流电力系统图的学习，你有什么体会？						
评价意见	评定人	评价、评议、评定意见				等级	签名
	自己评价						
	同学评议						
	老师评定						
注：该践行学分为 5 分，记入本课程总学分(150 分)中，若结算分为总学分的 95% 以上，则评定为考核"合格"。							

项目评价

序号	考核点	分值	建议考核方式	考核标准	得分
1	船舶发电机的常见故障及其处理方法、配电板的汇流排的连接	15	教师评价（50%）＋互评（50%）	能正确处理船舶发电机的常见故障，能正确连接配电板的汇流排，处理或连接错误一处扣 1 分	

序号	考核点	分值	建议考核方式	考核标准	得分
2	自动空气断路器的操作	15	教师评价（50%）＋互评（50%）	能正确进行设备操作，错一步扣2分	
3	典型船舶交流电力系统图识读、ZFX-1型半导体自动分级卸载装置自动分级卸载接线图识读	15	教师评价（50%）＋互评（50%）	能正确识读系统图和接线图，识读错误一处扣1分	
4	项目报告	10	教师评价(100%)	格式标准，内容完整，详细记录项目实施过程并进行归纳总结，一处不合格扣2分	
5	职业素养	5	教师评价（30%）＋自评（20%）＋互评(50%)	工作积极主动，遵守工作纪律，遵守安全操作规程，爱惜设备与器材	
6	练习与思考	40	教师评价(100%)	对相关知识点掌握牢固，错一题扣1分	
	完成日期		年　月　日	总分	

项目小结

通过本项目的学习，学生了解了船舶电力系统组成与维护、船用万能式自动空气断路器继电保护和船舶同步发电机继电保护的原理；通学习对船舶发电机的常见故障及其处理方法、自动空气断路器的操作、典型船舶交流电力系统图认识、ZFX-1型半导体自动分级卸载装置自动分级卸载接线图认识，能够对船舶电路系统组成与继电保护进行维护。

练习与思考

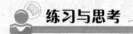

一、填空题

1. 船舶电力系统，是指由一个或几个在统一监控之下运行的（　　　）及与之相连接的（　　　）组成的、用以向负载供电的整体。

2. 船舶电力系统的特点有（　　　）、（　　　）、（　　　）。

3. 万能式自动开关跳闸有三种办法：一是（　　　）；二是（　　　）；三是（　　　）。

4. 船舶电网根据其所连接的负荷性质可分为（　　　）、（　　　）、（　　　）、（　　　）、（　　　）等。

5. 电缆有（　　　）保护和（　　　）保护两种。

二、简答题

1. 船舶配电装置功能有哪些？

2. 船舶同步发电机过载原因有哪些？

3. 在考虑短路区域断路器与电缆的保护协调时，应注意哪些事项？

习 题 答 案

项目一　概论(发电部分)

一、填空题

1.(电力系统)、(动力系统)、(电力网)

2.(水力发电)

3.(接受电能)、(变换电压)、(分配电能)

4.(输送)、(分配)

5.(输电)、(配电)

6.(110 kV)、(6～35 kV)、(1 kV)

7.(负荷)

8.(工厂供电)

9.(安全性)、(可靠性)、(优质性)、(经济性)、(环保性)

10.(企业总降压变电所)、(高压配电线路)、(车间变电所,包含配电所)、(低压配电线路)、用电设备

11.(6 kV、10 kV)、(220 V、380 V、660 V)、(35～110 kV)

12.(35～110 kV)、(6～10 kV)

13.(风力发电技术)、(光伏电池技术)、(微型燃气轮机技术)、(燃料电池技术)、(生物质能发电技术)

14.(太阳能电池方阵)、(蓄电池组)、(充放电控制器)、(逆变器)、(交流配电柜)、(太阳跟踪控制系统)

二、选择题

1.C　2.C　3.D　4.A　5.B

三、简答题

1. 火力发电站:

水电站:

核电站:

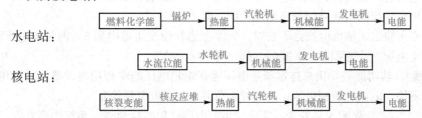

2. 分布式电源或分布式发电是相对于传统的集中式供电电源而言的,通常是指为满足用户需求,发电功率在数千瓦至数十兆瓦,小型模块化且分散布置在用户附近的,能源利用率高、与环境兼容、安全可靠的发电设施。

分布式电源与常规的柴油发电机组自备电源和中小型燃煤热电厂有本质的区别。分布式电源的一次能源包括风能、太阳能和生物质能等可再生能源,也包括天然气等不可再生的清洁能源;二次能源可为分布在用户端的热电冷联产,实现以直接满足用户多种需求为目标的能源梯级利用,提高了能源的综合利用效率。

项目二　电力电网的认识(输电部分)

一、填空题

1.(低压网)、(中压网)、(高压网)、(超高压网)、(低压网)、(中压网)、(高压网)、(超高压网)

2.(额定电压)

3.($\pm5\%$)

4.(5%)

5.(电压)、(变电)

6.(各绕组)

7.(中性点不接地)、(中性点经阻抗接地)、(中性点直接接地)

8.(中性点直接接地)

9.(中性点不接地)

10.(交流 1 000 kV)、(直流±800 kV)

二、选择题

1.D　2.D　3.C　4.B　5.D　6.B　7.D　8.B　9.A　10.A　11.C

三、判断题

1.($\sqrt{}$)　2.($\sqrt{}$)　3.($\sqrt{}$)　4.($\times$)　5.($\sqrt{}$)

四、简答题

1. 为使电力工业和电工制造业的生产标准化、系列化和统一化，世界上的许多国家和有关国际组织都制定了关于额定电压等级的标准。

2. 解：(1)对 T1 变压器。

1)一次绕组：其一次绕组直接和发电机相连，额定电压应与发电机额定电压相同，为 10.5 kV。

2)二次绕组：变压器二次侧供电线路很长，二次绕组额定电压不仅考虑本身二次绕组 5% 的阻抗电压降，而且要考虑二次电压要满足线路首端高于线路额定电压的 5%，在此题中由于线路的额定电压是 35 kV，所以以额定电压为 $35\times(1+10\%)=38.5(\text{kV})$。

(2)对 T2 变压器。

1)一次绕组：电力变压器连接在线路上，可以将电力变压器看作线路上的用电负荷，因此其一次绕组的额定电压应与同级线路的额定电压相同，即 35 kV。

2)二次绕组：变压器二次侧供电线路不长时，只需考虑补偿变压器内部 5% 的阻抗电压降，高于其所接线路额定电压 5% 就可以，即 $380\times(1+5\%)=400(\text{V})$。

3. 中性线(N 线)：其功能一是用来连接额定电压为系统相电压的单相用电设备；二是用来传导三相系统中的不平衡电流和单相电流；三是减小负荷中性点的电位偏差。

保护线(PE 线)：它是为保障人身安全、防止发生触电事故用的接地线。系统中所有电气设备的外露可导电部分(指正常时不带电但故障情况下可能带电的易被人身接触的导电部分，如金属外壳、金属构架等)通过 PE 线接地，可在设备发生接地故障时减少触电危险。

保护中性线(PEN 线)：它兼有 N 线和 PE 线的功能。这种 PEN 线，我国过去习惯称为"零线"。

4.(1)提高传输容量和传输距离。随着电网区域的扩大，电能的传输容量和传输距离也不断增大。所需电网电压等级越高，紧凑型输电的效果越好。

(2)提高电能传输的经济性。输电电压越高输送单位容量的价格越低。

(3)节省线路走廊和变电站占地面积。一般来说，一回 1 150 kV 输电线路可代替 6 回 500 kV

线路。采用特高压输电提高了走廊利用率。

(4)减少线路的功率损耗，就我国而言，电压每提高1‰，每年就相当于新增加500万kW的电力，500 kV输电比1 200 kV的线损大5倍以上。

(5)有利于联网，简化网络结构，减少故障率。

项目三　走进变电站(变电部分)

一、填空题

1.(总降压变电所和车间变电所)

2.(受电)、(变电)、(输电)

3.(变压)

4.(直接配电)

5.(电离发生弧光)

6.(开断时间)

7.(大于)

8.(一次设备)

9.(主电路、主接线、主回路)、(输送)、(分配)

10.(一)

11.(熔化)

12.(非限流式)

13.(带负荷操作)

14.(不能切断短路电流故障)

15.(自动跳闸)

16.(高压开关柜)

17.(1 000 V)

18.(短路保护)、(过负荷保护)

19.(不频繁)

20.(低压熔断器)

21.(自动跳闸)

22.(同极性的端子之间)

23.(串联)、(串联)

24.(开路)

25.(母线)

26.(内桥)、(外桥)

27.(靠近负荷中心)

28.(预装式变电站)

29.(变压器器身)、(负荷开关)、(熔断器)

30.(终端接线)、(环网接线)

31.(断路器)、(隔离开关)、(接地开关)、(互感器)、(避雷器)、(母线)、(连接件)

二、选择题

1.A　2.C　3.C　4.B　5.C　6.D　7.B

三、判断题

1.(×)　2.(√)　3.(×)　4.(√)　5.(√)　6.(×)　7.(×)　8.(√)　9.(√)　10.(×)

11.（×）　12.（√）　13.（√）　14.（×）　15.（×）　16.（√）　17.（√）　18.（√）　19.（√）
20.（√）　21.（√）

四、简答题

1.（1）内因：触头本身及触头周围介质含有大量可被游离的电子。

（2）外因：当分断的触头间存在足够大的外施电压，而且电路电流也达到最小生弧电流时，其间的介质就会强烈游离形成电弧。

2.交流电弧每一个周期要暂时熄灭两次，一般要几个周期，真空断路器灭弧只要半个周期，同等条件下交流电弧比直流电弧容易熄灭。

3.有高压熔断器、高压断路器、高压隔离开关、高压负荷开关、高压开关柜等。

4.高压断路器（文字符号为 QF）；

高压隔离器（文字符号为 QS）；

高压负荷（文字符号为 QL）。

5.（1）并列变压器的额定一次电压和二次电压必须对应相等（变压器的电压比必须相同）。

（2）所有并列变压器的阻抗电压（短路电压）必须相等。

（3）所有并列变压器的连接组别必须相同。

6.互感器的功能：（1）隔离高压电路；（2）扩大仪表、继电器等二次设备的应用范围；（3）使测量仪表和继电器小型化、标准化，并可简化结构，降低成本，有利于批量生产。

电流互感器使用时的注意事项：（1）在工作时其二次侧不得开路；（2）二次侧有一端必须接地；（3）电流互感器在连接时，要注意其端子的极性。

电压互感器的使用注意事项：（1）在工作时其二次侧不得短路；（2）二次侧有一端必须接地；（3）互感器在连接时注意其端子的极性。

7.对电气主接线的要求如下：

（1）安全：符合有关技术规范的要求，能充分保证人身和设备的安全；

（2）可靠：保证在各种运行方式下，能够满足负荷对供电可靠性的要求；

（3）灵活：能适应供电系统所需要的各种运行方式，操作简便，并能适应负荷的要求；

（4）经济：在满足安全、可靠、灵活的前提下，力求投资省、运行维护费用最低，并为今后发展留有余地。

8.（1）运行可靠性高。

（2）检修周期长，维护工作量小。

（3）金属外壳接地的屏蔽作用，能消除对无线电的干扰、无静电感应和噪声等，同时消除了偶然触及带电体的危险，有利于工作人员的安全。

（4）所有用于控制、信号、联动等用途的辅助电气设备可以安装在间隔的就地控制柜内，实现对一次设备的就地控制。

（5）节省占地面积，土建和安装工作量小，建设速度快。

（6）抗震性能好。

（7）对材料性能、加工精度和装配工艺要求很高。

（8）金属耗量大，造价较高。

（9）需要专门的 SF_6 气体系统和压力监视装置，对 SF_6 气体的纯度要求严格。

9.（1）便于运行维护与检修。

（2）便于进出线。

（3）保证运行安全。

（4）节约土地与建筑费用。

(5)适应发展要求。

10. 一类是引进欧洲技术生产的预装式变电站(简称欧式箱变);另一类是引进美国技术并按我国电网现状改进生产的组合式变压器(简称美式箱变)。目前,国内又生产了一种组合了欧式箱变与美式箱变优点的紧凑型变电站。

项目四 工厂电力线路敷设与维护(配电线路)

一、填空题

1.(输电)

2.(配电)

3.(架空线路)、(电缆线路)、(车间)、(单端供电)、(两端供电)、(环式供电)、(开式)、(闭式)

4.(放射式、树干式和环式)

5.(环网供电)

6.(双电源手拉手的环形结构)

7.(裸导线)

8.(导电芯、铅皮、绝缘层和保护层)

9.(户内型和户外型)

10.(0.7)

11.(架空线和电缆)

12.(明敷和暗敷)

13.(绝缘导线)、(裸导线)

二、选择题

1. B 2. C 3. A 4. BCE 5. A 6. B

三、判断题

1.(√) 2.(×) 3.(√) 4.(×) 5.(√) 6.(√) 7.(√)

四、简答题

1.(1)高压单回路放射式接线:

优点:界限清晰,操作维护方便,保护简单,便于实现自动化,由于放射式线路之间互不影响,故供电可靠性较高。

缺点:这种放射式线路发生故障时,该线路所供电的负荷都要停电。

公共备用干线的放射式接线:

优点:与单回路放射式接线相比,除拥有其优点外,供电可靠性得到了提高。

缺点:开关设备的数量和导线材料的消耗量比单回路放射式接线有所增加。

双回路放射式接线:

优点:采用两路电源进线,然后经分段母线用双回路对用户进行交叉供电。

缺点:其供电可靠性更高,但投资相对较大。

低压联络线路作备用干线的放射式接线:

优点:比较经济、灵活,除了可提高供电可靠性以外,还可实现变压器的经济运行。

(2)高压单回路树干式接线:

优点:使变配电所的出线减少。高压开关柜相应也减少,可节约有色金属的消耗量。

缺点:因多个用户采用一条公用干线供电,各用户之间互相影响,当某条干线发生故障或需检修时,将引起干线上的全部用户停电,所以供电可靠性差,且不容易实现自动化控制。

单侧供电的双回路树干式接线：

优点：供电可靠性提高。

缺点：但投资也相应有所增加。

两端供电树干式接线：

优点：若一侧干线发生故障，可采用另一侧干线供电，因此供电可靠性也较高，和单侧供电的双回路树干式相当。

供配电系统的高压接线实际上往往是几种接线方式的组合，究竟采用什么接线方式，应根据具体情况，考虑对供电可靠性的要求，经过技术经济综合比较后才能确定。不过对大中型工厂，高压配电系统宜优先考虑采用放射式接线，因为放射式接线供电可靠性较高，且便于运行管理。但放射式接线采用的高压开关设备较多，投资较大，因此对于供电可靠性要求不高的辅助生产区和生活住宅区，可考虑采用树干式或环式配电。

2. 电力线路有架空线路和电缆线路，其结构和敷设各不相同。架空线路具有投资少、施工维护方便、易于发现和排除故障、受地形影响小等优点；电缆线路具有运行可靠、不易受外界影响、美观等优点。

项目五　供配电系统的二次回路(监测部分)

一、填空题

1.(控制)、(指示)、(监测)、(保护)

2.(电流互感器)、(电压互感器)

3.(操作电源回路)、(电气测量回路与绝缘监视装置)、(高压断路器的控制和信号回路)、(继电保护回路)

4.(蓄电池组)、(充电装置)、(直流馈线)

5.(一次接线简单)、(断路器台数不多)

6.(技术经济分析)

7.(高压断路器)

8.(合闸闭锁回路)、(电气防跳回路)、(合闸回路)、(跳闸回路)、(回路监视)

9.(运行监视)、(控制)

10.(配电 SCADA)、[与上一电网调度(一般指地区电网调度)自动化系统和生产管理系统(或电网 CIS 平台)互连，建立完整的配电网拓扑模型]

11.(馈线故障处理)、(电网分析应用)、(智能化功能)

12.(通信汇集型)、(监控功能型)

13.(微机监视与控制功能)、(微机继电保护功能)、(自动控制装置功能)

14.(明备用)、(暗备用)

15.(电能信息采集)、(处理)、(实时监控系统)

16.(数据采集功能)、(数据管理功能)、(综合应用功能)

17.(数据采集)、(数据处理)、(参数设置和查询)、(事件记录)、(数据传输)、(本地功能)(终端维护)

18.(测量)、(数据处理)、(通信)

二、判断题

1.(√)　2.(×)　3.(√)　4.(×)　5.(√)　6.(×)　7.(√)

三、简答题

1.(1)应保证在工作电源断开后投入备用电源。

（2）工作电源故障或断路器被错误断开时，自动投入装置应延时动作。

（3）在手动断开工作电源、电压互感器二次回路断线和备用电源无电压的情况下，不应启动自动投入装置。

（4）自动投入装置动作后，如备用电源投到故障回路上，应使保护加速动作并跳闸。

（5）应保证自动投入装置只动作一次，以免将备用电源重复投入永久性故障回路。

（6）自动投入装置中，可设置工作电源的电流闭锁回路。

2.（1）自动重合闸装置可由保护装置或断路器控制状态与位置不对应来启动。

（2）手动或通过遥控装置将断路器断开或将断路器合闸投入故障线路上，随即由保护跳闸将其断开时，自动重合闸装置均不应动作。

（3）自动重合闸装置的动作次数应符合预先的规定，如一次重合闸就只应实现重合一次。

（4）当断路器处于不正常状态，不允许实现自动重合闸时，应将重合闸装置闭锁。

项目六　供配电系统运行保障措施(保护部分)

一、填空题

1.（并动作于断路器或反应信号的）

2.（选择性）、（速动性）、（灵敏性）

3.（测量）、（逻辑）、（执行）

4.（定时限）、（反时限）

5.（0.5～0.7 s）

6.（内部）、（外部）

7.（过负荷）、（油面降低）、（油温过高）、（绕组温度过高）、（油压压力过高）、（产生瓦斯）、（冷却系统故障）

8.（变压器的瓦斯保护）、（变压器过电流保护和电流速断保护）、（变压器的过负荷保护）、（变压器的单相接地保护）、（变压器的纵联差动保护）

9.（微机主系统）、（模拟量数据采集系统）、（开关量输入/输出系统）、（人机接口）

10.（监控）、（运行）

11.（接地体）、（接地引下线）、（接地网）

12.（半球形散开）

13.（零电位）

14.（电位差）、（接触电压）

15.（电位差）、（越大）、（20 m）

16.（工作接地）、（保护接地）、（重复接地）、（工作）、（保护）、（工作）

17.（IT 系统、TN 系统、TT 系统）

18.（垂直）、（水平）

19.（内部过电压和外部过电压）

20.（操作过电压、弧光接地过电压、铁磁谐振过电压）

21.（雷击）

22.（引下线）、（接地装置）

23.（镀锌圆钢）、（引下线）、（接地装置）

24.（避雷针）、（避雷线）、（避雷网）、（避雷器）

25.（大脑、心脏、呼吸系统、神经系统）

26.（局部器官）

27. （触电时间）、（电流性质）、（电流路径）、（体重）

28. （脱离电源）、（急救处理）、（人工呼吸法）

二、选择题

1. A　2. A　3. A　4. A　5. A　6. D　7. A　8. B　9. D　10. A　11. A

三、判断题

1.（×）　2.（×）　3.（√）　4.（√）　5.（√）　6.（×）　7.（×）　8.（×）　9.（√）　10.（×）
11.（×）　12.（√）　13.（×）　14.（×）　15.（×）　16.（√）　17.（√）　18.（×）　19.（√）
20.（×）　21.（×）　22.（√）　23.（×）　24.（√）

四、简答题

1. (1)定时限过电流保护的优点：动作时间比较精确，整定简便，而且不论短路电流大小，动作时间都是一定的，不会出现因短路电流小动作时间长而使故障时间延长和事故扩大的问题。缺点：所需继电器多，接线复杂，且需直流操作电源，投资较大。此外，靠近电源处的保护装置，其动作时间较长，这是带时限过电流保护共有的缺点。

(2)反时限过电流保护的优点：继电器数量大为减少，而且可同时实现电流速断保护，加之可采用交流操作，因此简单经济，投资大大减少，因此它在中小用户供配电系统中得到广泛应用。缺点：动作时间的整定比较麻烦，而且误差较大。当短路电流较小时，其动作时间可能相当长，从而延长了故障持续时间。

2. 为保证前后两级瞬动电流速断保护的选择性，电流速断保护的动作电流应躲过它所保护线路末端的最大短路电流(三相短路电流)。

3. 变压器的继电保护有过电流保护、电流速断保护、过负荷保护。

共同点：它们都是超过正常工作时额定电流的动作电流。

区别点：过负荷保护的电流小，动作时间较长；过电流保护的电流比过负荷保护的电流大，动作时间比过负荷保护的动作时间短；电流速断保护的电流比过电流保护的电流大，动作时间比过负荷保护的动作时间长，但比过电流保护的时间短。

4. 低配电系统的保护接地按接地形式，分为 TN 系统、TT 系统、IT 系统 3 种。

TN 系统的电源中性点直接接地，并引出有中性线、保护线或保护中性线，属于三相四线制或五线制系统。如果系统中 N 线与 PE 线全部合成为 PEN 线，则此系统称为 TN-C 系统，如果系统中的 N 线和 PE 线全部分开，则此系统称为 TN-S 系统，如果系统中前一部分 N 线与 PE 线合为 PEN 线，而后一部分 N 线与 PE 线全部或部分分开，则此系统称为 TN-C-S 系统。

TT 系统的电源中性点直接接地，并引出有 N 线，属三相四线制系统，设备的外露可导电部分均经与系统接地点地方无关的各自的接地装置单独接地。

IT 系统的电源中性点不接地或经 1 kΩ 阻抗接地，通常不引出 N 线，属于三相四线制系统，设备的外露可导部分均经各自的接地装置单独接地。

5. 中性线(N 线)的功能：一是用来接驳相电压 220 V 的单相用电设备；二是用来传导三相系统中的不平衡电流和单相电流；三是减小负载中性点的电位偏移。

保护线(PE 线)的功能：它是用来保障人身安全、防止发生触电事故的接地线。

保护中性线(PEN 线)的功能：它兼有中性线(N 线)和保护线(PE 线)的功能。这种保护中性线在我国通称为"零线"，俗称"地线"。

6. 电源中性点有三种运行方式：一种是电源中性点不接地，一种是中性点经阻抗接地，再有一种是中性点直接接地。

7. (1)内部过电压：是由于电力系统内的开关操作、发生故障或其他原因，使系统工作状态突然改变，在系统内部出现电磁振荡引起的过电压。

1）操作过电压：系统中的开关操作、负荷骤变或由于故障而出现断续性电弧而引起。

2）谐振过电压：系统中的电参数（R、L、C）在不利组合时发生谐振引起的。内部过电压一般不会超过系统正常运行时相电压的 3～4 倍，因此对电力线路和电气设备绝缘的威胁不是很大。

（2）雷电过电压：又称大气过电压或外部过电压，它是由于电力系统内的设备或建筑物遭受来自大气中的雷击或雷电感应而引起的过电压。雷电过电压产生的雷电冲击波，其电压幅值可高达 1 亿伏，其电流幅值可高达几十万安，对供电系统的危害极大。

1）直接雷击：雷电直接击中电气设备或线路，其过电压引起强大的雷电流通过这些物体放电入地，产生破坏性极大的热效应和机械效应，还有电磁脉冲和闪络放电。

2）间接雷击：雷电未直接击中电力系统中的任何部分而是由雷对设备、线或其他物体的静电感应所产生的过电压。

8. 雷电的形成：雷电是带有电荷的"雷云"之间或雷云对大地之间产生急剧放电的一种自然现象，在地面上产生雷击的雷云多为负雷云。

（1）雷电场：空中雷云靠近大地时，雷云与大地之间形成一个很大的电场；由于静电感应作用，使地面出现与雷云的电荷极性相反的电荷。

（2）雷电先导：当雷云与大地在某一方位的电场强度达到 25～30 kV/cm 时，雷云就会开始向这一方位放电，形成导电的空气通道。

（3）迎雷先导：大地感应的异性电荷集中在尖端上方，形成一个上行的迎雷先导。

（4）主放电阶段：在雷电先导下行至地面 100～300 m 时，上下先导相互接近，正、负电荷强烈吸引中和而产生强大的雷电流，并伴有强烈的雷鸣电闪。这就是直击雷的主放电阶段，时间一般为 50～100 μs，

（5）余辉放电阶段：主放后，雷云中的剩余电荷继续沿主放电通道向大地放电，形成断续雷声。

（6）闪击距离：雷电先导在主放电阶段前与地面雷击对象间的最小距离。

雷电危害：架空线路在附近出现对地雷击时极易产生感应过电压。当雷云出现在架空线路上方时，线路上由于静电感应而积聚大量异性的束缚电荷，当雷云对地或其他雷云放电后，线路上的束缚电荷被释放而形成自由电荷，向线路两端泄放，形成电位很高的过电压波，对供电系统危害也很大

项目七　电力负荷的确定与企业照明（用电部分）

一、填空题

1.（一级负荷、二级负荷、三级负荷）

2.（时间）

3.（两）、（应急电源）

4.（需要系数法）、（二项式法）

5.（有功）、（无功）、（铁损）、（铜损）

6.（铜损和铁损）

7.（热辐射）、（气体放电）

8.（均匀）、（选择）

二、选择题

1. A　2. B　3. C　4. C　5. C　6. D　7. C　8. A　9. B　10. A　11. C　12. B

三、判断题

1.（×）　2.（×）　3.（×）　4.（√）　5.（×）　6.（√）　7.（√）

四、简答题

1. (1)在计算短路电路的阻抗时,假如电路内含有电力变压器,电路内各元件的阻抗都应统一换算到短路点的短路计算电压法。

(2)阻抗等效换算的条件是元件的功率损耗不变。

2. 解:$P_{30}=K_dP_e=0.35\times4\,500=1\,575(\mathrm{kW})$

$Q_{30}=\tan\varphi P_{30}=0.88\times1\,575=1\,386(\mathrm{kvar})$

$S_{30}=P_{30}/\cos\varphi=2\,098\,\mathrm{kV}\cdot\mathrm{A}$

$I_{30}=S_{30}/(\sqrt{3}U)=2\,098/(0.38\sqrt{3})=3\,187.7(\mathrm{A})$

3. 解:总容量:$P_e=\sum P_{ei}=120.5\,\mathrm{kW}$

有功计算负荷:$P_{30}=K_dP_e=0.2\times120.5=24.1(\mathrm{kW})$

无功计算负荷:$Q_{30}=\tan\varphi P_{30}=1.73\times24.1=41.7(\mathrm{kvar})$

视在计算负荷:$S_{30}=P_{30}/\cos\varphi=48.2\,\mathrm{kV}\cdot\mathrm{A}$

计算电流:$I_{30}=S_{30}/(\sqrt{3}U)=73.2\,\mathrm{A}$

4. 解:①金属切削机床组:$P_{30}①=K_dP_e=0.2\times50=10(\mathrm{kW})$

$Q_{30}①=\tan\varphi P_{30}①=1.73\times10=17.3(\mathrm{kvar})$

②通风机组:$P_{30}②=K_dP_e=0.8\times3=2.4(\mathrm{kW})$

$Q_{30}②=\tan\varphi P_{30}②=0.75\times2.4=1.8(\mathrm{kvar})$

③电阻炉:$P_{30}③=K_dP_e=0.7\times2=1.4(\mathrm{kW})$

$Q_{30}③=\tan\varphi P_{30}②=0$

总计算负荷为:$P_{30}=K_{\sum P}\sum P_{30,i}=0.95\times(10+2.4+1.4)=13.1(\mathrm{kW})$

$Q_{30}=K_{\sum Q}\sum Q_{30,i}=0.97\times(17.3+1.8)=18.5(\mathrm{kvar})$

$S_{30}=P_{30}/\cos\varphi=22.7\,\mathrm{kV}\cdot\mathrm{A}$

$I_{30}=S_{30}/(\sqrt{3}U)=22.7/(0.38\sqrt{3})=34.5(\mathrm{A})$

5. 解:总容量:$P_e=50\,\mathrm{kW}$

x 台最大容量的设备容量:$P_x=7.5+4\times2=15.5(\mathrm{kW})$

有功计算负荷:$P_{30}=bP_e+cP_x=13.2\,\mathrm{kW}$

无功计算负荷:$Q_{30}=\tan\varphi P_{30}=22.8\,\mathrm{kW}$

视在计算负荷:$S_{30}=P_{30}/\cos\varphi=26.4\,\mathrm{kW}$

计算电流:$I_{30}=S_{30}/(\sqrt{3}U)=41.6\,\mathrm{A}$

6. 解:总容量:$P_e=50\,\mathrm{kW}$

x 台最大容量的设备容量:$P_x=7.5+4\times3+2.2\times1=21.7(\mathrm{kW})$

有功计算负荷:$P_{30}=bP_e+cP_x=15.6\,\mathrm{kW}$

无功计算负荷:$Q_{30}=\tan\varphi P_{30}=27.1\,\mathrm{kvar}$

视在计算负荷:$S_{30}=P_{30}/\cos\varphi=31.2\,\mathrm{kV}\cdot\mathrm{A}$

计算负荷:$I_{30}=S_{30}/(\sqrt{3}U)=47.3\,\mathrm{A}$

7. 解:总容量:$P_e=\sum P_{ei}=120.5\,\mathrm{kW}$

x 台最大容量的设备容量:$P_x=7.5\times3+4\times2=30.5(\mathrm{kW})$

有功计算负荷:$P_{30}=bP_e+cP_x=0.14\times120.5+0.4\times30.5=29.1(\mathrm{kW})$

无功计算负荷:$Q_{30}=\tan\varphi P_{30}=1.73\times29.1=50.3(\mathrm{kvar})$

视在计算负荷:$S_{30}=P_{30}/\cos\varphi=58.2\,\mathrm{kV}\cdot\mathrm{A}$

计算负荷：$I_{30}=S_{30}/(\sqrt{3}U)=88.4\ \text{A}$

项目八 船厂的电能节约和计划用电

一、填空题

1.（避峰就谷）

2.（降低供电系统中的电能损耗）、（合理选择和使用用电设备）、（提高功率因数）

3.（抄表）、（电费核算）、（电费收取）

二、简答题

1.（1）加强电能管理，建立和健全合理的管理机构和制度。

（2）实行计划供用电，提高电能利用率。

（3）实行"削峰填谷"的负荷调整。

（4）实行经济运行方式，降低电力系统的能耗。

（5）加强电力设备的运行维护和管理。

2. 实行计划用电也是解决电力供需矛盾的一项重要措施。即使在电力供需矛盾出现缓和的情况下，实行计划用电也是完全必要的，它可以改善电力系统的运行状态，更好地保证电能的质量。

项目九 船舶电路系统组成与继电保护

一、填空题

1.（船舶电源）、（船舶电网）

2.（容量较小）、（船舶电站与用电设备之间的距离短）、（船舶电器设备工作条件恶劣）

3.（备用的手动机械脱扣跳闸）、（常用的手动按钮电磁脱扣跳闸）、（由继电保护装置动作自动控制脱扣器使开关自动跳闸）

4.（动力电网）、（照明电网）、（应急电网）、（低压电网）、（弱电电网）

5.（过载）、（短路）

二、简答题

1.（1）正常运行时接通和断开电路（手动或自动）；

（2）电力系统发生故障或不正常运行状态时，保护装置动作，切断故障元件或发出报警信号；

（3）测量和显示运行中的各种电气参数，例如电压、频率、电流、功率、电能、绝缘电阻等；

（4）进行某些电气参数或有关的其他参数的调整，如电压、频率（转速）的调整；

（5）对电路状态、开关状态以及偏离正常工作状态进行信号指示。

2.（1）船舶电力系统在运行中发电机的容量不能满足负载增长的需要；

（2）应几台发电机并联运行而未做并联运行，或者并联运行的发电机中有一台或几台发生故障而自动停机；

（3）并联运行的发电机间的负荷分配不恰当。

3.（1）断路器安装点的短路电流小于断路器的额定切断电流。

（2）在回路的推算短路电流比较大，而负载电流比较小的回路中，为了限制电缆的温度，往往要把按负载电流选定的电缆截面适当加大。

（3）通常认为，电缆截面面积大于 30 mm² ，或额定电流大于 100 A 时，其选定电缆的允许 I_t 值极大，在短路区域与断路器的保护协调易于满足。电缆的允许 I_t 值比断路器的 I_t 值大得多。

附　　录

附表 1　用电设备组的需要系数、二项式系数及功率因数参考值

用电设备组名称	需要系数 K_d	二项式系数		最大容量设备台数 $x^①$	$\cos\varphi$	$\tan\varphi$
		b	c			
小批生产的金属冷加工机床电动机	0.16～0.2	0.14	0.4	5	0.5	1.73
大批生产的金属冷加工机床电动机	0.18～0.25	0.14	0.5	5	0.5	1.73
小批生产的金属热加工机床电动机	0.25～0.3	0.24	0.4	5	0.6	1.33
大批生产的金属热加工机床电动机	0.3～0.35	0.26	0.5	5	0.65	1.17
通风机、水泵、空压机及电动发电机组电动机	0.7～0.8	0.65	0.25	5	0.8	0.75
非连锁的连续运输机械及铸造车间整砂机械	0.5～0.6	0.4	0.4	5	0.75	0.88
连锁的连续运输机械及铸造车间整砂机械	0.65～0.7	0.6	0.2	5	0.75	0.88
锅炉房和机加、机修、装配等类车间的起重机（ε＝25％）	0.1～0.15	0.06	0.2	3	0.5	1.73
铸造车间的起重机（ε＝25％）	0.15-0.25	0.09	0.3	3	0.5	1.73
自动连续装料的电阻炉设备	0.75～0.8	0.7	0.3	2	0.5	1.73
实验室用小型电热设备（电阻炉、干燥箱等）	0.7	0.7	0	—	1.0	0
工频感应电炉（未带无功补偿装置）	0.8	—	—	—	0.35	2.68
高频感应电炉（未带无功补偿装置）	0.8	—	—	—	0.6	1.33
电弧熔炉	0.9	—	—	—	0.87	0.57
点焊机、缝焊机	0.36	—	—	—	0.6	1.33
对焊机、铆钉加热机	0.35	—	—	—	0.7	1.02
自动弧焊变压器	0.5	—	—	—	0.4	2.29
单头手动弧焊变压器	0.35	—	—	—	0.35	2.68
多头手动弧焊变压器	0.4	—	—	—	0.35	2.68
单头弧焊电动发电机组	0.35	—	—	—	0.6	1.33
多头弧焊电动发电机组	0.7	—	—	—	0.75	0.88
生产厂房及办公室、阅览室、实验室照明^②	0.8～1	—	—	—	1.0	0

用电设备组名称	需要系数 K_d	二项式系数		最大容量设备台数 x①	$\cos\varphi$	$\tan\varphi$
		b	c			
变配电所、仓库照明②	0.5～0.7	—	—	3	1.0	0
宿舍、生活区照明②	0.6～0.8	—	—	—	1.0	0
室外照明、应急照明②	1	—	—	—	1.0	0

注：①如果用电设备组的设备总台数 $n<2x$，则最大容量设备台数取且按"四舍五入"修约规则取整数。

　　例如某机床电动机组 $n=7<2x=2\times5=10$，故取 $x=7/2\approx4$。

　　②这里的 $\cos\varphi$ 和 $\tan\varphi$ 值均为白炽灯照明数据。如为荧光灯照明，则 $\cos\varphi=0.9$，$\tan\varphi=0.48$；如为高压汞灯、

　　钠灯等照明，则 $\cos\varphi=0.5$，$\tan\varphi=1.73$。

附表 2　爆炸和火灾危险环境的分区

分区代号	环境特征
0 区	连续出现或长期出现爆炸性气体混合物的环境
1 区	在正常运行时可能出现爆炸性气体混合物的环境
2 区	在正常运行时不可能出现爆炸性气体混合物的环境，或即使出现也仅是短时存在的爆炸性气体混合物的环境
10 区	连续出现或长期出现爆炸性粉尘的环境
11 区	有时会将积留下的粉尘扬起而偶然出现爆炸性粉尘混合物的环境
21 区	具有闪点高于环境温度的可燃液体，在数量和配置上能引起火灾危险的环境
22 区	具有悬浮状、堆积状的可燃粉尘或可燃纤维，虽不可能形成爆炸混合物，但在数量和配置上能引起火灾危险的环境
23 区	具有固体状可燃物质，在数量和配置上能引起火灾危险的环境

附表 3　爆炸危险环境钢管配线的技术要求

项目		钢管明敷线路用绝缘导线的最小截面			接线盒、分支盒、挠性连接管	管子连接要求
		电力	照明	控制		
爆炸危险区域	1 区	铜芯线 2.5 mm² 及以上	铜芯线 2.5 mm² 及以上	铜芯线 2.5 mm² 及以上	隔爆型	对 ϕ25 mm 及以下的钢管螺纹旋合不应少于 5 扣，对 ϕ32 mm 及以上的不应少于 6 扣，并应有锁紧螺母
	2 区	铜芯线 1.5 mm² 及以上、铝芯线 4 mm² 及以上	铜芯线 1.5 mm² 及以上、铝芯线 2.5 mm² 及以上	铜芯线 1.5 mm² 及以上	隔爆型 增安型	对 ϕ25 mm 及以下的钢管螺纹旋合不应少于 5 扣，对 ϕ32 mm 及以上的不应少于 6 扣

附表 4　部分电力装置要求的工作接地电阻值

序号	电力装置名称	接地的电力装置特点		接地电阻值
1	1 kV 以上大电流接地系统	仅用于该系统的接地装置		$R_E \leqslant \dfrac{2\ 000\ \text{V}}{I_k^{(1)}}$ 当 $I_k^{(1)} > 4\ 000$ A 时 $R_E \leqslant 0.5\ \Omega$
2	1 kV 以上小电流接地系统	仅用于该系统的接地装置		$R_E \leqslant \dfrac{250\ \text{V}}{I_E}$ 且 $R_E \leqslant 10\ \Omega$
3		与 1 kV 以下系统共用的接地装置		$R_E \leqslant \dfrac{120\ \text{V}}{I_E}$ 且 $R_E \leqslant 10\ \Omega$
4	1 kV 以下系统	与总容量在 100 kVA 以上的发电机或变压器相连的接地装置		$R_E \leqslant 10\ \Omega$
5		上述(序号 4)装置的重复接地		$R_E \leqslant 10\ \Omega$
6		与总容量在 100 kVA 及以下的发电机或变压器相连的接地装置		$R_E \leqslant 10\ \Omega$
7		上述(序号 6)装置的重复接地		$R_E \leqslant 10\ \Omega$
8	避雷装置	独立避雷针和避雷器		$R_E \leqslant 10\ \Omega$
9		变配电所装设的避雷器	与序号 4 装置共用	$R_E \leqslant 4\ \Omega$
10			与序号 6 装置共用	$R_E \leqslant 10\ \Omega$
11		线路上装设的避雷器或保护间隙	与电机无电气联系	$R_E \leqslant 10\ \Omega$
12			与电机有电气联系	$R_E \leqslant 5\ \Omega$
13	防雷建筑物	第一类防雷建筑物		$R_{sk} \leqslant 10\ \Omega$
14		第二类防雷建筑物		$R_{sk} \leqslant 10\ \Omega$
15		第三类防雷建筑物		$R_{sk} \leqslant 30\ \Omega$

注：R_E 为工频接地电阻；R_{sk} 为冲击接地电阻；$I_k^{(1)}$ 为流经接地装置的单相短路电流；I_E 为单相接地电容电流。

附表 5　土壤电阻率参考值

土壤名称	电阻率/(Ω·m)	土壤名称	电阻率/(Ω·m)
陶黏土	10	砂质黏土、可耕地	100
泥炭、泥灰岩、沼泽地	20	黄土	200

土壤名称	电阻率/(Ω·m)	土壤名称	电阻率/(Ω·m)
捣碎的木炭	40	含砂黏土、砂土	300
黑土、田园土、陶土	50	多石土壤	400
黏土	60	砂、砂砾	1 000

附表6　垂直管形接地体的利用系数值

(1)敷设成一排时(未计入连接扁钢的影响)					
管间距离与管子长度之比 a/l	管子根数 n	利用系数 η_E	管间距离与管子长度之比 a/l	管子根数 n	利用系数 η_E
1	2	0.83~0.87	1	5	0.67~0.72
2		0.90~0.92	2		0.79~0.83
3		0.93~0.95	3		0.85~0.88
1	3	0.76~0.80	1	10	0.56~0.62
2		0.85~0.88	2		0.72~0.77
3		0.90~0.92	3		0.79~0.83
(2)敷设成环形时(未计入连接扁钢的影响)					
管间距离与管子长度之比 a/l	管子根数 n	利用系数 η_E	管间距离与管子长度之比 a/l	管子根数 n	利用系数 η_E
1	4	0.66~0.72	1	20	0.44~0.50
2		0.76~0.80	2		0.61~0.66
3		0.82~0.86	3		0.68~0.73
1	6	0.58~0.65	1	30	0.41~0.47
2		0.71~0.75	2		0.58~0.63
3		0.78~0.82	3		0.66~0.71
1	10	0.52~0.58	1	40	0.38~0.44
2		0.66~0.71	2		0.56~0.61
3		0.74~0.78	3		0.64~0.69

参考文献

[1] 莫岳平，翁双安．供配电工程[M].2版．北京：机械工业出版社，2015.

[2] 王艳华．工业企业供电[M].2版．北京：中国电力出版社，2014.

[3] 刘娟．工厂供电设备应用与维护[M].北京：北京理工大学出版社，2014.

[4] 金国砥．电工实训[M].3版．北京：电子工业出版社，2017.

[5] 庄福余．船舶电气专业：船舶供电技术[M].哈尔滨：哈尔滨工程大学出版社，2006.

[6] 殷桂，杨丽君，王珺．分布式发电技术[M].北京：机械工业出版社，2008.

[7] 中华人民共和国国家能源局．DL/T 814—2013 配电自动化系统技术规范[S].北京：中国电力出版社，2014.

[8] 刘介才．工厂供电[M].6版．北京：机械工业出版社，2015.

[9] 刘介才．工厂供电[M].4版．北京：机械工业出版社，2004.

[10] 刘介才．供配电技术[M].2版．北京：机械工业出版社，2011.

[11] 刘介才．安全用电实用技术[M].北京：中国电力出版社，2006.

[12] 同向前，余健明，苏文成．供电技术[M].5版．北京：机械工业出版社，2017.

[13] 姚锡禄．工厂供电[M].3版．北京：电子工业出版社，2013.

[14] 中国计划出版社．电气标准规范汇编[M].北京：中国计划出版社，1999.

[15] 中国计划出版社．电力建设工程常用规范汇编(施工、安装、设计)[M].北京：中国计划出版社，2016.

[16] 中华人民共和国住房和城乡建设部．GB 51348—2019 民用建筑电气设计标准[S].北京：中国建筑工业出版社，2020.

[17] 国家电网公司．国家电网公司电力安全工作规程[M].北京：中国电力出版社，2009.